"十三五"高职高专院校规划教材（食品类）

SHI PIN HUA XUE

食 品 化 学

（第二版）

陈福玉　　叶永铭　　王桂桢　主编

U0344528

中国质检出版社
中国标准出版社
北京

图书在版编目（CIP）数据

食品化学/陈福玉，叶永铭，王桂桢主编．—2 版．—北京：
中国质检出版社，2017.5（2023.7 重印）
ISBN 978 - 7 - 5026 - 4401 - 7

Ⅰ.①食… Ⅱ.①陈… ②叶… ③王… Ⅲ.①食品化学
Ⅳ.①TS201.2

中国版本图书馆 CIP 数据核字（2017）第 018630 号

内 容 提 要

食品化学是食品类专业的核心专业基础课程。本书遵循高职高专教育的特点，本
着基础理论以"必需、够用"为原则，注重食品化学基础知识在食品加工、分析检
验、储藏过程中的技能应用。全书内容包括食品六大营养成分（水分、碳水化合物、
蛋白质、脂类、维生素、矿物质）、食品风味成分、酶及食品添加剂等成分的化学组
成、结构、性质及其在食品加工和贮藏中发生的化学变化，以及这些变化对食品品质
和安全性的影响及其控制措施。

本书可作为高职高专院校食品生物技术、食品加工技术、食品营养与检测等食品
类专业的教材，也可供从事食品生产、食品检验与研究的工程技术人员参考使用。

中国质检出版社
中国标准出版社 出版发行

北京市朝阳区和平里西街甲 2 号（100029）
北京市西城区三里河北街 16 号（100045）
网址：www.spc.net.cn
总编室：（010）68533533　发行中心：（010）51780238
读者服务部：（010）68523946
中国标准出版社秦皇岛印刷厂印刷
各地新华书店经销

*
开本 787×1092　1/16　印张 18.75　字数 437 千字
2017 年 5 月第二版　2023 年 7 月第十一次印刷
*
定价：38.00 元

审定委员会

周胜银（湖北省产品质量监督检验研究院副院长、教授级高工）

赵象忠（甘肃畜牧工程职业技术学院教授）

钟志惠（四川旅游学院教授）

姜旭德（黑龙江民族职业学院教授）

钱志伟（河南农业职业学院食品工程学院院长、教授）

彭亚锋（上海市质量监督检验技术研究院教授）

本 书 编 委 会

主　　编　陈福玉（吉林农业科技学院）

　　　　　叶永铭（吉林农业科技学院）

　　　　　王桂桢（南阳农业职业学院）

副 主 编　牛春艳（吉林农业科技学院）

　　　　　聂英斌（吉林工业职业技术学院）

　　　　　付　丽（河南牧业经济学院）

参编人员　刘晶晶（华中农业大学）

　　　　　龙宇航（吉林农业科技学院）

　　　　　张小可（江南大学）

序　言

民以食为天，食以安为先，人们对食品安全的关注度日益增强，食品行业已成为支撑国民经济的重要产业和社会的敏感领域。近年来，食品安全问题层出不穷，对整个社会的发展造成了一定的不利影响。为了保障食品安全，促进食品产业的有序发展，近期国家对食品安全的监管和整治力度不断加强。经过各相关主管部门的不懈努力，我国已基本形成并明确了卫生与农业部门实施食品卫生监测与食品原材料监管、检验检疫部门承担进出口食品监管、食品药品监管部门从事食品生产及流通环节监管的制度完善的食品安全监管体系。

在整个食品行业快速发展的同时，行业自身的结构性调整也在不断深化，这种调整使其对本行业的技术水平、知识结构和人才特点提出了更高的要求，而与此相关的职业教育正是在食品科学与工程各项理论的实际应用层面培养专业人才的重要渠道。因此，近年来教育部对食品类各专业的职业教育发展日益重视，并连年加大投入以提高教育质量，以期向社会提供更加适应经济发展的应用型技术人才。为此，教育部对高职高专院校食品类各专业的具体设置和教材目录也多次进行了相应的调整，使高职高专教育逐步从普通本科的教育模式中脱离出来，使其真正成为为国家培养生产一线的高级技术应用型人才的职业教育，"十三五"期间这种转化将加速推进并最终得以完善。为适应这一特点，编写高职高专院校食品类各专业所需的教材势在必行。

针对以上变化与调整，由中国质检出版社牵头组织了"十三五"高职高专院校规划教材的编写与出版工作，该套教材主要适用于高职高专院校的食品类各相关专业。由于该领域各专业的技术应用性强、知识结构更新快，因此，我们有针对性地组织了河南农业职业学院、江苏食品职业技术学院、包头轻工职业技术学院、四川旅游学院、甘肃畜牧工程职业技术学院、江苏农林职业技术学院、无锡商业职业技术学院、江苏畜牧兽医职业技术学院、吉林农业科技学院、广东环境保护工程职业学院、清远职业技术学院、黑龙江民族职业学院以及上海农林职业技术学院等 40 多所相关高校、职业院校、科研院所以及企业中兼具丰富工程实践和教学经验的专家学者担当各教材的主编与主审，从而为我们成功推出该套框架好、内容新、适应面广的高质量教材提供了必要的保障，以此来满足食品类各专业普通高等教育和职业教育的不断发展和当前全社会对建立食品安全体系的迫切需要；这也对培养素质全面、适应性强、有创新能力的应用型技术人才，进一步提高食品类各专业高等教育和职业教育教材的编写水平起到了积极的推动作用。

针对应用型人才培养院校食品类各专业的实际教学需要，本系列教材的编写尤其注重了理论与实践的深度融合，不仅将食品科学与工程领域科技发展的新理论合理融入教材中，使读者通过对教材的学习，可以深入把握食品行业发展的全貌，而且也将食品行业的新知识、新技术、新工艺、新材料编入教材中，使读者掌握最先进的知识和技能，这对我国新世纪应用型人才的培养大有裨益。相信该套教材的成功推出，必将会推动我国食品类高等教育和职业教育教材体系建设的逐步完善和不断发展，从而对国家的新世纪人才培养战略起到积极的促进作用。

教材审定委员会

2017 年 3 月

前 言

俗话说："民以食为天 食以安为先"，这句话深刻道出了食品对人类生存和发展的重要性，食品安全关乎每个人的健康和生命。能否保障食品安全，让人们吃得健康、吃得安全，对老百姓来说是"天大的事"。

食品科学是古老的学科之一，食品工业也是当今充满活力的朝阳产业，因此食品科学必定是未来最具生命力的科学之一。食品化学是食品类专业最重要的专业基础课，也是当今食品科学知识体系中最大的知识内容组成部分，它是从化学角度和分子水平上研究食品的化学组成、结构、理化性质、营养和安全性质以及它们在生产、加工、储藏和运销过程中发生的变化，以及这些变化对食品品质和安全性影响的一门基础应用学科。它的基本理论知识是打开食品类课程之门的钥匙。因此，每一位食品科技工作者都应熟练地掌握食品化学的有关知识。

根据高等职业教育的特点，本书的编写以"求精、求实、求易学"的原则，在第 1 版的基础上修正了书中存在的个别问题，去掉了一些过时内容，参考了国内外食品化学及相关学科的最新文献，精选教学内容，力求反映食品化学领域的最新教学成果。并且各章有针对性地增加了与教学内容相关的知识阅读及强化练习题，有利于学生课后学习掌握食品化学的知识内容。同时，在食品化学实验部分做了大量内容补充，使学生通过实验强化自己的实际动手技能，以增进对课堂教学内容的理解。建议本课程在修读完无机化学、有机化学、生物化学等课程之后开出。

本书由多年从事食品化学教学一线的教师共同编写。其中，前言、第一章、第四章、第十一章由吉林农业科技学院陈福玉编写，第七章、第九章由吉林农业科技学院叶永铭编写，第三章由吉林工业职业技术学院聂英斌编写，第五章由南阳农业职业学院王桂桢编写，第二章、第十章由吉林农业科技学院牛春艳编写，第六章由河南牧业经济学院付丽编写，第八章由华中农业大学食品科技学院 2015 级硕士研究生刘晶晶编写，第七章第七节由江南大学食品学院 2015 级硕士研究生张小可编写，第十一章第一节由吉林农业科技学院龙宇航编写。全书由陈福玉、叶永铭两位老师统稿。

在本书的编写过程中，曾得到许多同行的热心帮助和指导，在此深表谢意。此外，由于任务重、时间紧，加之编者的水平有限，书中内容难免存在不足之处，敬请读者批评指正，并将意见或建议反馈给我们以促进本教材的不断完善。

编　者

2016 年 11 月

目 录

CONTENTS

第一章 绪 论 ··· (1)

　一、食品化学的基本概念 ································· (1)

　二、食品化学发展简史 ····································· (2)

　三、食品化学研究的内容和领域 ····················· (3)

　四、食品化学的研究方法 ······························· (5)

　五、食品化学在食品工业中的作用 ·················· (5)

　六、食品化学的学习方法 ······························· (7)

　【归纳与总结】 ··· (7)

　【相关知识阅读】 ·· (8)

　【课后强化练习题】 ······································· (9)

第二章 水 分 ··· (11)

　第一节 概 述 ·· (11)

　　一、食品中水的作用 ···································· (11)

　　二、各种食品原料的含水量 ·························· (12)

　第二节 食品中水与冰的结构和性质 ················ (12)

　　一、食品中水与冰的性质 ····························· (12)

　　二、食品中水的结构 ···································· (13)

　　三、食品中冰的结构 ···································· (15)

　第三节 食品中水存在的状态 ························· (17)

　　一、水与溶质的相互作用 ····························· (17)

　　二、食品中水分存在的状态 ·························· (19)

　第四节 水分活度 ·· (21)

　　一、水分活度定义 ······································· (21)

　　二、水分活度与食品含水量的关系 ················ (22)

　　三、水分活度与温度的关系 ·························· (22)

　　四、等温吸附曲线 ······································· (23)

第五节　水分活度与食品的稳定性 ………………………………………（24）

一、水分活度对微生物生长繁殖的影响 ………………………（25）

二、水分活度对食品化学变化的影响 …………………………（25）

第六节　冻藏与食品稳定性的关系 ………………………………………（26）

一、食品的冷藏与冻藏 …………………………………………（26）

二、冻藏对食品稳定性的影响 …………………………………（27）

三、食品的玻璃态与分子移动性 ………………………………（27）

第七节　食品中水分的转移与食品稳定性 ………………………………（28）

一、食品中水分的位转移 ………………………………………（29）

二、食品中水分的相转移 ………………………………………（29）

【归纳与总结】…………………………………………………（31）

【相关知识阅读】………………………………………………（31）

【课后强化练习题】……………………………………………（32）

第三章　碳水化合物 ………………………………………………………（37）

第一节　概　述 ……………………………………………………………（37）

一、糖的概念 ……………………………………………………（37）

二、糖的分类 ……………………………………………………（37）

第二节　糖的理化性质及在食品加工中的应用 …………………………（38）

一、单糖的结构 …………………………………………………（38）

二、糖的物理性质 ………………………………………………（39）

三、糖的化学性质 ………………………………………………（42）

四、食品中重要的低聚糖 ………………………………………（48）

五、食品中功能性低聚糖 ………………………………………（49）

第三节　多　糖 ……………………………………………………………（52）

一、概　述 ………………………………………………………（52）

二、食品中重要的多糖 …………………………………………（53）

【归纳与总结】…………………………………………………（60）

【相关知识阅读】………………………………………………（60）

【课后强化练习题】……………………………………………（61）

第四章　脂　质 ……………………………………………………………（64）

第一节　概　述 ……………………………………………………………（64）

一、脂质的定义及作用 …………………………………………（64）

二、脂质的分类 …………………………………………………（65）

第二节　脂肪的结构和组成 ……………………………………………… (65)

　　一、脂肪酸的结构和组成 ……………………………………………… (65)

　　二、脂肪的结构和命名 ………………………………………………… (67)

第三节　油脂的物理性质 ………………………………………………… (68)

　　一、油脂的一般物理性质 ……………………………………………… (68)

　　二、油脂的同质多晶现象 ……………………………………………… (69)

　　三、油脂的熔融特性 …………………………………………………… (71)

　　四、油脂的液晶态（介晶相） ………………………………………… (73)

　　五、油脂的乳化和乳化剂 ……………………………………………… (73)

第四节　油脂在加工贮藏过程的化学变化 ……………………………… (76)

　　一、油脂的水解 ………………………………………………………… (76)

　　二、油脂的氧化 ………………………………………………………… (77)

　　三、油脂在高温下的化学反应 ………………………………………… (84)

　　四、油脂的辐解 ………………………………………………………… (86)

第五节　油脂加工的化学 ………………………………………………… (86)

　　一、油脂的精炼 ………………………………………………………… (86)

　　二、油脂氢化 …………………………………………………………… (88)

　　三、酯交换 ……………………………………………………………… (88)

第六节　复合脂质及衍生脂质 …………………………………………… (89)

　　一、磷　脂 ……………………………………………………………… (89)

　　二、胆固醇 ……………………………………………………………… (90)

　　【归纳与总结】 ………………………………………………………… (90)

　　【相关知识阅读】 ……………………………………………………… (91)

　　【课后强化练习题】 …………………………………………………… (91)

第五章　蛋白质 …………………………………………………………… (94)

第一节　概　述 …………………………………………………………… (94)

　　一、食品中蛋白质的定义 ……………………………………………… (94)

　　二、蛋白质的化学组成 ………………………………………………… (94)

第二节　氨基酸 …………………………………………………………… (95)

　　一、氨基酸的结构 ……………………………………………………… (95)

　　二、氨基酸的分类 ……………………………………………………… (95)

　　三、氨基酸的性质 ……………………………………………………… (97)

第三节　蛋白质的结构 …………………………………………………… (99)

　　一、肽 …………………………………………………………………… (99)

　　二、蛋白质的结构 ·· （99）

　　三、蛋白质的分类 ·· （101）

第四节　蛋白质的理化性质 ···································· （102）

　　一、蛋白质的两性解离 ···································· （102）

　　二、蛋白质的胶体性质 ···································· （103）

　　三、蛋白质的沉淀作用 ···································· （104）

　　四、蛋白质的呈色反应 ···································· （105）

　　五、蛋白质的水解 ·· （105）

第五节　食品加工中蛋白质的变化 ······················ （106）

　　一、蛋白质的变性 ·· （106）

　　二、蛋白质的功能性质 ···································· （108）

　　三、食品加工对蛋白质营养价值的影响 ············ （112）

　　【归纳与总结】 ··· （115）

　　【相关知识阅读】 ··· （115）

　　【课后强化练习题】 ······································ （117）

第六章　食品中的酶 ·· （120）

第一节　概　述 ··· （120）

　　一、酶的定义 ·· （120）

　　二、酶的分类 ·· （121）

　　三、酶的基本性质 ·· （122）

　　四、酶催化专一性的类型 ································ （124）

　　五、酶的组成与结构特点 ································ （124）

　　六、酶催化的机理 ·· （125）

　　七、酶原与酶原的激活 ··································· （127）

　　八、酶活力的测定 ·· （127）

第二节　影响食品中酶活力的因素 ······················ （129）

　　一、底物浓度对酶活力的影响 ·························· （129）

　　二、酶浓度对酶活力的影响 ····························· （130）

　　三、水分活度对酶活力的影响 ·························· （131）

　　四、pH 对酶活力的影响 ································· （131）

　　五、温度对酶活力的影响 ································ （132）

　　六、抑制剂对酶活力的影响 ····························· （133）

　　七、激活剂对酶活力的影响 ····························· （134）

第三节　食品中的酶促褐变 ·································· （134）

　　一、食品中的酶促褐变 ··································· （134）

二、食品中酶促褐变的机理 ·· (135)

三、食品中酶促褐变的控制 ·· (135)

第四节　食品中酶的固定化 ·· (136)

一、酶的固定化的概念 ·· (136)

二、食用酶的固定化方法 ·· (137)

三、固定化酶在食品工业中的应用 ·· (138)

第五节　食用酶对食品质量的影响 ·· (138)

一、食用酶对食品色泽的影响 ·· (138)

二、食用酶对食品质构的影响 ·· (140)

三、食用酶对食品风味的影响 ·· (143)

【归纳与总结】 ·· (144)

【相关知识阅读】 ·· (145)

【课后强化练习题】 ·· (145)

第七章　维生素与矿物质 ·· (147)

第一节　维生素概述 ·· (147)

一、维生素的定义与特性 ·· (147)

二、维生素的主要作用 ·· (147)

三、维生素的命名 ·· (147)

四、维生素的分类 ·· (148)

第二节　脂溶性维生素 ·· (148)

一、维生素 A ·· (148)

二、维生素 D ·· (149)

三、维生素 E ·· (150)

四、维生素 K ·· (150)

第三节　水溶性维生素 ·· (151)

一、维生素 C ·· (151)

二、维生素 B_1 ·· (152)

三、维生素 B_2 ·· (152)

四、维生素 B_6 ·· (153)

五、维生素 B_{12} ·· (154)

六、烟　酸 ·· (155)

七、叶　酸 ·· (155)

八、泛　酸 ·· (156)

九、生物素 ·· (156)

第四节　维生素在食品储藏加工中的损失 ……………………………………（157）

一、环境因素的影响 ………………………………………………………（157）

二、食品原料自身的影响 …………………………………………………（157）

三、食品加工前的预处理对维生素含量的影响 …………………………（158）

四、食品加工和储藏过程中维生素含量的变化 …………………………（159）

第五节　矿物质 …………………………………………………………………（160）

一、矿物质概述 ……………………………………………………………（160）

二、食品中矿物质的分类 …………………………………………………（160）

三、矿物质的基本作用 ……………………………………………………（161）

第六节　食品中重要的矿物质 …………………………………………………（161）

一、常量元素 ………………………………………………………………（161）

二、微量元素 ………………………………………………………………（163）

第七节　矿物质在食品加工中的损失和强化 …………………………………（165）

一、矿物质在食品加工中的损失 …………………………………………（165）

二、食品中矿物质的强化 …………………………………………………（166）

【归纳与总结】 ……………………………………………………………（167）

【相关知识阅读】 …………………………………………………………（168）

【课后强化练习题】 ………………………………………………………（169）

第八章　色　素 …………………………………………………………………（172）

第一节　概　述 …………………………………………………………………（172）

一、色素定义 ………………………………………………………………（172）

二、色素分类 ………………………………………………………………（172）

三、色素与食品质量 ………………………………………………………（173）

第二节　食品中的天然色素 ……………………………………………………（173）

一、四吡咯类色素 …………………………………………………………（173）

二、多烯类色素 ……………………………………………………………（178）

三、多酚类色素 ……………………………………………………………（181）

四、酮类色素 ………………………………………………………………（185）

第三节　食品中的合成色素 ……………………………………………………（185）

一、常用人工合成色素 ……………………………………………………（186）

二、食用人工合成色素的一般性质 ………………………………………（187）

三、人工合成色素的使用注意事项 ………………………………………（188）

【归纳与总结】 ……………………………………………………………（189）

【相关知识阅读】 …………………………………………………………（189）

【课后强化练习题】 ………………………………………………………（190）

第九章　食品风味化学 ··· (194)

第一节　概　述 ··· (194)

一、食品风味的定义 ··· (194)

二、食品风味的分类 ··· (194)

三、食品中风味物质的特点 ··· (195)

第二节　风味物质的生理学基础 ··· (196)

一、味　觉 ··· (196)

二、嗅　觉 ··· (198)

第三节　食品中的基本风味 ··· (200)

一、甜味与甜味物质 ··· (200)

二、苦味与苦味物质 ··· (203)

三、酸味与酸味物质 ··· (204)

四、咸味与咸味物质 ··· (205)

五、其他味 ··· (206)

第四节　各类食品中的风味化合物 ······································· (208)

一、果蔬的香气成分 ··· (208)

二、肉、乳及其制品的香气成分 ·· (209)

三、焙烤食品的香气成分 ·· (210)

四、发酵食品的香气成分 ·· (210)

五、水产品的香气成分 ·· (211)

第五节　食品中香气形成的途径与调控 ··································· (212)

一、香气的生成 ··· (212)

二、香气的控制 ··· (215)

三、香气的稳定 ··· (216)

四、香气的增强 ··· (216)

【归纳与总结】 ··· (217)

【相关知识阅读】 ··· (217)

【课后强化练习题】 ·· (218)

第十章　食品添加剂 ··· (221)

第一节　概　述 ··· (221)

一、食品添加剂的定义 ·· (221)

二、食品添加剂的分类 ·· (221)

三、食品添加剂在食品工业上的应用 ··································· (222)

四、食品添加剂的安全性 ·· (223)

　　　　五、食品添加剂的使用原则 ································ (223)

　　第二节　食品中常用的添加剂 ······························ (224)

　　　　一、防腐剂（抗微生物剂） ···························· (224)

　　　　二、抗氧化剂 ·· (228)

　　　　三、乳化剂 ·· (232)

　　　　四、增稠剂 ·· (236)

　　　　五、漂白剂 ·· (238)

　　　　【归纳与总结】 ·· (239)

　　　　【相关知识阅读】 ······································ (240)

　　　　【课后强化练习题】 ···································· (242)

第十一章　食品化学实验 ···································· (245)

　　第一节　食品化学实验须知 ································ (245)

　　　　一、学生实验守则 ······································ (245)

　　　　二、试剂使用规则 ······································ (245)

　　　　三、实验操作基本要求 ·································· (246)

　　　　四、溶液浓度的基本表示方法 ························ (246)

　　　　五、实验室安全规则 ···································· (246)

　　　　六、实验意外事故的急救处理 ························ (248)

　　第二节　食品化学实验项目 ································ (249)

　　　　实验一　水分含量的测定 ···························· (249)

　　　　实验二　食品水分活度的测定 ························ (250)

　　　　实验三　美拉德反应初始阶段的测定 ················ (252)

　　　　实验四　果胶的提取和果酱的制备 ·················· (253)

　　　　实验五　油脂氧化酸败的定性检验与过氧化值、酸值测定 ···· (254)

　　　　实验六　氨基酸的纸色谱 ···························· (257)

　　　　实验七　蛋白质的等电点测定 ························ (259)

　　　　实验八　蛋白质的功能性质实验 ···················· (260)

　　　　实验九　不同食品加工处理对维生素 C 保存率的影响 ··· (263)

　　　　实验十　绿色果蔬叶绿素的分离及其含量测定 ········ (265)

附　录 ·· (268)

　　附录一　化验室常用玻璃仪器的洗涤和干燥 ·············· (268)

　　　　一、洁净剂及使用范围 ·································· (268)

　　　　二、洗涤液的制备及使用注意事项 ·················· (268)

　　　　三、洗涤玻璃仪器的步骤与要求 ···················· (270)

四、玻璃仪器的干燥 ……………………………………………… (270)

附录二 常用试剂的配制 …………………………………… (271)

一、常用标准滴定溶液的配制和标定 ……………………… (271)

二、常用洗涤液的配制与使用方法 ………………………… (275)

三、常用指示剂的配制方法 ………………………………… (275)

附录三 化学试剂纯度分类 ……………………………… (277)

主要参考文献 ………………………………………………… (278)

第一章 绪 论

【学习目的与要求】

通过本章的学习了解食品化学发展简史、食品化学研究内容及食品化学在食品工业技术发展中的作用;掌握食物、食品、营养素、食品化学概念;理解食品的化学组成。为后续章节的学习奠定基础。

一、食品化学的基本概念

(一)食 品

1.食物与食品

"民以食为天 食以安为先",食物是维持人类生存和健康的物质基础,是指含有营养素的可食性物料,是人类摄取各种营养素的载体。一般把经过加工的食物称为食品。营养素是指那些能维持人体正常生长发育和新陈代谢所必需的化学物质。目前已知的营养素中有40~45种人体必需的营养素,从化学性质上可大致分为六大类,即蛋白质、脂肪、碳水化合物、矿物质、维生素和水,目前也有人提出将膳食纤维列为第七大类营养素。

作为食品必需具备以下的基本要求:

(1)具备营养功能。任何一种食品中必须至少含有六大营养素蛋白质、糖类、脂类、矿物质、维生素、水分中的一种以上,满足人们营养代谢需求。每种食物含有营养素特点不同,到目前没有一种食物含有人体所需的全面营养素,因此摄食应多样化以获取均衡的营养保证人体健康。

(2)良好的感官特征。食品应具有符合人们嗜好的风味特征,满足人们的感觉需要,使人身心愉悦。

(3)对人体安全无害。所有食品都必须对人体绝对安全无害,不得含有对人体有害的因子。

2.食品的化学组成

食品的化学组成成分可概括地表示为:天然成分,包括水分、碳水化合物、蛋白质、脂类、矿质元素、维生素、色素、激素、风味成分、有害成分;非天然成分,包括食品添加剂(天然食品添加剂、人工合成食品添加剂)、污染物(加工过程污染物、环境污染物),食品化学组成见图1-1。

食品化学（第二版）

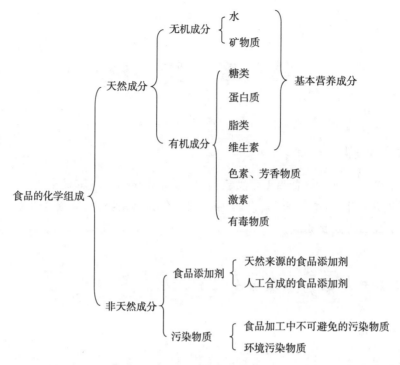

图1-1 食品的化学组成

（二）食品化学

食品化学是从化学角度和分子水平研究食品的组成、结构、理化性质、生理和生化性质、营养与功能性质以及它们在食品储藏、加工和运销中的变化规律的一门学科。通过对食品的营养价值、质量、安全性和风味特征的研究、阐明食品的组成、性质、特征、结构和功能，以及食品成分在储藏加工过程中的化学和生物学变化，乃至食品成分与人体健康和疾病的相关性。以食物中重要组成成分水、糖类、脂类、蛋白质、维生素、矿物质、色素、酶等为主要线索，系统地讨论各主要成分的化学特性、功能特性、各类反应对食品品质和安全性的影响及其控制措施。

二、食品化学发展简史

食品化学是20世纪初随着化学、生物化学的发展以及食品工业的兴起而形成的一门独立学科，它与人类生活和食物生产实践密切相关。我国劳动人民早在4000年前就已经掌握酿酒技术，1200年前便会制酱，在食品保藏加工、烹调等方面也积累了许多宝贵的经验。公元4世纪晋朝的葛洪已经采用含碘丰富的海藻治疗"瘿病"，公元7世纪已用含维生素A丰富的猪肝治疗夜盲症，在人类早期食品科学的发展中作出了重要贡献。

食品化学直到20世纪初才成为一门独立的学科，但作为科学加以研究可以追溯到18世纪，与食品化学研究相关的科学家为后来食品化学的发展奠定了基础。1780年著名的瑞典化学家舍雷（Scheele）分离出了乳酸，又从柠檬汁（1874年）和醋栗（1785年）中分离出柠檬酸；从苹果中分离出苹果酸（1784年）；并检验20种水果中含有柠檬酸、苹果酸、酒石酸。他还对动、植物中新发现的一些成分作了定量分析。因此，他被认为是食品化学定量研究的先驱。法国化学家拉瓦锡（Lavoisier，1743～1794年），是利用燃烧方法分析有机物的理论奠基人，他首次把发酵过程用配平的化学方程式表达；并首次测定了乙醇的元素组成（1784年）；他发表了第一篇关于水果中有机酸的论文（1786年）。

1807年法国化学家尼科拉斯（Nicolas）用灰化方法测定植物中矿物元素，完成乙醇的化学分析。1811年法国化学家盖-吕萨克（Gay－Lussac）、赛纳德（Thenarde）提出了植物物质中的碳、氢、氧、氮定量测定方法。1842年Liebig将食品分类为含氮化合物和不含氮化合物，1847年出版"食品化学研究"刊物。1860年W. Hanneberg和F. Stohman发展了测定水分、脂肪、灰分、蛋白质、无氮浸出物方法。

20世纪中期，食品工业有了较快的发展，从而推动了化学与食品化学的发展。为改善食品的感官质量和品质，或有利于改进食品加工处理以及延长贮藏期，在食品中添加各种添加剂。农业生产中广泛使用农药，这给食物带来不同程度的污染，食品安全成了食品化学家们普遍关注的问题。

三、食品化学研究的内容和领域

食品从原料生产，经过贮藏、运输、加工到产品销售，每一过程无不涉及一系列的化学和生物化学变化。例如水果、蔬菜采后和动物宰后的生理变化；食品中各种物质成分的稳定性随环境条件的变化；贮藏加工过程中食品成分相互作用而引起的化学和生物化学变化，以及引起这些变化的原因和机制等。因此，食品化学研究内容具体包括：应用分析技术确定食品的化学组成、营养价值、安全性和品质等重要特性，食品在加工、储藏中的变化及对食品质量影响，确定影响食品质量、品质、安全性的主要因素。

（一）应用分析技术确定食品的营养价值、安全性和品质等重要特性

（1）食品营养是指食品中含有人体必需的营养素，它们提供人体正常代谢所必需的物质和能量，是消费者最关注的问题，也是食品重要的质量指标之一。在食品加工或贮藏过程中要防止维生素损失或降解，矿物质损失，蛋白质损失或降解，脂类损失或降解，其他具有生理功能的物质的损失或降解。

（2）食品安全指食品无毒、无害，符合应当有的营养要求，对人体健康不造成任何急性、亚急性或者慢性危害。

（3）食品的品质特性包括色、香、味、质构、营养、安全6个方面。

"色"指食品中各类有色物质赋予食品的外在特征，是消费者评价食品新鲜与否，正常与否的重要的感官指标。一种食品应具有人们习惯接受的色泽，如新鲜瘦猪肉应为红色、酱油应为黑棕色。引起食品色泽变化的主要反应为褐变、褪色或产生其他不正常颜色。

"香"指食品中宜人的挥发性成分刺激人的嗅觉器官产生的效果，加工的食品一般具有特征香气。"香"有时也泛指食品的气味，正常的食品应有特征的气味，如羊肉具有一定的膻味、麻油有很好的香气；不正常食品会产生使人恶心的气味，如食用油的氧化性气味。

"味"指食品中非挥发性成分作用于人的味觉器官所产生的效果。避免产生恶臭、酸败味、烧煮的或焦糖的风味、其他异味。食品的风味，除新鲜水果、蔬菜以外，一般是在加工过程中由糖类、蛋白质、脂类、维生素等分解或相互作用所产生的。

"质构"包括食品的质地（软、脆、硬、绵）、形状（大、小、粗、细）、形态（新鲜、衰竭、枯萎）。不同的食品，其质构方面的要求差异很大，口香糖需要有韧性，饼干需要有脆性，肉制品需要软嫩等。引起食品质构劣变的原因有食物成分失去溶解性、失去持水力及各种引起硬化与软化的反应。

（二）食品在加工、储藏中的变化及对食品质量的影响

食品在贮藏加工过程中发生的许多化学和生物化学反应都会影响食品的品质和安全性。这些反应包括非酶褐变、酶促褐变、脂类水解和氧化、蛋白质变性、蛋白质交联和水解、低聚糖和多糖的水解、多糖的合成和酵解以及维生素和天然色素的氧化与降解等。

（三）确定影响食品质量、品质、安全性的主要因素

食品在贮藏加工过程中的各种化学和生物化学变化与温度、时间、pH、食品的组成、水分活度、反应速率等理化因素都有关系。

1. 温　度

温度对食品加工和贮藏过程中可能发生的所有类型的反应都有影响。温度对单个反应的影响可用 Arrhenius 关系式表示，$k = Ae^{-E/RT}$ 描述，式中 K 为温度 T 时的速率常数，A 为作用物分子间的碰撞频率，E 为反应活化能，R 为气体常数，T 为温度。在某个中间温度范围内，反应一般符合 Arrhenius 关系式，但是在温度过高或过低时，会偏离该关系式。温度过高或过低会引起酶失去活性，反应途径改变或出现竞争，体系的物理状态可能发生变化，一个或几个反应物可能短缺。

2. 时　间

在一个指定的食品体系中各种化学反应发生的时间与程度，决定了产品的具体贮藏寿命。温变率的控制，在多种食品反应体系中应用，特别是在食品的杀菌工艺与速冻工艺中，可以说是决定产品质量的第一因素。

3. pH

pH 可影响许多化学反应和酶促反应速度，酸性条件可抑制碳水化合物与蛋白质的褐变反应；蛋白质对 pH 的变化很敏感，通过调节 pH 到蛋白质的等电点可使蛋白质沉淀，有利于分离与纯化蛋白质；通过调节 pH 来加速和控制反应速度，提高加工食品的质量。

4.食品组成

食品的化学组成决定了食品可能发生的化学反应。另外,食品的成分不同,对产品的贮藏寿命、持水性、坚韧度、风味、色泽均有明显影响。如无脂肪的体系不可能发生脂肪的氧化,相对保质期就可延长;有糖和蛋白质的体系就容易颜色变暗。通过采用适当方法控制食品的组成,如加入酸化剂、风味增强剂来改善产品的风味;加螯合剂或抗氧化剂来防止有关成分的氧化等。

5.水分活度(A_w)

水分活度在酶促反应、脂类氧化、非酶褐变、蔗糖水解、叶绿素降解、花色素降解和许多其他反应中是决定反应速度的重要因素。

食品加工贮藏过程中上述各种可变量都非常重要,但针对某一种具体食品则需找出影响反应的主要因素加以控制。探索一种食品加工工艺,则要从可行性、经济性、品质特性来平衡这些条件。

四、食品化学的研究方法

由于食品中存在多种成分,是一个复杂的成分体系,因此食品化学的研究方法也与一般化学的研究方法有很大的不同,它应将食品的化学组成、理化性质及其变化的研究与食品的营养性和安全性联系起来。因此,研究食品化学时,通常采用一个简化的、模拟的食品体系来进行试验,再将所得的试验结果应用于真实的食品体系,进而进一步解释真实的食品体系中的情况。

食品化学的试验应包括理化试验和感官试验。理化试验主要是对食品进行成分分析和结构分析,即分析试验系统中的营养成分、有害成分、色素和风味物的存在、分解、生成量和性质及其化学结构;感官试验是通过人的感观检评来分析试验系统的质构、风味和颜色的变化。

根据实验结果和资料查证,可在变化的起始物和终产物间建立化学反应方程,也可能得出比较合理的假设机理,并预测这种反应对食品品质和安全性的影响,然后再用加工研究实验来验证。在以上研究的基础上再研究这种反应的反应动力学,这一方面是为了深入了解反应机理,另一方面是为了探索影响反应速度的因素,以便为控制这种反应奠定理论依据和寻求控制方法。

食品化学研究成果最终转化为:合理的原料配比,有效反应接触屏障的建立,适当的保护或催化措施的应用,最佳反应时间和温度的设定、光照、氧含量、pH、水分活度等的确定,从而得出最佳的食品加工贮藏方法。

五、食品化学在食品工业中的作用

食品化学是食品类专业中一门主要核心专业基础课程,食品化学为食品加工和保藏提供理论基础依据,食品化学为研发食品新产品和新工艺提供有效途径和方法,体现在食品科学中的作用是食品科学的内涵。食品科学是食品体系的化学、结构、营养、微生物、毒理、感官性质以及食品体系在处理、转化、制作、储藏中发生变化两方面科学知识的综合，具体见表1-1。

表1-1 食品化学对食品行业技术进步的影响

食品工业各领域	食品化学研究成果对食品加工储藏技术的影响
果蔬加工储藏	化学去皮，护色，质构控制，维生素保留，脱涩脱苦，化学保鲜，气调储藏，活性包装，酶法榨汁，过滤、澄清及化学防腐等
肉品加工储藏	宰后处理，保汁及嫩化，护色和发色，提高肉糜乳化力，凝胶性和黏弹性，烟熏肉的生产和应用，人造肉生产，综合利用等
饮料工业	速溶，克服上浮下沉，稳定蛋白质饮料，水质处理，稳定带肉果汁，果汁护色，控制澄清度，提高风味，白酒降度，啤酒澄清，啤酒泡沫和苦味改善，啤酒的非生物稳定性的化学本质及防止，啤酒异味，果汁脱涩，大豆饮料脱腥等
乳品工业	稳定酸乳和果汁乳，开发凝乳酶代用品及再制乳酪，乳清的利用，乳品的营养强化等
焙烤工业	生产高效膨松剂，增加酥脆性，改善面包呈色和质构，防止产品老化和霉变等
食用油脂工业	精炼，油脂改性，DHA、EPA和MCT的开发利用，食用乳化剂生产，抗氧化剂，减少油炸食品吸油量等
调味品工业	肉味汤料，核苷酸鲜味剂，碘盐和有机硒盐等
发酵食品工业	发酵产品的后处理，后发酵期间的风味变化，综合利用等
基础食品工业	面粉改良，谷制品营养强化，水解纤维素和半纤维素，高果糖浆，改性淀粉，氢化植物油，新型甜味料，新型低聚糖，改性油脂，植物蛋白，功能性肽，功能性多糖，添加剂，新资源等
食品检验	检验标准的制定，快速分析，生物传感器的研制，不同产品的指纹图谱等
食品安全	食品中外源性有害成分来源及防范，食品中内源性有害成分消除等

现代食品正向着加强营养、保健、安全和享受性方向发展。食品化学的基础理论和应用研究成果，正在并继续指导人们依靠科技进步，健康而持续地发展食品工业，见表1-2。

表1-2 食品化学研究成果在推动食品工业发展中的作用

食品研究领域	过去的状况	现在的状况
食品配方	依靠经验确定	依据原料组成、性质分析的理性设计
食品加工工艺	依据传统、经验和粗放小试	依据原料及同类产品组成、特性分析，利用优化理论设计

表 1-2(续)

食品研究领域	过去的状况	现在的状况
开发食品	依靠传统和感觉盲目开发	依据科学研究资料目的明确的开发,并已开始大力发展功能食品
控制加工和储藏变化	依据经验,尝试性简单控制	依据变化机理,科学地控制
开发食品资源	盲目甚至破坏性的开发	科学地、综合地开发食品新资源
食品深加工	规模小、浪费大、效益低	规模增大,范围拓宽,浪费小、效益提高

食品科学和工程领域的许多新技术,如可降解包装材料、生物技术、微波加工技术、辐射保鲜技术、超临界萃取和分子蒸馏技术、膜分离技术、微胶囊技术等的建立和应用依然有赖于食品化学对物质结构、物性和变化的把握。

由上面分析可以看出,食品化学研究的领域已经延伸到食品工业的各个方面,其影响的范围及程度也与日俱增。可以这样说,没有食品化学的理论指导就不可能有日益发展的现代食品工业。

六、食品化学的学习方法

食品化学作为一门食品类专业的重要专业基础课程,学好这门课的方法关键在于:要记住食品中主要化学成分的食用特点和基本化学特点,如结构特点、特征基团、味感和呈味浓度、加工与贮藏条件下的典型反应等。学习过程中,应注意了解常见食品的特点,特别是它们的化学组成和突出的营养素,这是预测食品在贮藏和加工条件下可能发生的化学反应的基础,具备了这些知识有利于理解教学材料中的实例。教材中有关工艺技术的举例,最好能查阅有关工艺资料,以加深对有关理论问题的理解。在学习过程中会遇到很多不明确的基础性问题,如一些典型的有机反应、一些普遍的生物学现象,要及时查阅相关的书籍把这些问题弄懂。食品化学知识与你的日常生活密切相关,多与自己遇到的实际情况联系,培养对本门课程的学习兴趣。

【归纳与总结】

本章主要内容为食物、食品的化学组成、营养与营养素、食品与食品化学的概念、食品化学的研究内容以及学习方法。

食物是维持人类生存和健康的物质基础,是指含有营养素的可食性物料,是人类摄取各种营养素的载体。一般把经过加工的食物称为食品。食品必须具备以下的基本要求:①具备营养功能;②良好的感官特征;③对人体安全无害。食品化学是从化学角度和分子水平上研究食品原料及食品的化学组成、结构、理化性质、营养、品质、质量安全及其在食品加工、储藏和运输过程中变化的科学,是为改善食品品质、开发食品资源、革新食品加工和储运技术、加强食品质量控制、科学调整食物结构、提高食品原料综合利用水平和食品类后续专业课奠定理论的基础学科。

第一章 绪论

【相关知识阅读】

有机食品

有机食品（organic food）也叫生态或生物食品等。有机食品是国际上对无污染天然食品比较统一的提法。有机食品通常来自于有机农业生产体系，根据国际有机农业生产要求和相应的标准生产加工的。除有机食品外，国际上还把一些派生的产品如有机化妆品、纺织品、林产品或有机食品生产而提供的生产资料，包括生物农药、有机肥料等，经认证后统称有机产品。

1. 定 义

1939年，Lord Northbourne在《Look to the Land》中提出了有机耕作（organic farming）的概念，意指整个农场作为一个整体的有机的组织，而相对的化学耕作则依靠了额外的施肥（imported fertility），而且不能自给自足，也不是一个有机的整体（cannot be self－sufficient nor an organic whole）。

从物质的化学成分来分析，所有食品都是由含碳化合物组成的有机物质，都是有机的食品，没有非有机的食品。因此，从化学成分的角度，把食品称作"有机食品"的说法是没有意义的 。所以，这里所说的"有机"不是化学上的概念——分子中含碳元素，而是指采取一种有机的耕作和加工方式。有机食品是指按照这种方式生产和加工的；产品符合国际或国家有机食品要求和标准；并通过国家有机食品认证机构认证的一切农副产品及其加工品，包括粮食、食用油、菌类、蔬菜、水果、瓜果、干果、奶制品、禽畜产品、蜂蜜、水产品、调料等。

有机食品的主要特点来自于生态良好的有机农业生产体系。有机食品的生产和加工，不使用化学农药、化肥、化学防腐剂等合成物质，也不用基因工程生物及其产物。因此，有机食品是一类真正来自于自然、富营养、高品质和安全环保的生态食品。

有机食品在不同的语言中有不同的名称，国外最普遍的叫法是organic food，在其他语种中也有称生态食品、自然食品等。联合国粮农和世界卫生组织（FAO/WHO）的食品法典委员会（CODEX）将这类称谓各异但内涵实质基本相同的食品统称为有机食品。

2. 标 志

中国有机产品标志的主要图案由3个部分组成，即外围的圆形、中间的种子图形及其周围的环形线条。

标志外围的圆形形似地球，象征和谐、安全，圆形中的"中国有机产品"字样为中英文结合方式。既表示中国有机产品与世界同行，也有利于国内外消费者识别。

标志中间类似于种子的图形代表生命萌发之际的勃勃生机，象征了有机产品是从种子开始的全过程认证，同时昭示出有机产品就如同刚刚萌发的种子，正在中国大地上苗壮成长。

中国有机产品标志

种子图形周围圆润自如的线条象征环形道路,与种子图形合并构成汉字"中",体现出有机产品植根中国,有机之路越走越宽广。同时,处于平面的环形又是英文字母"C"的变体,种子形状也是"O"的变形,意为"China Organic"。

绿色代表环保、健康,表示有机产品给人类的生态环境带来完美与协调。橘红色代表旺盛的生命力,表示有机产品对可持续发展的作用。

3. 区 分

有机食品是有机产品的一类,有机产品还包括棉、麻、竹、服装、化妆品、饲料(有机标准包括动物饲料)等"非食品"。我国有机产品主要是包括粮食、蔬菜、水果、畜禽产品(包括乳蛋肉及相关加工制品)、水产品及调料等。

 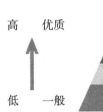 

绿色食品是指产自优良生态环境、按照绿色食品标准生产、实行全程质量控制并获得绿色食品标志使用权的安全、优质食用农产品及相关产品。绿色食品认证依据的是农业部绿色食品行业标准。绿色食品在生产过程中允许使用农药和化肥,但对用量和残留量的规定通常比无公害标准要严格。

无公害农产品是指产地环境、生产过程和产品质量符合国家有关标准和规范的要求,经认证合格获得认证证书并允许使用无公害农产品标志的未经加工或者初加工的食用农产品。无公害农产品生产过程中允许使用农药和化肥,但不能使用国家禁止使用的高毒、高残留农药。

【课后强化练习题】

一、选择题

1. 构成食品原料的天然成分中不包括(　　　　)。

　　A. 蛋白质　　　　B. 水分　　　　C. 食品添加剂　　　　D. 无机盐

2. 作为食品应具有下列哪些属性(　　　　)。

　　A. 安全　　　　B. 营养　　　　C. 感官　　　　D. 以上都是

第一章　绪论

3. 影响食品品质的因素包括(　　　)。

　　A. 温度与时间　　　B. pH与A_w　　C. 食品的化学组成　　　D. A＋B＋C

4. 食品加工的原料包括(　　　)。

　　A. 植物性原料　　　B. 动物性原料　　C. 微生物原料　　　　D. 以上都是

5. 食品化学是从化学角度和(　　　)水平上研究食品原料成分在食品加工过程中的化学变化。

　　A. 电子　　　　　　B. 原子　　　　　C. 分子　　　　　　　D. 离子

二、简答叙述

1. 食物与营养素。

2. 食品与食品化学。

3. 食品化学的概念及研究内容是什么？

4. 各种理化因素如何影响食品的品质？

5. 食糖和食盐在食品加工中有多种应用，请分别举出它们十种以上的应用实例，并指出这些应用是作为食品组成成分分类中的哪种成分而发挥其功能的？

三、综合分析

曲奇，来源于英语cookie，是由香港传入的粤语译音，曲奇饼在美国与加拿大解释为细少而扁平的蛋糕式的饼干，而英语的cookie是由德文koekje来的，意为"细少的蛋糕"。下面是一种曲奇生产配方。

中粉(中筋面粉)190g；杏仁粉150g；糖100g；肉桂粉1.5小勺；盐0.25小勺；丁香粉0.25小勺；蛋一个；水2小勺；黄油113g，室温软化；果酱适量；巧克力、榛子酱适量；糖粉适量。

请根据以上食品加工原料分析：

1. 曲奇食品的主料、辅料是什么？

2. 以上原料中各自的主要化学成分有哪些？

3. 本产品中为什么采用中粉而不采用高筋面粉？

第二章　水　分

【学习目的与要求】

通过本章的学习使学生掌握水分的结构、性质及在食品中的作用,水分活度、等温吸附曲线的意义。理解水分活度、玻璃化温度、分子流动性对食品稳定性的影响。

第一节　概　述

水是地球上惟一的以 3 种物理状态广泛存在的物质,水也是地球上储量最多、分布最广的一种物质,不仅集中存在于江河湖海中,也存在于绝大部分的生物体中。

一、食品中水的作用

(一)食品原料中水分的作用

水也是许多食品的主要成分,每一种食品都有其特定的含水量,并且因此才能显示出它们各自的色、香、味、形等特征。水的含量、分布和取向不仅对食品的结构、外观、质地、风味、新鲜程度和腐败变质的敏感性产生极大的影响,而且对生物组织的生命过程也起着至关重要的作用。例如:水在食品加工、储藏和运输过程中作为化学和生物化学反应的介质,又是水解过程的反应物;水是微生物生长繁殖的重要因素,影响着食品的耐贮藏性和货架寿命;水与蛋白质、多糖和脂类通过物理相互作用影响食品的质构,如新鲜度、硬度、流动性等;水还能发挥膨润、浸透、均匀化食品等方面的作用,从而影响食品的加工适应性。因此,在许多法定的食品质量标准中,水分是一个主要的质量指标。

(二)水的生理功能

水除了与食品的质量有关外,还是生物体最基本的营养素。对一个正常的成年人来说,每日的水需要量为 2400mL～4000mL,即我们经常听说的每日需要 8 杯水。水在机体内主要有以下多方面重要的功能:水的热容量大,可以作为维持体温的载体,一旦人体内热量增多或减少也不致引起体温出现大的波动,水的蒸发潜热大,蒸发少量汗水即可散发大量热能,通过血液流动使全身体温保持平衡;水是一种溶剂,能够作为体内营养素运输、吸收和废弃物排泄的载体,作为体内化学和生物化学反应物或反应介质;水是一种天然的润滑剂和增塑剂,可使摩擦面润滑,减少损伤;水是优良的增塑剂,同时又是生物大分子化合物构象的稳定剂,以及包括酶催化在内的大分子动力学行为的促进剂;此外,水也是植物进行光合作用过程中合成碳水化合物所必需的物质。无论是植物、动物还是微生物,生命活动都离不开水。

二、各种食品原料的含水量

除一些调味料外,大多数食品原料都来自于生物体,而水是生物体最基本的组成成分。大多数生物体的含水量为60%～80%,水在生物体中的分布是不均匀的。动物性原料中肌肉、脏器、血液中的含水量最高,为70%～80%;皮肤次之,为60%～70%;骨骼的含水量最低,为12%～15%。不同品种植物性原料之间,同种植物不同的组织、器官之间,同种植物不同的成熟度之间,在水分含量上都存在着较大的差异。一般来说,叶菜类较根茎类含水量要高得多;营养器官(如植物的叶、茎、根)含水较高,通常为70%～90%;繁殖器官(如植物的种子)含水量较低,通常为12%～15%。

第二节 食品中水与冰的结构和性质

一、食品中水与冰的性质

(一)水和冰的物理特性

为了更好地掌握水和冰的物理特性,我们将常见及常用的数据整理成表格(见表2-1)。与元素周期表氧周围的元素的氢化物如CH_4,NH_3,HF,H_2S,H_2Se,H_2Te的物理性质相比较后发现,除黏度外,水的其他物理性质都很异常。表现为水具有异常高的熔点、沸点;水具有特别大的表面张力、介电常数、热容及相变热;水的密度较低,但在凝固时体积增加,表现出异常的膨胀特性。

表2-1 水与冰的物理常数

物 理 量 名 称	物 理 常 数 值
相对分子质量	18.0153
相变性质	
熔点(101.3kPa)/℃	0.000
沸点(101.3kPa)/℃	100.000
临界温度/℃	373.99
临界压力	22.064MPa(218.6atm)
三相点	0.01℃和611.73Pa(4.589mmHg)
熔化热(0℃)	6.012kJ(1.436kcal)/mol

表 2－1(续)

物 理 量 名 称	物 理 常 数 值			
蒸发热(100℃)	40.657kJ(9.711kcal)/mol			
升华热(0℃)	50.91kJ(12.06kcal)/mol			
其他性质	20℃(水)	0℃(水)	0℃(冰)	－20℃(冰)
密度/(g/cm³)	0.998 21	0.999 84	0.916 8	0.919 3
黏度/(Pa·s)	1.002×10^{-3}	1.793×10^{-3}	—	—
界面张力(相对于空气)/(N/m)	72.75×10^{-3}	75.64×10^{-3}	—	—
蒸汽压/kPa	2.338 8	0.611 3	0.611 3	0.103
热容量/[J/(g·K)]	4.181 8	4.217 6	2.100 9	1.954 4
热导率(液体)/[W/(m·K)]	0.598 4	0.561 0	2.240	2.433
热扩散系数/(m²/s)	1.4×10^{-7}	1.3×10^{-7}	11.7×10^{-7}	11.8×10^{-7}
介电常数	80.20	87.90	～90	～98

(二)水的物理特性在食品加工中的意义

水是一种特殊的溶剂,其物理性质和热行为有与其他溶剂显著不同的方面:水的熔点、沸点、介电常数、表面张力、热容和相变热均比质量和组成相近的分子高得多,这些特性将对食品加工中的冷冻和干燥过程产生很大的影响。水结冰后体积增大 9% 导致水果蔬菜或动物肌肉细胞组织被破坏,解冻后会导致汁液流失、组织溃烂、滋味改变。水的热导率较大,然而冰的热导率却是水同温度下的 4 倍,这说明冰的热传导速度比非流动水(如动、植物组织内的水)快得多,因此水的冻结速度比解冻速度要快得多。冰的热扩散速度是水的 9 倍,因此在一定的环境条件下,冰的温度变化速度比水大得多。正是由于水的以上物理特性,导致含水食品在加工贮藏过程中的许多方法及工艺条件必须以水为重点进行考虑和设计,特别是在利用食品低温加工技术是要充分重视水的热传导和热扩散的特点。

水的介电常数非常大,所以水具有很强的溶解能力,食品原材料中的盐、味精及一些矿物质可以在水中以离子形式存在;非离子极性化合物如糖、醇、醛、酸等有机物亦可与水形成氢键溶于水中;食品材料中的大分子物质如淀粉、果胶、蛋白质、脂肪等也能在适当的条件下分散在水中形成乳浊液或胶体溶液供加工各种食品,一定条件下这种乳浊液能稳定存在。如牛奶中的乳脂经均质后形成稳定的乳浊液,不易离析且容易被人体吸收。

二、食品中水的结构

(一)水分子的结构

我们经常听到一句话:结构决定性质。水的物理特性就是由其结构决定的。水分子

第二章 水分

食品化学（第二版）

(1)分子形状

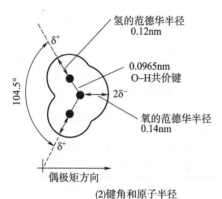

氢的范德华半径
0.12nm

0.0965nm
O—H共价键

2δ⁻

氧的范德华半径
0.14nm

104.5°

δ⁺

δ⁺

偶极矩方向

(2)键角和原子半径

图 2-1　水的分子结构

化学式为 H_2O,是由两个氢原子与一个氧原子的两个 SP^3 杂化轨道结合成两个 σ 共价键,为四面体结构,氧原子位于四面体中心,四面体的 4 个顶点中有两个被氢原子占据,其余两个为氧原子的非共用电子对所占有(见图 2-1)。气态水分子两个 O—H 键的夹角即(H—O—H)的键角为 104.5°,与典型四面体夹角 109°28′很接近,键角之所以小了约 5°是由于受到氧原子的孤对电子排斥的影响。此外,O—H 核间距 0.096nm,氢和氧的范德瓦尔斯半径分别为 0.12nm 和 0.14nm。从水的结构可以看出,水是典型的极性分子。

由于水分子中氧原子的电负性大,O—H 键的共用电子对强烈地偏向氧原子一方,使每个氢原子带部分正电荷且电子屏蔽最小,表现出裸质子的特征。这样一个水分子就能沿 O—H 键方向与另外两个水分子的氧原子上的孤对电子形成氢键,同时这个水分子氧原子上的两个孤对电子也能与其他水分子 O—H 键形成氢键,所以每个水分子能与周围其他 4 个水分子形成氢键。

(二)水分子的缔合

由于水分子的极性及两种组成原子的电负性差别,导致水分子之间可以通过形成氢键而呈现缔合状态。由于每个水分子上有 4 个形成氢键的位点,因此每个水分子可以通过氢键结合 4 个水分子,形成了如图 2-2 所示的四面体结构。由于水分子之间可以以不同数目和不同形式结合,因此缔合态的水在空间有不同的存在形式。由于水分子之间除了通过氢键结合外,还有极性的作用力,因此水分子之间的缔合数可能大于 4。

前面在性质中所说水的熔点、沸点、介电常数、表面张力、热容和相变热均比质量和组成相近的分子高得多,这些都与水分子强烈的缔合作用有关。在通常情况下,水有 3 种存在状态,即气态、液态和固态。水分子之间的缔合程度与水的存在状态有关。在气态下,水分子之间的缔合程度很小,可看作以自由的形式存在;在液态,水分子之间有一定程度的缔合,几乎没有游离的水分子,由此可理解为什么水具有高的沸点。而在固态也

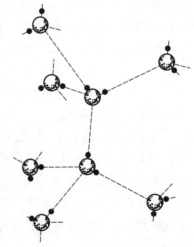

图 2-2　水分子的四面体构型下的
氢键模式(以虚线表示)

就是结冰的状态下，水分子之间的缔合数是4，每个水分子都固定在相应的晶格里，这也是水的熔点高的原因。水的缔合程度及水分子之间的距离也与温度有密切的关系。在0℃时，水分子的配位数是4，相互缔合的水分子之间的距离是0.276nm；当冰开始熔化时，水分子之间的刚性结构遭到破坏，此时水分子之间的距离增加。通过氢键结合的水分子簇产生多分子偶极，这就使得水的介电常数较高。

水具有一定的黏度是因为水分子在大多数情况下是缔合的，而水具有流动性是因为水分子之间的缔合是动态的。当水分子在短时间内改变它们与临近水分子之间的氢键键合关系时，会改变水的湘度和流动性。水分子不仅相互之间可以通过氢键缔合，而且可以和其他带有极性基团的有机分子通过氢键相互结合，所以糖类、氨基酸类、蛋白质类、黄酮类、多酚类化合物在水中均有一定的溶解度。另外，水还可以作为两亲分子的分散介质，通过这种途径使得疏水物质也可在水中均匀分散。

当冰融化成水时，冰中仅有15%的氢键被破坏，大量的水分子依然优先选择四面体的空间排列方式，靠氢键缔合成大的网络。虽然这种排列是动态的，不断有新的氢键形成、旧的氢键断裂，但在温度不变的情况下，在整个体系中保持着一个较恒定的氢键网络。这和水许多异常物理性质是一致的。随着冰融化成水部分氢键的断裂，最邻近的水分子间距离增加(使密度降低)，而水的密度却大于冰的密度，说明冰融化成水时，最邻近的水分子的平均数增加(使密度增加)，并且这种增加占有优势。显然在0℃～4℃之间配位数增加的效应占优势，在3.98℃时密度最大。而在4℃以上，最邻近的水分子间的距离增加的效应占优势。

水由于一个水分子可以和几个水分子相互靠近形成各种不同结构和大小的"水分子团"，当有其他物质共存时，水分子团要受到各种各样的影响，这就直接影响到的口感和作用。研究表明，作为饮用水，较理想的为5～6个水分子组成的小分子团，不仅口感好，而且有一定的生物活性，也有人把它称为"活化水"。而一般常温下的自来水水分子团的大小都在20～40个水分子之间。要得到"活化水"，就需用电场、磁场、压力场进行处理，这方面的研究工作现已经展开，在国外已有这样的水商品面市。

三、食品中冰的结构

(一)冰的结构

冰(ice)是水分子通过氢键相互结合、有序排列形成的低密度、具有一定刚性的晶体结构(见图2-3)。在冰的晶体结构中，每个水和另外4个水分子相互缔合，O-O之间的最小距离为0.276nm，O-O-O之间的夹角为109°，与典型四面体夹角109°28′非常接近。由此可以看出，冰是由水分子构成的非常"疏松"的大而长的刚性结构，相比之下液态水则是一种短而有序的结构，因此冰的比容较大。冰在融化时，一部分氢键断裂，转变成液相后水分子紧密靠拢，密度增加。

当几种晶格单元结合在一起并从顶部(沿着C轴向下)观察时，从图2-4可以看出冰的六面体对称就很清楚。从图2-4(1)可见，水分子W和与它最相邻的4个水分子(其中1,2,3是可见的，而第4个分子位于纸平面下，正好处在分子W下面)形成了明显的四面体结构。从三维观察图2-4(1)可以明显看到图2-4(2)的结构，即冰结构中存在两个平面的分子(由空心、实心圆组成)。此两平面平行、非常接近，冰在压力下滑动或流动时作为一个单元运动。此类平面构成冰的"基本平面"，由许多平面堆积就构成了冰的结构，它的结构中水分子在空间的配置是完美的，冰在C轴方向是单折射而在其他方向是双折射，所以C轴是冰的光学轴。

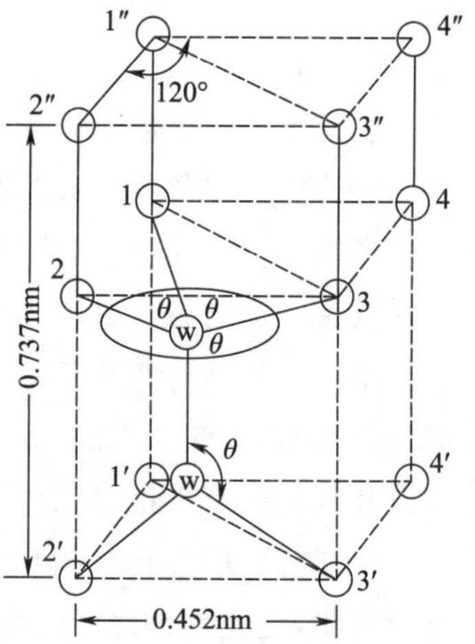

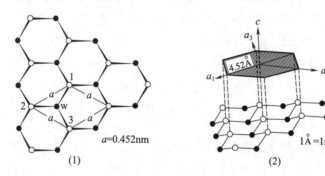

图2-3　0℃时普通冰的晶胞

(圆圈表示水分子的氧原子，最邻近水分子的O-O核间距是0.276nm，$\theta=109°$)

(二)冰晶的类型

当水溶液结冰时，其所含溶质的种类和数量可以影响冰晶的数量、大小、结构、位置和取向。冰有11种结构，但是在常压和0℃时，只有普通的正六方晶系的冰晶体是稳定的，另外还有9种同质多晶和一种非结晶或玻璃态的无定形结构。在冷冻食品中存在4种类型，即六方形、不规则树状、粗糙球状、易消失的球晶；六方形是多见的，在大多数冷冻食品中重要的结晶形式，这种晶形形成的条件是在最适的低温冷却剂中缓慢冷冻，并且溶质的性质及浓度不严重干扰水分子的迁移。

图2-4　冰的"基本平面"

每个圆代表一个水分子，空心和实心代表基本平面上层和下层中氧原子
(1)沿轴向下所观察到的正六边形结构，用数字标出分子与图2-3中晶格单元有关；(2)基本平面的三维图，(2)中前面的边相当于(1)中的底部边，按照外点对称给结晶轴定位

尽管水的冰点是0℃，但经常并不在0℃结冻，而是出现过冷状态，只有当温度降低到零下某一温度时才可能出现结晶(加入固体颗粒或振动可促使此现象提前出现)，出现冰晶时温度迅速回升到0℃，把开始出现稳定晶核时的温度叫过冷温度。如果外加晶核，不必达到过冷温度就能结冰，但此时生产的冰晶粗大，因为冰晶主要围绕有限数量

的晶核成长。

　　一般食品中的水均是溶解了其中可溶性成分所形成的溶液,因此其结冰温度均低于0℃。把食品中水完全结晶的温度叫做低共熔点,大多数食品的低共熔点在−65℃~−55℃之间。但冷藏食品一般不需要如此低的温度,如我国冷藏食品的温度一般定为−18℃,这个温度离低共熔点相差甚多,但已使大部分水结冰,且最大程度的降低了其中的化学反应。现代食品冷藏技术中提倡速冻,这是因为速冻形成的冰晶细小、呈针状、冻结时间短且微生物活动受到更大限制,从而保证了食品品质。

(三)影响冰晶的因素

　　冰中溶质的种类会影响冰晶的结构,溶质对水分子的流动干扰不大时,产生六方晶形,有些溶质如明胶、琼脂对水分子的流动干扰大时,产生立方晶形或玻璃态。冰中溶质的数量也会影响冰晶的结构,溶质的数量增加即溶液的浓度的增大,立方形和玻璃态的冰晶较占优势。当冻结较慢,并且水中溶质(如蔗糖、甘油、蛋白质)的性质与浓度对水分子的流动干扰不大时,就产生六方晶形,随着冷冻速度的加快或亲水胶体(如明胶、琼脂等)浓度的增加,立方形和玻璃态的冰较占优势。很明显,像明胶这样复杂的大分子亲水物质能极大地限制水分子的运动以及水分子形成高度定向的六方晶体。冻结温度越低,冻结速度越快,越能限制水分子的活动范围使其不宜形成大的冰晶,甚至完全成为玻璃态结构,这样对细胞、组织的破坏可以降到最低。

第三节　食品中水存在的状态

一、水与溶质的相互作用

　　由于水在溶液中的存在状态与溶质的性质以及溶质分子同水分子的相互作用有关,下面分别介绍不同种类溶质与水之间的相互作用。

(一)水与离子或离子基团的相互作用

　　离子或离子基团(Na^+, Cl^-, $-COO^-$, $-NH_3^+$等)通过自身的电荷可以与水分子偶极子产生相互作用,通常称为水合作用。与离子和离子基团相互作用的水,是食品中结合最紧密的一部分水。从实际情况来看,所有的离子对水的正常结构均有破坏作用,典型的特征就是水中加入盐类以后,水的冰点下降。

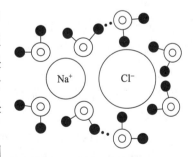

　　当水中添加可离解的溶质时,纯水的正常结构遭到破坏。由于水分子具有大的偶极矩,因此能与离子产生相互作用,见图2−5。由于水分子同Na^+的水合作用

图2−5　离子的水合作用和水分子的取向

能约 83.68kJ·mol^{-1},比水分子之间氢键结合(约 20.9kJ·mol^{-1})大 4 倍,因此离子或离子基团加入到水中,会破坏水中的氢键,改变水的流动性。

在稀盐溶液中,离子对水结构的影响是不同的,一些离子(如 K$^+$,Rb$^+$,Cs$^+$,NH$_4^+$,Cl$^-$,Br$^-$,I$^-$,NO$_3^-$,BrO$_3^-$,IO$_3^-$ 和 ClO$_4^-$ 等)由于离子半径大、电场强度弱、能破坏水的网状结构,所以溶液比纯水的流动性更大。而对于电场强度较强、离子半径小的离子或多价离子,它们有助于水形成网状结构,因此这类离子的水溶液比纯水的流动性小,如 Li$^+$,Na$^+$,H$_3$O$^+$,Ca^{2+},Ba^{2+},Mg^{2+},Al^{3+},F$^-$ 和 OH$^-$ 等就属于这一类。实际上,从水的正常结构来看,所有的离子对水的结构都起破坏作用,因为它们均能阻止水在 0℃下结冰。

(二)水与极性基团的相互作用

水和极性基团(如 $-$OH,$-$SH,$-$NH$_2$ 等)间的相互作用力比水与离子间的相互作用弱。各种有机分子的不同极性基团与水形成氢键的牢固程度有所不同。蛋白质多肽链中赖氨酸和精氨酸侧链上的氨基,天冬氨酸和谷氨酸侧链上的羧基,肽链两端的羧基和氨基,以及果胶物质中的未酯化的羧基,无论是在晶体还是在溶液时,都是呈离解或离子态的基团,这些基团与水形成氢键,键能大,结合得牢固。蛋白质结构中的酰胺基、淀粉、果胶质、纤维素等分子中的羟基与水也能形成氢键,但键能较小,牢固程度差一些。

通过氢键而被结合的水流动性极小。一般来说,凡能够产生氢键结合的溶质可以强化纯水的结构,至少不会破坏这种结构。然而在某些情况下,一些溶质在形成氢键时,键合的部位以及取向在几何构型上与正常水不同。因此,这些溶质通常对水的正常结构也会产生破坏作用,像尿素这种小的氢键结合溶质就对水的正常结构有明显的破坏作用。大多数能够形成氢键结合的溶质都会阻碍水结冰,但当体系中添加具有氢键结合能力的溶质时,每摩尔溶液中的氢键总数不会明显地改变,这可能是由于所断裂的水-水氢键被水-溶质氢键所代替。

(三)水与非极性基团的相互作用

把疏水物质,如含有非极性基团(疏水基)的烃类、脂肪酸、氨基酸以及蛋白质加入水中,由于极性的差异发生了体系的熵减少,这种变化在热力学上是不利的,此过程称为疏水水合。由于疏水基团与水分子产生斥力,从而使疏水基团附近的水分子之间的氢键结合增强,使得疏水基邻近的水形成了特殊的结构,水分子在疏水基外围定向排列,导致的熵减少。水对于非极性物质产生的作用中,其中有两个方面特别值得注意:笼形水合物的形成和蛋白质中的疏水相互作用。

笼形水合物代表水对疏水物质的最大结构形成响应。笼形水合物是冰状包合物,其中水为"主体"物质,通过氢键形成了笼状结构,物理截留了另一种被称为"客体"的分子。笼形水合物的客体分子是小分子量化合物,它的大小和形状与由 20~74 个水分子组成的主体笼的大小相似,典型的客体包括低分子量的烃类及卤化烃、稀有气体、SO_2、CO_2、环氧乙烷、乙醇、短链的伯胺、仲胺及叔胺、烷基铵等,水与客体之间相互作用往往涉及弱的范德华力,但有些情况下为静电相互作用。此外,分子量大的“客体”如蛋白质、糖类、脂类和生物细胞内的其他物质也能与水形成笼形水合物,使水合物的凝固点降低。

疏水相互作用是指疏水基团尽可能聚集在一起以减少它们与水的接触(见图 2-6(3))。疏水相互作用可以导致非极性物质分子的熵(分子混乱程度)减小,因而产生热力学上不稳定的状态;由于分散在水中的疏水性物质相互集聚,导致使它们与水的接触面积减小,结果引起蛋白质分子聚集,甚至沉淀。疏水相互作用对于维持蛋白质分子的结构发挥重要的作用,疏水基团、疏水性物质在水中的作用情况见图 2-6。

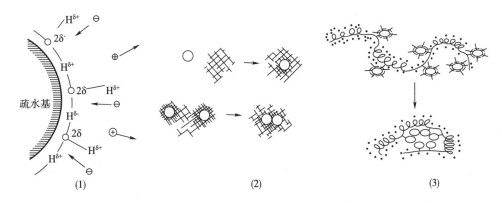

图 2-6 疏水水合(1)与疏水相互作用(2)以及球蛋白的疏水相互作用(3)的图示

二、食品中水分存在的状态

食品中的水分由于与非水成分距离远近不同,结合的紧密程度不同,导致在食品中的地位不同,即存在不同的水分存在状态。通常可将其划分为体相水与结合水,它们各自具有不同的物理、化学性质及生物活性。

(一)结合水的种类

结合水也称束缚水或固定水,通常是指存在于溶质或其他非水成分相邻处,并与溶质分子通过化学键结合的那部分水。根据结合水被结合的牢固程度,结合水又可分为构成水、邻近水、多层水。

(1)构成水。是指与食品原料中其他亲水物质(或亲水基团)结合最紧密的那部分水,并与非水物质构成一个整体。

(2)邻近水。是指亲水物质的强亲水基团周围缔合的单层水分子膜,它与非水成分主要依靠水-离子、水-偶极强氢键缔合作用结合在一起。

(3)多层水。是指单分子水化膜外围绕亲水基团形成的另外几层水,主要依靠水-水氢键缔合在一起。虽然多层水亲水基团的结合强度不如邻近水,但由于它们与亲水物质靠得足够近,以至于性质也大大不同于纯水的性质。

（二）体相水的种类

体相水也称游离水或自由水,指食品中那些没有被非水物质化学结合的水,根据其物理作用方式,体相水又可分为滞化水、毛细管水、自由流动水。

(1)不移动水(滞化水)。不移动水或滞化水是指被组织中的显微和亚显微结构与膜所阻留住的水,由于这些水不能自由流动,所以称为不可移动水或滞化水。例如一块重 100g 的动物肌肉组织中,总含水量为 70g～75g,含蛋白质 20g,除去近 10g 结合水外,还有 60g～65g 的水,这部分水中大部分是滞化水。

(2)毛细管水。是指食品中由于天然形成的毛细管而保留的水分,是存在于生物体细胞间隙的水。毛细管的直径越小,持水能力越强,当毛细管直径小于 $0.1\mu m$ 时,毛细管水实际上已经成为结合水,而当毛细管直径大于 $0.1\mu m$ 时则为自由水,大部分毛细管水为自由水。

(3)自由流动水。自由流动水是指动物的血浆、淋巴和尿液、植物的导管和细胞内液泡中的水,以及食品中肉眼可见的水,因为都可以自由流动,所以叫自由流动水。

（三）自由水和结合水的区别

结合水与食品中有机大分子的极性基团的数量有比较固定的比例关系,据测定每 100g 蛋白质可结合水分高达 50g,每 100g 淀粉的持水能力在 30g～40g 之间。结合水的蒸汽压比自由水低得多,所以一般温度下,结合水不易从食品中分离出。结合水的沸点高于一般水,而冰点低于一般水,甚至环境温度低于-20℃都不结冰,由于这个性质,植物的种子和微生物的孢子能在很低的温度下,保持其生命力。而多汁的组织(如新鲜果蔬、肉类等)在冻结后组织细胞结构往往被冰晶所破坏,尤其是缓慢冻结时更明显,所以解冻后组织出现不同程度的崩溃。结合水对食品中的可溶性成分不起溶剂作用。

自由水可以被微生物利用,而结合水则不能,食品被微生物所感染的难易程度,并不决定于食品中总的水分含量,而仅取决于食品中自由水的含量。结合水对食品的风味起着重大的作用,当结合水尤其是单分子层结合水被强行与食品分离时,食品的风味、质量都会发生变化。此外,食品中结合水和游离水之间的界限是很难定量地作截然的区分的,只能根据物理、化学性质作定性的区别(见表 2-2)。

表 2-2 食品中水的性质

性 质	结合水	游离水
一般描述	存在于溶质或其他非水组分附近的水,包括化合水、邻近水及几乎全部多层水	位置上远离非水组分,以水一水氢键存在
冰点(与纯水比较)	冰点大为降低,甚至在-40℃不结冰	能结冰,冰点略微降低
溶剂能力	无	大

表 2 - 2(续)

性　质	结 合 水	游 离 水
平均分子水平运动	大大降低甚至无	变化很小
蒸发焓(与纯水比)	增大	基本无变化
高水分食品中占总水分比例/%	<0.03～3	约96%
微生物利用性	不能	能

第四节　水分活度

一、水分活度定义

(一)水分活度的意义

人类很早就认识到食品的易腐性与它的含水量之间有密切的联系,通过脱水或浓缩可以有效地除去水分(体相水),延长其贮藏期,如木耳、香菇、海参等食品都通过脱水干燥来保存。在实践中还发现,含水量相同的食品,储藏期却有很大差异,这说明用食品的含水量作指标判断其安全性并不可靠,这是因为食品中的水存在状态不同,在食品腐败变质中所起的作用亦截然不同。水分活度正是这样一个指标,它可有效反映食品中的水与各种化学、生物化学反应、微生物生长发育的关系,反映食品的物性,从而用来评价食品的安全性。

(二)水分活度定义

水分活度表示食品中水分可以被微生物所利用的程度,水分活度表达式见式(2-1)

$$A_w = \frac{f}{f_0} \qquad (2-1)$$

式中:A_w——水分活度;

　　f——溶液中溶剂的逸度(逸度是指溶剂从溶液逃脱的趋势);

　　f_0——纯溶剂的逸度。

由于在低温时(如室温下),f/f_0 和 p/p_0 之间差值很小(<1%),因此通过测定蒸汽压来表述水分活度更为直观,因此水分活度常用式(2-2)表示

$$A_w = \frac{p}{p_0} = RVP \qquad (2-2)$$

式中:p——某种食品在密闭容器中达到平衡状态时的水蒸气分压;

　　p_0——同一温度下纯水的饱和蒸汽压;

　　RVP——相对蒸汽压。

第二章　水分

所以水分活度(A_w)是指在一定条件下,在一个密闭容器中食品原料的饱和蒸汽分压(p)与同条件下纯水的饱和蒸气压(p_0)之比。

水分活度与环境平衡相对湿度(ERH)和拉乌尔定律的关系见式(2-3)

$$A_w = \frac{p}{p_0} = \frac{ERH}{100} = N = \frac{n_1}{n_1+n_2} \tag{2-3}$$

式中:N——溶剂(水)摩尔分数;

　　n_1——溶剂物质的量,g;

　　n_2——溶质物质的量,g。

n_2可通过测定样品的冰点降低值,然后按式(2-4)计算求得

$$n_2 = \frac{G\Delta T_f}{1000K_f} \tag{2-4}$$

式中:n_2——溶质物质的量,g;

　　G——样品中溶剂的量,g;

　　ΔT_f——冰点降低值,℃;

　　K_f——水的摩尔冰点降低常数1.86。

关于A_w的几点说明:

①A_w表示食品中的水分可以被微生物利用的程度,大多数新鲜食品的A_w在0.95~1之间。②对于纯水来说,p与p_0相等,故A_w为1。食品中的水分,由于其中溶有无机盐和有机物,溶液的蒸汽压降低,所以$A_w<1$。③结合水的蒸汽压比纯水的蒸汽压低,所以食品中结合水含量越高,A_w越低。④一般来说,食品中的A_w越大,水分含量越多。但具有相同A_w的不同食品,水分含量可能差距很大。主要原因是不同食品中化学组成不同,可溶性物质或其他成分与水的作用力不同。

二、水分活度与食品含水量的关系

一般情况下,食品原料的含水量越高,水分活度也越大。水分活度与含水量的关系见图2-7。可以看出,两者之间不存在正比关系。当食品原料的含水量低于0.5gH₂O/g干物质时,食品原料的含水量下降会引起水分活度迅速降低。

三、水分活度与温度的关系

固定组成的食品体系其A_w值还与温度有关,克劳修斯-克拉贝龙(Clausius - Clapeyron)方程表达了A_w与温度之间的关系

$$\ln A_w = -k\Delta H/R(1/T)$$

式中T为绝对温度,R是气体常数,ΔH是在样品的水分含量下等量净吸附热,k为样品中非水物质的本质和其浓度的函数。

从此方程可以看出$\ln A_w - 1/T$为线性关系,当温度升高时,A_w随之升高,这对密封在袋内或罐内食品的稳定性有很大影响。还要指出的是,$\ln A_w$对$1/T$作图得到的并非始终是一条直线,在冰点温度出现断点。在低于冰点温度条件下,温度对水活度的影

响要比在冰点温度以上大得多,所以对冷冻食品来讲,水分活度的意义就不是太大,因为此时低温下的化学反应、微生物繁殖等均很慢。

低于冰点温度 A_w 应按式(2-5)计算

$$A_w = \frac{p_{ff}}{p_{0(SCW)}} = \frac{p_{ice}}{p_{0(SCW)}} \qquad (2-5)$$

式中：p_{ff}——部分冷冻食品中水的分压；

$\quad\ p_{0(SCW)}$——纯的过冷水的蒸汽压；

$\quad\ p_{ice}$——纯冰的蒸汽压。

在冻结温度以下,食品体系的水分活度改变主要受温度的影响,受体系组成的影响很小,因此不能根据 A_w 说明在冻结温度以下食品体系组成对化学、生物变化的影响,所以 A_w 一般应用于在冻结温度以上的体系中来表示其对各种变化的影响行为。

四、等温吸附曲线

(一)等温吸附曲线定义

在一定温度条件下食品的含水量(用每单位干物质中的水含量表示)与其水分活度的关系图,称为等温吸附曲线(见图2-7)。

(二)等温吸附曲线的形状

大多数食品的等温吸附曲线形状呈S形,少数食品如水果、糖制品、咖啡等呈J形。为了更好地理解其意义和用途,通常把它低水分含量区域人为地分成3个部分(见图2-8)。从曲线上看：区域Ⅰ曲线较陡,这部分区域中的水就是构成水,是食品中吸附最牢固和最不容易变化的水。区域Ⅰ的高水分端(区域Ⅰ和区域Ⅱ的交界)对应着食品的单分子层水的水分活度。可将水分单层值看作为绝干物质的可接近的强极性基团表面形成单分子层水所需要的水量。根据近似的估计,1mol 强极性基团可吸附 1mol 水。从另一种意义上说,水分单层值相当于和干物质牢固结合的最大数量的水,这部分水就相当于构成水和邻近水。对高水分含量的食品而言,区域Ⅰ的水仅占总水分含量的极小部分;由于水分子被束缚,所以这部分水很难发生物理、化学变化,含此水分的食品的劣变速度也显著降低。因此,水分单层值可作为干燥食品品质稳定所必须的水分含量标准。

区域Ⅱ这段曲线比较平缓,这部分水叫做多层水,对食品固形物有增塑作用,并促使固体骨架开始肿胀,引起溶解过程发生,而使大多数反应速度加快。区域Ⅰ和区域Ⅱ的水属结合水,在高水分含量食品中这部分水最多约占5%。

区域Ⅲ部分的曲线说明水分活度的微小变化会导致食品含水量很大的变化。这部分水是食品中结合最弱、流动性最大、运动能力最强(从分子角度看)的水,被称为体相水。由于区域Ⅲ中的这部分水是食品中结合最弱的水,所以在这个区域,绝大多数的化学、生物化学反应速度及微生物的生长繁殖速度都达到最大,这部分水决定了食品的稳定性和安全性。

第二章　水分

食品化学（第二版）

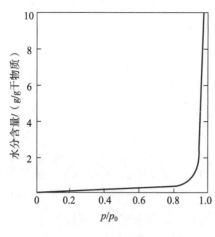

图 2-7 A_w 与含水量的关系

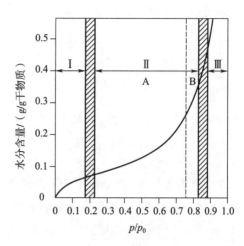

图 2-8 吸附等温线

(三)吸湿等温线滞后现象

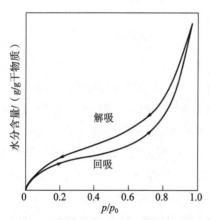

图 2-9 食品的等温吸着-解吸曲线

对于吸湿产物来讲,需要用吸湿等温线来研究;对于干燥过程来讲,就需用脱附等温线来研究。吸湿等温线是根据把完全干燥的样品放置在相对湿度不断增加的环境里,样品所增加的重量数据绘制而成(回吸),脱附等温线是根据把潮湿样品放置在同一相对湿度下,测定样品重量减轻数据绘制而成(解吸)。理论上它们应该是一致的,但实际上两者之间有一个滞后现象,不能相互重叠,见图 2-9。这种滞后所形成的环状区域(滞后环)随着食品品种的不同、温度的不同而异,但总的趋势是在食品的解吸过程中水分的含量大于回吸过程中的水分含量(即解吸曲线在回吸曲线之上)。另外,其他的一些因素如食品除去水分程度、解吸的速度、食品中加入水分或除去水分时发生的物理变化等均能够影响滞后环的形状。不同的食品由于其组成的差别,其吸湿等温线不同。

第五节 水分活度与食品的稳定性

食品中有两种水,一种是自由水,一种是结合水(就是和食品以氢键结合的水)。水分含量是自由水和结合水的总和,而食品中的微生物不能利用结合水,只能利用自由水繁殖,自由水越多,表明微生物容易滋长,保质期较短,所以使用水分含量不能较好地反映食品的稳定性。水分活度指物质中水分含量的活性部分或者说自由水。食物上架寿命、颜色、味道、维生素、成分、香味的稳定性;霉菌的生成和微生物的生长特性都直接受水分活度值影响。在大多数情况下食品的安全性与水分活度是紧密相关的。研究食品水分活度与微生物生长、化学反应速度间的关系,不但可以预测食品的货架期,指出败坏原因,而且可以利用这些知识找出控制食品败坏的方法。

一、水分活度对微生物生长繁殖的影响

食品中各种微生物的生长发育是由其水分活度而不是由其含水量所决定的,即食品的水分活度决定了微生物在食品中萌发时间、生长速率及死亡率。不同的微生物在食品中繁殖时对水分活度的要求不同。一般来说,细菌对低水分活度最敏感,酵母菌次之,霉菌的敏感性最差,如表2-3所示为各类微生物生长所要求的最低水分活度。当水分活度低于某种微生物生长所需的最低水分活度时,这种微生物便不能生长。

表2-3 各种微生物生长最低的水分活度

微生物	多数细菌	多数酵母菌	多数霉菌	多数嗜盐细菌	干性霉菌	耐渗透压酵母菌
水分活度	0.91	0.88	0.80	0.75	0.61	0.62

水分活度在0.91以上时,微生物导致的变质以细菌为主。但这并不是说酵母菌和霉菌在这以上的水分活度就不能生长发育,而是因为这时细菌的生育能力显著增强,其他微生物的生育能力较弱。酵母菌和霉菌在纯培养的情况下,生长最适水分活度一般也在0.95以上,水分活度降到0.91以下时,就可以抑制一般细菌的腐败。0.90以下水分活度食品的腐败主要是由酵母菌和霉菌所引起的,其中水分活度0.80以下的糖浆、蜂蜜和浓缩果汁的败坏主要是由酵母菌引起的。

在研究微生物导致的变质与水分活度的关系时,了解食物中毒菌生长的最低水分活度也是很重要的。研究表明,重要的食物中毒菌生长的最低水分活度在0.86~0.97之间,特别是致死率高的肉毒杆菌的生长最低水分活度是0.93~0.97。因此,真空包装的水产和畜产加工制品,流通标准规定其水分活度要在0.94以下。

二、水分活度对食品化学变化的影响

在食品中还存在着氧化、褐变等化学反应。即使是在高水分活度的食品中,采用了漂烫、蒸煮等热处理避免了微生物腐败的危险,而化学败坏仍是不可忽视的问题。在24℃~25℃范围内,一些重要的化学反应与水分活度的关系见图2-10。

食品中的非酶氧化最重要的就是油脂的自动氧化。水分活度对食品中油脂氧化反应的影响明显地不同于对其他化学反应的影响。油脂氧化速率在单分子层水时最低。剥夺食品的单分子层水,油脂氧化速率明显提高,一般认为在此水分活度范围A_w(0~0.2)或(0~0.3),加入的水可以和加速油脂氧化的金属催化剂结合,并可以和油脂氧化产生的氢过氧化物结合,从而干扰了油脂的分解。当食品的含水量超过单分子层水时,油脂氧化速率迅速增大,这是因为水使大分子溶胀,暴露出更多的催化部位,并增加了氧的溶解度的缘故。当含油脂食品水分活度大于0.8时(超过Ⅱ、Ⅲ区域交界),食品中

第二章 水分

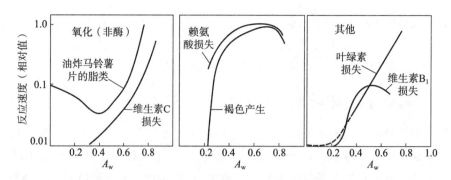

图 2-10　水分活度与食品的稳定性的关系

存在大量的体相水,这时油脂氧化速率减慢,这是大量水的稀释效应造成的。因此,为了防止氧化,维持适当的水分活度是极其重要的。

食物的色泽决定了其感官质量和商品价值,色素的稳定性与水分活度有关。食品中最常见的色素是脂溶性色素,如绿色蔬菜中的叶绿素、橙色果蔬、鱼虾中的类胡萝卜素等。一般说来,这类色素在单分子层水分含量下最稳定。类胡萝卜素在不同水分活度下的稳定性与脂类相似,叶绿素的稳定性与其有所不同,表现为水分活度越低,叶绿素越稳定。

需要指出的是,在 0.7~0.9 这个水分活度范围内,食品的一些重要化学反应,如脂类的氧化、美拉德反应、维生素的分解等的反应速率都达到最大,这时食品变质受化学变化的影响增大。当食品的含水量进一步增大到 $A_w > 0.9$ 时,食品中的各种化学反应速度大都呈下降趋势。这或是由于水是这些反应的产物,增加水分含量将造成产物的抑制作用;或是由于水产生的稀释效应减慢了反应速度。这时,食品变质主要受微生物和酶作用的影响。

第六节　冻藏与食品稳定性的关系

一、食品的冷藏与冻藏

(一)冷冻食品的概念

冷冻食品分为冷藏食品和冻藏食品,冷冻食品易保藏,广泛用于肉、禽、水产、乳、蛋、蔬菜和水果等易腐食品的生产、运输和贮藏;营养、方便、卫生、经济;市场需求量大,在发达国家占有重要的地位,在发展中国家发展迅速。冷藏食品不需要冻结,是将食品的温度降到接近冻结点并在此温度下保藏的食品。冻藏食品是冻结后在低于冻结点的温度保藏的食品。

(二)冷冻食品的特点

低温长期被认为是保藏食品的一个好方法,这种保藏技术的优点是在低温情况下微生物的繁殖被抑制、一些化学反应的速度常数降低，保藏性提高与此时水从液态转化为固态的冰无关系。低温提高食品稳定性的主要原因是降低了大多数化学反应的速度，但是在低温条件下，并不是所有反应都被抑制，相反有些反应的速度或在某种程度上被提高，例如一些维生素 C、维生素 A、胡萝卜素、蛋白质等的氧化、磷脂的水解等反应。低温提高一些食品化学反应速度的原因有两个方面：其一，在冻结情况下，由于结冰导致自由水的含量减少及产生的浓缩效应，使得自由水中的非水物质的浓度大大提高，其 pH、离子强度、黏度、表面和界面张力及氧化—还原电位的发生大的改变，促进了非水物质之间的接触机会，为一些反应创造了合适的反应条件；其二，使酶的浓度提高，酶与激活剂、底物之间的接触机会大大提高。

二、冻藏对食品稳定性的影响

食品的低温冷藏虽然可以提高一些食品的稳定性，但是对一些食品也可以带来两个不利的影响作用：水转化为冰后，其体积会相应增加 9%，体积的膨胀就会产生局部压力，使细胞状食品受到机械性损伤，造成食品解冻后汁液的流失，或者使得细胞内的酶与细胞外的底物产生接触，导致不良反应的发生。冰冻浓缩效应，这是由于在所采用的商业保藏温度下，食品中仍然存在非冻结相，在非冻结相中非水成分的浓度提高，最终引起食品体系的理化性质等发生改变。在此条件下冷冻给食品体系化学反应带来的影响有相反的两个方面：降低温度，减慢了反应速度；溶质浓度增加，加快了反应速度。

在细胞食品体系中一些酶催化反应在冷冻时被加快，这与冷冻导致的浓缩效应无关，一般认为是由于酶被激活，或由于冰体积增加而导致的酶—底物位移。

三、食品的玻璃态与分子移动性

(一)食品的玻璃态

玻璃态是物质的一种存在状态，此时的物质像固体一样具有一定的形状和体积，又像液体一样分子之间的排列只是近似有序，因此是非晶态或无定形态，类似于我们熟知的透光材料玻璃；处于此状态的大分子聚合物的链段运动被冻结，只允许小尺寸的运动，所以其形变很小，因此称为玻璃态；而当大分子聚合物转变为柔软而具有弹性的固体时，就处于橡胶态。所谓无定形态是指物质所处的一种非平衡、非结晶状态，当饱和条件占优势并且溶质保持非结晶时，此时形成的固体就是无定形态；所谓玻璃化温度 (T_g)，是指当非晶态的食品从玻璃态到橡胶态的转变（玻璃化转变）时的温度。已经知道大多数食品均具有 T_g，一般食品中的溶质在温度下降时不会结晶，持续的降温会使其转化为玻璃态。对于高等或者中等水分食品（水分含量大于 20%），最大冻结浓缩溶液发生玻璃化转变时的温度称为 T_g'。对于复杂的食品体系，当温度低于 T_g 和 T_g' 时，除水分子以外的所有分子失去它们的移动，仅保留有限的转动和振动。

（二）分子移动性

除了 A_w 是预测、控制食品稳定性的重要指标，也有人将分子移动性（M_m）称为分子流动性，对食品稳定性也是一个重要的参数，因为它与食品的一些重要的扩散控制性质有关。分子移动性（M_m）就是分子的旋转移动和平动移动的总度量，物质处于完全而完整的结晶状态下 M_m 为零，物质处于完全的玻璃态（无定形态）时 M_m 值也几乎为零。决定食品 M_m 值的主要成分是水和食品中占支配地位的几种非水成分，因为水分子体积小，常温下为液态，同时黏度也很低，所以在温度处于样品的 T_g 时仍然可以转动和移动；而作为食品主要成分的蛋白质、多糖等使大分子化合物，不仅是食品品质的决定因素，同时还影响食品的黏度、扩散性质，所以它们决定食品的分子移动性；绝大多数食品的 M_m 值不等于零。已经证明一些食品性质和行为特征由 M_m 决定，见表 2-4 所示几类食品。

表 2-4　分子移动性对食品品质的影响

干燥或半干燥食品	冷冻食品
流动性和黏性	水分迁移（冰结晶冰现象发生）
结晶和再结晶过程	乳糖的结晶（在冷甜食品中出现砂状结晶）
巧克力表面起糖霜	酶活力在冷冻时留存，有时还出现表观提高
食品干燥时的爆裂	在冷冻干燥的初级阶段发生无定形区的结构塌陷
干燥或中等水分的质地	食品体积收缩（冷冻甜食中泡沫样结构部分塌陷）
冷冻干燥中发生的食品结构塌陷	
微胶囊风味物质从芯材的逸散	
酶的活性	
美拉德反应	
淀粉的糊化	
淀粉老化导致的焙烤食品的陈化	
焙烤食品在冷却时的爆裂	
微生物孢子的热灭活	

M_m 方法与 A_w 方法是研究食品稳定性两个相互补充的方法，A_w 法主要是研究食品中水分的可利用性，M_m 法则主要是研究食品的微观黏度和组分的扩散能力。就目前尚不能够快速、准确和经济地测定食品的 M_m 之前，在实用性上 M_m 方法不能达到或超过现有的 A_w 方法，所以 A_w 方法仍然是对食品中水分进行相关研究时最有效的手段，特别是大多数的食品仍是在冰点以上保存。

第七节　食品中水分的转移与食品稳定性

食品在其储运过程中，一些食品的水分含量、分布不是固定不变的，变化的结果无非有两种：①水分在同一食品的不同部位或在不同食品之间发生位转移，导致了原来水分的分布状况改变；②发生水分的相转移，特别是气相和液相水的互相转移，导致了食品含水量的降低或增加，这对食品的贮藏性及其他方面有着极大的影响。

一、食品中水分的位转移

根据热力学有关定律，食品中水分的化学势 μ 可以表示为

$$\mu = \mu(T, p) + RT\ln A_w$$

如果食品的温度(T)或水分活度(A_w)不同，则食品中水的化学势就不同，水分就要依着化学势降低的趋势发生变化、运动，即食品中的水分要发生转移。从理论上讲，水分的转移必须从化学势高的相到化学势低的相进行转移直至各部位水的化学势完全相等才能停止，即最后达到热力学平衡。

由于温差引起的水分位转移，水分将从高温区域进入低温区域的食品，这个过程较为缓慢。而由于水分活度不同引起的水分位转移，水分从 A_w 高的区域向 A_w 低的区域转移。例如蛋糕与饼干两种水分活度不同的食品放在同一环境中，由于蛋糕的水分活度大于饼干的水分活度，所以蛋糕里的水分就逐渐转移到饼干里，使得两种食品的品质都受到不同程度的影响。

二、食品中水分的相转移

由于食品的含水量是指在一定温度、湿度等环境条件下食品的平衡水分含量，所以如果环境条件发生变化，则食品的水分含量也就发生变化。食品中水分的相转移主要形式为水分蒸发和蒸汽凝结。

（一）水分蒸发

食品中的水分由液相转变为气相而散失的现象称为食品的水分蒸发，它对食品质量有重要的影响作用。利用水分的蒸发进行食品的干燥或浓缩，可得到低水分活度的干燥食品或中等水分食品；但对新鲜的水果、蔬菜、肉禽、鱼贝等来讲，水分的蒸发则对食品的品质会发生不良的影响，如会导致食品外观的萎蔫皱缩，食品的新鲜度和脆度受到很大的影响，严重时会丧失其商品价值；同时，水分蒸发还会导致食品中水解酶的活力增强，高分子物质发生降解，也会产生食品的品质降低、货架寿命缩短等问题。

水分的蒸发主要与环境（空气）的湿度与饱和湿度差有关，饱和湿度差是指空气的饱和湿度与同一温度下空气中的绝对湿度之差。若饱和湿度差越大，则空气达到饱和状态所能再容纳的水蒸气量就越多，反之就越少。因此，饱和湿度差是决定食品水分蒸发量的一个极为重要的因素。饱和湿度差大，则食品水分的蒸发量就大；反之，食品水分的蒸发量就小。

影响饱和湿度差的因素主要有空气的温度、绝对湿度、流速等。空气的饱和湿度随着温度的变化而改变，随着温度的升高空气的饱和湿度也升高。在相对湿度一定时，温

度升高就导致饱和湿度差变大,因此食品水分的蒸发量增大。在绝对湿度一定时,若温度升高,饱和湿度随之增大,所以饱和湿度差也加大,相对湿度降低,同样导致食品水分的蒸发量加大。如果温度不变,绝对湿度增大,则相对湿度也增大,饱和湿度差减少,食品的水分蒸发量减少。空气的流动可以从食品周围的环境中带走较多的水蒸气,即降低了这部分空气的水蒸气压,加大了饱和湿度差,因而能加快食品水分的蒸发,使食品的表面干燥,影响食品的物理品质。根据热力学的定义,我们假设食品和环境之间的水分转移是如下的过程

则根据物理化学的基础知识,两相之间的化学势差为

$$\Delta\mu = \mu_F - \mu_E = R(T_F \ln p_F - T_E \ln p_E)$$

式中,p 表示水蒸汽压,角标 F、E 表示食品、环境。

据此可得出下列结论:

1. 若 $\Delta\mu > 0$

上述过程不是自发进行的,则食品中的水蒸气向环境转移是自动过程。这时食品水溶液上方的水蒸气压力下降,使原来食品水溶液与其上方水蒸气达成的平衡状态遭到破坏(水蒸气的化学势低于水溶液中水的化学势)。为了达到新的平衡状态,则食品水溶液中就有部分水蒸发,由液态转变为气态,这个过程也是自动过程。只要 $\Delta\mu > 0$,食品中的水分就要源源不断地从食品向环境转移,直到空气中水蒸气的化学势与食品中水蒸气的化学势相等为止。

2. 如果 $\Delta\mu = 0$

即食品中水分的化学势与空气中水蒸气的化学势相等,食品中的水蒸气与空气中水蒸气处于动态平衡状态,食品水溶液与其上方的水蒸气也处于动态平衡状态。但从净的结果来看,这时食品既不蒸发水分也不吸收水分,是食品货架期的理想环境。

3. 如果 $\Delta\mu < 0$

即食品水分的化学势低于空气中水蒸气的化学势,此时是一个自发的过程,空气中的水蒸气向食品转移。食品中的水分不蒸发,而且还吸收空气中的水蒸气而变潮,食品的稳定性受到影响(A_w 增加)。影响食品水分蒸发的主要因素是食品的温度 T_F 和环境水蒸气压 p_E。

(二)水蒸气的凝结

空气中的水蒸气在食品的表面凝结成液体水的现象称为水蒸气凝结。一般来讲,单位体积的空气所能容纳水蒸气的最大数量随着温度的下降而减少,当空气的温度下降一定数值时,就使得原来饱和的或不饱和的空气变为过饱和的状态,致使空气中的一部分水蒸气在物体上凝结成液态水。空气中的水蒸气与食品表面、食品包装容器表面等接触时,如果表面的温度低于水蒸气的饱和温度,则水蒸气也有可能在表面上凝结成液态水。在一般情况下,若食品为亲水性物质,则水蒸气凝聚后铺展开来并与之溶合,

如糕点、糖果等就容易被凝结水润湿,并可将其吸附;若食品为憎水性物质,则水蒸气凝聚后收缩为小水珠,如蛋的表面和水果表面的蜡质层均为憎水性物质,水蒸气在其上面凝结时就不能扩展而收缩为小水珠。

可以说,水不仅是食品中最普遍的组分,而且是决定食品品质的关键成分之一。水也是食品腐败变质的主要影响因素,它决定了食品中许多化学反应、生物变化的进行。但是水的性质及在食品中的作用极其复杂,对水的研究还需深入的进行。

【归纳与总结】

水是食品的主要构成成分之一,每一种食品都有其特定的含水量并且因此才能显示出它们各自的色、香、味、形等特征。它由 C、H 两种元素组成,虽然组成简单,但由于其特殊的化学结构使其与元素周期表氧周围的元素的氢化物如 CH_4,NH_3,HF,H_2S,H_2Se,H_2Te 的物理性质相比较除黏度外,水的其他物理性质都很异常。表现为水具有异常高的熔点、沸点;水具有特别大的表面张力、介电常数、热容及相变热;水的密度较低,但在凝固时体积增加,表现出异常的膨胀特性。这些特性使水在食品加工中具有十分重要的应用价值。人类很早就认识到食品的易腐性与它的含水量之间有密切的联系,通过脱水或浓缩可以有效地除去水分(体相水),延长其贮藏期。但是用食品的含水量作指标判断其安全性并不可靠,这是因为食品中的水存在状态不同,在食品腐败变质中所起的作用亦截然不同。水分活度正是这样一个指标,它可以有效地反映食品中的水与各种化学、生物化学反应、微生物生长发育的关系,反映食品的物性,从而用来评价食品的安全性。

【相关知识阅读】

活 性 水

活性水是当标准的普通水在特定的能量和恒定速率下流经活水器内的静态梯度的磁场强时,经过快速、反复、多次磁力线切割,将水由原来较多水分子缔合在一起呈链状的较大分子团水裂变(切割)为较少分子缔合在一起的具有特定功能的小分子团生物活性水。

1. 活性水变革

活性水是继第一次水的革命——自来水、第二次水的革命——桶装水、第三次水的革命——纯净水后的第四次革命。纯净水只解决了饮用水的清洁问题,因为这样的水是科学家眼中的"贫水""穷水",即使是没有经过污染的天然水,经过反渗透法等一系列提纯工艺抽走了水中所有矿物元素后,也会失去小分子团赖以支撑结构的支架而"退化",并且因没有任何矿物元素而失去其生理功能。归根结底,纯净水就是至清的死水,失去了水对生命体的生理功能的活性效应,其结果虽起到一定作用,但长时间使用有时还会带来负面效应。所谓"水至清则无鱼",也就是因为太清

第二章 水分

澈的水含矿物质特别少,不利于生物生长。纯净水开发作为首开健康饮水先河的功臣,是在当前水质危机日深情势下的雪中送炭,那么,活性水的开发无疑是锦上添花,并同时向人们提出了科学用水的新理念。普通标准水均可经过 Act 植物活水器处理成活性水。

2. 活性水的形成

(1)物理构成。活性水,就是将普通饮用水经过砂滤、炭滤、膜滤等多层过滤后,再经过具有纳米技术的再生离子交换设备,将水中对人体有害的酸性物质分离出去,而保留水中的矿物质离子,具有弱碱性、小分子团特征的新一代饮用水。

(2)化学构成。活性水,是弱碱性水,符合人体弱碱性内环境要求,可以为细胞的生命运动提供良好的内部和外部环境,让细胞更具活力。

(3)分子构成。活性水,是小分子团水,它将大约 13 个水分子抱成一团的普通水改造成为 6 个水分子抱成一团的"六角水",这种水运动速度快、渗透性好、溶解力强,喝下后能够快速被人体吸收,比大分子团水(如矿泉水、山泉水、自来水、纯净水等)更好地溶解代谢产物,起到有效清除体内垃圾的作用。体内垃圾少了,疾病自然就少了。

【课后强化练习题】

一、填空题

1.从水分子结构来看,水分子中氧的（　　　　）个价电子参与杂化,形成（　　　　）个（　　　　）杂化轨道,有（　　　　）的结构。

2.当蛋白质的非极性基团暴露在水中时,会促使疏水基团（　　　　）或发生（　　　　）,引起（　　　　）;若降低温度,会使疏水相互作用（　　　　）,而氢键（　　　　）。

3.一般来说,食品中的水分可分为（　　　　）和（　　　　）两大类。其中,前者可根据被结合的牢固程度细分为（　　　　）、（　　　　）、（　　　　）,后者可根据其食品中的物理作用方式细分为（　　　　）、（　　　　）。

4.食品中通常所说的水分含量,一般是指（　　　　）。

5.一般来说,大多数食品的等温线呈（　　　　）形,而水果等食品的等温线为（　　　　）形。

6.食品中水分对脂质氧化存在（　　　　）和（　　　　）作用。当食品中 A_w 值（　　　　）时,水分对脂质起（　　　　）作用;当食品中 A_w 值（　　　　）时,水分对脂质起（　　　　）作用。

7.冷冻是食品贮藏的最理想的方式,其作用主要在于（　　　　）。冷冻对反应速率的影响主要表现在（　　　　）和（　　　　）两个相反的方面。

8.随着食品原料的冻结、细胞内冰晶的形成,会导致细胞（　　　　）、食品汁液（　　　　）、食品结合水（　　　　）。一般可采取（　　　　）、（　　　　）等方法降低冻结给食品带来的不利影响。

9. 当温度低于 T_g 时,食品的限制扩散性质的稳定性( ),若添加小分子质量的溶剂或提高温度,食品的稳定性( )。

二、选择题

1. 水分子通过( )的作用可与另 4 个水分子配位结合形成正四面体结构。

　　A. 范德华力　　　　B. 氢键　　　　C. 盐键　　　　D. 二硫键

2. 关于冰的结构及性质描述有误的是( )。

　　A. 冰是由水分子有序排列形成的结晶

　　B. 冰结晶并非完整的晶体,通常是有方向性或离子型缺陷的

　　C. 食品中的冰是由纯水形成的,其冰结晶形式为六方形

　　D. 食品中的冰晶因溶质的数量和种类等不同,可呈现不同形式的结晶

3. 稀盐溶液中的各种离子对水的结构都有着一定程度的影响。在下述阳离子中,会破坏水的网状结构效应的是( )。

　　A. Rb^+　　　　　　B. Na^+　　　　　C. Mg^{2+}　　　　D. Al^{3+}

4. 若稀盐溶液中含有阴离子( ),会有助于水形成网状结构。

　　A. Cl^-　　　　　　B. IO_3^-　　　　　C. ClO_4^-　　　　D. F^-

5. 食品中有机成分上极性基团不同,与水形成氢键的键合作用也有所区别。在下面这些有机分子的基团中,( )与水形成的氢键比较牢固。

　　A. 蛋白质中的酰胺基　　　　　　B. 淀粉中的羟基

　　C. 果胶中的羟基　　　　　　　　D. 果胶中未酯化的羧基

6. 食品中的水分分类很多,下面哪个选项不属于同一类( )。

　　A. 多层水　　　　　B. 化合水　　　　C. 结合水　　　　D. 毛细管水

7. 领近水是指( )。

　　A. 属于自由水的一种

　　B. 没有被非水物质化学结合的水

　　C. 亲水基团周围结合的第一层水

　　D. 结合最牢固的、构成非水物质的水分

8. 关于水分活度描述有误的是( )。

　　A. A_w 能反映水与各种非水成分缔合的强度

　　B. A_w 比水分含量更能可靠的预示食品的稳定性、安全性等性质

　　C. 食品的 A_w 值总在 0~1 之间

　　D. 不同温度下 A_w 均能用 p/p_0 来表示

9. 当食品中的 A_w 值为 0.40 时,下面哪种情形一般不会发生?( )

　　A. 脂质氧化速率会增大

　　B. 多数食品会发生美拉德反应

　　C. 微生物能有效繁殖

D. 酶促反应速率高于 A_w 值为 0.25 下的反应速率

10. 下列食品中,哪类食品的吸收等温线是 S 形?（   ）

    A. 糖类制品   B. 肉类   C. 茶叶提取物   D. 水果

11. 关于等温线划分区间内水的主要特性描述正确的是（   ）。

    A. 等温线区间Ⅲ中的水,是食品中吸附最牢固和最不容易移动的水

    B. 等温线区间Ⅱ中的水可靠氢键键合作用形成多分子结合水

    C. 等温线区间Ⅰ中的水,是食品中吸附最不牢固和最容易流动的水

    D. 食品的稳定性主要与区间Ⅰ中的水有着密切的关系

12. 关于 BET(单分子层水)描述有误的是（   ）。

    A. BET 在区间Ⅱ的高水分末端位置

    B. BET 值可以准确的预测干燥产品最大稳定性时的含水量

    C. 该水分下除氧化反应外,其他反应仍可保持最小的速率

    D. 单分子层水概念由 Brunauer、Emett 及 Teller 提出的单分子层吸附理论

13. 对食品冻结过程中出现的浓缩效应描述有误的是（   ）。

    A. 会使非结冰相的 pH、离子强度等发生显著变化

    B. 形成低共熔混合物

    C. 溶液中可能有氧和二氧化碳逸出

    D. 降低了反应速率

14. 下面对体系自由体积与分子流动性两者叙述正确的是（   ）。

    A. 当温度高于 T_g 时,体系自由体积小,分子流动性较好

    B. 通过添加小分子质量的溶剂来改变体系自由体积,可提高食品的稳定性

    C. 自由体积与 M_m 呈正相关,故可采用其作为预测食品稳定性的定量指标

    D. 当温度低于 T_g 时,食品的限制扩散性质的稳定性较好

15. 对 T_g 描述有误的是（   ）。

    A. 对于低水分食品而言,其玻璃化转变温度一般高于 0℃

    B. 高水分食品或中等水分食品来说,更容易实现完全玻璃化

    C. 在无其他因素影响下,水分含量是影响玻璃化转变温度的主要因素

    D. 食品中有些碳水化合物及可溶性蛋白质对 T_g 有着重要的影响

16. 下面关于食品稳定性描述有误的是（   ）。

    A. 食品在低于 T_g 温度下贮藏,对于受扩散限制影响的食品有利

    B. 食品在低于 T_g' 温度下贮藏,对于受扩散限制影响的食品有利

    C. 食品在高于 T_g 和 T_g' 温度下贮藏,可提高食品的货架期

    D. A_w 是判断食品的稳定性的有效指标

17. 当向水中加入哪种物质,不会出现疏水水合作用?（   ）

    A. 烃类   B. 脂肪酸   C. 无机盐类   D. 氨基酸类

18. 对笼形化合物的微结晶描述有误的是(　　)。

　A. 与冰晶结构相似

　B. 当形成较大的晶体时,原来的多面体结构会逐渐变成四面体结构

　C. 在 0℃ 以上和适当压力下仍能保持稳定的晶体结构

　D. 天然存在的该结构晶体,对蛋白质等生物大分子的构象、稳定有重要作用

19. 关于食品冰点以下温度的 A_w 描述正确的是(　　)。

　A. 样品中的成分组成是影响 A_w 的主要因素

　B. A_w 与样品的成分和温度无关

　C. A_w 与样品的成分无关,只取决于温度

　D. 该温度下的 A_w 可用来预测冰点温度以上的同一种食品的 A_w

20. 关于分子流动性叙述有误的是(　　)。

　A. 分子流动性与食品的稳定性密切相关

　B. 分子流动性主要受水合作用及温度高低的影响

　C. 相态的转变也会影响分子流动性

　D. 一般来说,温度越低,分子流动性越快

三、简答叙述

1. 解释下列名词:

(1)疏水水合作用　(2)笼形水合物　(3)结合水　(4)滞后现象　(5)玻璃化温度

2. 水有哪些基本性质?

3. 水在食品加工中有何作用?

4. 水与不同溶质之间的相互作用有哪些?

5. 简述食品中结合水和自由水的性质区别。

6. 简要说明 A_w 比水分含量能更好的反映食品的稳定性的原因。

7. 冰点以上和冰点以下温度的 A_w 有什么区别?

8. MSI 曲线滞后现象产生的主要原因是什么?

9. 简述食品中 A_w 与脂质氧化反应的关系。

10. 分子流动性的影响因素有哪些?

11. 简述 MSI 在食品工业上的意义。

12. 论述食品中水分与溶质间的相互作用。

13. 论述水分活度与食品稳定性之间的联系。

四、综合分析

东北黄瓜干的做法:选择上好的黄瓜,然后用清水冲洗干净,洗完后,用一个漏筛,然后放在背光的阳台上,自然风干。把表面没有水的黄瓜开始用刀切。不能切很薄,否则在荫晒的时候,黄瓜会卷得几乎没有了。所以,要切厚点。然后把切好的

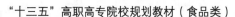

黄瓜放在盖帘上,铺一层就可以了,不用铺太厚,否则水分不易散发掉,不利于晒黄瓜干的干制。把盖帘放在避光却又通风的地方,过几天后,黄瓜干就晒好了。

请用本章所学知识分析下列问题:

1.说明黄瓜干加工过程中水分含量与水分活度的变化关系。

2.为什么在保存过程中有时出现生霉现象? 如何避免?

第三章　碳水化合物

【学习目的与要求】

　　通过本章的学习使学生了解糖的概念、分类、结构及食品中重要的低聚糖、果胶物质、纤维素、半纤维素的性质。掌握糖的物理化学性质及在食品加工中的应用,特别是美拉德反应的影响因素及控制方法;掌握淀粉的糊化及老化机理及在食品加工中的应用。

第一节　概　述

　　糖类化合物是自然界中分布广泛,数量最多的有机化合物,约占自然界生物物质的3/4,普遍存在于谷物、水果、蔬菜及其他人类能食用的植物中。早期认为,这类化合物的分子组成一般可用 $C_n(H_2O)_m$ 通式表示,因此采用碳水化合物这个术语。后来发现有些糖如脱氧核糖($C_5H_{10}O_4$)和鼠李糖($C_6H_{12}O_5$)等并不符合上述通式,并且有些糖还含有氮、硫、磷等成分,显然用碳水化合物这个名称来代替糖类名称已经不适当,但由于沿用已久,至今还在使用这个名称。

　　糖类化合物是自然界三大供能营养素之一,是最经济的产能营养素,也是自然界最丰富的物质,广泛分布于动物、植物和微生物之中。糖类在植物体内一般约占植物体干重的 50%～80%,人类膳食中来自糖类的能量约占总能量的 70%～80%。

　　糖类在食品加工中的作用:构成食品的主要成分;低分子糖类可作为甜味剂;大分子糖类物质能形成凝胶、增稠剂、稳定剂;糖类是食品加工过程中产生香味和色素的前体成分之一。

一、糖的概念

　　糖类是主要由 C,H,O 3 种化学元素所组成,是指含自由羰基的多羟基醛和多羟基酮及其衍生物和缩合物的总称。

二、糖的分类

　　简单的碳水化合物可以缩合为高分子的复杂碳水化合物,缩合物水解后又可生成简单的碳水化合物。糖类根据其结构和性质可分为单糖、低聚糖、多糖 3 类。

单糖是糖类的基本单位,是不能再被水解的多羟基醛和多羟基酮。从分子结构上看,它们是含有一个自由羰基的多羟基醛或多羟基酮类化合物。根据分子中所含羰基在单糖分子中的位置不同,单糖可分为醛糖和酮糖,如核糖、半乳糖、甘露糖等属于醛糖,果糖属于酮糖。自然界中最常见的单糖是葡萄糖和果糖。低聚糖是由 2～10 个单糖分子脱水缩合通过糖苷键连接而成的糖。完全水解后可得到相应数目的单糖分子,按水解后生成的单糖分子数不同,低聚糖可分成二糖(双糖)、三糖、四糖等,其中以双糖在自然界分布最广,典型的代表是蔗糖、乳糖、麦芽糖。多糖是由多个单糖分子聚合而成的高分子化合物,完全水解后可生成多个单糖分子。由相同单糖聚合而成的多糖称为同聚多糖(也称均一多糖),如淀粉、纤维素、糖元等;由两种或两种以上的单糖聚合而成的多糖称为异聚多糖(也称杂多糖),如果胶、香菇多糖等。

第二节 糖的理化性质及在食品加工中的应用

一、单糖的结构

所有食物中的低聚糖和多糖摄入人体后,都必须水解成单糖才能被机体消化吸收。自然界的单糖以含 5 个或 6 个碳原子的单糖最为普遍,如葡萄糖、果糖。

(一)单糖的化学结构

单糖的直链状构型写法以费歇尔式最具代表性,单糖可使平面偏振光的偏振面发生旋转的性质称为旋光性。除了二羟基丙酮外,所有的单糖都含有一个或更多的手性碳原子,均有其旋光异构体。能使平面偏振光发生顺时针方向偏转者,称为右旋,用"+"表示,能使平面偏振光发生逆时针方向偏转者,称为左旋,用"-"表示。不同的糖旋光性能有差异,同一种糖的不同构型旋光性能也有差异。

分子中碳原子数≥3 的单糖因含手性碳原子,所以有 D 及 L 两种构型,见图 3-1。凡单糖分子中与羰基相距最远的手性碳原子上的-OH 空间排布与 D-甘油醛中的手性碳原子相同,这些糖都属于 D-型;相反与羰基相距最远的手性碳原子的构型与 L-甘油醛中的手性碳原子相同,则这些糖都属于 L-型。天然存在的 L-型糖是不多的。

图 3-1 常见单糖的链状结构

对于酮糖,则由赤藓酮糖导出,逐个增加 CHOH 单位,即逐个增加手性碳原子,酮糖比含同碳数的醛糖少一个手性碳原子,所以旋光异构体的数目要比相应的醛糖少。

(二)单糖的环形结构

单糖不仅以直链结构存在,还以环状结构形式存在,书写时以哈武斯式最为常见。单糖分子的羰基可以与糖分子本身的一个羟基反应,形成半缩醛或半缩酮而构成环,形成了五员呋喃糖环或更稳定的六员吡喃糖环。新形成的手性碳原子上的羟基与 C_5(即决定糖构型的碳原子)上的羟基在碳链的同侧称为 α 式,新形成的手性碳原子上的羟基与 C_5 上的羟基在碳链的异侧称为 β 式,见图 3 - 2。

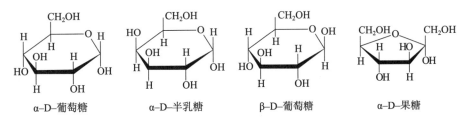

α-D-葡萄糖　　　　α-D-半乳糖　　　　β-D-葡萄糖　　　　α-D-果糖

图 3 - 2　几种单糖的环状结构式

(三)单糖的构象

构象指在一个分子中不改变共价键结构,仅由单键周围的原子或基团旋转所产生的原子和基团的空间结构改变。近代 X 射线分析技术对单糖的研究结构表明:以六元环存在的糖分子中成环的碳原子和氧原子不在一个平面内,单糖有船式和椅式两种构象,且椅式构象比船式构象稳定,见图 3 - 3。

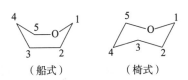

（船式）　　　（椅式）

图 3 - 3　吡喃糖的船式
与椅式两种构象

二、糖的物理性质

(一)甜　度

甜味是糖的重要性质,甜味的大小用甜度来表示。甜度通常是以蔗糖为基准物,一般以 5% 或 10% 的蔗糖水溶液在 20℃时的甜度为 100,其他糖在同一条件下与其相比较所得的数值,由于这种甜度是相对的,所以又称为比甜度。果糖甜度为 173.3,葡萄糖甜度 70,乳糖甜度 27。

由表 3 - 1 可知不同糖的甜度强弱排序为果糖>蔗糖>葡萄糖>麦芽糖>半乳糖>乳糖。甜味是由物质的分子结构所决定的,单糖都有甜味,绝大多数低聚糖也有甜味,多糖则无甜味。糖甜度的高低与糖的分子结构、分子量、分子存在状态有关,也受到糖的溶解度、构型及外界因素的影响。优质糖应具备甜味纯正,甜度高低适当,甜感反应快，无不良风味等特点。蔗糖甜味纯正而独特，与之相比，果糖的甜感反应最快、甜度较高、持续时间短，而葡萄糖的甜感反应较慢、甜度较低。

表3-1 糖的相对甜度

糖 类 名 称	相 对 甜 度
蔗糖	100
果糖	100～175
葡萄糖	70
半乳糖	60
麦芽糖	60
乳糖	27
麦芽糖醇	68
山梨醇	50

（二）溶解度

糖的溶解性是糖在食品加工中体现甜味特性的前提。单糖分子中的多个羟基增加了它的水溶性，但不溶于乙醚、丙酮等有机溶剂。各种单糖的溶解度不同，果糖的溶解度最高，其次是蔗糖、葡萄糖、乳糖等。糖的溶解度一般随温度升高而增大。

（三）结晶性

单、双糖可能会形成过饱和溶液，但各种糖液在一定的浓度和温度条件下，都能析出晶体，形成结晶，这就是糖的结晶性。糖结晶形成的难易与溶液的黏度和糖的溶解度有关。糖溶液越纯越容易结晶，蔗糖易结晶且晶粒较大；葡萄糖也易结晶，但晶粒较小；果糖和转化糖较难结晶；淀粉糖浆是葡萄糖、低聚糖和糊精的混合物，不能结晶，并能防止蔗糖的结晶。

蔗糖的结晶性可用于糖果的制造。如在饱和蔗糖溶液中加入一定量的淀粉糖浆或转化糖浆，在冷却时能形成不定形的玻璃体，利用这一特点可以生产各种硬糖。在糖果制作过程中如果加入牛奶、脂肪、明胶等其他物质，也会限制结晶的增大而阻碍蔗糖结晶的产生，所以可根据各种物料的特性制成各种性质的硬糖和软糖。蔗糖的结晶性质还用于面包、糕点及其他一些食品表面糖霜的形成。另外，一些食品外表面糖衣的形成，也是利用了蔗糖的结晶性。利用微胶囊技术将蔗糖与风味物质共结晶，将风味物掺到熔化的蔗糖溶液中，蔗糖在冷却结晶时可包裹住风味物，当此种结晶蔗糖加入到食品中时，风味物也随之进入，有利于提高风味物的储藏稳定性。这种技术也可用于提高固体饮料和添加剂的稳定性和速溶性中。

糖类的结晶性有其可利用的一面，但对另外某些食品可能会带来不良的后果。糖溶液中晶体的析出，直接降低了糖液的浓度，减小了糖液的渗透压，不能有效地抑制微生物的生长,不利于食品的保藏,还可能造成糖果、糕点等食品口感的变化(如返砂现象)。

(四)吸湿性和保湿性

吸湿性和保湿性都表明糖结合水的能力。吸湿性是指糖在湿度较高的情况下吸收水分的性质。保湿性是指糖在空气湿度较低条件下保持水分的性质。各种糖的吸湿性不同,以果糖、果葡糖浆的吸湿性最强,葡萄糖、麦芽糖次之,蔗糖吸湿性最小。常见糖的吸湿性强弱为:果糖＞转化糖＞麦芽糖＞葡萄糖＞蔗糖＞无水乳糖。一些糖醇是糖的还原产物,比糖类具有更好的保湿性。

糖的吸湿性和保湿性对于保持糕点类食品的柔软性和食品的贮藏、加工都有重要的实际意义。面包、糕点需要保持柔软的口感,宜选用吸湿性强、保湿性强的果糖、果葡糖浆等。而生产硬糖、酥糖及酥性饼干时,以用蔗糖为宜。软糖果需要保持一定的水分,避免在干燥空气中干缩,所以在制作时,常用转化糖和果葡糖浆为宜;糕饼表面的糖霜起限制水进入食品的作用,在包装后,糖霜也不应当结块,因此应选用吸湿性较小的蔗糖,吸湿性最小的乳糖也适宜用于食品挂糖衣。食品加工中利用糖的吸湿性或保湿性,实际上就是为了达到限制水进入食品或是将水保持在食品中的目的。含有一定数量转化糖的糖制品,如蜜饯,如果没有合适的包装,便会吸收空气中的水分,增加自由水含量,使水分活度增大,降低耐藏性。

(五)渗透压

一定浓度的糖溶液具有一定的渗透压,且渗透压随着糖浓度增高而增大。渗透压的大小与溶液中溶质的分子数成正比,在相同浓度下,溶质分子的分子质量越小,溶液的摩尔浓度就越大,溶液的渗透压就越大,食品的保存性就越高。因此相同质量分数的单糖和双糖溶液,由于单糖溶液中溶质的分子数约为双糖的两倍,所以单糖的防腐效果较好。对于蔗糖来说,50％可以抑制酵母菌的生长,65％可以抑制细菌的生长,80％可以抑制霉菌的生长。渗透压高的糖对食品的保存有利,且渗透压越高,食品保存效果越好。糖制食品(果酱、蜜饯制品)的保藏原理就是高浓度糖液的渗透压使食品脱水,有效地束缚水分子,减少自由水的含量,降低水分活度,抑制霉菌、酵母的生长。在保藏过程中还应注意,糖的结晶析出,会降低糖液浓度,使糖液渗透压下降,保藏性下降。

(六)黏　度

糖溶液都有一定的黏度,一般黏度的大小与分子体积大小成正比,葡萄糖和果糖溶液的黏度比蔗糖溶液低。对于单糖和双糖,在相同浓度下,溶液的黏度顺序为葡萄糖＜果糖＜蔗糖＜淀粉糖浆,且淀粉糖浆的黏度随转化度的增大而降低。黏度大小还与温度有关,葡萄糖溶液的黏度随温度的升高而增大,但蔗糖溶液的黏度则随温度的增大而降低。根据糖类物质的黏度不同,在产品中选用糖类时就要加以考虑,如清凉型的就要选用蔗糖,果汁、糖浆等则选用淀粉糖浆。

食品生产中可利用糖溶液的黏度来提高食品的稠度和可口性,适当增加黏度可以稳定带肉果汁,使其不易分离。蔗糖溶液的黏度使其可以抑制蛋白质泡沫的膨胀,提高泡沫的稳定性。蔗糖、麦芽糖的黏度比单糖高,聚合度大的低聚糖黏度更高,在一定黏度范围可使由糖浆熬煮而成的糖膏具有可塑性,以适合糖果工艺中的拉条和成型的需要。

(七)冰点降低

单、双糖都属于小分子糖,它们溶于水后可引起溶液冰点的下降,浓度越高、相对分子质量越小,冰点降低越多。相同浓度下对冰点降低的程度:葡萄糖＞蔗糖＞淀粉糖浆。

生产雪糕类冰冻食品时,混合使用淀粉糖浆和蔗糖,可节约用电(淀粉糖浆和蔗糖的混合物的冰点降低较单独使用蔗糖小),利用低转化度的淀粉糖浆还可以促进冰晶细腻,粘稠度高,甜味适中。

(八)抗氧化性

糖类的抗氧化性实际上是由于糖溶液中氧气的溶解度降低而引起的。如20℃时,60％的蔗糖溶液中,氧气溶解度约为纯水的1/6。由于氧气在糖溶液中的溶解度较在水溶液中低,因此糖溶液具有抗氧化性,有利于保持食品的色、香、味和营养成分。

糖液可用于防止果蔬氧化,它可阻隔果蔬与大气中氧的接触,阻止果蔬氧化,同时可防止水果挥发性酯类的损失。糖液也可延缓糕饼中油脂的氧化酸败。另外,糖与氨基酸发生美拉德反应的中间产物也具有明显的抗氧化作用。利用糖液浸渍鲜果,保持其风味、颜色及维生素C的含量,这与糖溶液的抗氧化性有关。

三、糖的化学性质

(一)水解反应

蔗糖在酸或酶的作用下,可以发生水解反应生成等量的葡萄糖和果糖的混合物,称为转化糖。当其水解后,所生成的产物及旋光度如下

$$\underset{\substack{\text{(蔗糖)}\\+66.4°}}{C_{12}H_{22}O_{11}} + H_2O \longrightarrow \underset{\substack{\text{(D-葡萄糖)}\\+52.5°}}{C_6H_{12}O_6} + \underset{\substack{\text{(D-果糖)}\\-92°}}{C_6H_{12}O_6}$$

最终平衡时,蔗糖水解液的比旋光度$[\alpha]_D^{20} = -19.9°$,这种变化称为蔗糖的转化作用。蔗糖水解产生的等量葡萄糖和果糖混合物,比蔗糖甜,被称为转化糖浆。因蔗糖是右旋的,水解后的混合物中,由于果糖的旋光度比葡萄糖大,果糖是左旋糖,因此水解液的旋光性由原来的右旋转变为左旋,转化糖的名称也由此而来。蜜蜂体内有蔗糖酶,因此蜂蜜中含有大量的转化糖,甜度较蔗糖大。

使用蔗糖作为食品原料时,必须考虑其易水解的特性。如果品糖制加工时,经糖煮

工序,利用加热的方法,不仅可以提高蔗糖的溶解度,且由于果品含一定量的有机酸,糖煮过程同时发生蔗糖的酸催化水解,可以使转化糖的含量达到30%～40%,这样蔗糖就不易结晶析出,可保证加工品的质量。当果品的有机酸含量不高时,可以加入少量的酒石酸或柠檬酸。

(二)发酵性

不同微生物对各种糖的利用能力和速度不同,霉菌在许多碳源上都能生长繁殖。酵母菌可使葡萄糖、麦芽糖、果糖、蔗糖、甘露糖等发酵生成酒精和二氧化碳。大多数酵母菌发酵糖速度的顺序为葡萄糖＞果糖＞蔗糖＞麦芽糖。乳酸菌除可发酵上述糖类外,还可发酵乳糖产生乳酸。但大多数低聚糖却不能被酵母菌和乳酸菌等直接发酵,低聚糖要在水解后产生单糖才能被发酵。由于蔗糖、麦芽糖等具有发酵性,生产上可选用其他甜味剂代替,以避免微生物生长繁殖而使食品变质。酒类的生产就是利用了微生物对糖的发酵作用,面包膨松也是以此为基础的。酵母菌不能直接利用多糖发酵,必须将多糖水解成单糖后再行发酵。

(三)还原性

分子中含有自由醛(或酮)基或半缩醛(或酮)基的糖都具有还原性。单糖和部分低聚糖具有还原性,而糖醇和多糖则不具有还原性。有还原性的糖称为还原糖。还原性低聚糖的还原能力随着聚合度的增加而降低。食品中常见的双糖有海藻糖型和麦芽糖型两类。海藻糖型的糖分子中两个单糖都是以还原性基团形成糖苷键,不具有还原性,不能还原费林试剂,不生成脲和肟,不发生变旋现象,主要有蔗糖和海藻糖等。麦芽糖型分子中,一分子糖的还原性半缩醛羟基与另一个糖分子的非还原性羟基相结合成糖苷键,因此有一个糖分子的还原性基团是游离的,具有还原性,可以还原费林试剂,也可生成脲和肟,能发生变旋现象,麦芽糖、乳糖、异麦芽糖、龙胆二糖等属于此类。低聚糖有无还原性,对于它在食品加工和使用中起着重要作用。

(四)与碱的作用

单糖在碱溶液中不稳定,易发生异构化和分解反应。碱性溶液中糖的稳定性与温度的关系很大,在温度较低时还是相当稳定的,温度升高,很快发生异构化和分解反应。这些反应发生的程度和产物的比例受许多因素的影响。

稀碱溶液处理单糖,能形成某些差向异构体的平衡体系,如D-葡萄糖在稀碱的作用下,可通过稀醇式中间体的转化得到D-葡萄糖、D-甘露糖和D-果糖三种差向异构体的平衡混合物。同理,用稀碱处理D-果糖和D-甘露糖,也可得到相同的平衡混合物。

随着碱浓度的增大,加热或作用时间延长,糖便会发生分子内氧化与重排作用生成羧酸,此羧酸的组成与原来糖的组成没有差异,此酸称为糖精酸类化合物。糖精酸有多种异构体,因碱浓度不同而不同。

在浓碱的作用下,糖分解产生较小分子的糖、酸、醇和醛等分解产物。此分解反应因有无氧气或其他氧化剂的存在而各不相同。在有氧化剂存在时,己糖受碱作用,先发生连续烯醇化,然后在氧化剂存在下从双键处裂开,生成含 1,2,3,4,5 个碳原子的分解产物。若没有氧化剂存在时,则碳链断裂的位置为距离双键的第二个单键上。

(五)与酸的作用

酸对于糖的作用,因酸的种类、浓度和温度的不同而不同。很微弱的酸度能促进 α 和 β 异构体的转化。在室温下,稀酸对糖的稳定性无影响,但在较高温度下,发生复合反应生成低聚糖或发生脱水反应生成非糖类物质。受酸和热的作用,一个单糖分子的半缩醛羟基与另一个单糖分子的羟基缩合,失水生成双糖,这种反应称为复合反应。糖的浓度越高,复合反应进行的程度越大,若复合反应进行的程度高,还能生成三糖和其他低聚糖。糖受强酸和热的作用,易发生脱水反应,生成环状结构体或双键化合物。例如,戊糖脱水生成糠醛,己糖脱水生成 5-羟甲基糠醛,己酮糖较己醛糖更易发生此反应。糠醛比较稳定,而 5-羟甲基糠醛不稳定,进一步分解成甲酸、乙酰丙酸和聚合成有色物质。

(六)氧化反应

单糖是多羟基醛或酮,含有游离的羰基。因此,在不同的氧化条件下,糖类可被氧化成各种不同的氧化产物。单糖在弱氧化剂如吐伦试剂、费林试剂中可被氧化成糖酸,同时还原金属离子。醛糖中的醛基在溴水中可被氧化成羧基而生成糖酸,糖酸加热很容易失水而得到 γ-和 δ-内酯。酮糖与溴水不起作用,故利用该反应可以区别酮糖和醛糖。醛糖用浓硝酸氧化时,它的醛基和伯醇基都被氧化,生成具有相同碳数的二元酸。酮糖用浓硝酸氧化时,在酮基处裂解,生成草酸和酒石酸。

(七)还原反应

单糖分子中的醛基或酮基在一定条件下可加氢还原成羟基,产物为糖醇,常用的还原剂有镍、氢化硼钠($NaBH_4$)。如葡萄糖可还原为山梨糖醇;果糖可还原为山梨糖醇和甘露糖醇的混合物;木糖被还原为木糖醇。木糖醇的比甜度为 0.9~1.0,可在糖果、口香糖、巧克力、医药品及其他产品中广泛应用。两种糖醇都可作为糖尿病患者的食糖替代品,食用后也不会引起牙齿的龋变。

(八)焦糖化反应

糖类尤其是单糖在没有氨基化合物存在的情况下,加热到熔点以上的高温(一般是140℃~170℃)下,随着糖的分解变化,糖会变成黑褐色的焦糖,这种反应称为焦糖化反应。糖在强热的情况下生成两类物质:一类是糖的脱水产物,即焦糖或酱色;另一类是裂解产物,即一些挥发性的醛、酮类物质,它们进一步缩合、聚合最终形成深色物质。因此,焦糖化反应包括两方面产生的深色物质。

1.焦糖的形成

糖类在无水条件下加热,或在高浓度时用稀酸处理,可发生焦糖化反应。由蔗糖形成焦糖(酱色)的过程可分为3个阶段。

(1)初始反应:蔗糖熔融,继续加热,当温度达到约200℃时,经约35min的起泡,蔗糖同时发生水解和脱水两种反应,形成失去一分子水的异蔗糖酐,无甜味而具有温和的苦味。

(2)第二阶段:生成异蔗糖酐后,起泡暂时停止。而后又发生二次起泡现象,约为55min,在此期间失水量达9%,形成的产物为焦糖酐。焦糖酐的熔点为138℃,可溶于水及乙醇,味苦。中间阶段起泡55min后进入第三阶段。

(3)第三阶段:进一步脱水形成焦糖稀。焦糖稀的熔点为154℃,可溶于水。若再继续加热,则生成高分子量的深色物质,称为焦糖素。

常见的商品化焦糖色素有:①由亚硫酸氢铵催化产生的耐酸焦糖色素,用于酸性饮料、烘焙食品、糖浆、糖果及调味料中;②由蔗糖直接热解产生红棕色并含有略带负电荷的胶体粒子的焦糖色素,应用于啤酒和其他含醇饮料中;③将糖和铵盐加热,产生红棕色并含有带正电荷的胶体粒子的焦糖色素,用于焙烤食品、糖浆及布丁。

2.糠醛和其他醛的形成

糖在强热下的另一类变化是裂解脱水,形成一些醛类物质,由于这类物质性质活泼,故被称为活性醛。如单糖在酸性条件下加热,脱水形成糠醛或糠醛衍生物。它们经聚合或与胺类反应,可生成深色的色素。单糖在碱性条件下加热,首先进行互变异构作用,生成烯醇糖,然后断裂生成甲醛、五碳糖、乙醇醛、四碳糖、甘油醛、丙酮醛等。这些醛类经过复杂缩合、聚合反应或发生羰氨反应生成黑褐色的物质。对于焙烤、油炸食品等,焦糖化作用得当,可使产品得到诱人的色泽与风味。

(九)羰氨缩合反应(美拉德反应)

美拉德反应又称羰氨反应,即指还原糖中的羰基与游离氨基酸或蛋白质中的氨基经缩合、聚合生成类黑色素的反应。由于此反应最初是由法国化学家美拉德(Maillard,L. C.)于1912年发现的,故以他的名字命名。美拉德反应的产物是棕色缩合物,且反应不是由酶引起的,属于非酶褐变。

几乎所有的食品均含有羰基(来源于糖或油脂氧化酸败产生的醛和酮)和氨基(来源于蛋白质),因此都可能发生羰氨反应,故在食品加工中由羰氨反应引起食品颜色加深的现象比较普遍。如焙烤面包产生的金黄色,烤肉所产生的棕红色,熏干产生的棕褐色,松花皮蛋蛋清的茶褐色,啤酒的黄褐色,酱油和陈醋的黑褐色,奶粉在贮藏过程中的变色等均与羰氨反应有关。

美拉德反应过程可分为初期、中期、末期3个阶段,每一个阶段又包括若干个反应。

第三章　碳水化合物

1. 初期阶段

初期阶段包括羰氨缩合和 Amadori 分子重排两种作用,见图 3－4。美拉德反应开始于一个非解离氨基(如赖氨酸 ε－NH_2 或 N－端的 α－NH_2)和一个还原糖的缩合,在 pH 4～9 时,还原性羰基和氨基可缩合成羰胺化合物,然后脱去一分子水生成一个不稳定的亚胺衍生物,称为薛夫碱(schiff 碱),schiff 碱可生成醛糖基胺或酮糖基胺,这些糖基胺分别经过分子重排生成氨基酮糖或氨基醛糖。

羰氨缩合反应是可逆的,在稀酸条件下,该反应产物极易水解。羰氨缩合反应过程中由于游离氨基的逐渐减少,使反应体系的 pH 下降,所以在碱性条件下有利于羰氨反应。

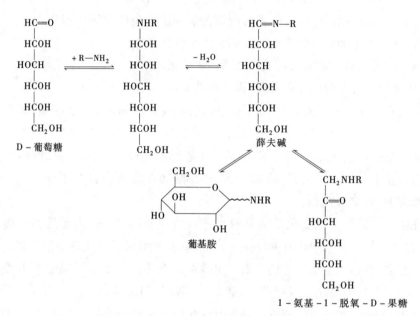

图 3－4　葡萄糖与胺(RNH_2)反应形成葡基胺和经 Amadori 重排

2. 中间阶段

中间阶段糖脱水、糖裂解、氨基酸降解。氨基酮糖或氨基醛糖进一步发生反应,生成许多的羰基或羰基衍生物如羟甲基糠醛和还原酮,见图 3－5。羟甲基糠醛的积累与褐变速度关系密切,还原酮的性质活泼,能与氨基酸反应,生成新的羰基化合物,这种反应称作斯特勒克(Strecker)降解反应即 α－氨基酸与 α－二羰基化合物反应时,α－氨基酸氧化脱羧生成比原来氨基酸少一个碳原子的不饱和醛,胺基与二羰基化合物结合并缩合成吡嗪;此外,还可降解生成较小分子的双乙酰、乙酸、丙酮醛等。在食品加热和烹调过程中斯特克勒尔反应可产生风味化合物。

3. 末期阶段

末期阶段包括醇醛缩合、胺醛缩合进而形成褐色色素。多羰基不饱和衍生物(如还原酮)一方面进行裂解反应,产生挥发性化合物,另一方面又进行聚合反应,产生褐黑色的类黑精,从而完成整个美拉德反应。

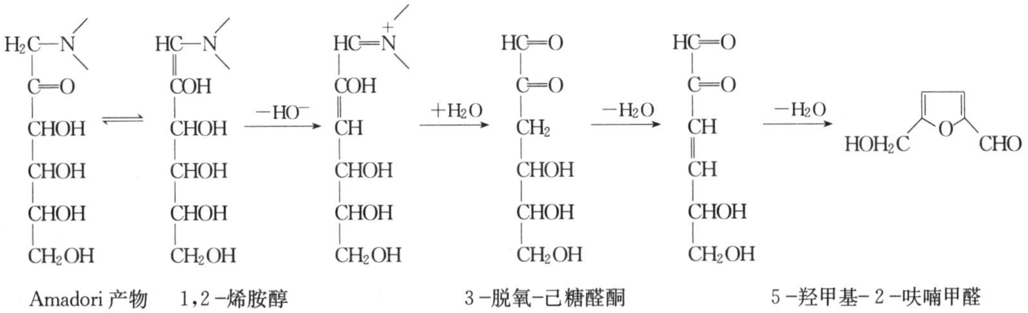

图 3-5　**Amadori 产物变成（HMF）**

Amadori 产物　　1,2-烯胺醇　　　　　　　　3-脱氧-己糖醛酮　　　　　　5-羟甲基-2-呋喃甲醛

（1）醇醛缩合

醇醛缩合是两分子醛的自相缩合并进一步脱水生成不饱和醛的过程,见图 3-6。

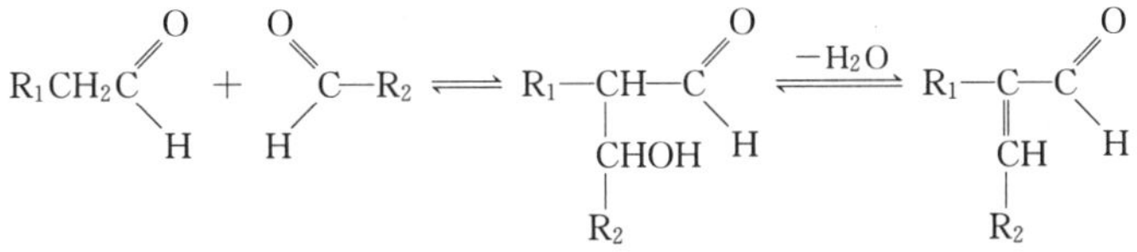

图 3-6　醇醛缩合反应

（2）生成黑色素的聚合反应

该反应是经过中期反应后,产物中有糠醛及其衍生物、二羰基化合物、还原酮类、由斯特勒克降解和糖裂解所产生的醛等,这些产物进一步缩合、聚合形成复杂的高分子色素。

4.美拉德反应与食品品质的关系

美拉德反应生成的类黑精,有很好的抗氧化性,也赋予食品特有的色泽。例如亮氨酸与葡萄糖在高温下反应,能够产生令人愉悦的面包香。而在板栗、鱿鱼等食品生产储藏过程中和制糖生产中,就需要抑制美拉德反应以减少褐变的发生。

还原糖与赖氨酸结合后的重排产物不能被人体吸收,降低了食品的营养价值,使赖氨酸生物效价有所损失;类黑精与蛋白质、重金属结合后,对消化系统产生不利影响。美拉德反应的另一个不利方面是还原糖同蛋白质的部分链段相互作用会导致部分氨基酸的损失,特别是必需氨基酸 L-赖氨酸所受的影响最大。赖氨酸含有 ε-氨基,即使存在于蛋白质分子中,也能参与美拉德反应。因此,从营养学的角度来看,美拉德褐变会造成氨基酸等营养成分的损失。

Strecker 降解反应的产物是食品产生风味物质的重要途径之一,赋予食品特有的风味和气味,但过度反应会产生焦糊味。生肉是没有香味的,只有在蒸馏和焙烤时才会有香味。在肉味化合物的形成过程中,美拉德反应起着很重要的作用。肉味化合物主要有含 N,S,O 的杂环化合物和其他含硫成分,包括呋喃、吡咯、噻吩、咪唑、吡啶和环乙烯硫醚等低分子量前体物质。

5. 影响羰氨反应的因素

(1)反应物种类。一般来说,糖的种类、胺基所处位置都会影响美拉德反应活性,五碳糖＞六碳糖,醛糖＞酮糖,$\varepsilon-NH_2$ 远远大于 $\alpha-NH_2$。

(2)反应物浓度。美拉德反应速度与反应物浓度成正比,但在完全干燥条件下,难以进行。水分在 10%～15% 时,褐变易进行。此外,褐变与脂肪无关,当水分含量超过 5% 时,脂肪氧化加快,褐变也加快。

(3)温度。美拉德反应受温度的影响很大,温度相差 10℃,褐变速度相差 3～5 倍。一般在 30℃ 以上褐变较快,而 20℃ 以下则进行较慢,例如酱油酿造时,提高发酵温度,酱油颜色加深,温度每提高 5℃,着色度提高 35.6%,这是由于发酵中氨基酸与糖发生的羰氨反应随温度的升高而加快。将食品放置于 10℃ 以下冷藏,则可较好地防止褐变。

(4)pH。美拉德反应在酸、碱环境中均可发生,但在 pH 为 3 以上,其反应速度随 pH 的升高而加快,所以降低 pH 是控制褐变的较好方法。例如高酸食品像泡菜就不易褐变。

(5)金属离子。由于铁和酮催化还原酮类的氧化,所以促进褐变,Fe^{3+} 比 Fe^{2+} 更为有效,故在食品加工处理过程中避免 Fe^{3+} 和 Fe^{2+} 这些金属离子的混入是必要的,而 Na^+ 对褐变没有什么影响。

6. 褐变反应抑制

对于很多食品,为了增加色泽和香味,在加工处理时利用适当的褐变反应是十分必要的,如茶叶的制作,可可豆、咖啡的烘焙,酱油的后期加热等。此外,美拉德反应还能产生牛奶巧克力的风味,当还原糖与牛奶蛋白质反应时,可产生乳脂糖、太妃糖及奶糖的风味。对于乳制品、植物蛋白饮料的高温杀菌等,由于褐变反应可引起其色泽变劣,则要严格控制。

为防止食品褐变,常用的措施有:采用隔氧法以阻止由于与氧接触发生氧化而引起的褐变,如选用隔氧的包装材料和采用吸氧剂等;由因高温加热所引起的褐变,一般称为热褐变,热褐变可通过低温冷藏来加以抑制;食品的水活性值在约 0.6 时最容易引起褐变,中等水分食品能阻止微生物繁殖和脂肪氧化,但很容易发生褐变,干蛋白粉在贮藏过程中由于赖氨酸与葡萄糖产生糖胺反应而褐变,若预先添加葡萄糖氧化酶于蛋白粉中,使葡萄糖氧化成酸则可防止褐变;食品加工中用于抑制食品非酶褐变常用的添加剂有亚硫酸及其钠盐,亚硫酸化合物抑制褐变反应的机理是它可与褐变中间体羰基化合物相结合,从而阻止其发生聚合反应。

四、食品中重要的低聚糖

低聚糖存在于多种天然食物中,尤以植物性食物为多,如果蔬、谷物、豆科植物种子和一些植物块茎中。

(一)蔗 糖

蔗糖是 $\alpha-D-$吡喃葡萄糖的 C_1 与 $\beta-D-$呋喃果糖的 C_2 通过糖苷键结合的非还原

糖。在自然界中,蔗糖广泛地分布于植物的根、茎、叶、花、果实及种子内,尤以甘蔗、甜菜中最多。蔗糖是人类需求量最大,也是食品工业中最重要的能量型甜味剂,在人类营养上起着巨大的作用。制糖工业常用甘蔗、甜菜为原料提取。

纯净蔗糖为无色透明结晶,易溶于水,难溶于乙醇、氯仿、醚等有机溶剂。蔗糖甜度较高,甜味纯正,相对密度1.588,熔点160℃,加热到熔点,便形成玻璃样晶体,加热到200℃以上形成棕褐色的焦糖。此焦糖常被用作酱油的增色剂。蔗糖不具有还原性,不能与苯肼作用产生糖脎,无变旋作用(因无α、β型)。蔗糖也不因弱碱的作用而引起烯醇化,但可被强碱破坏。蔗糖广泛用于含糖食品的加工中,高浓度蔗糖溶液对微生物有抑制作用,可大规模用于蜜饯、果酱和糖果的生产。蔗糖衍生物——三氯蔗糖是一种强力甜味剂,蔗糖脂肪酸酯用作乳化剂。蔗糖也是家庭烹调的佐料。

(二)麦芽糖

麦芽糖又称饴糖,是由2分子的葡萄糖通过α-1,4糖苷键缩合而成的双糖。因此麦芽糖分子中仍保留了一个半缩醛羟基,是典型的还原糖。麦芽糖在麦芽糖酶的作用下水解可产生2分子α-D-葡萄糖。麦芽糖存在于麦芽、花粉、花蜜、树蜜及大豆植株的叶柄、茎和根部。谷物种子发芽时就有麦芽糖生成,啤酒生产用的麦芽汁含糖成分主要是麦芽糖。

常温下,纯麦芽糖为透明针状晶体,易溶于水,微溶于酒精,不溶于醚。其熔点为102℃～103℃,比甜度为30,甜味柔和,有特殊风味。麦芽糖易被机体消化吸收,在糖类中营养最为丰富。麦芽糖有还原性,能形成糖脎,有变旋作用,比旋光度为$[\alpha]_D^{20}=+136°$。麦芽糖可被酵母发酵,水解后产生2分子葡萄糖。工业上将淀粉用淀粉酶糖化后加酒精使糊精沉淀除去,再经结晶即可制得纯净麦芽糖。通常晶体麦芽糖为β型,麦芽糖是食品中使用的一种温和的甜味剂。

(三)乳　糖

乳糖是由1分子D-半乳糖与1分子D-葡萄糖以β-1,4糖苷键连接而成的二糖。因分子中保留了葡萄糖的半缩醛羟基,所以乳糖是还原性二糖,有变旋现象,能溶于水,不易吸潮,不易被酶水解,常用作赋形剂。它是哺乳动物乳汁中的主要糖成分,牛乳含乳糖4.6%～5.0%,人乳含乳糖5%～7%。纯品乳糖为白色固体,溶解度小,比甜度为20。乳糖在乳糖酶的作用下,可水解成D-葡萄糖和D-半乳糖而被人体吸收。乳糖可以促进婴儿肠道双歧杆菌的生长,有助于机体内钙的代谢和吸收,但对体内缺乳糖酶的人群,可导致乳糖不耐症。

五、食品中功能性低聚糖

功能性低聚糖是指由2～10个相同或不同的单糖以糖苷键结合而成,不被人体消化道分解、吸收的糖类。常见的功能性低聚糖包括水苏糖、棉籽糖、异麦芽酮糖、乳酮糖、低聚果糖、低聚木糖、低聚半乳糖、低聚异麦芽糖、低聚异麦芽酮糖、低聚龙胆糖、大豆低聚糖、低聚壳聚糖等。它与一般低聚糖的最大差别在于不被人体消化，人体肠道内没有水解它们(除异麦芽酮糖外)的酶系统，而直接进入大肠内优先为双歧杆菌所利用，是双歧杆菌增殖因子。功能性低聚糖具有：促进双歧杆菌增殖，是双歧杆菌增殖因子；低能量或零能量；低龋齿性；防止便秘；低聚糖属于水溶性膳食纤维；生成营养物质；降低血清胆固醇，改善脂质代谢，降低血压。

（一）低聚果糖

低聚果糖是指在蔗糖分子的果糖残基上通过β-(1→2)糖苷键连接1～3个果糖基而成的蔗果三糖、蔗果四糖及蔗果五糖组成的混合物，见图3-7。

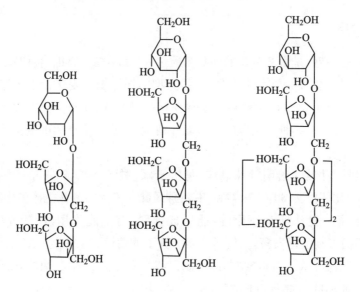

图3-7　蔗果三糖、蔗果四糖、蔗果五糖结构图

低聚果糖多存在于天然植物中，如菊芋、芦笋、洋葱、香蕉、番茄、大蒜、蜂蜜及某些草本植物中。低聚果糖可作为双歧杆菌的增殖因子；人体难消化的低热值甜味剂；水溶性的膳食纤维；能降低机体血清胆固醇和甘油三酯含量及抗龋齿等诸多优点。低聚果糖的黏度、保湿性、吸湿性、甜味特性及在中性条件下的热稳定性与蔗糖相似，甜度较蔗糖低。低聚果糖不具有还原性，参与美拉德反应程度小，但其有明显的抑制淀粉回生作用。低聚果糖已广泛应用于乳制品、乳酸饮料、糖果、焙烤食品、膨化食品及冷饮食品中。

目前，低聚果糖多采用适度酶解菊芋粉来获得。此外也可以蔗糖为原料，采用β-D-呋喃果糖苷酶的转果糖基作用，在蔗糖分子上以β-(1→2)糖苷键与1～3个果糖分子相结合而成，该酶多由米曲霉和黑曲霉生产得来。

(二)低聚异麦芽糖

低聚异麦芽糖又称异麦芽低聚糖、异麦芽寡糖、分枝低聚糖等,是指包含有葡萄糖分子间以 α-1,6 糖苷键结合的低聚糖总称。主要成分为异麦芽糖(IG$_2$)、潘糖(P)、异麦芽三糖(IG$_3$)及四糖以上(Gn)的低聚糖。低聚异麦芽糖是双歧杆菌的增殖因子,具有防止便秘,增强免疫力,降低血脂和胆固醇等功效,适用于保健品、乳制品、糖果、饼干等小饰品及焙烤制品。

(三)大豆低聚糖

大豆低聚糖是从大豆子粒中提取出可溶性低聚糖的总称。主要成分为水苏糖、棉子糖和蔗糖。棉子糖和水苏糖都是由半乳糖、葡萄糖和果糖组成的支链杂聚糖,是在蔗糖的葡萄糖基一侧以 α-(1→6)糖苷键连接 1 个或 2 个半乳糖。棉子糖是非还原三糖,属于蔗糖的衍生产物,其中又称蜜三糖。纯净棉子糖为白色或淡黄色长针状结晶,结晶体一般带有 5 分子结晶水,带结晶水的棉子糖熔点为 80℃,不带结晶水的为 118℃~119℃。棉子糖易溶于水,比甜度为 20~40,微溶于乙醇,不溶于石油醚。其吸湿性在所有低聚糖中是最低的,即使在相对湿度为 90%的环境中也不吸水结块。参与美拉德反应的程度小,热稳定性较好。

大豆低聚糖广泛存在于各种植物中,以豆科植物中含量居多,除大豆外,豌豆、扁豆、豇豆、绿豆和花生等均有存在。一般是以生产浓缩或分离大豆蛋白时得到的副产物大豆乳清为原料,经加热沉淀,活性炭脱色,真空浓缩干燥等工艺制取。可部分替代蔗糖,应用于清凉饮料、酸奶、乳酸菌饮料、冰淇淋、面包、糕点、糖果和巧克力等食品中。

(四)低聚木糖

低聚木糖是由 2~7 个木糖以 β-(1→4)糖苷键连接而成的低聚糖。其中以木二糖为主要成分,木二糖含量越多,其产品质量越好。低聚木糖的比甜度为 0.4~0.5,甜味特性类似于蔗糖。

低聚木糖有显著的双歧杆菌增殖作用,人体胃肠道内没有水解低聚木糖的酶,可直接进入大肠内优先为双歧杆菌所利用,促进双歧杆菌增殖同时产生多种有机酸;促进机体对钙的吸收,有抗龋齿作用,在体内代谢不依赖胰岛素,可作为糖尿病或肥胖症患者的甜味剂。非常适用于酸奶、乳酸菌饮料和碳酸饮料等酸性饮料中。低聚木糖一般是以富含木聚糖的植物为原料,通过木聚糖酶的水解作用,然后分离精制而获得。工业上多采用球毛壳霉产生内切型木聚糖酶进行木聚糖的水解,然后分离提纯而制得低聚木糖。

(五)低聚乳果糖

低聚乳果糖是由 β-D-半乳糖苷、α-D-葡萄糖苷以及 β-D-呋喃果糖苷残基组

成。易溶于水,甜味特征接近蔗糖,纯品甜度为蔗糖的30％。商业化生产的低聚乳果糖的甜度约为蔗糖的70％。

低聚乳果糖促进双歧杆菌增殖效果极佳,可以抑制肠道内有毒代谢物的产生。低聚乳果糖几乎不被生物体消化和吸收,它具有低热值、难消化、降低血清胆固醇、整肠等作用,同时它具有与蔗糖相似的甜味和食品加工特性,可广泛应用于各种食品中,如糖果、乳制品、饮料、糕点等。

除上述几种保健低聚糖外,其他低聚糖如异麦芽酮糖、低聚半乳糖、低聚龙胆糖、低聚甘露糖、海藻糖、乳酮糖等都有所研究或已经工业化。

(六)环状低聚糖

环状糊精又名沙丁格糊精或环状淀粉,是由D-葡萄糖以α-1,4糖苷键连接而成的环状低聚糖,该糊精是由软化芽孢杆菌作用于淀粉的产物。环状糊精为环状结构,见图3-8。聚合度有6,7,8三种,依次称为α-,β-,γ-环状糊精。

环状糊精是白色结晶粉末,熔点300℃～305℃,性质比较稳定,α-,β-,γ-环状糊精在水中的溶解度每100mL水,分别溶解14.5g,18.5g和23.2g。环状糊精的环内

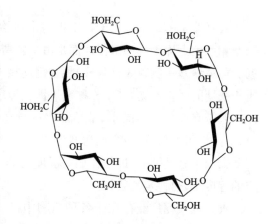

图3-8　α-环状糊精分子结构图

侧在性质上相对地比外侧憎水,在溶液中同时憎水和亲水物质时,憎水物质能优先被环内侧憎水基吸附。由于环状糊精具有这种特性,在食品工业中得以广泛应用。环状糊精与表面活性剂协同,起乳化剂作用;对挥发性芳香物质,有防止挥发的作用;对易氧化和易光解物质有保护作用;对食品的色、香、味也具有保护作用,同时也可除去一些食品中的苦味和异味。

第三节　多　糖

一、概　述

多糖是指10个以上单糖分子通过糖苷键连接而成的高聚物。单糖的个数称为聚合度(DP),聚合度<100的多糖是很少见的,大多数多糖的聚合度为200～300。多糖没有均一的聚合度,分子量具有一个范围,常以混合物形式存在。根据多糖链的结构,多糖可分为直链多糖和支链多糖。多糖广泛分布于自然界,食品中多糖有淀粉、糖原、纤维素、半纤维素、果胶、植物胶、种子胶及改性多糖等。

食品加工中利用的多糖有天然的或改性的产物,作为增稠剂、胶凝剂、结晶抑制剂、

澄清剂、稳定剂、成膜剂、絮凝剂、缓释剂、膨胀剂和胶囊剂等。

(一)食品中多糖的分子结构

食品中的多糖分子大多数是以葡萄糖分子为基本单位,以通过 $\alpha-1,4$ 糖苷键、$\alpha-1,6$ 糖苷键、$\beta-1,4$ 糖苷键等连接起来的高分子化合物。有的成链状结构,有的以螺旋状结构存在,有的则成分枝状,因不同的多糖分子其分子结构也不同。

(二)食品中多糖的功能性质及食品加工的应用

多糖的性质受糖的种类、构成方式、置换基种类和数目以及分子量大小等因素的影响,多糖与单糖、低聚糖在性质上有较大差别。它们一般不溶于水,无甜味,不具有还原性。它经酸或酶水解时,可以分解为组成它的结构单糖,中间产物是低聚糖。

多糖具有大量羟基,因而多糖具有较强的亲水性,除了高度有序、具有结晶的多糖不溶于水外,大部分多糖不能结晶,易溶于水。多糖(亲水胶体或胶)主要具有增稠和胶凝的功能,此外还能控制流体食品与饮料的流动性质与质构等。一些多糖还能形成海绵状的三维网状凝胶结构,这种具有粘弹性半固体凝胶,具有多功能用途,它可作为增稠剂、泡沫稳定剂、稳定剂、脂肪代用品等。

研究表明,很多多糖具有某种特殊生理活性,如存在于香菇、银耳、金针菇、灵芝、云芝、猪苓、茯苓、冬虫夏草、黑木耳、猴头菇等大型食用或药用真菌中的某些多糖组分,具有通过活化巨噬细胞来刺激抗体产生等而达到提高人体免疫能力的生理功能。此外,其中大部分还有很强烈的抗肿瘤活性,对癌细胞有很强的抑制力。一些多糖还具有抗衰老、促进核酸与蛋白质合成、降血糖和血脂、保肝、抗凝血等作用。因此,真菌多糖是一种很重要的功能性食品基料,某些已被作为临床用药。

二、食品中重要的多糖

(一)淀　粉

淀粉是以颗粒形式普遍存在,是大多数植物的主要储备物,在种子、根和茎中最丰富。是许多食品的组分之一,也是人类营养最重要的碳水化合物来源。淀粉生产的原料来源为玉米、小麦、马铃薯、甘薯等农作物,此外栗、稻和藕也用作淀粉生产的原料。

淀粉是由直链淀粉和支链淀粉两部分组成,直链淀粉是由许多个 D-吡喃葡萄糖通过 $\alpha-1,4$ 糖苷键连接起来的链状分子,链长为 $250\sim300$ 个葡萄糖单位(其简图见图 3-9),分子内的氢键使链卷曲盘旋成左螺旋状。单螺旋结构时,每一圈包含 6 个糖基,许多螺旋圈构成弹簧状的空间结构,溶于热水,难以糊化,易于老化。

支链淀粉是 D-吡喃葡萄糖通过 $\alpha-1,4$ 和 $\alpha-1,6$ 两种糖苷键连接起来的带分支的复杂大分子。热水中膨胀成胶体,以 $\alpha-1,4$-糖苷键结合形成主链,有长度不等的支链,以 $\alpha-1,6$-糖苷键结合在主链上。支链淀粉整体呈树枝状,支链都不长,平均含 20~

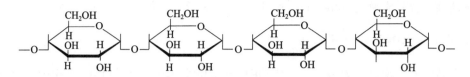

图 3-9　直链淀粉的一部分

30 个葡萄糖基。所以，支链虽也可呈螺旋，但螺旋很短。

不同来源的淀粉粒中所含的直链和支链淀粉比例不同，即使同一品种因生长条件不同，也会存在一定的差别。一般淀粉中支链淀粉的含量明显高于直链淀粉的含量。普通淀粉含约 20%～39% 的直链淀粉，有的新玉米品种可达 50%～85%，称为高直链淀粉玉米，这类玉米淀粉不易糊化，甚至有的在温度 100℃ 以上才能糊化。有些淀粉仅由支链淀粉组成，如糯玉米、糯大麦、糯米等。它们在水中加热可形成糊状，与根和块茎淀粉（如藕粉）的糊化相似。直链淀粉容易发生"老化"，糊化形成的糊化物不稳定，而由支链淀粉制成的糊是非常稳定的。

1. 淀粉水解

工业上利用淀粉水解可生产糊精、淀粉糖浆、麦芽糖浆、葡萄糖等产品。葡萄糖为淀粉水解的最终产物，结晶葡萄糖有含水 α-葡萄糖、无水 α-葡萄糖和无水 β-葡萄糖 3 种。淀粉水解法有酸水解法和酶水解法两种。

酸水解法是用无机酸为催化剂使淀粉发生水解反应，转变成葡萄糖的方法。淀粉在酸和热的作用下，水解生成葡萄糖的同时，还有一部分葡萄糖发生复合反应和分解反应，进而降低葡萄糖的产出率。水解反应与温度、浓度和催化剂有关，催化效率较高的为盐酸和硫酸。

酶水解法在工业上称为酶糖化。酶糖化经过糊化、液化和糖化 3 道工序。应用的酶主要为 α-淀粉酶、β-淀粉酶和葡萄糖淀粉酶。α-淀粉酶用于液化淀粉，工业上称为液化酶，β-淀粉酶和葡萄糖淀粉酶用于糖化，又称为糖化酶。

2. 淀粉的糊化

未被烹调的淀粉食物是不容易消化的，因为淀粉颗粒被包在植物细胞壁的内部，消化液难以渗入，烹调的作用就在于使淀粉颗粒糊化，易于被人体消化吸收。

生淀粉分子靠分子间氢键结合而排列得很紧密，形成束状的胶束，彼此之间的间隙很小，即使水分子也难以渗透进去。具有胶束结构的生淀粉称为 β-淀粉。淀粉颗粒不溶于水，但在水中能吸收少量水分，颗粒稍膨胀。将淀粉颗粒放入水中，不停地搅拌。颗粒悬浮于水中，形成白色悬浮液，称为淀粉乳。加热淀粉乳，淀粉粒在适当温度下，破坏结晶区弱的氢键，在水中溶胀，分裂，胶束则全部崩溃，形成均匀的糊状溶液的过程被称为淀粉的糊化。处于这种状态的淀粉称为 α-淀粉，此时的温度称为糊化温度，是指淀粉从糊化开始到结束的温度范围。淀粉糊化的本质是微观结构从有序转变成无序，结晶区被破坏。α-淀粉即糊化淀粉，淀粉形成海绵状的网状结构，易为酶所水解、口感较柔软，粘着力大，易为人们食用。β-淀粉即淀粉老化，分子发生收缩，恢复原有组织结构,弹性差,口感发硬,不易为酶所水解。

淀粉要完成整个糊化过程,必须要经过 3 个阶段:即可逆吸水阶段、不可逆吸水阶段和颗粒解体阶段。

(1)可逆吸水阶段。水分进入淀粉粒的非晶质部分,体积略有膨胀,此时冷却干燥,可以复原。

(2)不可逆吸水阶段。随温度升高,水分进入淀粉微晶间隙,不可逆大量吸水,结晶"溶解"。这是因为外界的温度升高,淀粉分子内的一些氢键变得很不稳定,从而发生断裂,淀粉颗粒内结晶区域则由原来排列紧密的状态变为疏松状态,使得淀粉的吸水量迅速增加。淀粉颗粒的体积急剧膨胀到原始体积的 50～100 倍。处在这一阶段的淀粉如果把它重新进行干燥,其水分也不会完全排出而恢复到原来的结构,故称为不可逆吸水阶段。

(3)淀粉粒解体阶段。随着温度继续提高,淀粉颗粒仍在继续吸水膨胀。当其体积膨胀到一定限度后,颗粒便出现破裂现象,颗粒内的淀粉分子向各方向伸展扩散,溶出颗粒体外,扩展开来的淀粉分子之间会互相联结、缠绕,形成一个网状的含水胶体,淀粉分子全部进入溶液,这就是淀粉完成糊化后所表现出来的糊状体。

淀粉的糊化温度在不同品种间存在差别,同一种淀粉在大小不同的颗粒间也存在差别。大颗粒易糊化,糊化温度低,小颗粒难糊化,糊化温度高。玉米淀粉糊化温度为 62℃～72℃,马铃薯淀粉糊化温度为 56℃～68℃。影响淀粉糊化的因素如下:①直链淀粉小于支链淀粉;②水分活度提高,糊化程度提高;③高浓度的糖,使淀粉糊化受到抑制;④高浓度的盐使淀粉糊化受到抑制;低浓度的盐存在,对糊化几乎无影响。马铃薯淀粉例外,因为它含有磷酸基团,低浓度的盐影响它的电荷效应;⑤脂类抑制糊化,脂类可与淀粉形成包合物,即脂类被包含在淀粉螺旋环内,不易从螺旋环中浸出,并阻止水渗透入淀粉粒;⑥pH<4 时,淀粉水解为糊精,黏度降低。pH 为 4～7 时,几乎无影响。pH 为 10,糊化速度迅速加快,但在食品中意义不大;⑦淀粉酶使淀粉糊化加速,新米淀粉酶活性高,比陈米更易煮烂。

糊化后的淀粉更可口,更利于人体消化吸收。在食品加工中,淀粉的糊化程度影响到一些淀粉类食品的消化率和贮藏性,如桃酥因脂肪含量高、水分含量少,使 90% 的淀粉粒未糊化而不易消化;面包则因含水量高,96% 以上的淀粉粒均已糊化,所以易于消化。

3.淀粉的老化

(1)淀粉的老化

经过糊化的 α-淀粉在室温或低于室温下放置后,会变得不透明甚至凝结而沉淀,这种现象称为淀粉的老化。这是由于糊化后的淀粉分子在低温下又自动排列成序,相邻分子间的氢键又逐步恢复形成致密、高度晶化的淀粉分子微束的缘故。如面包、馒头等在放置时变硬、干缩,就是淀粉老化的结果。

老化过程可看作是糊化的逆过程,但是老化不能使淀粉彻底复原到生淀粉(β-淀粉)的结构状态,它比生淀粉的晶化程度低。不同来源的淀粉,老化难易程度并不相同,一般来说直链淀粉较支链淀粉易于老化,直链淀粉越多,老化越快,支链淀粉几乎不发生老化。其原因是它的结构呈三维网状空间分布,妨碍了微晶束氢键的形成。老化后的淀粉与水失去亲和力,影响加工食品的质构,并且难以被淀粉酶水解,因而也不易被人体消化吸收。但粉条生产是利用淀粉老化,因此,淀粉老化作用的控制在食品工业中具有重要意义。

(2)淀粉老化的影响因素

淀粉老化的最适宜的温度为 2℃～4℃,高于 60℃低于－20℃都不发生老化。食品含水量在 30%～60%之间,淀粉易发生老化现象,食品中的含水量在 10%以下的干燥状态或超过 60%以上水分的食品,则不易产生老化现象。直链淀粉易老化;聚合度中等的淀粉易老化;淀粉改性后,不均匀性提高,不易老化。在 pH 为 4 以下的酸性或碱性环境中,淀粉不易老化表面活性物质可抗老化,多糖(果胶例外)、蛋白质等亲水大分子,可与淀粉竞争水分子及干扰淀粉分子平行靠拢,从而起到抗老化作用。膨化处理食品经放置很长时间后,也不发生老化现象,其原因是膨化后食品的含水量在 10%以下;在膨化过程中,高压瞬间变成常压时,呈过热状态的水分子在瞬间汽化而产生强烈爆炸,分子约膨胀 2000 倍,巨大的膨胀压力破坏了淀粉链的结构,长链切短,改变了淀粉链结构,破坏了某些胶束的重新聚合力,保持了淀粉的稳定性。由于膨化技术具有使淀粉彻底 α 化的特点,有利于酶的水解,不仅易于被人体消化吸收,也有助于微生物对淀粉的利用和发酵。

4. 改性淀粉

改性淀粉又称变性淀粉,是利用物理、化学或酶的手段,通过分子切断、重排、氧化或在分子中引入取代基的方法以改变其某些天然性质,增加其性能或引进新特性,制得的较原淀粉具有更优良的性能和更繁多品种的淀粉衍生物,使之符合生产、生活需要。天然淀粉改性后可大大提高其溶解度;增加透明度;提高或降低淀粉的黏度;促进或抑制凝胶形成;增加凝胶强度;减少凝胶脱水收缩;提高凝胶稳定性;改变乳化作用和冷冻、解冻的稳定性;以及成膜、耐酸、耐热、耐剪切性等。

生产改性淀粉的主要原料有玉米淀粉、木薯淀粉、马铃薯淀粉及小麦淀粉等。改性淀粉中最重要的是取代淀粉和交联淀粉。它们是由直链淀粉和支链淀粉葡萄糖单位上的少量羟基参与反应制成,并且多半在淀粉表面和无定形区反应而不破坏淀粉颗粒的性质。

常见的改性淀粉有预糊化淀粉、酸改性淀粉、磷酸化淀粉、交联淀粉、氧化淀粉等。将淀粉悬浊液,利用热滚筒干燥技术,在 80℃以上将糊化的淀粉干燥到水分含量在 10%以下,然后再粉碎就可得预糊化淀粉,其特点是加入冷水即可形成黏糊,在布丁、馅料和糖霜等食品生产中。

酸改性淀粉是在糊化温度下用无机酸处理天然淀粉所得的改性淀粉。常用的无机酸是盐酸和硫酸,经酸处理后,形成淀粉片断,再经碱中和、过滤干燥而得。酸改性淀粉加热后可溶解,溶液黏度低,高浓度的溶液冷却后可形成高强度的凝胶。用于制造软糖基、果冻等食品,用酸改性淀粉生产的软糖质地紧密、外形柔软、富有弹性,高温处理也不收缩,不起砂,能较好地保持糖果的质量。

用酸式磷酸盐、焦磷酸盐或三聚磷酸盐的干混合物在高温下处理淀粉可得磷酸化淀粉,使淀粉分子上的羟基部分磷酸化。磷酸化淀粉的糊化温度较低,糊的黏度大,透明性和胶黏性高,保水性好,不易凝沉,常用作增稠剂,而且耐受冷冻——解冻过程的能力较高,在冷冻食品中很有用处。

用交联剂处理天然淀粉所得的产品称为交联淀粉。处理后使淀粉链之间产生共价交联,提高了淀粉粒的稳定性,使其糊化温度也提高,糊的稳定性高。交联淀粉耐酸、耐碱、耐热,抗剪切性好,吸水膨润慢,食品加工中用于汤类、肉汁、酱汁等的增稠剂和赋形剂。

用次氯酸的钙盐或其他氧化剂处理淀粉所得的产品即为氧化淀粉。经氧化后的改性淀粉色泽洁白,糊化温度低,糊质清亮,黏度较低,不易老化,常用作乳化剂和分散剂。

改性淀粉在许多食品中作为增稠剂、胶凝剂、粘结剂或稳定剂等。

(二)果 胶

果胶存在于陆生植物的细胞间隙或中胶层中,通常与纤维素结合在一起,形成植物细胞结构和骨架的主要部分。果胶质是果胶及其伴随物(阿拉伯聚糖、半乳聚糖、淀粉和蛋白质等)的混合物。

1.果胶存在形态

在植物的成熟过程中,果胶物质存在 3 种形态:原果胶、果胶和果胶酸。不成熟的果蔬中,果胶物质主要是原果胶。它是果胶与纤维素和半纤维素结合在一起形成的,不溶于水,这使未成熟的果实较坚硬。原果胶没有黏性,水解后生成果胶。果胶存在于植物细胞汁液中,在成熟果蔬中含量丰富。分子结构中包含了半乳糖醛酸和半乳糖醛酸甲酯以糖苷键聚合形成的分子链,因此是不同程度甲酯化的聚半乳糖醛酸。果胶有黏性,可溶于水。果胶水解可得到果胶酸。果胶酸是非甲酯化的半乳糖醛酸,无黏性,溶于水,见图 3-10。

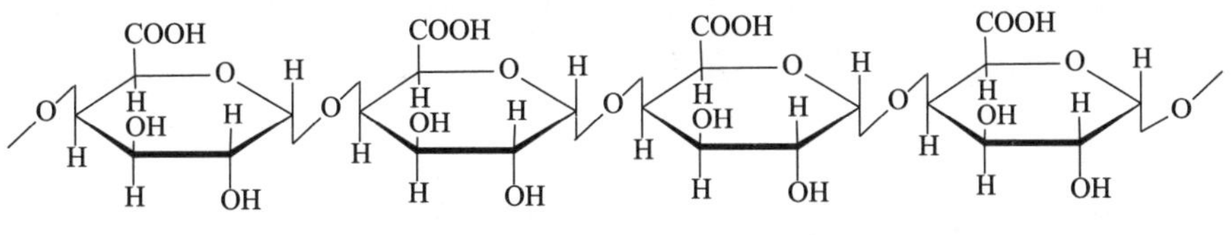

图 3-10 果胶酸的分子结构

2.果胶分类

果胶按其甲酯化程度的不同,可分为两类:高甲氧基果胶和低甲氧基果胶。含甲氧基量在 7%～14% 的果胶称为高甲氧基果胶。低于 7% 称为低甲氧基果胶(含甲氧基量为 14% 的果胶甲酯化程度为 100%)。

3. 果胶性质

果胶羧基酯化的百分数称为酯化度（DE）。当果胶的 DE>50% 称为高酯化度果胶（HM）时，形成凝胶的条件是可溶性固形物含量超过 55%，pH 为 2.0～3.5。当 DE<50% 时，称为低酯化度果胶（LM），通过加入 Ca^{2+} 形成凝胶，可溶性固形物为 10%～20%，pH 为 2.5～6.5。

高甲氧基果胶溶液必须具有足够的糖和酸存在的条件下才能胶凝，且糖浓度为 55%～65%，最好在 65%。低甲氧基果胶必须在二价阳离子（Ca^{2+}）存在的情况下形成凝胶。胶凝能力随着 DE 的减少而增加。果胶的分子结构能影响凝胶的形成。果胶的相对分子质量越大，越易形成凝胶，而且形成的凝胶强度大。果胶的甲酯化程度越高，形成凝胶的强度也越大，所以高甲氧基果胶凝胶能力强，低甲氧基果胶凝胶能力较弱，加入钙离子、铝离子等可以提高低甲氧基果胶的凝胶能力。果胶发生胶凝作用所需的 pH 随果胶来源不同而有所不同，但在偏碱性条件下，由于果胶的水解作用而难以形成凝胶。

4. 果胶在食品中的应用

利用果胶的胶凝作用可生产果脯、果酱和糕点；果胶还可用作巧克力、糖果的稳定剂。但在果酒、果汁生产中，果胶产生的凝胶会使产品产生沉淀、混浊，造成过滤困难，还可影响产品质量。果胶还可作为增稠剂和稳定剂。高甲氧基果胶可应用于乳制品，它在 pH 为 3.5～4.2 范围内能阻止加热时酪蛋白聚集，适用于经巴氏杀菌或高温杀菌的酸奶、酸豆奶以及牛奶与果汁的混合物。高甲氧基果胶与低甲氧基果胶能应用于蛋黄酱、番茄酱、浑浊型果汁、饮料以及冰淇淋等，一般添加量<1%；但是凝胶软糖除外，它的添加量为 2%～5%。

（三）纤维素与半纤维素

1. 纤维素

纤维素是自然界最大量存在的多糖，自然界中一半以上的碳素存在于纤维素中。它是植物细胞壁的构成物质，常与半纤维素、木质素和果胶质结合在一起。天然纤维素形成高度结晶化的微晶丝，结构高度稳定，酸催化下可彻底水解成葡萄糖。人体没有分解纤维素的消化酶，所以纤维素不被人体消化吸收，但能促进肠蠕动，有助于消化和排泄。纤维素与直链淀粉一样，是 D-葡萄糖通过 $\beta-1,4$ 糖苷键结合，呈直链状连接，见图 3-11。

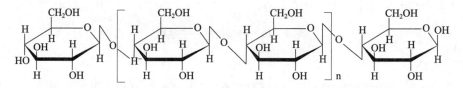

图 3-11　纤维素分子结构图

食品加工中也有用到改性纤维素,即将天然纤维素经适当处理后,改变其原有的一些性质,以适应特殊的需要。如羧甲基纤维素(CMC),是用氯乙酸钠在碱性条件下处理纤维素而得,是一种白色、无嗅、无味、无毒的粉末,主要用作增稠剂,提高食品的黏度,在疗效食品中作为无热量的填充剂。

2.半纤维素

半纤维素存在于所有陆地植物中,而且经常在植物木质化部分,是构成植物细胞壁的材料。构成半纤维素的单体有木糖、果糖、葡萄糖、半乳糖、阿拉伯糖、甘露糖及糖醛酸等,木聚糖是半纤维素物质中最丰富的一种。食品中最重要的半纤维素是由$\beta-D-(1\rightarrow4)$吡喃半乳糖基单位组成的木聚糖为骨架。

粗制的半纤维素可分为一个中性组分(半纤维素 A)和一个酸性组分(半纤维素 B),半纤维素 B 在硬质木材中特别多。两种纤维素都有$\beta-D-(1\rightarrow4)$糖苷键结合成的木聚糖链。在半纤维素 A 中,主链上有许多由阿拉伯糖组成的短支链,还存在 D-葡萄糖、D-半乳糖和 D-甘露糖。从小麦、大麦和燕麦粉得到的阿拉伯木聚糖是这类糖的典型例子。半纤维素 B 不含阿拉伯糖,它主要含有 4-甲氧基-D-葡萄糖醛酸,因此它具有酸性。

在食品加工中,半纤维素能提高面粉结合水的能力,且有助于蛋白质与面团的混合,增加面包体积和弹性、改善面包结构,延缓面包的老化。

(四)糖 原

糖原又称动物淀粉,见图 3-12。广泛存在于人及动物体内,是肌肉和肝脏组织中的贮备多糖。也存在于真菌、酵母和细菌中,在高等植物中含量极少。糖原是由葡萄糖聚合形成的同聚葡聚糖,在结构上与支链淀粉相似,它含有 $\alpha-1,4$ 糖苷键和 $\alpha-1,6$ 糖苷键,与支链淀粉差异之处是糖原具有较高的相对分子量和较高的分支程度。糖原分子为球形,相对分子量约在 $2.7\times10^5\sim3.5\times10^6$ 之间。

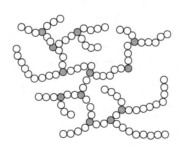

图 3-12 糖原分子结构图

糖原是白色粉末,易溶于水,遇碘呈红色,无还原性。糖原可用乙醇沉淀,在碱性溶液中稳定。稀酸能将它分解为糊精、麦芽糖和葡萄糖,酶能使它分解为麦芽糖和葡萄糖。糖原的生理功用很大,肝脏的糖原可分解为葡萄糖进入血液,供组织使用,肌肉中的糖原为肌肉收缩所需能量的来源。

【归纳与总结】

　　糖类的化学本质是指含自由羰基的多羟基醛和多羟基酮及其衍生物和缩合物的总称，糖类主要由 C、H、O 三种化学元素所组成，在食品原料中广泛存在。糖的物理化学性质在食品加工利用比较广泛，如食品上色、质地的形成以及风味的形成，特别是糖在食品加工领域参与发生的美拉德反应、焦糖化反应。美拉德反应又称羰氨反应，即指还原糖中的羰基与游离氨基酸或蛋白质中的氨基经缩合、聚合生成类黑色素的反应。美拉德反应的产物是棕色缩合物，且反应不是由酶引起的，属于非酶褐变。美拉德反应过程可分为初期、中期、末期 3 个阶段，每一个阶段又包括若干个反应。影响羰氨反应的因素包括：①反应物种类；②反应物浓度；③温度；④pH；⑤金属离子。因此，应熟练地掌握这些反应的影响因素及在食品加工中应用。

【相关知识阅读】

功能性低聚糖

　　功能性低聚糖，或称寡糖，是由 2～10 个单糖通过糖苷键连接形成直链或支链的低度聚合糖，分功能性低聚糖（functional oligosaccharide）和普通低聚糖两大类。功能性低聚糖现在研究认为包括水苏糖、棉籽糖、异麦芽酮糖、乳酮糖、低聚果糖、低聚木糖、低聚半乳糖、低聚异麦芽糖、低聚异麦芽酮糖、低聚龙胆糖、大豆低聚糖、低聚壳聚糖等。人体肠道内没有水解它们（除异麦芽酮糖外）的酶系统，因而它们不被消化吸收而直接进入大肠内优先为双歧杆菌所利用，是双歧杆菌的增殖因子。与一般（普通）的低聚糖相比，功能性低聚糖具有独特的生理功能。

1. 促进双歧杆菌增殖

　　功能性低聚糖是肠道内有益菌的增殖因子，其中最明显的增殖对象是双歧杆菌。人体试验证明，某些功能性低聚糖，如异麦芽低聚糖，摄入人体后到大肠被双歧杆菌及某些乳酸菌利用，而肠道有害的产气荚膜杆菌和梭菌等腐败菌却不能利用，这是因为双歧杆菌细胞表面具有寡糖的受体，而许多寡糖是有效的双歧因子。

　　双歧杆菌是人类肠道菌群中惟一的一种既不产生内毒素又不产生外毒素，无致病性的具有许多生理功能的有益微生物。对人体有许多保健作用，如改善维生素代谢，防止肠功能紊乱，抑制肠道中有害菌和致病菌的生长，起到抗衰老、防癌及保护肝脏的作用等。

2. 低能量或零能量

　　由于人体不具备分解、消化功能性低聚糖的酶系统，因此功能性低聚糖很难被人体消化吸收或根本不能吸收，也就不给人提供能量，并且某些低聚糖如低聚果糖、异麦芽低聚糖等有一定甜度，可作为食品基料在食品中应用，以满足那些喜爱甜食但又不能食用甜食的人（如糖尿病人、肥胖病患者等）的需要。

3. 低龋齿性

龋齿是我国儿童常见的一种口腔疾病之一,其发生与口腔微生物突变链球菌(St reptococcus mutans)有关。研究发现,异麦芽低聚糖、低聚帕拉金糖等不能被突变链球菌利用,不会形成齿垢的不溶性葡聚糖。当它们与砂糖合用时,能强烈抑制非水溶性葡聚糖的合成和在牙齿上的附着,即不提供口腔微生物沉积、产酸、腐蚀的场所,从而阻止齿垢的形成,不会引起龋齿,可广泛应用于婴幼儿食品。

4. 防止便秘

由于双歧杆菌发酵低聚糖产生大量的短链脂肪酸能刺激肠道蠕动,增加粪便的湿润度,并通过菌体的大量生长以保持一定的渗透压,从而防止便秘的发生。此外,低聚糖属于水溶性膳食纤维,可促进小肠蠕动,也能预防和减轻便秘。

5. 水溶性膳食纤维

由于低聚糖不能被人体消化吸收,属于低分子的水溶性膳食纤维,它的有些功能与膳食纤维相似但不具备膳食纤维的物理作用,如粘稠性、持水性和填充饱腹作用等。一般它有以下优点:每人每天仅需 3g 就可满足需要且不会引起腹泻、微甜、口感好、水溶性良好、性质稳定、易添加到食品中制成膳食纤维食品。

6. 生成营养物质

功能性低聚糖可以促进双歧杆菌增殖,而双歧杆菌可在肠道内合成维生素 B_1、维生素 B_2、维生素 B_6、维生素 B_{12}、烟酸、叶酸等营养物质。此外,由于双歧杆菌能抑制某些维生素的分解菌,从而使维生素的供应得到保障,如它可以抑制分解维生素 B_1 的解硫胺素的芽孢杆菌。

7. 降低血清胆固醇

改善脂质代谢,降低血压。临床试验证实,摄入功能性低聚糖后可降低血清胆固醇水平,改善脂质代谢。研究表明,一个人的心脏舒张压高低与其粪便中双歧杆菌数占总数的比率呈明显负相关性,因此功能性低聚糖具有降低血压的生理功效。

8. 增强机体免疫能力,抵抗肿瘤

动物试验表明,双歧杆菌在肠道内大量繁殖具有提高机体免疫功能和抗癌的作用。究其原因在于,双歧杆菌细胞、细胞壁成分和胞外分泌物可增强免疫细胞的活性,促使肠道免疫蛋白 A(IgA)浆细胞的产生,从而杀灭侵入体内的细菌和病毒,消除体内"病变"细胞,防止疾病的发生及恶化。

9. 其 他

除上述功能外,试验发现某些功能性低聚糖还有预防和治疗乳糖消化不良、改善肠道对矿物元素吸收的作用。

【课后强化练习题】

一、填空题

1. 请写出 5 种常见的单糖:(　　　)、(　　　)、(　　　)、(　　　)、(　　　)。

2. 请写出 5 种常见的多糖:（　　　）、（　　　）、（　　　）、（　　　）、（　　　）。

3. 蔗糖、果糖、葡萄糖、乳糖按甜度由高到低的排列顺序是（　　　　）、（　　　　）、（　　　）、（　　　）。

4. 单糖在碱性条件下易发生（　　　　）和（　　　　）。

5. 常见的食品单糖中吸湿性最强的是（　　　　）。

6. 在蔗糖的转化反应中,溶液的旋光方向是从（　　　）转化到（　　　）。

7. 直链淀粉由（　　　　）通过（　　　　）连接而成。

8. Mailard 反应主要是（　　　　）和（　　　　）之间的反应。

9. 由于 Mailard 反应不需要（　　　　），所以将其也称为（　　　）褐变。

10. 糖类化合物发生 Mailard 反应时,五碳糖的反应速度（　　　）六碳糖。在六碳糖中,反应活性最高的是（　　　）。

11. 淀粉糊化的结果是将（　　　　）淀粉变成了（　　　　）淀粉。

12. 淀粉糊化可分作 3 个阶段,即（　　　　）、（　　　　）、（　　　　）。

二、选择题

1. 根据化学结构和化学性质,碳水化合物是属于一类（　　　）的化合物。
　　A. 多羟基酸　　　B. 多羟基醛或酮　　C. 多羟基醚　　D. 多羧基醛或酮

2. 淀粉溶液冻结时形成两相体系,一相为结晶水,另一相是（　　　）。
　　A. 结晶体　　　　B. 无定形体　　　　C. 玻璃态　　　D. 冰晶态

3. 多糖分子在溶液中的形状是围绕糖基连接键振动的结果,一般呈无序的（　　　）状。
　　A. 无规线团　　　B. 无规树杈　　　　C. 纵横交错铁轨　D. 曲折河流

4. 环糊精由于内部呈非极性环境,能有效地截留非极性的（　　　）和其他小分子化合物。
　　A. 有色成分　　　B. 无色成分　　　　C. 挥发性成分　D. 风味成分

5. 碳水化合物在非酶褐变过程中除了产生深颜色（　　　）色素外,还产生了多种挥发性物质。
　　A. 黑色　　　　　B. 褐色　　　　　　C. 类黑精　　　D. 类褐精

6. 褐变产物除了能使食品产生风味外,它本身可能具有特殊的风味或者增强其他的风味,具有这种双重作用的焦糖化产物是（　　　）。
　　A. 乙基麦芽酚褐丁基麦芽酚　　　　　B. 麦芽酚和乙基麦芽酚
　　C. 愈创木酚和麦芽酚　　　　　　　　D. 麦芽糖和乙基麦芽酚

7. 糖醇的甜度除了（　　　）的甜度和蔗糖相近外,其他糖醇的甜度均比蔗糖低。
　　A. 木糖醇　　　　B. 甘露醇　　　　　C. 山梨醇　　　D. 乳糖醇

8. 食品中丙烯酰胺主要来源于（　　　）加工过程。
　　A. 高压　　　　　B. 低压　　　　　　C. 高温　　　　D. 低温

9. 淀粉糊化的本质就是淀粉微观结构(　　)。

　　A. 从结晶转变成非结晶　　　　　　B. 从非结晶转变成结晶

　　C. 从有序转变成无序　　　　　　　D. 从无序转变成有序

三、简答叙述

1. 还原糖具有什么结构特点？常见的单糖和双糖中哪些是还原糖？哪些是非还原糖？

2. 举例说明糖的结晶作用、吸湿性、保湿性、渗透压等性质在食品工业中的应用。

3. 淀粉的糊化作用分几个阶段？影响因素有哪些？食品加工中如何控制淀粉的老化？

4. 简述焦糖化和羰氨反应对食品加工的影响。

5. 何谓美拉德反应？详述影响因素及消除方法。

四、综合分析

蜂蜜小面包是一种含有蜂蜜的小面包，其参考配料如下：

高粉 250g、蜂蜜 20g、白砂糖 10g、鸡蛋 1 枚、牛奶 100g、酵母 4g、盐 2g、黄油 20g。

请用本章所学知识分析：

1. 糖在面包色、香、味形成的过程中参与的化学反应有哪些？反应的机理是什么？

2. 如何提高蜂蜜小面包的上色质量？

第三章　碳水化合物

第四章 脂 质

【学习目的与要求】

通过本章的学习让学生了解脂肪及脂肪酸的组成结构特征、命名、油脂质量评价方法；熟悉油脂结晶特性、熔融特性、乳化等物理性质及油脂加工化学的基本原理；掌握脂类在食品加工储藏中发生的化学变化机理及影响因素，特别是脂类氧化的机理、影响因素及控制方法。

第一节 概 述

一、脂质的定义及作用

(一)脂质的定义

脂质指存在于生物体中或食品中溶于有机溶剂，而不溶于水的一类含有醇酸酯化结构的天然有机化合物。分布于天然动植物体内的脂类物质主要为三酰基甘油酯（约占99%），俗称为油脂或脂肪。一般室温下呈液态的称为油，呈固态的称为脂，油和脂在化学上没有本质区别。

食品中脂质的共同特征：不溶于水而溶于乙醚、石油醚、氯仿、丙酮等有机溶剂；大多具有酯的结构，并以脂肪酸形成的酯最多；都是由生物体产生，并能由生物体所利用；但也有例外，如卵磷脂、鞘磷脂和脑苷脂类。卵磷脂微溶于水而不溶于丙酮，鞘磷脂和脑苷脂类的复合物不溶于乙醚。

(二)脂质的作用

在植物组织中脂类主要存在于种子或果仁中，在根、茎、叶中含量较少。动物体中主要存在于皮下组织、腹腔、肝和肌肉内的结缔组织中，许多微生物细胞中也能积累脂肪。目前，人类食用和工业用的脂类主要来源于植物和动物。

人类可食用的脂类，是食品重要的组成成分和人类的营养成分，是一类高热量化合物，1g油脂能产生39.58kJ的热量，该值远大于蛋白质与淀粉所产生的热量；油脂还能提供给人体必需的脂肪酸（亚油酸、亚麻酸）；是脂溶性维生素 A、维生素 D、维生素 K 和维生素 E 的载体;并能溶解风味物质,赋予食品良好的风味和口感。但是,过多摄入油脂也会对人体产生不利的影响。

食用油脂所具有的物理和化学性质,对食品的品质有十分重要的影响。油脂在食品加工时,如用作热媒介质(煎炸食品、干燥食品等)不仅可以脱水,还可产生特有的香气;如用作赋型剂可用于蛋糕、巧克力或其他食品的造型。但含油食品在贮存过程中极易氧化,为食品的贮藏带来诸多不利因素。

另外,脂质在生物体中的功能是组成生物细胞不可缺少的物质,能量贮存最紧凑的形式,具有润滑、保护、保温等功能。

二、脂质的分类

按物理状态分为脂肪(常温下为固态)和油(常温下为液态)。按来源分为乳脂类、植物脂、动物脂、海产品动物油、微生物油脂。按不饱和程度分为干性油,碘值大于130,如桐油、亚麻籽油、红花油等;半干性油,碘值介于 $100\sim130$,如棉籽油、大豆油等;不干性油,碘值小于100,如花生油、菜子油、蓖麻油等。按构成的脂肪酸分为单纯酰基甘油,混合酰基甘油。脂质按其结构和组成可分为简单脂质、复合脂质和衍生脂质见表 4-1。天然脂类物质中最丰富的一类是酰基甘油类,广泛分布于动植物的脂质组织中。

表 4-1 脂质的分类

主 类	亚 类	组 成
简单脂质	酰基甘油	甘油+脂肪酸(约占天然脂质的95%)
	腊	长链脂肪醇+长链脂肪酸
复合脂质	磷酸酰基甘油	甘油+脂肪酸+磷酸盐+含氮基团
	鞘磷脂类	鞘氨醇+脂肪酸+磷酸盐+胆碱
	脑苷脂类	鞘氨醇+脂肪酸+糖
	神经节苷脂类	鞘氨醇+脂肪酸+碳水化合物
衍生脂质	类胡萝卜素、类固醇、脂溶性维生素等	

第二节 脂肪的结构和组成

一、脂肪酸的结构和组成

(一)脂肪酸的结构

脂肪酸按其碳链长短可分为长链脂肪酸(14 碳以上),中链脂肪酸(含 6~12 碳)和短链(5 碳以下)脂肪酸;按其饱和程度可分为饱和脂肪酸(SFA)和不饱和脂肪酸(USFA)。食物中的脂肪酸以链长 18 碳的为主,脂肪随其脂肪酸的饱和程度越高,碳链越长,其熔点也越高。动物脂肪中含饱和脂肪酸多,故常温下是固态;植物油脂中含不饱和脂肪酸较多,故常温下呈现液态。棕榈油和可可籽油虽然含饱和脂肪酸较多,但因碳链较短,故其熔点低于大多数的动物脂肪。

1.饱和脂肪酸

脂肪酸属于羧酸类化合物,碳链中不含双键的为饱和脂肪酸。天然食用油脂中存在的饱和脂肪酸主要是长链(碳数>14)、直链、偶数碳原子的脂肪酸,奇碳链或具支链的极少,而短链脂肪酸在乳脂中有一定量的存在。

2.不饱和脂肪酸

天然食用油脂中存在的不饱和脂肪酸常含有一个或多个烯丙基($-CH=CH-CH_2-$)结构,两个双键之间夹有一个亚甲基。不饱和脂肪酸根据所含双键的多少又分为单不饱和脂肪酸(MUSFA),其碳链中只含一个不饱和双键;和多不饱和脂肪酸(PUSFA),其碳链中含有两个以上双键。

不饱和脂肪酸由于双键两边碳原子上相连的原子或原子团在空间排列方式不同,有顺式脂肪酸和反式脂肪酸之分(见图4-1),脂肪酸的顺、反异构体物理与化学特性都有差别,如顺油酸的融点为13.4℃,而反油酸的融点为46.5℃。天然脂肪酸除极少数为反式外,大部分都是顺式结构。在油脂加工和储藏过程中,部分顺式脂肪酸会转变为反式脂肪酸。多不饱和脂肪酸有共轭和非共轭之分,天然脂肪中以非共轭脂肪酸为多,共轭的为少。

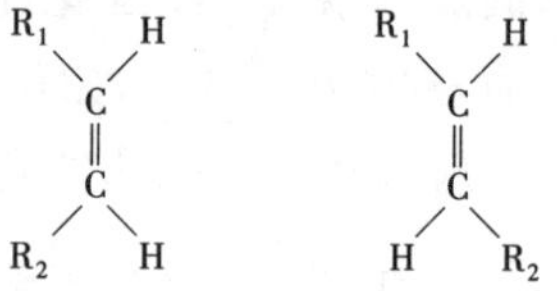

图4-1 脂肪酸的顺反结构

在天然脂肪酸中,还含有其他官能团的特殊脂肪酸,如羟基酸、酮基酸、环氧基酸以及最近几年新发现的含杂环基团(呋喃环)的脂肪酸等,它们仅存在于个别油脂中。

(二)脂肪酸的命名

1.系统命名法

选择含羧基和双键的最长碳链为主链,从羧基端开始编号,并标出不饱和键的位置,例如亚油酸:$CH_3(CH_2)_4CH=CHCH_2CH=CH(CH_2)_7COOH$ 为9,12-十八碳二烯酸。

2.数字缩写命名法

数字命名法 n∶m(n-碳原子数,m-双键数),如:$CH_3CH_2CH_2CH_2CH_2CH_2CH_2CH_2CH_2COOH$ 可缩写为10∶0,$CH_3(CH_2)_4CH=CHCH_2CH=CH(CH_2)_7COOH$ 可缩写为18∶2或18∶2(9,12)。

双键位的标注有两种表示法,其一是从羧基端开始记数,如9,12-十八碳二烯酸两个双键分别位于第9、第10碳原子和第12、第13碳原子之间,可记为18∶2(9,12);其二是从甲基端开始编号记作 n-数字或 ω 数字,该数字为编号最小的双键的碳原子位次,如9,12-十八碳二烯酸从甲基端开始数第一个双键位于第6碳、第7碳原子之间,可记为 18∶2(n－6)或 18∶2ω6。但此法仅用于顺式双键结构和五碳双烯结构,即具有非共轭双键结构,其他结构的脂肪酸不能用 n 法或 ω 法表示。因此第一个双键定位后,其余双键的位置也随之而定,只需标出第一个双键碳原子的位置即可。有时还需标出双键的顺反结构及位置,c 表示顺式,t 表示反式,位置从羧基端编号,如 5t,9c－18∶2。

3. 俗名或普通名

许多脂肪酸最初是从天然产物中得到的,故常常根据其来源命名,如月桂酸(12∶0)、肉豆蔻酸(14∶0)、棕榈酸(16∶0)等。

4. 英文缩写

用一英文缩写符号代表一个酸的名字,如月桂酸为 La、肉豆蔻酸为 M、棕榈酸为 P 等。一些常见脂肪酸的命名见表 4－2。

表 4－2　一些常见脂肪酸的名称和代号

数 字 缩 写	系 统 名 称	俗名或普通名	英 文 缩 写
4∶0	丁酸	酪酸(butyric acid)	B
6∶0	己酸	己酸(caproic acid)	H
8∶0	辛酸	辛酸(caprylic acid)	Oc
10∶0	癸酸	癸酸(capric acid)	D
12∶0	十二酸	月桂酸(lauric acid)	La
14∶0	十四酸	肉豆蔻酸(myristic acid)	M
16∶0	十六酸	棕榈酸(palmtic acid)	P
16∶1	9－十六烯酸	棕榈油酸(palmitoleic acid)	Po
18∶0	十八酸	硬脂酸(stearic acid)	St
18∶1(n－9)	9－十八烯酸	油酸(oleic acid)	O
18∶2(n－6)	9,12－十八烯酸	亚油酸(linoleic acid)	L
18∶3(n－3)	9,12,15－十八烯酸	α－亚麻酸(linolenic acid)	α－Ln, SA
18∶3(n－6)	6,9,12－十八烯酸	γ－亚麻酸(linolenic acid)	γ－Ln ,GLA
20∶0	二十酸	花生酸(arachidic acid)	Ad
20∶3(n－6)	8,11,14－二十碳三烯酸	DH－γ－亚麻酸(linolenic acid)	DGLA
20∶4(n－6)	5,8,11,14－二十碳四烯酸	花生四烯酸(arachidonic acid)	An
20∶5(n－3)	5,8,11,14,17－二十碳五烯酸	EPA(eciosapentanoic acid)	EPA
22∶1(n－9)	13－二十二烯酸	芥酸(erucic acid)	E
22∶5(n－3)	7,10,13,16,19－二十二碳五烯酸	—	—
22∶6(n－6)	4,7,10,13,16,19－二十二碳六烯酸	DHA(docosahexanoic acid)	DHA

二、脂肪的结构和命名

(一)脂肪的结构

天然脂肪是甘油与脂肪酸酯化的一酯、二酯和三酯的混合物,分别称为一酰基甘油、二酰基甘油和三酰基甘油。食用油脂中含量最丰富的是三酰基甘油类，它是动物脂肪和植物油的主要组成。

中性的酰基甘油是由一分子甘油与三分子脂肪酸酯化而成（见图4-2）。如果 R_1，R_2 和 R_3 相同则称为单纯甘油酯，橄榄油中有70%以上的三油酸甘油酯；当 R_i 不完全相同时，则称为混合甘油酯，天然油脂多为混合甘油酯。当 R_1 和 R_3 不同时，则 C_2 原子具有手性，且天然油脂多为 L 型。

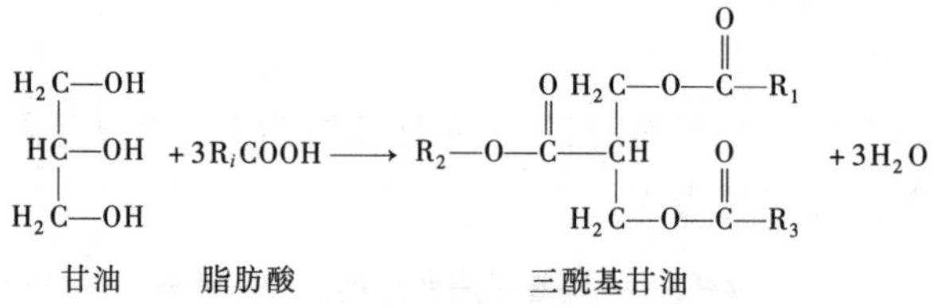

$$
\begin{array}{l}
H_2C-OH \\
HC-OH \quad +3R_iCOOH \longrightarrow \\
H_2C-OH
\end{array}
\quad
\begin{array}{l}
\quad\quad\quad\quad O \\
\quad\quad H_2C-O-C-R_1 \\
R_2-O-C-CH \quad O \quad +3H_2O \\
\quad\quad H_2C-O-C-R_3
\end{array}
$$

甘油　　脂肪酸　　　　　　　三酰基甘油

图4-2　生成酰基甘油酯的反应

（二）酰基甘油酯的命名

酰基甘油的命名比较常用的是立体有择位次编排体系（即 Sn-系统命名）是由赫尔斯曼提出的，这种系统简洁明了，可应用于合成脂肪和天然脂肪。甘油的费歇尔平面投影式中位于中间的羟基写在中心碳原子的左边，碳原子以 1-3 按自上而下的顺序编排。

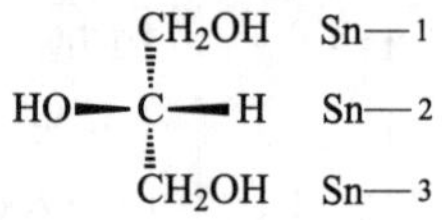

$$
\begin{array}{ll}
CH_2OH & Sn-1 \\
HO-C-H & Sn-2 \\
CH_2OH & Sn-3
\end{array}
$$

例如，如果硬脂酸在 Sn-1 位置酯化，油酸在 Sn-2，肉豆蔻酸在 Sn-3 位置酯化，生成的酰基甘油是

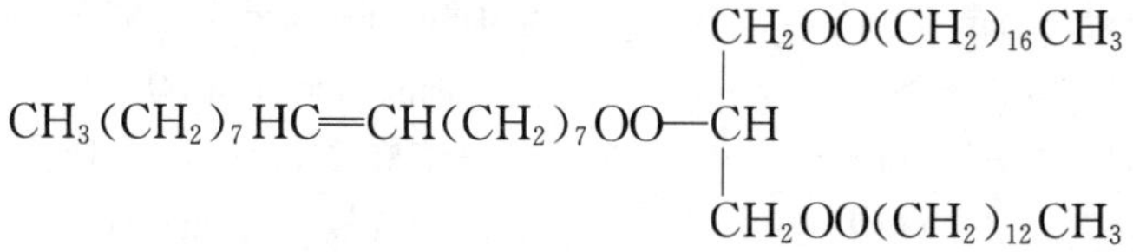

$$
\begin{array}{l}
\quad\quad\quad\quad\quad\quad\quad CH_2OO(CH_2)_{16}CH_3 \\
CH_3(CH_2)_7HC=CH(CH_2)_7OO-CH \\
\quad\quad\quad\quad\quad\quad\quad CH_2OO(CH_2)_{12}CH_3
\end{array}
$$

中文命名为1-硬酯酰-2-油酰-3-肉豆蔻酰-Sn-甘油或 Sn-甘油-1-硬脂酸酯-2-油酸酯-3-肉豆蔻酸酯；英文缩写命名为 Sn-StOM；数字命名为 Sn-18：0-18：1-14：0。

第三节　油脂的物理性质

一、油脂的一般物理性质

（一）气味和色泽

纯净的油脂是无色无味的，天然油脂中略带黄绿色，是由于含有一些脂溶性色素（如类胡萝卜素、叶绿素等）所致；多数油脂无挥发性，少数油脂含有短链脂肪酸，会引起臭味。油脂的气味大多是由非脂成分引起的。

乙酰吡嗪
（芝麻香味）

壬基甲酮
（椰子油香味）

$$CH_2=CH-CH_2-C-S-葡萄糖基$$
$$NOSO_2K$$
黑芥子苷
（热解时产生菜籽油刺激味）

（二）熔点和沸点

由于天然油脂是各种酰基甘油的混合物并且还存在着同质多晶现象，所以无敏锐的熔点和沸点，而是只有一定的温度范围。油脂熔点最高在 40℃～55℃，一般规律是：游离脂肪酸＞一酰基甘油＞二酰基甘油＞三酰基甘油油脂的熔点；酰基甘油中脂肪酸碳链越长，饱和度越高，熔点越高；脂肪酸反式结构熔点高于顺式结构；共轭双键比非共轭双键熔点高。熔点＜37℃ 的油脂较易被人体消化吸收。油脂沸点一般 180℃～200℃；脂肪酸碳链增长，沸点升高；碳链长度相同，饱和度不同的脂肪酸沸点相差不大。

（三）烟点、闪点、着火点

烟点、闪点、着火点是衡量油脂接触空气加热时的热稳定性指标。烟点是在不通风情况下，观察到油脂试样发烟时的温度；闪点是试样挥发的物质能被点燃，但不能维持燃烧时的温度；着火点是试样挥发的物质能被点燃，并能维持燃烧超过 5s 时的温度。各类油脂的烟点差异不大，精炼后的油脂烟点一般在 240℃，但未精炼的油脂，特别是游离脂肪酸含量高的油脂，其烟点、闪点和着火点大大降低。

二、油脂的同质多晶现象

（一）油脂的结晶特性

通过 X 射线衍射测定，当脂肪固化时，三酰基甘油分子趋向于占据固定位置，形成一个重复的、高度有序的三维晶体结构，称为空间晶格。

（二）油脂的同质多晶现象

1. 同质多晶

同质多晶现象是指具有相同的化学组成，但具有不同的结晶晶型，但在熔化时得到相同的液相的物质。对于长链化合物，同质多晶是与烃链的不同的堆积排列或不同的倾斜角度有关，这种堆积方式可以用晶胞内沿着链轴的最小的空间重复单元——亚晶胞来描述。亚晶胞是指主晶胞内沿着链轴的最小的重复单元。每个亚晶胞含有一个乙烯基($-CH_2-CH_2-$)，甲基和羧基并不是亚晶胞的组成部分。

同质多晶物质在形成结晶时可以形成多种晶型。在多数情况下，多种晶型可以同时存在，而且各种晶型之间可以相互转化。已经知道烃类亚晶胞有 7 种堆积类型，最常

第四章 脂质

见的类型如图4-3所示的3种类型。三斜堆积(T//)常称为β型,其中两个亚甲基单位连在一起组成乙烯的重复单位,每个亚晶胞中有一个乙烯,所有的曲折平面都是相互平行的。在正烷烃、脂肪酸以及三酰基甘油中均存在亚晶胞堆积,同质多晶型物中β型最稳定。普通正交(O⊥)堆积也被称为β'型,每个亚晶胞中有两个乙烯单位,交替平面与它们相邻平面互相垂直。正石蜡、脂肪酸以及其脂肪酸酯都存在正交堆积。β'型具有中等程度稳定性。六方形堆积(H)一般称为α型,当烃类快速冷却到刚刚低于熔点以下时往往会形成六方形堆积。分子链随时定向,并绕着它们的长垂直轴而旋转。在烃类、醇类和乙酯类中可观察到六方形堆积,同质多晶型物中α型是最不稳定的(见表4-3)。

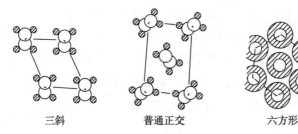

三斜　　　　　　普通正交　　　　　　六方形

图4-3　烷烃亚晶胞晶格的一般类型

表4-3　单酸三酰基甘油同质多晶型物的特征

特　征	α晶型	β'晶型	β晶型
短间隔/nm	0.42	0.42,0.38	0.46,0.39,0.37
特征红外吸收/cm^{-1}	720	727,719	717
密度	最小	中间	最大
熔点	最低	中间	最高
链堆积	六方型	正交	三斜

2.晶型转变

同质多晶物质在形成结晶时可以形成多种晶型,多种晶型可以同时存在,也会发生转化。同酸甘三酯(如StStSt)从熔化状态开始冷却:先结晶成α型,α型进一步冷却,慢慢转变成β型;将α型加热到熔点,冷却,能快速转变成β型;通过冷却熔化物和保持在α型熔点以上几度的温度,可以直接得到β'型,β'型加热至熔点,开始熔化,冷却,能转变成稳定的β型。以上这些转变均为单向转变,也就是由不稳定的晶型向稳定的晶型转变。

$$熔化状态 \xrightarrow{\text{冷却}} α \longrightarrow β' \longrightarrow β$$

3.影响同质多晶晶型形成的因素

(1)降温条件。熔体冷却时,首先形成不稳定的晶型,因为其能量差最小,形成一种晶型后晶型的转化需要一定的条件和时间。降温速度快,分子很难良好定向排列,因此形成不稳定的晶型。

（2）晶核。优先生成已有晶核的晶型，添加晶种是选择晶型的最易手段。

（3）搅拌状态。充分搅拌有利于分子扩散，对形成稳定的晶型有利。

（4）工艺手段。适当的工艺处理会选择适当的晶型形成。

（三）油脂的同质多晶现象在食品加工中的应用

天然油脂一般都是不同脂肪酸组成的三酰基甘油，其同质多晶性质很大程度上受到酰基甘油中脂肪酸组成及其位置分布的影响。由于碳链长度不一样，大多存在 3～4 种不同晶型，根据 X 衍射测定结果，三酰基甘油晶体中的晶胞的长间隔大于脂肪酸碳链的长度，因此认为脂肪酸是交叉排列的，其排列方式主要有两种，即"二倍碳链长"排列形式和"三倍碳链长"排列形式，并在 3 种主要晶型（α，β'，β）后用阿拉伯数字表示，如：两倍碳链长的 β 晶型为 $\beta-2$，三倍碳链长的 β 晶型为 $\beta-3$，在此基础上，根据长间距不同还可细分为多种类型，并用 Ⅰ，Ⅱ，Ⅲ，Ⅳ，Ⅴ 等罗马数字表示，如可可脂可形成 $\alpha-2$，$\beta'-2$，$\beta-3Ⅴ$，$\beta-3Ⅵ$ 等晶型。

一般来说，同酸三酰甘油易形成稳定的 β 结晶，而且是 $\beta-2$ 排列；不同酸三酰甘油由于碳链长度不同，易停留在 β' 型，而且是 $\beta'-3$ 排列。已知可可脂含有 3 种主要甘油酯 POSt（40％）、StOSt（30％）和 POP（15％）以及 6 种同质多晶型（Ⅰ-Ⅵ）。Ⅰ 型最不稳定，熔点最低。Ⅴ 型最稳定，能从熔化的脂肪中结晶出来，它是所期望的结构，因为后者使巧克力的外表具有光泽。Ⅵ 型比 Ⅴ 型熔点高，但不能从熔化的脂肪中结晶出来，它仅以很缓慢的速度从 Ⅴ 型转变而成。在巧克力贮存期间，Ⅴ-Ⅵ 型转变特别重要，这是因为这种晶型转变同被称为"巧克力起霜"的外表缺陷的产生有关。这种缺陷一般使巧克力失去期望的光泽以及产生白色或灰色斑点的暗淡表面。

三、油脂的熔融特性

（一）熔　化

晶体物理状态发生改变时，存在一个热熔剧变而温度不变的温度点，对于熔化过程来讲，这个温度称为熔点。天然的油脂没有确定的熔点，仅有一定的熔点范围。这是因为：第一，天然油脂是混合三酰基甘油，各种三酰基甘油的熔点不同。第二，三酰基甘油是同质多晶型物质，从 α 晶型开始熔化到 β 晶型溶化终了需要一个温度阶段。脂肪熔化时不是一特定温度，而是存在一定温度范围，称为熔程。脂肪的熔化过程实际上是一系列稳定性不同的晶体相继熔化的总和。

如图 4-4 所示，是简单三酰基甘油的稳定的 β 型和介稳的 α 型的热熔曲线示意图。固态油脂吸收适当的热量后转变为液态油脂，在此过程中，油脂的热熔增大或比容增加，叫做熔化膨胀，或者相变膨胀。固体熔化时吸收热量，曲线 ABC 代表了 β 型的热熔随温度的增加而增加。在熔点时吸收热量，但温度保持不变（熔化热），直到固体全部转变成液体为止（B 点为最终熔点）。另一方面，从不稳定的同质多晶型物 α 型转变到稳定的同质多晶型物β型时(图4-4中从E点开始,并与ABC曲线相交)伴随有热的放出。

脂肪在熔化时体积膨胀,在同质多晶型物转变时体积收缩,因此,将其比体积的改变(膨胀度)对温度作图可以得到与量热曲线非常相似的膨胀曲线,熔化膨胀度相当于比热容,由于膨胀测量的仪器很简单,它比量热法更为实用,膨胀计法已广泛用于测定脂肪的熔化性质。如果存在几种不同熔点的组分,那么熔化的温度范围很广,得到类似于图4-5所示的膨胀曲线或量热曲线。

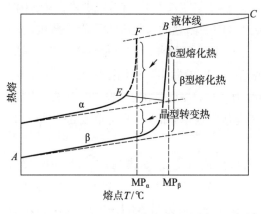

图4-4　油脂的熔化膨胀曲线

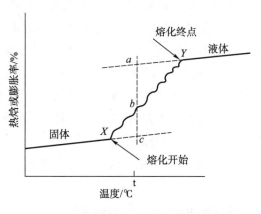

图4-5　混合甘油酯的热焓或膨胀熔化曲线

随着温度的升高,固体脂的比容缓慢增加,至X点为单纯固体脂的热膨胀,即在X点以下体系完全是固体。X点代表熔化开始,X点以上发生了部分固体脂的相变膨胀。Y点代表熔化的终点,在Y点以上,固体脂全部熔化为液体油。ac长为脂肪的熔化膨胀值。曲线XY代表体系中固体组分逐步熔化过程。如果脂肪熔化温度范围很窄,熔化曲线的斜率是陡的。相反,如果熔化开始与终了的温度相差很大,则该脂肪具有"大的塑性范围"。于是,脂肪的塑性范围可以通过在脂肪中加入高熔点或低熔点组分进行调节。在一定温度范围内(XY区段)液体油和固体脂同时存在,这种固液共存的油脂经一定加工可制得塑性脂肪。

（二）油脂的塑性

油脂的塑性是指表观固态脂肪在外力的作用下,当外力超过分子间作用力时,开始流动,但当外力撤消后,脂肪重新恢复原有稠度。脂肪的塑性取决于:

(1)脂肪中的固液比。固液比适当时,塑性最好;固体脂过多,则过硬,塑性不好;液体油过多,则过软,易变形,塑性也不好。而固液比一般用固体脂肪指数(SFI)表示,固体脂肪指数(SFI)是固体油脂在熔化过程中,固体部分与液体部分的比值。

(2)脂肪的晶型。当脂肪为β′晶型时,可塑性最强,因为β′晶型在结晶时将大量小空气泡引入产品,赋予产品较好的塑性;而β晶型所含气泡少且大,塑性较差。

(3)熔化温度范围。也就是从熔化开始到熔化结束之间的温度范围;如果温差越大,则脂肪的塑性越大。具有不同熔化温度的甘油酯混合物组成的脂肪一般具有所期望的塑性,被应用于食品加工工业。如用在焙烤食品中,则具有起酥作用;在面团调制过程中加入,可形成较大面积的薄膜和细条,增强面团的延展性,油膜的隔离作用使面筋粒彼此不能粘结成大块面筋,降低了面团的弹性和韧性,同时降低了面团的吸水率,使制品起酥;在调制时能包含和保持一定数量的气泡,是面团体积增大。

四、油脂的液晶态(介晶相)

油脂处在固态(晶体)时,在空间形成高度有序排列;处在液态时,则为完全无序排列,但处于某些特定条件下,如有乳化剂存在的情况下,其极性区由于有较强的氢键而保持有序排列,而非极性区由于分子间作用力小变为无序状态,这种同时具有固态和液态两方面物理特性的相称为液晶(介晶)相。由于乳化剂分子含有极性和非极性部分,当乳化剂晶体分散在水中并加热时,在达到真正的熔点前,其非极性部分烃链间由于范德华引力较小,因而先开始熔化,转变成无序态;而其极性部分由于存在较强的氢键作用力,仍然是晶体状态,因此呈现出液晶结构,故油脂中加入乳化剂有利于液晶相的生成。在脂类-水体系中,液晶结构主要有 3 种,分别是层状结构、六方结构及立方结构(见图 4-6)。

(a) 层状结构　　　　(b) 六方结构Ⅰ　　　　(c) 六方结构Ⅱ　　　　(d) 立方结构

图 4-6　脂肪的液晶结构

层状结构类似生物双层膜。排列有序的两层脂中夹一层水,当层状液晶加热时,可转变成立方或六方Ⅱ型液晶。在六方Ⅰ型结构中,非极性基团朝着六方柱内,极性基团朝外,水处在六方柱之间的空间中;而在六方Ⅱ型结构中,水被包裹在六方柱内部,油的极性端包围着水,非极性的烃区朝外。立方结构中也是如此。在生物体系中,液晶态对于许多生理过程都是非常重要的,例如,液晶会影响细胞膜的可渗透性,液晶对乳浊液的稳定性也起着重要的作用。

五、油脂的乳化和乳化剂

(一)乳浊液

乳浊液是互不相溶的两种液相组成的体系,其中一相以液滴形式分散在另一相中,液滴的直径为 $0.1\mu m \sim 50\mu m$ 之间。以液滴形式存在的相称为"内相"或"分散相",液滴以外的另一相就称为"外相"或"连续相"。食品中油水乳化体系最多见的是乳浊液,常用 O/W 型表示油分散在水中(水包油),W/O 型表示水分散在油中(油包水)。

（二）乳浊液的失稳机制

乳浊液在热力学上是不稳定的体系,不稳定的原因主要是:

（1）由于两相界面具有自由能,它会抵制界面积增加,导致液滴聚结而减少分散相界面积的倾向,从而最终导致两相分层（破乳）。

（2）重力作用可导致密度不同的相上浮、沉降或分层。

（3）分散相液滴表面静电荷不足则液滴与液滴之间的排斥力不足,液滴与液滴相互接近而聚集,但液滴的界面膜尚未破裂。

（4）两相间界面膜破裂,液滴与液滴结合,小液滴变为大液滴,严重时会完全分相。

（三）乳化剂的乳化作用

1. 乳化剂

由于界面张力是沿着界面的方向（即与界面相切）发生作用以阻止界面的增大,所以具有降低界面张力的物质会自动吸附到相界面上,因为这样能降低体系总的自由能,我们把这一类物质通称为表面活性剂。食品体系中可通过加入乳化剂来稳定乳浊液。乳化剂绝大多数是表面活性剂,在结构特点上具有两亲性,即分子中既有亲油的基团,又有亲水的基团。它们中的绝大多数既不全溶于水,也不全溶于油,其部分结构处于亲水的环境中,而另一部分结构则处于疏水环境中,即分子位于两相的界面,因此降低了两相间的界面张力,从而提高了乳浊液的稳定性。

2. 乳化剂的乳化作用

（1）减小两相间的界面张力。乳化剂浓集在水－油界面上,亲水基与水作用,疏水基与油作用,从而降低了两相间的界面张力,使乳浊液稳定。

（2）增大分散相之间的静电斥力。有些离子表面活性剂可在含油的水相中建立起双电层,导致小液滴之间的斥力增大,使小液滴保持稳定,适用于 O/W 型体系。

（3）形成液晶相。乳化剂分子由于含有极性和非极性部分,故易形成液晶态。它们可导致油滴周围形成液晶多分子层,这种作用使液滴间的范德华引力减弱,为分散相的聚结提供了一种物理阻力,从而抑制液滴的聚集和聚结。当液晶相黏度比水相黏度大得多时,这种稳定作用更加显著。

（4）增大连续相的黏度或生成弹性的厚膜。明胶和许多树胶能使乳浊液连续相的黏度增大,蛋白质能在分散相周围形成有弹性的厚膜,可抑制分散相聚集和聚结,适用于泡沫和 O/W 型体系。

此外,比分散相尺寸小得多的且能被两相润湿的固体粉末,在界面上吸附,会在分散相液滴间形成物理位垒,阻止液滴聚集和聚结,起到稳定乳浊液的作用。具有这种作用的物质有植物细胞碎片,碱金属盐,黏土和硅胶等。

（四）乳化剂的选择

表面活性剂的一个重要特性是它们的 HLB 值。HLB 是指一个两亲物质的亲水－

亲油平衡值。一般情况下,疏水链越长,HLB 值就越低,表面活性剂在油中的溶解性就越好;亲水基团的极性越大(尤其是离子型的基团),或者是亲水基团越大,HLB 值就越高,则在水中的溶解性越高。当 HLB 为 7 时,意味着该物质在水中与在油中具有几乎相等的溶解性。表面活性剂的 HLB 值在 1～40 范围内。表面活性剂的 HLB 与溶解性之间的关系对表面活性剂自身是非常有用的,它还关系到一个表面活性剂是否适用于作为乳化剂。HLB>7 时,表面活性剂一般适于制备 O/W 乳浊液;而 HLB<7 时,则适于制造 W/O 乳浊液。在水溶液中,HLB 高的表面活性剂适于做清洗剂。表 4-4 中列出了不同 HLB 值及其适用性。

表 4-4　HLB 值及其适用性

HLB 值	适用性	HLB 值	适用性
1.5～3	消泡剂	8～18	O/W 型乳化剂
3.5～6	W/O 型乳化剂	13～15	洗涤剂
7～9	湿润剂	15～18	溶化剂

此外,乳化剂的 HLB 值具有代数加和性,混合乳化剂的 HLB 值可通过计算得到,但这不适合离子型乳化剂。通常混合乳化剂比具有相同 HLB 值的单一乳化剂的乳化效果好。

(五)食品中常用的乳化剂

1.甘油酯及其衍生物
主要是甘油一酯(HLB 2～3),二酯乳化能力差,甘油三酯完全没有乳化能力;目前应用的有单双混合酯和甘油一酯,为了改善一酯的性能,还可将其制成衍生物,增加亲水性。

2.蔗糖脂肪酸酯
HLB 值为 1～16,单酯和双酯产品用的最多,亲水性强,适用于 O/W 型体系,如可用作速溶可可、巧克力的分散剂,防止面包老化等。

3.山梨醇酐脂肪酸酯及其衍生物
是一类被称为司班的产品,HLB 4～8,与环氧乙烷加成得到亲水性好的吐温,HLB 16～18,但有不愉快的气味,用量过多时,口感苦。

4.丙二醇脂肪酸酯
丙二醇单酯主要用在蛋糕等西点中,作为发泡剂的主要成分与其他乳化剂配合使用。

$$CH_2CHOHCH_2OCOR$$

5.其他乳化剂
(1)硬脂酰乳酸钠(或钙)亲水性强,适用于 O/W 型,可与淀粉分子络合,防止面包老化;木糖醇酐单硬脂酸酯,常用于糖果、人造奶油、糕点等食品中。

食品化学（第二版）

（2）大豆磷脂是然食品乳化剂，可用于冰激凌、糖果、蛋糕、人造奶油等食品中。

（3）各种植物中的水溶性树胶，属于O/W型乳状液的乳化剂，由于能增大连续相的粘度和或者在小油珠周围形成一层稳定的膜，使聚结作用受到抑制。这类物质包括阿拉伯树胶、黄蓍胶、汉生胶、果胶、琼脂、甲基和羧甲基纤维素以及鹿角藻胶。此外，蛋白质也具有一定的乳化剂功能。

第四节　油脂在加工贮藏过程的化学变化

一、油脂的水解

油脂在有水存在的情况下，在加热、酸、碱及脂水解酶的作用下，发生水解反应，产生游离脂肪酸，称为油脂水解见图4-7。油脂在碱性条件下水解称为皂化反应，水解生成的脂肪酸盐称为肥皂，所以工业上用此反应生产肥皂。

$$
\begin{array}{l}
H_2C-OOCR_1 \\
HC-OOCR_2 \ +H_2O \longrightarrow \\
H_2C-OOCR_3
\end{array}
\quad
\begin{array}{l}
H_2C-OH \\
HC-OH \ + \\
H_2C-OH
\end{array}
\quad
\begin{array}{l}
R_1-COOH \\
R_2-COOH \\
R_3-COOH
\end{array}
$$

图4-7　甘油三酯的水解

在有生命的动物的脂肪中，不存在游离脂肪酸，但在动物宰后，通过酶的作用能生成游离脂肪酸，故在动物宰后尽快炼油就显得非常必要。与动物脂肪相反，在收获时成熟的油料种子中的油由于脂酶的作用，已有相当数量的水解，产生大量的游离脂肪酸。因此，植物油在提炼时需要用碱中和，"脱酸"是植物油精炼过程中必要的工序。鲜奶还可因脂解产生的短链脂肪酸导致哈味的产生（水解哈味）。此外，各种油中如果含水量偏高，就有利于微生物的生长繁殖，微生物产生的脂酶同样可加快脂解反应。

食品在油炸过程中，食物中的水进入到油中，导致油脂在湿热情况下发生酯解而产生大量的游离脂肪酸，使油炸用油不断酸化，一旦游离脂肪酸含量超过0.5%～1.0%时，水解速度更快，因此油脂水解速度往往与游离脂肪酸的含量成正比。如果游离脂肪酸的含量过高，油脂的发烟点和表面张力降低，从而影响油炸食品的风味。此外，游离脂肪酸比甘油脂肪酸酯更易氧化。

油脂脂解反应的程度一般用"酸价"来表示，油脂的酸价越大，说明脂解程度越大。油脂脂解严重时可产生不正常的嗅味，这种嗅味主要来自于游离的短链脂肪酸，如丁酸、己酸、辛酸具有特殊的汗嗅气味和苦涩味。脂解反应游离出的长链脂肪酸虽无气味，但易造成油脂加工中不必要的乳化现象。

在多大数情况下，人们采取工艺措施降低油脂的水解，在少数情况下则有意地增加酯解，如为了产生某种典型的"干酪风味"特地加入微生物和乳脂酶，在制造面包和酸奶时也采用有控制和选择性的脂解反应以产生这些食品特有的风味。

二、油脂的氧化

脂质氧化是含油食品变质的主要原因之一。油脂在食品加工和贮藏期间,由于空气中的氧、光照、微生物、酶和金属离子等的作用,产生不良风味和气味(氧化哈败)、降低食品营养价值,甚至产生一些有毒性的化合物,使食品不能被消费者接受,因此,脂质氧化对于食品工业的影响是至关重大的。但在某些情况下(如一些油炸食品中),油脂的适度氧化对风味的形成是必需的。

脂质的氧化包括酶促氧化与非酶氧化。后者主要是指油脂在光、金属离子等环境因素的影响下,一种自发性的氧化反应,因此又称为自(动)氧化反应。

(一)自动氧化

1.油脂自动氧化的机理

(1)自动氧化反应的特征

研究表明油脂自动氧化反应遵循典型的自由基反应历程,其特征如下:①光和产生自由基的物质能催化脂质自动氧化;②凡能干扰自由基反应的物质一般都能抑制自动氧化反应的速度;③当脂质为纯物质时,自动氧化反应存在一较长的诱导期;④反应的初期产生大量的氢过氧化物;⑤由光引发的氧化反应量子产额超过 1。

(2)自动氧化反应的主要过程

一般油脂自动氧化主要包括:引发(诱导)期、链传递和终止期 3 个阶段。

①引发(诱导)期

酰基甘油中的不饱和脂肪酸,受到光线、热、金属离子和其它因素的作用,在邻近双键的亚甲基(α-亚甲基)上脱氢,产生自由基(R·),如用 RH 表示酰基甘油,其中的 H 为亚甲基上的氢,R· 为烷基自由基,该反应过程一般表示如下

$$RH \xrightarrow{h\nu} R\cdot + H\cdot$$

由于自由基的引发通常所需活化能较高,必须依靠催化才能生成,所以这一步反应相对较慢。

②链传递

R· 自由基与空气中的氧相结合,形成过氧化自由基(ROO·),而过氧化自由基又从其它脂肪酸分子的 α-亚甲基上夺取氢,形成氢过氧化物(ROOH),同时形成新的 R· 自由基,如此循环下去,重复连锁的攻击,使大量的不饱和脂肪酸氧化,由于链传递过程所需活化能较低,故此阶段反应进行地很快,油脂氧化进入显著阶段,此时油脂吸氧速度很快,增重加快,并产生大量的氢过氧化物。

$$\longrightarrow R\cdot + O_2 \longrightarrow ROO\cdot \qquad (1)$$

$$ROO\cdot + RH \longrightarrow ROOH + R\cdot \qquad (2)$$

$$ROOH \xrightarrow{\text{分解}} ROH, RCHO, RCOR' \qquad (3)$$

③终止期

各种自由基和过氧化自由基互相聚合，形成环状或无环的二聚体或多聚体等非自由基产物，至此反应终止。

$$ROO\cdot + ROO\cdot \longrightarrow ROOR + O_2 \quad (4)$$
$$ROO\cdot + R\cdot \longrightarrow ROOR \quad (5)$$
$$R\cdot + R\cdot \longrightarrow R—R \quad (6)$$

（3）单重（线）态氧的氧化作用

氧分子含有两个氧原子，有 12 个价电子，根据泡利不相容原理和洪特规则，分别填充在 10 个分子轨道（即 5 个成键轨道，5 个反键轨道）中。其中有两个未成对的电子，分别填充在 $\pi 2p_y^*$ 和 $\pi 2p_z^*$ 的分子轨道中，就组成了两个自旋平行，不成对的单电子轨道，所以氧分子具有顺磁性。

不饱和脂肪酸氧化的主要途径是通过自氧化反应，若是由稳定的三重态氧直接在脂肪酸（RH）双键上进攻产生引发是不可能的，这是因为 RH 和 ROOH 中的 C=C 键是单重态的，若是发生此反应则不遵守自旋守恒规则。较为合理的解释是，引发反应的是光氧化反应中的活性物质——单重（线）态氧。

由于电子是带电的，故像磁铁一样具有两种不同的自旋方向，自旋方向相同则为+1，自旋方向相反则为−1。原子中电子的总角动量为 2S+1，S 为总自旋。由于氧原子在外层轨道上具有 2 个未成对电子，所以它们的自旋方向可能相同或相反，当自旋方向相同时，则电子总角动量为 2(1/2+1/2)+1=3，称为三重态氧（$^3O_2$）（见图 4-8）；当自旋方向相反时，则电子总角动量为 2(1/2−1/2)+1=1，称为单重态氧（$^1O_2$）（见图 4-9）。单重态氧的亲电性比三重态氧强，它能快速地（比 $^3O_2$ 快 1500 倍）与分子中具有高电子云密度分布的 C=C 键相互作用，而产生的氢过氧化物再裂解，从而引发常规的自由基链传递反应。

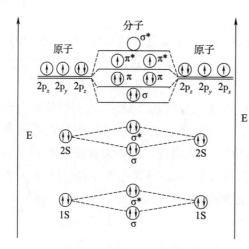

图 4-8 三重态氧分子轨道图

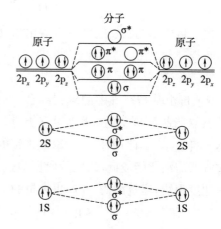

图 4-9 $^1\sum$ 单重态氧分子轨道图

单重态氧可以由多种途径产生,其中最主要的是由食品中的天然色素经光敏氧化产生。光敏氧化有两条途径,第一条途径是光敏化剂吸收光后与作用物(A)形成中间产物,然后中间产物与基态(三重态)氧作用产生氧化产物。

$$光敏化剂 + A + h\nu \longrightarrow 中间物-I^*(^* 为激发态)$$

$$中间物-I^* + {}^3O_2 \longrightarrow 中间物-I^* + {}^1O_2 \longrightarrow 产物 + 光敏化剂$$

第二条途径是光敏化剂吸收光时与分子氧作用,而不是与作用物(A)相互作用。

$$光敏化剂 + {}^3O_2 + h\nu \longrightarrow 中间物-II(光敏化剂 + {}^1O_2)$$

$$中间物-II + A \longrightarrow 产品 + 光敏化剂$$

在食品存在的某些天然色素,如叶绿素-a、脱镁叶绿素-a以及血卟啉和肌红蛋白以及合成色素赤藓红都是很有效的光敏化剂。与此相反,β-胡萝卜素则是最有效的${}^1O_2$猝灭剂,生育酚也有一定的猝灭效果,合成物质丁基羟基茴香醚(BHA)和丁基羟基甲苯(BHT)也是有效的${}^1O_2$猝灭剂。

2.氢过氧化物的形成

位于脂肪酸烃链上与双键相邻的亚甲基在一定条件下特别容易均裂而形成游离基,由于自由基受到双键的影响,具有不定位性,因而同一种脂肪酸在氧化过程中产生不同的氢过氧化物。

(二)油脂的光敏氧化

1.光敏氧化机理

单重态氧的电子自旋状态使它本身具有高度的亲电性,因此,它与电子密集中心的反应活性很高,这就导致单重态氧和双键上电子云密度高的不饱和脂肪酸很容易发生反应。不饱和双键与单线态氧反应时,形成六元环过渡态。双键向邻位转移,形成反式的烯丙型氢过氧化物。

2.光敏氧化的特征

不产生自由基,不受自由基抑制剂的影响;双键的构型会发生改变,顺式构型变为反式构型;可形成共轭和非共轭的二烯化合物;氧化反应速度很快,一旦发生,千倍于自动氧化,但与双键数目关系不大;氧化反应没有诱导期;光氧化反应受到单重态氧淬灭剂β-胡萝卜素与生育酚的抑制;产物是氢过氧化物,在金属离子的存在下分解出游离基(R·及ROO·),引发自动氧化。

(三)油脂的酶促氧化

脂肪在酶参与下所发生的氧化反应,称为酶促氧化。脂肪氧合酶(Lox)专一性地作用于具有1,4-顺,顺-戊二烯结构的多不饱和脂肪酸(如18:2,18:3,20:4),在1,4-戊二烯的中心亚甲基处(即ω8C)脱氢形成自由基,然后异构化使双键位置转移,同时转变成反式构型,形成具有共轭双键的ω6和ω10氢过氧化物。

此外,我们通常所称的酮型酸败,也属酶促氧化,是由某些微生物繁殖时所产生的

（右侧竖排）第四章　脂质

酶(如脱氢酶、脱羧酶、水合酶)的作用引起的。该氧化反应多发生在饱和脂肪酸的β-碳位上,因而又称为β-氧化作用,且氧化产生的最终产物酮酸和甲基酮具有令人不愉快的气味,故称为酮型酸败。

(四)氢过氧化物的分解及聚合

各种氧化途径产生的氢过氧化物只是一种反应中间体,非常不稳定,可裂解产生许多分解产物,其中产生的小分子醛、酮、酸等具有令人不愉快的气味即哈喇味,导致油脂酸败。一般氢过氧化物的分解首先是在氧-氧键处均裂,生成烷氧自由基和羟基自由基。其次,烷氧自由基在与氧相连的碳原子两侧发生碳-碳键断裂,生成醛、酸、烃和含氧酸等化合物。其中生成的醛类物质的反应活性很高,可再分解为分子量更小的醛,典型的产物是丙二醛,小分子醛还可缩合为环状化合物,如己醛可聚合成具有强烈臭味的环状三戊基三噁烷。

(五)二聚物和多聚物的生成

二聚化和多聚化是脂类在加热或氧化时产生的主要反应,这种变化一般伴随着碘值的减少和相对分子质量、黏度以及折射率的增加。例如:双键与共轭二烯的Diels-Alder反应生成四代环己烯;自由基加成到双键产生二聚自由基,二聚自由基可从另一个分子中取走氢或进攻其他的双键生成无环或环状化合物。不同的酰基甘油的酰基间也能发生类似的反应,生成二聚和三聚三酰基甘油。

(六)脂类氧化的测定

由于氧化性分解对食品加工产品的可接受性和营养品质有较重要的意义,因此需要评价脂类的氧化程度。下面介绍一些常用的测定方法。

1.过氧化值(POV)

氢过氧化物是脂类自动氧化的主要初级产物,常用碘量法测定。该法基于氢过氧化物使碘化钾释放出碘或将亚铁氧化成为高铁。

$$ROOH+2KI \rightarrow ROH+I_2+K_2O$$
$$ROOH+Fe^{2+} \rightarrow ROH+OH^-+Fe^{3+}$$

测定氢过氧化物的含量,一般用每千克脂肪中氢过氧化物毫摩尔数(mmol ROOH/kg)表示。也可用比色方法测定。虽然过氧化值用于表示氧化初期产生的氢过氧化物,但并不十分准确可靠,因为分析结果随操作条件而变化,并且这种方法对温度的变化非常敏感。脂类在氧化过程中,过氧化值达到最高值后即开始下降。

2.硫代巴比妥酸(TBA)法

这是广泛用于评价脂类氧化程度的方法之一。不饱和体系的氧化产物与TBA反应生成有颜色的化合物,例如两分子TBA与一分子丙二醛反应形成粉红色物质,因而可用于比色测定。

但并非所有脂类氧化体系中都有丙二醛存在,很多链烷醛、链烯醛和 2,4-二烯醛也能与 TBA 试剂反应产生黄色色素(450nm),但只有二烯醛才产生红色色素(530nm),因此,需要在两个最大吸收波长(黄色 450nm,红色 530nm)下进行测定。除了脂肪氧化体系中存在的那些化合物以外,还发现其他化合物也能够和 TBA 试剂反应生成特征红色色素,因而干扰测定。但是,在很多情况下,TBA 检验法仍可用来对一种试样的不同氧化状态进行比较。

3. 碘 值

碘值用来表示油脂的不饱和程度,碘值降低说明油脂已发生氧化,碘值用 100g 油脂所吸收碘克数来表示。

4. 酸 价

是表示油脂等物质含酸量的一种形式,是指完全中和 1g 油脂中游离脂肪酸所需氢氧化钾的毫克数。新鲜油脂的酸价不超过 5。

5. 感观评价

最终判断食品的氧化风味需要进行感官检验,风味评价通常是由有经验的人员组成评尝小组,采用特殊的风味评分方式进行的。

(1)史卡尔(Schaal)烘箱试验法:置油脂试样于约 65℃ 的烘箱内,定期取样检验,直至出现氧化性酸败为止。也可以采用感官检验的方法判断油脂是否已经酸败。

(2)活性氧法(AOM):这是一种广泛采用的检验方法,油脂试样保持在 98℃ 条件下,不断通入恒定流速空气,然后测定油脂达到一定过氧化值所需的时间。

(七)影响油脂氧化速率的因素

1. 油脂中的脂肪酸组成

油脂中的饱和脂肪酸和不饱和脂肪酸都能发生氧化反应,但饱和脂肪酸的氧化必须在特殊条件下才能发生,即有霉菌的繁殖,或有酶存在,或有氢过氧化物存在的情况下,才能使饱和脂肪酸发生 β-氧化作用而形成酮酸和甲基酮。然而饱和脂肪酸的氧化速率往往只有不饱和脂肪酸的 1/10。而不饱和脂肪酸的氧化速率又与与本身双键的数量、位置与几何形状有关。顺式酸比它们的反式酸易于氧化,而共轭双键比非共轭双键的活性强。游离脂肪酸与酯化脂肪酸相比,氧化速度要高一些。

2. 水

对各种含油食品来说,控制适当的水分活度能有效抑制自氧化反应。水分活度对脂肪氧化作用的影响很复杂,在水分活度<0.1 的干燥食品中,油脂的氧化速度很快;当水分活度增加到 0.3 时,由于水的保护作用,阻止氧进入食品而使脂类氧化减慢,并往往达到一个最低速度;当水分活度在此基础上再增高时,由于增加了氧的溶解度,并提高了存在于体系中的催化剂的流动性和脂类分子的溶胀度而暴露出更多的反应位点,所以氧化速度加快。

3. 氧 气

在非常低的氧气压力下,氧化速度与氧压近似成正比,如果氧的供给不受限制,那么氧化速度与氧压力无关。同时氧化速度与油脂暴露于空气中的表面积成正比,如膨松食品(方便面)中的油比纯净的油易氧化。因而可采取排除氧气,采用真空或充氮包装和使用透气性低的包装材料来防止含油脂食品的氧化变质。

4.金属离子

凡具有合适氧化还原电位的二价或多价过渡金属(如铝、铜、铁、锰与镍等)都可促进自氧化反应,即使浓度低至 0.1mg/kg,它们仍能缩短诱导期和提高氧化速度。不同金属对油脂氧化反应的催化作用的强弱是:铜>铁>铬、钴、锌、铅>钙、镁>铝、锡>不锈钢>银。食品中的金属离子主要来源于加工、贮藏过程中所用的金属设备,因而在油的制取、精制与贮藏中,最好选用不锈钢材料或高品质塑料。

5.光敏化剂

这是一类能够接受光能并把该能量转给分子氧的物质,大多数为有色物质,如叶绿素与血红素。与油脂共存的光敏化剂可使其周围产生过量的 $^1O_2$ 而导致氧化加快。动物脂肪中含有较多的血红素,所以促进氧化;植物油中因为含有叶绿素,同样也促进氧化。

6.温　度

一般来说,氧化速度随温度的上升而加快,高温既能促进自由基的产生,也能促进自由基的消失,另外高温也促进氢过氧化物的分解与聚合。温度不仅影响自动氧化速度,而且也影响反应的机理。

7.光和射线

可见光线、不可见光线(紫外光线)和 γ-射线是有效的氧化促进剂,这主要是由于光和射线不仅能够促进氢过氧化物分解,而且还能把未氧化的脂肪酸引发为自由基,其中以紫外光线和 γ-射线辐照能最强,因此,油脂和含油脂的食品宜用有色或遮光容器包装。

8.抗氧化剂

抗氧化剂能减慢和延缓油脂自氧化的速率,其详细介绍见(八)中的内容。

(八)油脂的抗氧化和抗氧化剂

1.抗氧化剂

(1)抗氧化剂的作用机理

凡是能延缓或减慢油脂氧化的物质称为抗氧化剂。抗氧化剂种类繁多,其作用机理也不尽相同,因此可分为自由基清除剂(酶与非酶类),单重态氧淬灭剂、金属螯合剂、氧清除剂、酶抑制剂、过氧化物分解剂、紫外线吸收剂等。

①非酶类自由基清除剂:非酶类自由基清除剂主要包括天然成分 V_E、V_C、β-胡萝卜素和还原型谷胱甘肽(GSH)以及合成的酚类抗氧化剂丁基羟基茴香醚(BHA)、二丁基羟基甲苯(BHT)、没食子酸丙酯(PG),特丁基对苯二酚(TBHQ)等,它们均是优良的氢供体或电子供体。若以 AH 代表抗氧化剂,则它与脂类(RH)的自由基反应如下

$$R\cdot + AH \longrightarrow RH + A\cdot$$

$$ROO \cdot + AH \longrightarrow ROOH + A \cdot$$
$$ROO \cdot + A \cdot \longrightarrow ROOA$$
$$A \cdot + A \cdot \longrightarrow A_2$$

由上述反应可知,此类抗氧化剂可以与油脂自氧化反应中产生的自由基反应,将之转变为更稳定的产物,而抗氧化剂自身生成较稳定的自由基中间产物($A \cdot$),并可进一步结合成稳定的二聚体(A_2)和其他产物(如 ROOA 等),导致 $R \cdot$ 减少,使得油脂的氧化链式反应被阻断,从而阻止了油脂的氧化。但须注意的是将此类抗氧化剂加入到尚未严重氧化的油中是有效的,但将它们加入到已严重氧化的体系中则无效,因为高浓度的自由基掩盖了抗氧化剂的抑制作用。

②酶类自由基清除剂:酶类自由基清除剂主要有超氧化物歧化酶(SOD)、过氧化氢酶(CAT)、谷胱甘肽过氧化物酶(GSH-PX)。

在生物体中各种自由基对脂类物质起氧化作用,超氧化物歧化酶(SOD)能清除由黄质氧化酶和过氧化物酶作用产生的超氧化物自由基 $O_2^- \cdot$,同时生成 H_2O_2 和 $^3O_2$,H_2O_2 又可以被过氧化氢酶(CAT)清除生成 H_2O 和 $^3O_2$。除 CAT 外,GSH-Px 也可清除 H_2O_2,还可清除脂类过氧化自由基 $ROO \cdot$ 和 ROOH,从而起到抗氧化作用。反应式如下

$$O_2^- \cdot + O_2^- \cdot + 2H^+ \xrightarrow{\text{SOD}} H_2O_2 + {}^3O_2$$

$$H_2O_2 \xrightarrow{\text{CAT}} H_2O + {}^3O_2$$

$$ROOH + 2GSH \xrightarrow{\text{GSH-Px}} GSSG + ROH + H_2O$$

③单重态氧淬灭剂:单重态氧易与同属单重态的双键作用,转变成三重态氧,所以含有许多双键的类胡萝卜素是较好的 $^1O_2$ 淬灭剂。其作用机理是激发态的单重态氧将能量转移到类胡萝卜素上,使类胡萝卜素由基态(^{1} 类胡萝卜素)变为激发态(^{3} 类胡萝卜素),而后者可直接放出能量回复到基态。

$$^1O_2 + {}^1\text{类胡萝卜素} \rightarrow {}^3O_2 + {}^3\text{类胡萝卜素}$$

此外,$^1O_2$ 淬灭剂还可使光敏化剂由激发态回复到基态

$$^1\text{类胡萝卜素} + {}^3\text{Sen} \rightarrow {}^3\text{类胡萝卜素} + {}^1\text{Sen}$$

④金属离子螯合剂:食用油脂通常含有微量的金属离子、重金属,尤其是那些具有两价或更高价态的重金属可缩短自氧化反应诱导期的时间,加快脂类化合物氧化的速度。金属离子(M^{n+})作为助氧化剂起作用,一是通过电子转移,二是通过诸如下列反应从脂肪酸或氢过氧化物中释放自由基。超氧化物自由基 $O_2^- \cdot$ 也可以通过金属离子催化反应而生成,并由此经各种途径引起脂类化合物氧化。

$$ROOH + M^{(n+1)+} \longrightarrow M^{n+} + H^+ + R \cdot$$

$$ROOH + M^{n+} \longrightarrow RO \cdot + OH^- + M^{(n+1)+}$$

$$ROOH + M^{(n+1)+} \longrightarrow ROO \cdot + M^{n+} + H^+$$

柠檬酸、酒石酸、抗坏血酸(V_C)、EDTA 和磷酸衍生物等物质对金属具有螯合作用

而使它们钝化，从而起到抗氧化的作用。

⑤氧清除剂：氧清除剂通过除去食品中的氧而延缓氧化反应的发生，可作为氧清除剂的化合物主要有抗坏血酸、抗坏血酸棕榈酸酯、异抗坏血酸和异抗坏血酸盐等。此外，抗坏血酸与生育酚结合可以使抗氧化效果更佳，这是因为抗坏血酸能将脂类自氧化产生的氢过氧化物分解成非自由基产物。

⑥氢过氧化物分解剂：氢过氧化物是油脂氧化的初产物，有些化合物如硫代二丙酸及其月桂酸、硬脂酸的酯可将链反应生成的氢过氧化物转变为非活性物质，从而起到抑制油脂氧化的作用。

（2）增效作用

在实际应用抗氧化剂时，常同时使用两种或两种以上的抗氧化剂，几种抗氧化剂之间产生协同效应，导致抗氧化效果优于单独使用一种抗氧化剂，这种效应被称为增效作用。其增效机制通常有两种：①两种游离基受体中，其中增效剂的作用是使主抗氧化剂再生，从而引起增效作用。如同属酚类的抗氧剂 BHA 和 BHT，前者为主抗氧化剂，它将首先成为氢供体，而 BHT 由于空间阻碍只能与 ROO·缓慢地反应，BHT 的主要作用是使 BHA 再生；②增效剂为金属螯合剂。如酚类＋抗坏血酸，其中酚类是主抗氧化剂，抗坏血酸可螯合金属离子，此外抗坏血酸还是氧清除剂和使酚类抗氧化剂再生，两者联合使用，抗氧化能力更强。

2.抗氧化剂的使用要求和条件

作为油脂抗氧化剂，主要应具备以下条件：起抗氧化作用所生成的抗氧化剂游离基必须是稳定的，不具备氧化油脂的能力；无毒或毒性极小；亲油不亲水；无色无味，对水、酸、碱以及高温下均不变色、不分解；挥发性低，高温时损耗不大；低浓度时其抗氧化效率也很高；价格便宜。

3.抗氧化剂类型

抗氧化剂可分为天然抗氧化剂和合成抗氧化剂两种。具体详见本书第十章食品添加剂的相关内容。

三、油脂在高温下的化学反应

（一）油脂在高温下的化学反应

如图 4-10 所示油脂在高温下的反应十分复杂，在不同的条件下会发生聚合、缩合、氧化和分解反应，使其粘度、酸价增高，碘值下降，折光率改变，还会产生刺激性气味，同时营养价值也有所下降。在高温条件下，油脂中的饱和脂肪酸与不饱和脂肪酸反应情况不一样。

1.热分解

（1）饱和油脂在无氧条件下的热解

一般来说，饱和脂肪酸酯必须在高温条件下加热才产生显著的非氧化反应。分解

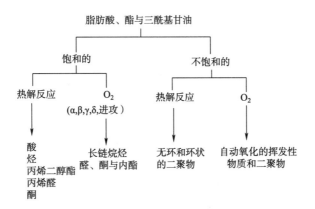

图 4 - 10 脂类热分解简图

产物中主要为 n 个碳(与原有脂肪酸相同碳数)的脂肪酸、$2n-1$ 个碳的对称酮、n 个碳的脂肪酸羰基丙酯,另外还产生一些丙烯醛、CO 和 CO_2。

(2)饱和油脂在有氧条件下的热氧化反应

饱和脂肪酸酯在空气中加热到 150℃ 以上时会发生氧化反应,一般认为在这种条件下,氧优先进攻离羰基较近的 α、β、γ 碳原子,形成氢过氧化物,然后再进一步分解。

(3)不饱和脂肪酸酯非氧化热反应

不饱和脂肪酸在无氧条件下加热,主要反应是形成二聚化合物,此外还生成一些低分子量物质,但是,这些反应都需要在较剧烈的热处理条件下才能发生。

(4)不饱和脂肪酸酯热氧化反应

不饱和脂肪酸比对应的饱和脂肪酸更易氧化,在高温下氧化分解反应进行得很快。虽然在高温和低温的氧化存在某些差异,但两种情况下的主要反应途径是相同的,高温下氢过氧化物的分解和次级氧化速度非常快。不饱和脂肪酸在空气中高温加热可生成氧二聚物或氢过氧化物的聚合物、氢氧化物、环氧化物、羰基以及环氧醚化合物。

2. 热聚合

(1)不饱和油脂在无氧条件下的热聚合

不饱和油酯在隔氧条件下加热至高温(低于 220℃),油脂在邻近烯键的亚甲基上脱氢,产生自由基,但是该自由基并不能形成氢过氧化物,它进一步与邻近的双键作用,断开一个双键又生成新的自由基,反应不断进行下去,最终产生环套环的二聚体,如不饱和单环、不饱和二环、饱和三环等化合物。热聚合可发生在一个酰基甘油分子中的两个酰基之间,形成分子内的环状聚合物,也可以发生在两个酰基甘油分子之间。

不饱和油脂在高于 220℃,无氧条件下加热时,除了有聚合反应外,还会在烯键附近断开 C-C 键,产生低分子量的物质。

(2)不饱和油脂在有氧条件下的热聚合

不饱和油脂在空气中加热至高温时即能引起氧化与聚合反应。

3. 缩 合

高温特别是在油炸条件下,食品中的水进入到油中,相当于水蒸气蒸馏,将油中的

第四章 脂质

85

挥发性氧化物赶走，同时使油脂发生部分水解，再缩合成分子量较大的环状化合物。反应见图4-11。

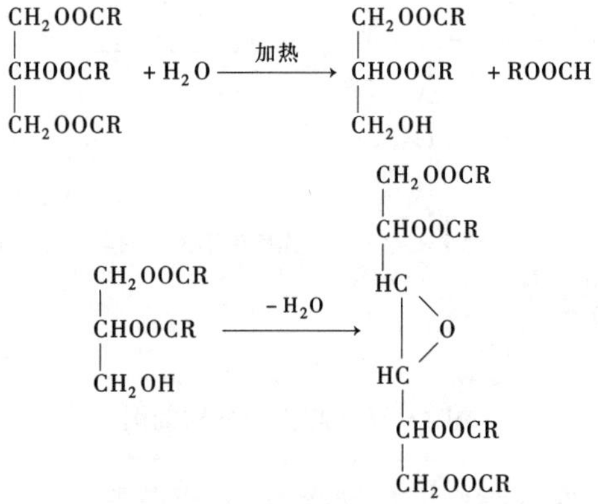

$$
\begin{array}{c}
\text{CH}_2\text{OOCR} \\
| \\
\text{CHOOCR} \quad +\,\text{H}_2\text{O} \quad \xrightarrow{\text{加热}} \quad
\begin{array}{c}
\text{CH}_2\text{OOCR} \\
| \\
\text{CHOOCR} \quad +\,\text{ROOCH} \\
| \\
\text{CH}_2\text{OH}
\end{array} \\
| \\
\text{CH}_2\text{OOCR}
\end{array}
$$

$$
\begin{array}{c}
\text{CH}_2\text{OOCR} \\
| \\
\text{CHOOCR} \quad \xrightarrow{-\text{H}_2\text{O}} \\
| \\
\text{CH}_2\text{OH}
\end{array}
\begin{array}{c}
\text{CH}_2\text{OOCR} \\
| \\
\text{CHOOCR} \\
| \\
\text{HC} \\
\quad\quad\quad\text{O} \\
\text{HC} \\
| \\
\text{CHOOCR} \\
| \\
\text{CH}_2\text{OOCR}
\end{array}
$$

图4-11　油脂的缩合反应

（二）油炸后油脂品质的评价

油脂经过油炸过程以后，常规的测定项目包括粘度、游离脂肪酸、感官品质、发烟点、泡沫量、聚合物和降解产物的测定。一般常进行石油醚不溶物检的测，油炸后的油脂如果石油醚不溶物≥0.7％和发烟点低于170℃，或者石油醚不溶物≥1.0％，无论其发烟点是否改变，均可认为已经变质。

四、油脂的辐解

食品辐照作为一种灭菌手段，其目的是消灭微生物和延长食品的货价寿命。但其负面影响是，辐照会引起脂溶性维生素的破坏，其中生育酚特别敏感。此外，如同热处理一样，食品辐照也会导致化学变化。辐照剂量越大，影响越严重。在辐照食物的过程中，油脂分子吸收辐照能，形成自由基和激化分子，激化分子可进一步降解，以饱和脂肪酸酯为例，辐解首先在羰基附近α,β,γ位置处断裂，生成的辐解产物有烃、醛、酸、酯等，激化分子分解时可产生自由基，自由基之间可结合生成非自由基化合物。在有氧时，辐照还可加速油脂的自动氧化，同时使抗氧化剂遭到破坏。辐照和加热造成油脂降解，这两种途径生成的降解产物有些相似，只是后者生成更多的分解产物。

第五节　油脂加工的化学

一、油脂的精炼

油脂的制取有溶剂浸出法、压榨法、熬炼法和机械分离法等，但目前最常用的为压榨法和溶剂浸出法。

用上述方法制取的油称为毛油或粗油。油脂的精炼就是进一步采取理化措施以除去油中杂质。毛油中常含有各种杂质。这些杂质按亲水亲油性可分为 3 类:①亲水性物质:蛋白质、各种碳水化合物、某些色素;②两亲性物质:磷脂、脂肪酸盐;③亲油性质:三酰基甘油、脂肪酸、类脂、某些色素。

按其能否皂化分为两类:①可皂化物:三酰基甘油、脂肪酸、磷脂;②不可皂化物:蛋白质、各种碳水化合物、色素、类脂等。油脂中的杂质可使油脂产生不良的风味、颜色、降低烟点等,所以需要除去。

(一)油脂精炼的基本流程

毛油——→脱胶——→静置分层——→脱酸——→水洗——→干燥——→脱色——→过滤——→脱臭——→冷却——→精制油。

以上流程中脱胶、脱酸、脱色、脱臭是油脂精炼的核心工序,一般称为四脱。

(二)油脂精炼的化学原理

1. 沉 降

机械杂质是指在制油或储存过程中混入油中的泥沙、料坯粉末、饼渣、纤维、草屑及其他固态杂质。这类杂质不溶于油脂,故可以采用过滤、沉降等方法除去。凡利用油和杂质之间的密度不同,并借助重力将油脂中不溶性杂质自然分开的方法称为沉降法。

2. 脱 胶

将毛油中的胶溶性杂质脱除的工艺过程称为脱胶。此过程主要脱除的是磷脂。如果油脂中磷脂含量高,加热时易起泡沫、冒烟且多有臭味,同时磷脂氧化可使油脂呈焦褐色,影响煎炸食品的风味。脱胶时常向油脂中加入 2%～3% 的热水,在约 50℃ 搅拌,或通入水蒸汽,由于磷脂有亲水性,吸水后比重增大,然后可通过沉降或离心分离除去水相即可除去磷脂和部分蛋白质。

3. 脱 酸

其主要目的是除去毛油中的游离脂肪酸。游离脂肪酸对食用油的风味和稳定性具有很大的影响,将适量的和一定浓度的苛性钠(用碱量通过酸价计算确定)与加热的脂肪(30℃～60℃)混合,并维持一段时间直到析出水相,可使游离脂肪酸皂化,生成水溶性的脂肪酸盐(称为油脚或皂脚),它分离出来后可用于制皂。此后,再用热水洗涤中性油,接着采用沉降或离心的方法以除去中性油中残留的皂脚。

4. 脱 色

毛油中含有类胡萝卜素、叶绿素等色素,影响到油脂的外观甚至稳定性(叶绿素是光敏化剂),因此需要除去。一般是将油加热到约 85℃,并用吸附剂,如酸性白土(1%)、活性炭(0.3%)等处理,可将有色物质几乎完全地除去,其他物质如磷脂、皂化物和一些氧化产物可与色素一起被吸附,然后通过过滤除去吸附剂。

5. 脱 臭

各种植物油大部分都有其特殊的气味,可采用减压蒸馏法,通入一定压力的水蒸气,在一定真空度、油温(220℃～240℃)下保持几十分钟,即可将这些有气味的物质除去。在此过程中常常添加柠檬酸以螯合除去油中的痕量金属离子。

通过油脂精炼可提高油的氧化稳定性,并且明显改善油脂的色泽和风味,还能有效去除油脂中的一些有毒成分(例如花生油中的黄曲霉毒素和棉籽油中的棉酚),但同时也除去了油脂中存在的天然抗氧化剂——生育酚(V_E)。

二、油脂氢化

(一)油脂氢化的机理

油脂中不饱和脂肪酸在催化剂(Pt,Ni,Cu)的作用下,在不饱和键上加氢,使碳原子达到饱和或比较饱和,从而把在室温下呈液态的油变成固态的脂,这种过程称为油脂的氢化。它能达到以下几个主要目的:①能够提高油脂的熔点,使液态油转变为半固体或塑性脂肪,以满足特殊用途的需要,如生产起酥油和人造奶油;②增强油脂的抗氧化能力;③在一定程度上改变油脂的风味。

(二)氢化的选择性

在氢化过程中,不仅一些双键被饱和,而且一些双键也可重新定位和(或)从通常的顺式转变成反式构型,所产生的异构物通常称为异酸。部分氢化可能产生一个较为复杂的反应产物的混合物,这取决于哪一个双键被氢化、异构化的类型和程度以及这些不同的反应的相对速率。天然脂肪的情况就更为复杂了,这是因为它们都是极复杂的混合物。油脂氢化选择性是指不饱和程度较高的脂肪酸的氢化速率与不饱和程度较低的脂肪酸的氢化速率之比。

三、酯交换

油脂的性质主要取决于脂肪酸的种类、碳链的长度、脂肪酸的不饱和程度和脂肪酸在甘油三酯中的分布。有时这种性质限制了它们在工业上的应用,但可以采用化学改性的方法如酯交换改变脂肪酸的分布模式,以适应特定的需要。酯交换就是指三酰基甘油酯上的脂肪酸酯与脂肪酸、醇、自身或其他酯类作用而进行的酯基交换或分子重排的过程。酯-酯交换可发生于甘三酯分子内,也可发生于分子间。

酯交换一般采用甲醇钠作催化,通常只需在50℃～70℃下,不太长的时间内就能完成。

(一)化学酯交换

1.酯交换反应机理

以S_3,U_3分别表示三饱和甘油酯和三不饱和甘油酯。首先是甲醇钠与三酰基甘油反应,生成二脂酰甘油酸盐。

$$U_3 + NaOCH_3 \rightarrow U_2ONa + U - CH_3$$

这个中间产物再与另一分子三酰甘油分子发生酯交换,反应如此不断继续下去,直到所有脂肪酸酰基改变其位置,并随机化趋于完全为止。

2.酯交换种类

（1）随机酯交换

当酯化反应在高于油脂熔点进行时,脂肪酸的重排是随机的,产物很多,这种酯交换称为随机酯交换。随机酯交换可随机地改组三酰基甘油,最后达到各种排列组合的平衡状态。油脂的随机酯交换可用来改变油脂的结晶性和稠度,如猪油的随机酯交换增强了油脂的塑性,在焙烤食品可作起酥油用。

（2）定向酯交换

定向酯交换是将反应体系的温度控制在熔点以下,因反应中形成的高饱和度、高熔点的三酰基甘油结晶析出,并从反应体系中不断移走,从而实现定向酯交换为止。

（二）酶促酯交换

以无选择性的脂水解酶进行的酯交换是随机反应,但以选择性脂水解酶作催化剂,则反应是有方向性的。

目前酯交换的最大用途是生产起酥油,由于天然猪油中含有高比例的二饱和三酰基甘油,导致制成的起酥油产生粗的、大的结晶,因此烘焙性能较差。而经酯交换后的猪油由于在高温下具有较高的固体含量,从而增加了其塑性范围,使它成为一种较好的起酥油。除此之外,酯交换还广泛应用于代可可脂和稳定性高的人造奶油以及具有理想熔化质量的硬奶油生产中,浊点较低的色拉油也是棕榈油经定向酯交换后分级制得的产品。

第六节　复合脂质及衍生脂质

一、磷　脂

磷脂是指普遍存在于生物体细胞质和细胞膜中,是含磷类脂的总称。按其分子结构可分为甘油醇磷脂和神经氨基醇磷脂两大类。甘油醇磷脂是磷脂酸（PA）的衍生物,常见的主要有卵磷脂（PC）、脑磷脂（PE）、丝氨酸磷脂（PS）和肌醇磷脂（PI）等。

在食品工业中甘油醇磷脂较重要。所有的甘油醇磷脂含有极性头部（因此称为极性脂类）和2条烷烃尾巴。这些化合物的大小、形状以及它们极性头部含有醇的极性程度是彼此不同的,两个脂肪酸取代基也是不相同的,一般一个是饱和脂肪酸,另一个是不饱和脂肪酸,而且主要分布在 Sn-2 位上。

成熟种子含磷脂最多,植物油料含甘油醇磷脂最多的是大豆,其次是棉子、菜子、花生、葵花子等。另外一些种子含磷脂极少。据研究发现含蛋白质越丰富的油料,甘油醇磷脂的含量也越高。动物贮存脂肪中,甘油醇磷脂含量极其稀少,而动物器官和肌肉脂肪中,含磷脂甚多,蛋黄中含有很多卵磷脂。

大豆磷脂是由卵磷脂、脑磷脂、肌醇磷脂和磷脂酸组成的,大豆毛油水化脱胶时分离出的油脚经进一步精制处理,可制取包括浓缩磷脂、混合磷脂、改性磷脂、分提磷脂和脱油磷脂等不同品种的大豆磷脂产品,属公认安全产品。由于其具有乳化性、润湿性、胶体性质及生理性质而被广泛应用于食品工业、饲料工业、化妆品工业、医药工业、塑料工业和纺织工业作乳化剂、分散剂、润湿剂、抗氧化剂、渗透剂等。

二、胆固醇

甾醇又叫类固醇,是天然甾族化合物中的一大类,以环戊烷多氢菲为基本结构见图4-12,环上有羟基的即甾醇。动物、植物组织中都有,对动、植物的生命活动很重要。动物普遍含胆甾醇,习惯上称为胆固醇与胆固醇脂肪酸酯,在生物化学中有重要的意义。植物很少含胆甾醇而含有豆甾醇、菜籽甾醇、菜油甾醇、谷甾醇等。麦角甾醇存在于菌类中。

胆固醇(见图4-13)是维持生命和正常生理功能所必需的一种营养成分,是构成细胞膜的组分之一,胆固醇以游离形式或以脂肪酸酯的形式存在,存在于动物的血液、脂肪、脑、神经组织、肝、肾上腺、细胞膜的脂质混合物和卵黄中。也是体内合成性激素和肾上腺素的原料。广泛存在于动物组织中,在脑及神经组织中特别丰富,可在胆道内沉积为胆结石,在血管壁上沉积引起动脉硬化。胆固醇能被动物吸收利用,动物自身也能合成,人体内胆固醇含量太高或太低都对人体健康不利。胆固醇不溶于水、稀酸及稀碱液中,不能皂化,在食品加工中几乎不受破坏。

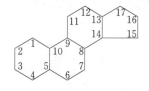

图4-12 环戊烷多氢菲的结构

图4-13 胆固醇结构

【归纳与总结】

脂类是食品的重要组成成分之一,它的物理化学性质影响着食品加工质量及安全性。含脂及油炸食品在加工贮藏中,油脂将发一定的化学变化,如水解、聚合、缩合、氧化等。特别是脂类在常温下发生的氧化反应对食品的品质影响较大,学习掌握这类反应的发生机理及影响因素,针对影响因素采取有效的控制延缓脂类氧化的方法具有十分重要的现实意义。

【相关知识阅读】

反式脂肪酸

反式脂肪酸(trans fatty acids,TFA)又名反式脂肪,被誉为"餐桌上的定时炸弹",主要来源是部分氢化处理的植物油。部分氢化油具有耐高温、不易变质、存放久等优点,在蛋糕、饼干、速冻比萨饼、薯条、爆米花等食品中使用比较普遍。过多摄入反式脂肪酸可使血液胆固醇增高,从而增加心血管疾病发生的风险。

一些食物中的反式脂肪酸的含量占总脂肪酸百分比:

牛奶、羊奶为3%～5%;反刍动物体脂为4%～11%;氢化植物油为14.2%～34.3%;起酥油为7.3%～31.7%;硬质黄油为1.6%～23.1%;面包和丹麦糕为37%;炸鸡和法式油炸土豆为36%;炸薯条为35%;糖果类脂肪为27%。

人类使用的反式脂肪主要来自经过部分氢化的植物油。"氢化"是20世纪初发明的食品工业技术,食用油的氢化处理是由德国化学家威廉·诺曼发明的,并于1902年取得专利。1909年美国宝洁公司取得此专利的美国使用权,并于1911年开始推广第一个完全由植物油制造的半固态酥油产品。

氢化植物油与普通植物油相比更加稳定,成固体状态,可以使食品外观更好看、口感松软;与动物油相比价格更低廉,而且在20世纪早期,人们认为植物油比动物油更健康,用便宜而且"健康"的氢化植物油代替动物油脂在当时被认为是一种进步。在氢化植物油发明前,食品加工中用来使口感松软的"起酥油"是猪油,后来被氢化植物油取代。

植物油加氢可将顺式不饱和脂肪酸转变成室温下更稳定的固态反式脂肪酸。制造商利用这个过程生产人造黄油,也利用这个过程增加产品货架期和稳定食品风味。不饱和脂肪酸氢化时产生的反式脂肪酸占8%～70%。

自然界也存在反式脂肪酸,当不饱和脂肪酸被反刍动物(如牛)消化时,脂肪酸在动物瘤胃中被细菌部分氢化。牛奶、乳制品、牛肉和羊肉的脂肪中都能发现反式脂肪酸,占2%～9%。鸡和猪也通过饲料吸收反式脂肪酸,反式脂肪酸因此进入猪肉和家禽产品中。

【课后强化练习题】

一、选择题

1. 下列关于油脂的物理量中,与油脂不饱和度有关的指标是( )。

    A. 碘值   B. 过氧化值   C. 皂化值   D. 酸价

2. 下列关于油脂的物理量中,与油脂酸败程度有关的指标是( )。

    A. 碘值   B. 过氧化值   C. 皂化值   D. 酸价

第四章 脂质

食品化学（第二版）

3. 下列关于油脂的物理量中,与油脂氧化程度有关的指标是(　　)。

    A. 碘值　　　　　B. 过氧化值　　　　　C. 皂化值　　　　　D. 酸价

4. 天然油脂具有的色泽,是因为油脂中含有少量的脂溶性色素,它可能是(　　)。

    A. 叶绿素　　　　B. 类胡萝卜素　　　　C. 血红素　　　　　D. 花青素

5. 下列物质中,不可作为乳化剂使用的是(　　)。

    A. 甘油一酯　　　B. 卵磷脂　　　　　　C. 甘油二酯　　　　B. 甘油三酯

6. 下列哪个过程不会导致油脂的发烟点降低(　　)。

    A. 精炼油脂　　　　　　　　　　　　B. 油脂长时间加热

    C. 油脂酸败　　　　　　　　　　　　D. 油脂长时间暴露于空气中

7. 下列哪个因素不会导致油脂的自动氧化速度增加(　　)。

    A. 紫外线长期照射油脂　　　　　　　B. 油脂长时间暴露于空气中

    C. 油脂中存在金属离子铁或铜　　　　D. 油脂中加入维生素 E

8. 油脂在高温下长时间加热,下列变化中不可能发生的是(　　)。

    A. 亚油酸含量增加　　　　　　　　　B. 粘性增加

    C. 丙烯醛含量增加　　　　　　　　　D. 过氧化物值增加

9. 油脂在无通风并备用特殊照明的实验装置中觉察到冒烟时的最低加热温度是(　　)。

    A. 发烟点　　　　B. 闪点　　　　　　C. 燃点　　　　　　D. 沸点

10. 油脂精炼过程中的脱胶处理主要是除去油脂中的(　　)。

    A. 蛋白质　　　B. 磷脂　　　　　　C. 胆固醇　　　　　D. 游离脂肪酸

11. 油脂精炼过程中将一定浓度的氢氧化钠与油脂在 30℃～60℃混合,其目的主要是除去油脂中的(　　)。

    A. 蛋白质　　　B. 磷脂　　　　　　C. 胆固醇　　　　　D. 游离脂肪酸

12. 按碘值大小分类,干性油的碘值在(　　)。

    A. 小于 100　　　B. 100～120　　　　C. 120～180　　　　D. 180～190

13. 下面物理量中表示油脂中的游离脂肪酸的含量大小的是(　　)。

    A. 皂化值　　　B. 碘值　　　　　　C. 酸价　　　　　　D. 过氧化值

14. 下列哪个指标是判断油脂的不饱和度的是(　　)。

    A. 酸价　　　　B. 碘值　　　　　　C. 酯值　　　　　　D. 皂化值

15. 油脂在加热时易起泡沫,冒烟多,有臭味是因为油脂中含有下列哪种物质的原因(　　)。

    A. 甘油　　　　B. 脂肪酸　　　　　C. 磷脂　　　　　　D. 糖脂

二、简答叙述

1. 脂肪如何分类? 如何命名脂肪酸和甘油酯?

2. 什么叫同质多晶? 常见同质多晶型有哪些? 各有何特性?

3. 什么叫乳浊液？乳浊液稳定和失稳的机制是什么？

4. 油脂的塑性受哪些因素影响？如何通过化学改性获得塑性脂肪？

5. 油脂自动氧化历程包括哪几步？影响油脂氧化的因素主要有哪些？

6. 氢过氧化物有哪几种生成途径？反应历程如何(用反应式表示)？

7. 什么是油脂的过氧化值？如何测定？是否过氧化值越高,油脂的氧化程度越深？

8. 油脂在高温下会产生哪些化学反应？对油脂的性质有何影响？

9. 解释下列名词:

①烟点　②闪点　③着火点　④固体脂肪指数　⑤油脂的塑性　⑥抗氧化剂
⑦皂化值

三、综合分析

油茶面又叫做油炒面,为春、秋、冬季应时小吃。油茶面也是北京小吃,属于回民风味,由熟炒面拌牛骨髓油用沸水冲制而成,呈稠糊状,质地细腻,甜润中带有浓郁的酥油香气。

参考配料:面粉 500g,牛骨髓油 150g,黑芝麻 20g,白芝麻 20g,核桃仁 20g,瓜子仁 10g,白糖和糖桂花汁各适量。

但放置一段时间后就容易出现哈喇味,影响食用口感。

请用本章所学的知识解释下列问题:

1. 油茶面放置一段时间后就容易出现哈喇味的原因是什么？

2. 出现哈喇味的化学反应机理是什么？影响因素有哪些？

3. 在实际生活中如何控制这种油茶面劣变现象的发生？

第五章 蛋白质

【学习目的与要求】

通过本章的学习使学生了解氨基酸的结构、分类及其理化性质;蛋白质的分类、理化性质及其结构。掌握蛋白质的变性,蛋白质的各种功能性质及在食品加工中的应用,食品加工对蛋白质营养价值的影响。

第一节 概 述

一、食品中蛋白质的定义

蛋白质是一类结构复杂的大分子物质,相对分子质量在几万至几百万之间。它是由多种不同的 α - 氨基酸按照不同的排列顺序通过肽键相互连接而成的高分子有机物质。

蛋白质是构成生物体细胞的基本物质之一,在维持正常的生命活动中具有重要作用。如:具有生物催化功能的酶蛋白,调节代谢反应的激素蛋白(胰岛素),具有运动功能的收缩蛋白(肌球蛋白),具有运输功能的转移蛋白(血红蛋白)、具有防御功能的蛋白(免疫球蛋白),贮存蛋白(种子蛋白)和保护蛋白(毒素)等。有些蛋白质还具有抗营养性质,如胰蛋白酶抑制剂。总之,正常机体的基本生命运动都和蛋白质息息相关,没有蛋白质就没有生命。

蛋白质是一种重要的产能营养素,能提供人体所需的必需氨基酸。蛋白质是食品的主要成分,鱼、禽、肉、蛋、乳等是优质蛋白质的主要来源。蛋白质还对食品的质构、风味和加工产生重大影响。因此,了解和掌握蛋白质的理化性质和功能性质以及食品加工工艺对蛋白质的影响,对于改进食品蛋白质的营养价值和功能性质具有很重要的实际意义。

二、蛋白质的化学组成

蛋白质种类繁多,有成千上万种,但是蛋白质的基本组成元素却很相近。根据元素分析,蛋白质主要含有 C,H,O,N。有些蛋白质还含有 P,S,少数蛋白质含有 Fe,Zn,Mg,Mn,Co,Cu 等。多数蛋白质的元素组成如下:C 为 $50\%\sim56\%$,H 为 $6\%\sim7\%$,O

为 20％～30％,N 为 14％～19％,S 为 0.2％～3％,P 为 0％～3％。大多数蛋白质含氮量比较接近,平均含量为 16％,氮元素容易用凯氏定氮法进行测定,所以只要测出样品中的含氮量就能估算出样品中蛋白质的大致含量:

蛋白质的含量＝氮的含量×(100/16)＝氮的含量×6.25

第二节 氨基酸

一、氨基酸的结构

氨基酸是带有氨基的有机酸,分子结构中至少含有一个氨基和一个羧基。天然蛋白质在酸、碱或酶的作用下,完全水解的最终产物是性质各不相同的一类特殊的氨基酸,即 L-α 氨基酸。L-α-氨基酸是组成蛋白质的基本单位,其结构通式见图 5-1。分子结构中均含有 1 个 α-H,1 个 α-COOH,1 个 α-NH$_2$ 和 1 个 α-R,均以共价键和 α-C 相连接,除甘氨酸外这种碳原子常为手性碳原子,大多数天然氨基酸的构型为 L-氨基酸。

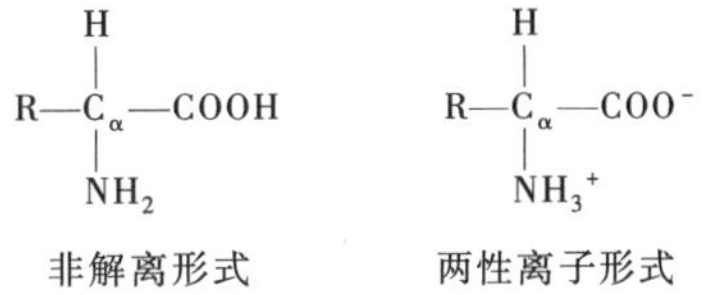

非解离形式　　　　两性离子形式

图 5-1　氨基酸的结构通式

二、氨基酸的分类

自然界中氨基酸种类很多,但组成蛋白质的氨基酸仅 20 余种,其具体分类如下(见表 5-1)。

表 5-1　组成蛋白质的主要氨基酸

分　类	名　称	常用缩写符号		R 基结构
		三字符号	单字符号	
中性氨基酸	甘氨酸	Gly	G	—H
	丙氨酸	Ala	A	—CH$_3$
	缬氨酸	Val	V	—CH(CH$_3$)$_2$
	亮氨酸	Leu	L	—CH$_2$—CH(CH$_3$)$_2$
	异亮氨酸	Ile	I	—CH(CH$_3$)—CH$_2$—CH$_3$
	蛋氨酸	Met	M	—CH$_2$—CH$_2$—S—CH$_3$
	脯氨酸	Pro	P	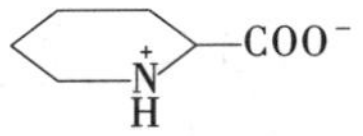 (环状结构)

第五章　蛋白质

表 5 - 1(续)

分　类	名　称	常用缩写符号		R 基结构
		三字符号	单字符号	
中性氨基酸	苯丙氨酸	Phe	F	—CH₂—〈苯环〉
	色氨酸	Trp	W	〈吲哚环〉
	丝氨酸	Ser	S	—CH₂—OH
	苏氨酸	Thr	T	$\overset{OH}{\underset{}{—CH}}$—CH₃
	半胱氨酸	Cys	C	—CH₂—SH
	酪氨酸	Tyr	Y	—CH₂—〈苯环〉—OH
	天冬酰胺	Asn	N	—CH₂—CO—NH₂
	谷氨酰胺	Gln	Q	—CH₂—CH₂—CO—NH₂
碱性氨基酸	赖氨酸	Lys	K	—CH₂—CH₂—CH₂—CH₂—NH₃⁺
	精氨酸	Arg	R	—CH₂—CH₂—CH₂—NH—C(—NH₂⁺)—NH₂
	组氨酸	His	H	〈咪唑环〉
酸性氨基酸	天冬氨酸	Asp	D	—CH₂—COO⁻
	谷氨酸	Glu	E	—CH₂—CH₂—COO⁻

（1）根据侧链基团 R 的化学结构不同可分为芳香族氨基酸、杂环氨基酸、脂肪族氨基酸 3 类。其中，芳香族氨基酸包括：苯丙氨酸、酪氨酸；杂环氨基酸包括：色氨酸、组氨酸和脯氨酸 3 种；其余 15 种基本氨基酸均为脂肪族氨基酸。

（2）根据侧链基团 R 的酸碱性不同可分为中性氨基酸、酸性氨基酸、碱性氨基酸 3 类。

（3）根据氨基酸侧链基团 R 的极性的不同，可将氨基酸分为 4 类：①具有非极性或疏水的氨基酸：丙氨酸、缬氨酸、亮氨酸、异亮氨酸、蛋氨酸、脯氨酸、苯丙氨酸、色氨酸，它们在水中的溶解度比较小；②极性但不带电荷的氨基酸：具有中性基团，能与适宜的水分子形成氢键，如丝氨酸、苏氨酸、酪氨酸中的羟基，半胱氨酸的巯基，天冬酰胺、谷氨酰胺中的酰胺基，都与它们的极性有关。甘氨酸有时也属于此类氨基酸；③带正电荷的氨基酸：赖氨酸、精氨酸、组氨酸；④带负电荷的氨基酸：天冬氨酸、谷氨酸，通常含有两个羧基。

人体所需的氨基酸,大多数是可以自身合成或者能由另一种氨基酸在体内转变而成,但有 8 种氨基酸是人体自身不能合成的,只能通过食物供给,称为必需氨基酸。人体必需氨基酸有:亮氨酸、异亮氨酸、赖氨酸、蛋氨酸、色氨酸、缬氨酸、苏氨酸、苯丙氨酸。对于正在发育中的婴儿,必需氨基酸还包括组氨酸。蛋白质中所含必需氨基酸的数量及其有效性可用来评价食品中蛋白质的营养价值。动物蛋白的必需氨基酸含量比植物蛋白高,因此动物蛋白的营养价值要高于植物蛋白。在体内能自行合成的氨基酸称为非必需氨基酸。

三、氨基酸的性质

(一)氨基酸的物理性质

1. 溶解度

各种常见的氨基酸均为白色结晶,在水中的溶解度差别很大,如胱氨酸、酪氨酸、天冬氨酸、谷氨酸等在水中的溶解度很小,而精氨酸、赖氨酸的溶解度很大;一般都能溶解于稀酸或稀碱溶液中,在盐酸溶液中,所有氨基酸都有不同程度的溶解度;不溶或微溶于有机溶剂,可用乙醇将氨基酸从溶液中沉淀析出。

2. 熔 点

氨基酸的熔点极高,一般在 200℃～300℃。

3. 旋光性

除甘氨酸外其他氨基酸分子内至少含有一个不对称碳原子,因此都具有旋光性,可用旋光法测定氨基酸的纯度。

4. 味 感

氨基酸的味感与氨基酸的种类和立体结构有关,如 D－氨基酸多数带有甜味,甜味最强的是 D－色氨酸,甜度是蔗糖的 40 倍;L－氨基酸具有甜、苦、鲜、酸 4 种不同的味感。

5. 光学性质

组成蛋白质的氨基酸都不吸收可见光,但在紫外光区酪氨酸、色氨酸和苯丙氨酸有显著地吸收,最大吸收波长分别为 278nm、279nm 和 259nm,利用此性质可对这 3 种氨基酸进行定量测定。酪氨酸、色氨酸残基同样在 280nm 处有最大的吸收,同时由于大多数蛋白质都含有酪氨酸残基,因此可用紫外分光光度法测定蛋白质在 280nm 下对紫外光的吸收程度,快速测定蛋白质的含量。

(二)氨基酸的化学性质

氨基酸分子中的反应基团主要是指分子中含有的氨基、羧基和侧链的反应基团。其中有些反应可用作氨基酸的定量分析。

1. 氨基酸的酸碱性质

氨基酸分子中同时含有羧基和氨基，因此它们既有酸的性质也有碱的性质，是两性电解质。氨基酸在溶液中的存在形式与溶液的 pH 有关，受 pH 的影响可能有 3 种不同的离解状态。就某种氨基酸而言，调节其溶液至一定的 pH，使氨基酸在此溶液中净电荷为零，此时溶液的 pH 为该氨基酸的等电点，简写为 pI。氨基酸以不带电的偶极离子的形式存在，在电场中既不向阳极移动，也不向阴极移动。在高于等电点的任何 pH 溶液中，负离子占优势，氨基酸带净负电荷，而在低于等电点的 pH 溶液中，正离子占优势，氨基酸带净正电荷。在一定 pH 范围内，pH 离等电点越远，氨基酸所带的净电荷越大（见图 5-2）。

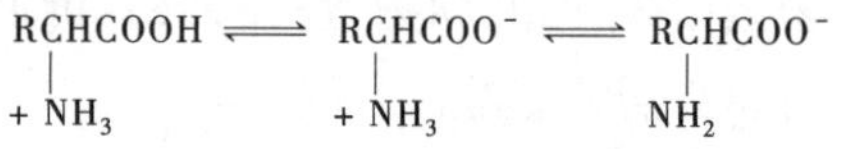

$$RCHCOOH \rightleftharpoons RCHCOO^- \rightleftharpoons RCHCOO^-$$
$$\underset{+NH_3}{|} \qquad \underset{+NH_3}{|} \qquad \underset{NH_2}{|}$$

图 5-2　氨基酸的两性电离

由于各种氨基酸中的羧基和氨基的相对强度和数目不同，导致各种氨基酸的等电点也不相同，等电点是每种氨基酸的特定常数。一般中性氨基酸等电点 pH 为 5～6.3，酸性氨基酸的等电点 pH 为 2.8～3.2，碱性氨基酸的等电点 pH 为 7.6～10.8。在等电点时净电荷为零，由于缺少同种电荷的排斥作用，因此容易沉淀，溶解度最小。所以可用调节溶液 pH 的方法来分离几种氨基酸的混合物。

在电场中，中性偶极离子不向任一电极移动，而带净电荷的氨基酸则向某一电极移动。由于各种氨基酸的等电点不同，所以在同一 pH 的溶液中所带净电荷不同，导致在同一电场中的移动方向和速度也不相同，以此可以分离和鉴别各种氨基酸。这种带电粒子在电场中发生移动的现象称为电泳，这种分离和鉴别氨基酸的方法称为电泳法。

2. 氨基酸与金属离子的螯合作用

许多金属离子如 Ca^{2+}，Mn^{2+}，Fe^{2+} 等可和氨基酸作用产生螯合物。

3. 与醛类化合物反应

氨基酸的氨基与醛类化合物反应生成类黑色物质，是美拉德反应的中间产物，与褐变反应有关。很多食品加工过程中都会发生褐变反应，赋予食品的色香味。

4. 氨基酸的脱氨基、脱羧基反应

氨基酸经脱氨基反应生成相应的酮酸；氨基酸在高温或细菌及酶的作用下，脱去羧基反应生成胺。肉类产品和海产品等含丰富的蛋白质，氨基酸的脱羧基反应是导致这类食物变质的原因之一，生成的胺类物质赋予食品不良的气味和毒性。

5. 与茚三酮反应

α-氨基酸与茚三酮在酸性溶液中共热，产生紫红、蓝色或紫色物质，在 570nm 波长处有最大吸收值。脯氨酸和羟脯氨酸与茚三酮反应形成黄色化合物，在 440nm 波长处有最大吸收值。利用这个颜色反应，可对氨基酸进行定量测定。

6. 与荧光胺反应

α-氨基酸和一级胺反应生成强荧光衍生物，因而可用来快速定量测定氨基酸、肽和蛋白质，此法灵敏度较高。

第三节　蛋白质的结构

一、肽

　　肽是介于氨基酸和蛋白质之间的物质,氨基酸的分子最小,蛋白质分子最大。由一个氨基酸的羧基和另一个氨基酸的氨基脱水缩合形成一个酰胺键,这个化学键称为肽键。如图 5－3 所示,形成的这个化合物称之为肽。其中的氨基酸单位称为氨基酸残基。

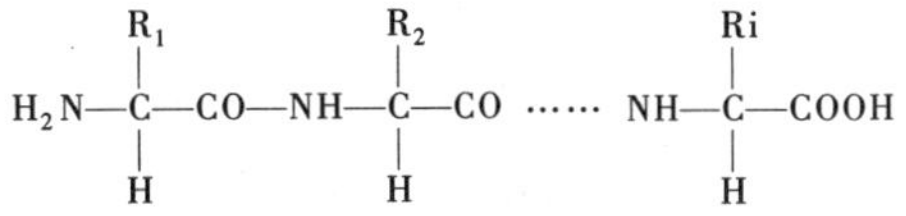

$$H_2N-\underset{\underset{H}{|}}{\overset{\overset{R_1}{|}}{C}}-CO-NH-\underset{\underset{H}{|}}{\overset{\overset{R_2}{|}}{C}}-CO\cdots\cdots NH-\underset{\underset{H}{|}}{\overset{\overset{Ri}{|}}{C}}-COOH$$

图 5－3　肽的结构

　　由两个氨基酸残基所形成的肽称为二肽,三个氨基酸残基形成的肽称为三肽,以此类推。若一种肽含有少于 10 个氨基酸残基的称为寡肽,多于 10 个氨基酸残基的肽称为多肽。一般的肽含有一个游离的 α-氨基,称 N－末端;一个游离的 α－羧基,称 C－末端。根据惯例,可用 N－端表示多肽的开始端,C－端表示多肽的末端。

　　蛋白质有时也被称为“多肽”。肽的相对分子质量一般在 180～10000。相对分子质量在 5000～10000 的称为多肽。相对分子质量在 180～1000 的称为小肽、寡肽、低聚肽,也称为小分子活性多肽。生物体内存在着许多活性肽,它们大多是新陈代谢的产物,在生命活动中有着重要的功能,不同的生物肽具有不同的结构和生理功能。目前对肽类物质的应用主要在以下 3 个方面:①具有一定功能的肽类功能性食品;②肽类试剂纯度非常高,主要应用在科学试验和生化检测上;③肽类药物。

二、蛋白质的结构

　　蛋白质的肽链是由不同种氨基酸按照不同顺序缩合而成的,而且蛋白质的肽链为了降低分子内能,会自发地折叠成为一些空间较为稳定的立体结构。因此,蛋白质的结构并不只是蛋白质肽链中氨基酸的线性排列顺序,还包括其空间结构。蛋白质的立体结构不是一下子形成的,而是分阶段形成的,蛋白质立体结构中存在不同类型的规则有序结构。蛋白质的结构层次可分为一级、二级、三级和四级结构。蛋白质的二级、三级、四级结构一般又统称为蛋白质的空间结构(或三维结构)。

(一)蛋白质的一级结构

　　蛋白质的一级结构又称蛋白质共价化学结构,是指氨基酸在肽链中的排列顺序及二硫键的位置,组成肽链的氨基酸之间以肽键相连接。蛋白质的种类和生物活性与构成蛋白质的氨基酸种类、数量和排列顺序有关。对某一种蛋白质而言,构成它的氨基酸残基的种类、数量和排列顺序都是一定的。蛋白质的一级结构是最基本的结构,它决定了二级和三级结构,其三维结构所需的全部信息也都贮存于氨基酸的顺序之中。许多

第五章　蛋白质

蛋白质的一级结构已经确定,胰岛素是第一个被阐明化学结构(一级结构)的蛋白质。

(二)蛋白质的二级结构

蛋白质的二级结构指多肽链骨架部分氨基酸残基有规则的周期性空间排列,是多肽链中彼此靠近的氨基酸残基之间由于氢键相互作用而折叠形成的。蛋白质的二级结构是完整肽链构象(三级结构)的结构单元,是蛋白质复杂的空间构象的基础,故也可称为构象单元。

蛋白质的二级结构主要形式有:α-螺旋结构、β-折叠结构、β-转角、无规则卷曲等。α-螺旋结构是蛋白质中最常见的规则二级结构,也是最稳定的构象。

(三)蛋白质的三级结构

蛋白质的三级结构是指含 α-螺旋、β-转角和 β-折叠或无规卷曲等二级结构的蛋白质,其线性多肽链进一步折叠、盘曲而形成特定紧密结构时的三维空间排列。

(四)蛋白质的四级结构

蛋白质分子由两条或两条以上各自独立的具有三级结构的多肽链组成,这些多肽链之间通过次级键相互缔合而形成的有序排列的空间结构,称为蛋白质的四级结构。其中每条多肽链称为亚基,亚基单独存在时无活性,只有聚合在一起才具有生物活性。蛋白质的各级结构关系见图 5-4。

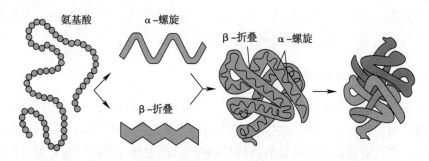

图 5-4　蛋白质的各级结构关系

(五)维持蛋白质三维结构的作用力

一个由多肽链折叠成的三维结构是十分复杂的。蛋白质的天然构象是一种热力学状态,在此状态下各种有利的相互作用达到最大,而不利的相互作用降到最小,于是蛋白质分子的整个自由能具有最低值。影响蛋白质折叠的作用力包括两类(见图 5-5):①蛋白质分子固有的作用力所形成的相互作用;②受周围溶剂影响的相互作用。范德华相互作用和空间相互作用属于前者,而氢键、静电相互作用和疏水基相互作用属于后者。

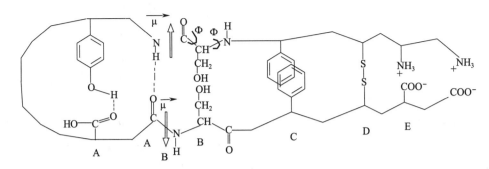

图 5－5　维持蛋白质三级结构的作用力
A—氢键；B—空间相互作用；C—疏水作用力；D—双硫键；E—静电相互作用

三、蛋白质的分类

由于蛋白质的化学结构非常复杂，因此无法根据蛋白质的化学结构进行分类，目前只能依照蛋白质化学组成、形状、生物功能、营养价值等进行分类。

(一)按照蛋白质的化学组成来分

根据蛋白质的化学组成通常将蛋白质分为简单蛋白质和结合蛋白质。简单蛋白质只由氨基酸组成，其水解后最终产物只有氨基酸；结合蛋白质由简单蛋白质与非蛋白质结合而成，彻底水解后不仅生成氨基酸，还生成其他有机或无机化合物(如碳水化合物、脂质、核酸、金属离子等)。结合蛋白质的非氨基酸部分称为辅基。

简单蛋白质按其溶解度、受热凝固性及盐析等物理性质的不同又可分为清蛋白、球蛋白、谷蛋白、醇溶谷蛋白、鱼精蛋白、组蛋白和硬蛋白 7 类。结合蛋白质按辅基的不同可分为核蛋白、糖蛋白、黏蛋白、脂蛋白、磷蛋白、血红素蛋白、黄素蛋白和金属蛋白。

(二)按蛋白质分子形状分类

按蛋白质分子形状蛋白质可分为球状蛋白质和纤维状蛋白质两大类。球状蛋白质分子对称性比较好，外形接近球形或椭球形，溶解度较好，能结晶，大多数蛋白质属于这一类。纤维状蛋白质分子对称性差，外形类似细棒或纤维状，是组织结构不可缺少的蛋白质，它又可分成可溶性纤维状蛋白质，如肌球蛋白、血纤维蛋白原等；不溶性纤维状蛋白质，包括胶原蛋白、弹性蛋白、角蛋白以及丝心蛋白等。

(三)按蛋白质的生物功能分类

蛋白质按生物功能可分为酶蛋白、运输蛋白质、营养和贮存蛋白质、收缩蛋白质或运动蛋白质、结构蛋白质和防御蛋白质等。

(四)按蛋白质的营养价值分类

食物蛋白质的营养价值取决于所含氨基酸的种类和数量，所以根据食物蛋白质的氨基酸组成可将蛋白质分为完全蛋白质、半完全蛋白质和不完全蛋白质3类。

完全蛋白是一类优质蛋白质，所含必需氨基酸种类齐全、数量充足、比例适当，不但能维持人体健康，还能促进儿童生长发育，如乳类中的酪蛋白、乳白蛋白，蛋类中的卵白蛋白、卵磷蛋白，肉类中的白蛋白、肌蛋白，大豆中的大豆蛋白，小麦中的麦谷蛋白，玉米中的谷蛋白等。半完全蛋白所含必需氨基酸种类齐全，但有些氨基酸数量不能满足人体的需要，比例不适当，这类蛋白质虽然可以维持生命，但不能促进生长发育，如小麦中的麦胶蛋白所含赖氨酸很少，相比人体所需相差很多，我们把这种食物中所含氨基酸与人体所需相比有很大差距的某一种或某几种氨基酸叫做限制性氨基酸，谷类蛋白质中赖氨酸含量一般较少，所以它们的限制性氨基酸是赖氨酸。不完全蛋白质所含必需氨基酸种类不全，不能提供人体所需的全部必需氨基酸，单纯依靠不完全蛋白既不能维持生命也不能促进生长发育。例如，玉米中的玉米胶蛋白、动物结缔组织和肉皮中的胶原蛋白、豌豆中的豆球蛋白等。

所有的由生物生产的蛋白质在理论上都可以作为食品蛋白质而加以利用，而实际上食品蛋白质是那些易于消化、无毒、富有营养、在食品中具有一定功能性质和来源丰富的蛋白质。乳、肉、水产品、蛋、谷物、豆类和油料种子都是食品蛋白质的主要来源。为了满足人类对食品蛋白质日益增长的需要，不仅要寻找新的食品蛋白质资源和开发利用蛋白质的技术方法，而且还应提高对常规蛋白质的利用率和性能的改进，因此对蛋白质的物理、化学、营养和功能性质的了解具有重要的实际意义。

第四节 蛋白质的理化性质

一、蛋白质的两性解离

蛋白质分子与氨基酸一样有游离的氨基和羧基，所以也具有酸碱两性性质。蛋白质分子的两性解离要比氨基酸复杂得多，因为蛋白质的支链上存在一些未结合为肽键的解离基团，如羧基（存在于谷氨酸、天冬氨酸残基中）、氨基（存在于赖氨酸残基中）、胍基（存在于精氨酸残基中）、咪唑基（存在于组氨酸残基中）、羟基（存在于羟脯氨酸残基中）、巯基（存在于半胱氨酸和蛋氨酸残基中）等。

随着溶液 pH 的不同，蛋白质在溶液中所带电荷也不同。当蛋白质溶液处于某一 pH 时，蛋白质在溶液中解离成两性离子，即蛋白质所带净电荷为零，此时溶液的 pH 称为蛋白质的等电点，简写为 pI。当溶液 pH 大于 pI 时，平衡向右移动，蛋白质颗粒带负电荷；当溶液 pH 小于 pI 时，平衡向左移动，蛋白质颗粒带正电荷（见图 5-6）。作为带电颗粒，蛋白质可以在电场中移动，移动方向及速度取决于蛋白质分子所带的电荷。利用此性质在某 pH 条件下，对不同

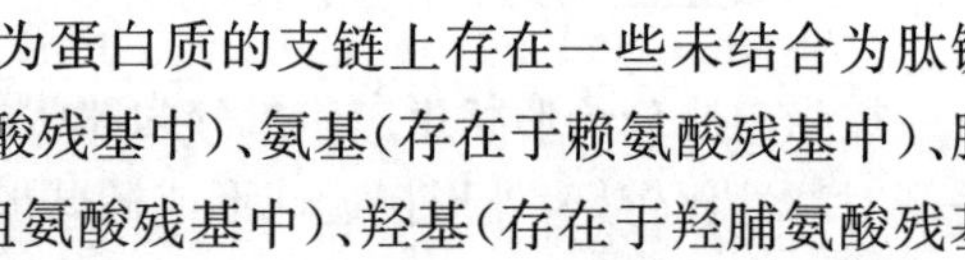

图 5-6 蛋白质的两性电离

蛋白质进行电泳,可以达到分离纯化蛋白质的目的。

当蛋白质处于等电点时,其溶解度最小,这是由于蛋白质分子颗粒在溶液中没有相同电荷的相互排斥,分子相互之间的作用力减弱,其颗粒极易碰撞、凝聚而产生沉淀,所以这时蛋白质的溶解度最小,最易形成沉淀。利用这一性质,我们可将几种等电点相差较大的蛋白质混合液,通过调节溶液 pH,使蛋白质逐一沉淀下来,将混合蛋白质分离开来,这是蛋白质等电点沉淀法的基本原理。

各种蛋白质分子由于所含的碱性氨基酸和酸性氨基酸的数目不同,因而有各自的等电点。凡碱性氨基酸残基含量较多的蛋白质,等电点偏碱性,如组蛋白、精蛋白等。反之,凡酸性氨基酸残基含量较多的蛋白质,等电点偏酸性。蛋白质的两性电离性质使其成为人体及动物体中重要的缓冲溶液。人体体液 pH 约为 7.4,体液中许多蛋白质的等电点 pH 约为 5.0,所以人体内大部分蛋白质是以负离子形式存在。

二、蛋白质的胶体性质

由于蛋白质分子量很大,介于一万到百万之间,分子大小已达到胶体颗粒 1nm~100nm 范围。并且球状蛋白质表面多亲水基团,具有强烈地吸引水分子的作用,使蛋白质分子表面常被多层水分子所包围称为水化膜。水化膜可以把蛋白质颗粒相互隔开,阻止颗粒间相互凝聚成块而沉淀下来,这样蛋白质便以颗粒的形式悬浮于溶液中,具有胶体性质。因此蛋白质水溶液具有胶体溶液的典型性质,如丁达尔现象、布郎运动、不能通过半透膜等。利用蛋白质的这一性质,我们将混有小分子杂质的蛋白质溶液放于半透膜内,置于流动水或适宜的缓冲液中,小分子杂质从半透膜内透出,半透膜内则保留了比较纯化的蛋白质,这种方法称为透析。

蛋白质在生物体内常以溶胶和凝胶两种状态存在。蛋白质在水中能形成稳定的亲水胶体,称为蛋白质溶胶。一定浓度的蛋白质溶液冷却后具有一定的形状和弹性,形成具有半固体性质的蛋白质凝胶。蛋白质溶胶是蛋白质分子分散在水中的分散体系;蛋白质凝胶是水分散在蛋白质中的一种胶体状态。凝胶和溶胶可以相互转化,凝胶转化为溶胶的过程称为溶胶作用,引起这种转变的主要因素是温度。当温度降低时,胶粒动能减小,胶粒部分水膜变薄,胶粒之间互相连接形成网状结构,水分子处于网眼结构的孔隙之中,这时胶体呈凝胶状态;当温度升高时,胶粒动能增大,分子运动速度加快,胶粒联系消失,网状结构不再存在,胶粒均匀分布,呈自由活动状态,这就是溶胶。

食品中常见的蛋白质溶胶有豆浆、鸡蛋清、牛奶、肉冻、血浆等,呈液体的半流动状态,近似流体的性质,是蛋白质分子分散在水中的体系。许多食品中蛋白质以凝胶状态存在,如新鲜的鱼肉、禽肉、畜瘦肉、皮、筋、水产动物、豆腐制品及面筋制品等,均可看成水分子分散在蛋白质凝胶的网络结构中,它们有一定的弹性、韧性和可加工性。

三、蛋白质的沉淀作用

蛋白质能形成稳定的亲水胶体颗粒，主要有两个因素，即蛋白质分子颗粒表面有水化层和带有电荷。一方面水化膜会对蛋白质分子起保护作用，另一方面带电的蛋白质分子间具有同性电荷相互排斥作用，所以若无外加条件，蛋白质颗粒一般不会互相凝集。但是如果由于某些因素破坏了蛋白质的水化膜（如加入脱水剂），除去了胶粒间电荷时（如调节溶液 pH 到蛋白质的等电点），蛋白质则会沉淀析出。蛋白质分子凝聚从溶液中析出的现象称为蛋白质沉淀。一般变性蛋白质易于沉淀，但也可不变性而使蛋白质沉淀。

可使蛋白质沉淀的方法主要有以下几种。

（一）中性盐沉淀（盐析）

在蛋白质胶体溶液中加入高浓度的中性盐时，由于中性盐对水分子的争夺使蛋白质颗粒外的水化膜减薄甚至破坏，而致蛋白质沉淀析出。我们把在蛋白质溶液中加入大量的中性盐以破坏蛋白质的胶体稳定性而使其沉淀析出的方法称为盐析。常用的中性盐有硫酸铵、硫酸钠、氯化钠等。豆浆点卤成豆腐的过程基本是盐析作用。

盐析沉淀出的蛋白质，当采取半透膜透析除去盐的离子时，则又可形成胶体，这一过程仍能保证蛋白质的活性，所以盐析沉淀不发生蛋白质变性。由于各种蛋白质盐析时所需的盐浓度及 pH 不同，故可用于对混和蛋白质的分离或提纯某些蛋白质。

（二）重金属盐沉淀

蛋白质在 pH 稍大于等电点的溶液中带有较多的负电荷，容易与重金属离子如汞、铅、铜、银等结合成不溶性盐而沉淀，所以重金属盐容易引起生物体中毒。抢救误服重金属盐中毒的病人，给病人口服大量蛋白质，如牛奶、豆浆或蛋清等，就是利用口服的蛋白质能与重金属盐结合形成了不溶性盐的这种性质。

一般重金属沉淀的蛋白质是变性的，但若在低温条件下控制好重金属离子浓度，也可分离制备不变性的蛋白质。

（三）有机溶剂沉淀

能以任何比例与水互溶的水溶性有机溶剂，如丙酮、甲醇、乙醇等，具有介电常数比较小，与水的亲和力大等特点。当向蛋白质水溶液中加入适量这类溶剂时，它能破坏蛋白质颗粒表面的水化膜，同时还能降低水的介电常数，增加蛋白质颗粒间的静电相互作用，导致蛋白质分子聚集絮结而沉淀。

在常温下，有机溶剂沉淀蛋白质往往引起蛋白质变性，如酒精消毒就是如此。但若在低温条件下用有机溶剂沉淀蛋白质，则蛋白质变性进行地比较缓慢。

(四)生物碱试剂及某些酸沉淀

当蛋白质所处溶液的 pH 低于等电点时,蛋白质分子带正电荷,以阳离子形式存在,易与生物碱试剂(如苦味酸、鞣质酸、磷钨酸、磷钼酸及三氯醋酸等)以及某些酸(如过氯酸、硝酸等)作用,生成不溶性盐沉淀,并伴随发生蛋白质分子变性。

(五)加热凝固

将接近于等电点附近的蛋白质溶液加热,可使蛋白质发生凝固而沉淀。加热使蛋白质变性,蛋白质有规则的肽链结构被打开,呈松散不规则的结构,分子不对称性增加,疏水基团暴露,导致蛋白质分子凝聚成胶状的蛋白块。如煮熟的鸡蛋,蛋黄和蛋清都发生凝固。

蛋白质的变性、沉淀、凝固相互之间有很密切的关系。但蛋白质变性后并不一定沉淀,变性蛋白质只在等电点附近才沉淀,沉淀的变性蛋白质也不一定凝固。例如,蛋白质被强酸、强碱变性后由于蛋白质颗粒带着大量电荷,故仍溶于强酸或强碱之中。但若将强碱和强酸溶液的 pH 调节到等电点,则变性蛋白质凝集成絮状沉淀物,若将此絮状物加热,则分子间相互盘缠而变成较为坚固的凝块。

四、蛋白质的呈色反应

1. 茚三酮反应

α-氨基酸与水合茚三酮作用时,产生蓝色反应,由于蛋白质是由许多 α-氨基酸组成的,所以蛋白质也能同茚三酮试剂发生颜色反应,生成蓝色或紫红色化合物。

2. 双缩脲反应

蛋白质在碱性溶液中与硫酸铜作用呈现紫红色,称双缩脲反应。利用此反应可以对蛋白质进行定量分析。凡分子中含有两个以上肽键的化合物都能发生这种反应,蛋白质分子中氨基酸是以肽键相连,因此所有蛋白质都能与双缩脲试剂发生反应,而二肽和游离氨基酸则不发生该反应。

3. 米伦反应

蛋白质溶液中加入米伦试剂(亚硝酸汞、硝酸汞及硝酸的混和液),蛋白质首先沉淀,加热则变为红色沉淀,此反应为酪氨酸酚核所特有的,含有酪氨酸的蛋白质均有米伦反应。

4. 黄色反应

在蛋白质溶液中加入浓硝酸,蛋白质沉淀析出后,再加热则变成黄色沉淀。这一反应是含有芳香族氨基酸(苯丙氨酸、色氨酸、酪氨酸)的蛋白质所特有的颜色反应。

五、蛋白质的水解

在有水存在的情况下,蛋白质经过酸、碱或酶(蛋白酶)作用,最后被分解成各种氨

基酸,这个化学变化过程称为蛋白质的水解。蛋白质的水解过程及其产物如下:

蛋白质→变性蛋白质→蛋白胨→多肽→二肽→氨基酸

第五节 食品加工中蛋白质的变化

一、蛋白质的变性

(一)蛋白质的变性定义

天然蛋白质分子都有紧密的空间结构,当在某些物理或化学因素作用下,其特定的空间结构被破坏,从而导致蛋白质理化性质改变和生物学活性的丧失,这种作用称为蛋白质的变性作用。变性导致蛋白质的有序空间构型解体,变为无序的伸展肽链,蛋白质的二级、三级及四级结构发生变化,但不影响蛋白质的一级结构。变性蛋白质和天然蛋白质相比,其性质也发生了较大的变化,如变性蛋白质溶解度降低,结晶性破坏,特征性黏度增加,生物活性丧失,容易被蛋白酶水解消化等。

天然蛋白质的变性可以是可逆或不可逆的。变性后的蛋白质,当变性因素解除后,可以恢复原状,称为蛋白质的复性。此类变性为可逆变性,不能恢复原状则为不可逆变性。一般来说,温和条件下容易发生可逆的变性,比较强烈的条件下(高温、强酸、强碱等)发生不可逆的变性。如果变性时蛋白质中的二硫键等被破坏,则往往就不能完全复性。

在食品加工和储藏中,控制适度的蛋白质变性,有利于发挥蛋白质的营养属性和功能性质,如制作干酪是利用凝乳酶使酪蛋白凝固,制作豆腐是利用钙、镁离子使大豆蛋白凝固下来。但强烈的变性则会破坏蛋白质的功能性质,给食品的性状带来不利影响。能使蛋白质变性的因素很多,归纳起来有两大类,即物理因素和化学因素。

(二)影响蛋白质变性的物理因素

1.加 热

加热是引起蛋白质变性最常见的物理因素。大多数蛋白质在 45℃～50℃已开始发生变性,55℃左右进行的较快。在这样不太高的温度下,蛋白质热变性仅涉及非共价键的变化,蛋白质分子变形伸展引起短时间的变性,为可逆变性。在 70℃～80℃以上,蛋白质二硫键受热断裂,蛋白质在较高温度下长时间变性,是不可逆变性。变性速度取决于温度的高低,在典型的变性温度范围内,温度每上升 10℃,速度可增加约 600 倍。

蛋白质对热变性作用的敏感性取决于许多因素。例如,蛋白质的性质、浓度、水分活度、pH、离子强度和离子种类等。蛋白质、酶和微生物在水中比在干燥条件下更容易发生热变性失活。热变性常用于食品加工过程中,如食品的高温灭菌;豆类中胰蛋白酶抑制剂的热变性可显著提高豆类的消化率和生物有效性;热变性后的食品蛋白质更容易消化吸收,具有更好的乳化性、起泡性、凝胶性。

2.干　燥

干燥的过程中,蛋白质分子大量脱水,分子表面的水化膜被破坏,蛋白质分子互相靠近,发生相互作用,导致蛋白质变性。冷冻干燥法脱水比较温和,但仍然引起某些蛋白质的变性。自然风干法脱水时,氧化反应会加大变性程度,喷雾干燥法脱水时界面作用会加大变性程度,高温脱水会引起蛋白质的热变性。

3.低　温

低温能使某些蛋白质变性,如 L-苏氨酸脱氨酶在室温下稳定,而在 0℃时不稳定。大豆球蛋白、麦醇溶蛋白、鸡蛋和牛乳蛋白在冷却或冷冻时会发生凝集和沉淀,但是有些脂酶和氧化酶不仅能耐受冷冻,而且在低温下能保持活性,这是因为某些氧化酶因冷冻而从细胞膜中释放出来被激活。

4.机械处理

在焙烤食品加工过程中,面团的形成过程因采用机械处理,如揉捏、滚压、反复拉伸,产生的大量剪切力,主要破坏蛋白质的 α-螺旋结构,使蛋白质网络发生变化,导致蛋白质变性。

5.液压(流体静压)

液压能产生变性效应,但压力要高于 50kPa。卵清蛋白和胰蛋白酶分别在 50kPa 和 60kPa 时表现出变性。

6.辐　射

辐射对蛋白质的影响因波长和能量而变化。紫外辐射可被芳香族氨基酸残基(色氨酸、酪氨酸和苯丙氨酸)所吸收,导致蛋白质构象改变。如果能量很高,则二硫键也会断裂。γ-辐射和其他电离辐射也可使构象发生变化,同时使氨基酸残基氧化,共价键断裂,电离形成蛋白质自由基,发生重组和聚合反应。这些反应大多是通过水的辐解作用来传递的。

(三)影响蛋白质变性的化学因素

1.酸和碱

蛋白质所处介质的 pH 对变性过程有很大影响,大多数蛋白质 pH 在 4～10 范围内是稳定的,若所处介质的 pH 超过此范围,则一般会发生变性。因为在极端 pH 时,蛋白质分子内产生强烈的静电排斥作用,促使蛋白质分子伸展而发生变性。然而,当 pH 恢复到最初稳定范围时,有些蛋白质可以恢复原有的结构。

2.金属离子

碱金属如 Na^+ 和 K^+ 仅有限度地与蛋白质起反应,而 Ca^{2+},Mg^{2+} 则略为活泼。过渡金属如 Cu^{2+},Fe^{2+},Hg^{2+} 和 Ag^+ 等离子容易同蛋白质起作用,与其中的巯基形成稳定的络合物,导致不可逆变性。Ca^{2+},Fe^{2+},Cu^{2+} 和 Mg^{2+} 还可以成为某些蛋白质分子中的一个组成部分。

食品化学（第二版）

3. 有机溶剂

大多数有机溶剂可用作蛋白质变性剂，除了降低水与蛋白质的作用外，它们能改变介质的介电常数，从而改变有助于蛋白质稳定的静电作用力，导致蛋白质变性。

4. 有机化合物水溶液

有机化合物如脲素或胍盐，当配制成高浓度（4mol/L～8mol/L）水溶液时，会导致蛋白质的氢键断裂，引起蛋白质不同程度的变性。

二、蛋白质的功能性质

蛋白质的功能性质是指蛋白质在食品加工、贮藏、制备和销售过程中对食品需宜特征做出贡献的那些物理性质和化学性质。蛋白质是食品中的重要成分，其功能性质在食品加工中起着重大作用，对食品的品质产生重大影响，如蛋白质的凝胶作用、水化性、起泡性、乳化性和黏度等。

食品中蛋白质的功能性质概括起来分为 4 大类：①水合性质。主要取决于蛋白质-水的相互作用，包括水的吸收和保持、湿润性、溶胀性、黏着性、分散性、溶解度和黏度等；②结构性质。主要和蛋白质-蛋白质相互作用有关的性质，包括蛋白质沉淀、胶凝和形成其他各种结构（如蛋白面团和纤维的形成）时起作用的性质；③表面性质。包括蛋白质的表面张力、乳化性、发泡性、成膜性等；④感官性质。指蛋白质和食品中其他成分相结合，能够改变食品的颜色、气味、口味、适口性、咀嚼度、爽滑度、混浊度等方面的性质。这些性质之间不是相互独立的，而是存在一定的内在联系。例如，黏度和溶解度取决于蛋白质-水和蛋白质-蛋白质的相互作用的共同结果；凝胶作用不仅包括蛋白质-蛋白质相互作用，而且还有蛋白质-水相互作用。

（一）蛋白质的水合性质

蛋白质的水合性质主要取决于蛋白质-水的相互作用。蛋白质的水合性质即水合作用，是指蛋白质的肽键和氨基酸的侧链基团与水分子间发生的相互作用。蛋白质吸水充分膨胀而不溶解，这种水化性质通常叫膨润性。蛋白质继续水化，被水分散而逐渐变为胶体溶液，这种水化的蛋白质称为可溶性蛋白。

食品的流动性和质地主要取决于水与食品中非水组分（尤其是一些大分子物质，如蛋白质、多糖等）的相互作用。水能改变蛋白质的理化性质，蛋白质的许多功能性质，如分散性、湿润性、溶解性、持水能力、凝胶作用、增稠、黏度、凝结、乳化和气泡等，这都与水—蛋白质的相互作用相关。蛋白质的水合性质主要用溶解度、吸水能力和持水性表示，这 3 种性质不是相互一致的。持水能力是指蛋白质吸收水分并将水分保留在蛋白质组织中的能力，蛋白质的持水能力与结合水的能力呈正相关。蛋白质吸水性和持水性对各类食品的质地有重要作用，不同食品体系对蛋白质水合特性的要求不同。因此食品中蛋白质的水合性质在食品加工和贮藏过程中具有重要的意义。

蛋白饮料的制作要求溶液透明、澄清或为稳定的乳状液，黏度较低，这就要求蛋白质溶解度高,蛋白质的水合性质在较大范围的 pH、离子强度和温度下应相对稳定而不聚集沉淀。在肉制品加工中,蛋白质截留水的能力与肉制品的多汁性和嫩度有关,这对肉制品来说是至关重要的,因为只有保持肉汁,肉制品才能有良好的口感和风味。

(二)蛋白质的结构性质

蛋白质的结构性质主要与蛋白质分子之间的相互作用有关,主要有凝胶作用、织构化、面团的形成等。

1. 蛋白质的胶凝作用

变性的蛋白质分子聚集并形成有序的蛋白质网络结构的过程称为蛋白质的胶凝作用。一般认为蛋白质凝胶网络的形成有两个过程,首先是蛋白质变性而伸展,而后是伸展的蛋白质分子之间相互作用而积聚形成有序的蛋白质网络结构。胶凝作用是某些蛋白质重要的功能性质,在食品制备中起着重要的作用,不仅能形成固态弹性凝胶,而且还能增稠,提高蛋白质的吸水性和颗粒黏结性、提高乳状液或者泡沫的稳定性。常应用于各种食品加工中,如乳品、果冻、加热的碎肉或鱼肉制品、大豆蛋白质凝胶(豆腐)的制作等。

食品蛋白凝胶大致可分为以下几类:①热可逆凝胶。冷却时凝胶,加热时熔融,凝结—熔融可反复进行,为可逆凝胶,例如明胶溶液加热后冷却形成的凝胶;②在加热状态下产生凝胶,这种凝胶很多不透明,而且是非可逆凝胶,例如蛋清蛋白加热后形成的凝胶;③由钙盐等二价离子盐形成的凝胶,例如大豆蛋白形成豆腐;④不加热而经部分水解或 pH 调整到等电点而产生凝胶,如凝乳酶制作干酪、乳酸发酵制作酸奶、皮蛋生产中碱对蛋清蛋白的部分水解等。

2. 蛋白质的织构化

蛋白质是构成许多食品结构和质地的基础,如鱼和肉的肌原纤维蛋白、面团、香肠、肉糜等。但是自然界中的一些蛋白质不具备像畜肉那样的组织结构和咀嚼性,如从植物组织中分离出的植物蛋白和从牛乳中得到的乳蛋白,通过一些加工处理能使它们形成具有咀嚼性能和持水性能的薄膜或者纤维状的产品,从而仿造出肉制品或其代用品,这就是蛋白质的织构化,是蛋白质的一种重要的功能性质。蛋白质的织构化加工方法还可用于一些动物蛋白的"重组织化"或"重整"。常见的蛋白质织构化方式有 3 种:热凝固和形成薄膜、热塑性挤压、纤维的形成。

(1)热凝固和形成薄膜

将大豆蛋白溶液在 95℃下使其表面水分蒸发,即可热凝结而形成一层组织化的蛋白薄膜,这类蛋白膜结构稳定,热处理不会发生改变,有正常的咀嚼感,利用此方法可加工腐竹。工业生产一般是用浓缩的大豆蛋白质溶液在滚筒干燥机的金属表面热凝结,产生蛋白质膜。

(2)纤维的形成

借鉴合成纤维的生产原理形成蛋白质组织化结构。可将大豆蛋白或乳蛋白液在高

食品化学(第二版)

压下通过多孔喷头进入酸性的氯化钠溶液,在等电点和盐析效应作用下蛋白质发生凝结成丝,形成纤维状,这种特性称为蛋白质的纤维形成作用。利用此性质可制成各种风味的人造肉制品。

(3)热塑性挤压

热塑性挤压是植物蛋白织构化常用的方法,是将含蛋白质的混合物在旋转螺杆的作用下通过一个圆筒,在高温高压和强剪切力的作用下使固态物料转化为黏稠状,然后迅速进入常压环境,物料水分蒸发后,就形成织构化的蛋白质。采用这种方法可以得到干燥的纤维状多孔颗粒或小块,复水后具有良好的咀嚼性能和质地,具有同肌肉组织相似的口感。热塑挤压较为经济,工艺也较为简单,原料要求比较宽松。可用于肉丸、馄饨等原料的制作。

3.面团的形成

面粉在室温下与水混合、揉搓,可形成黏稠、有黏弹性和可塑性的面团,这种作用就称为面团的形成。小麦面粉的这种特性最强,其次是黑麦、燕麦、大麦的面粉。面团的特性与胚乳中面筋蛋白的性质、含量、种类有直接关系。面筋蛋白主要由麦谷蛋白和麦醇溶蛋白组成,一般不溶于水,分子中含有大量易形成分子间氢键的氨基酸,使面筋具有强吸水能力和黏聚性,且面筋蛋白中含有大量巯基,能形成二硫键,使面筋蛋白能形成三维空间网状结构,具有较大的弹性。面筋蛋白一般约占面粉总蛋白的80%,面筋含量高的面粉需要长时间揉搓才能形成性能良好的面团,面筋含量低的面粉揉搓时间不能太长,否则会破坏形成的面团的网络结构,而不利于面团的形成。麦谷蛋白主要决定面团的弹性、粘结性、混合耐受性等,而麦醇溶蛋白决定面团的延伸性和膨胀性。

焙烤过程一般不会再引起面筋蛋白较大的变性。因为水合的面粉在混合揉搓过程中,面筋蛋白开始取向,排列成行或部分伸展,在揉搓面团时进一步伸展,所以在正常温度下焙烤面包时面筋蛋白一般不会再伸展。当焙烤温度高于80℃时,面筋蛋白释放出来的水分能被部分糊化的淀粉粒吸收,因此在焙烤时面筋蛋白也能使面包柔软和保持水分。但是焙烤能使面粉中可溶性蛋白质变性和凝集,这种部分胶凝作用有利于面包心的形成。

(三)蛋白质的表面性质

蛋白质是两性分子,能自发地迁移至气-水界面或油-水界面,在界面上形成高黏弹性薄膜,形成的界面体系比由表面活性剂形成的界面更稳定。所有的蛋白质都具有亲水性和亲油性,但是在表面性质上却存在显著的差别。

1.蛋白质的乳化特性

蛋白质的乳化特性是指蛋白质可以促进两种以上互不相溶的液体形成乳浊液并使其保持稳定的性质。蛋白质既能同水相互作用,又能同脂作用,是天然的两亲物质。蛋白质能自发地迁移至油-水界面和气-水界面,到达界面后,疏水基定向到油相或气相,亲水基定向到水相,并广泛展开和散布,在界面上形成蛋白质吸附层,从而起到稳定乳状液的作用。蛋白质的乳化特性在一些乳状液类型的食品加工中起到重要作用,如牛奶、蛋黄、椰奶、豆奶、奶油、人造奶油、色拉酱、冰激凌、蛋糕等。

影响蛋白质乳化性质的因素很多,包括内在因素,如 pH、离子强度、温度、表面活性剂、糖、油相的比例、蛋白质类型等;外在因素,如制备乳状液的设备类型、几何形状、能量输入的强度和剪切速度等。

2. 蛋白质的起泡性质

食品中的泡沫通常是指气泡分散在含有表面活性剂的连续液相或半固相中的分散体系。大多数情况下,构成泡沫的气体是空气或 CO_2,连续相是含蛋白质的水溶液或悬浊液。在液膜和气泡间的界面上吸附着表面活性剂,起着降低表面张力和稳定气泡的作用。

典型的食品泡沫应具有以下特点:①含有大量的气体(低密度);②在气相和连续相之间要有较大的表面积;③溶质的浓度在表面较高;④具有刚性或半刚性并有弹性的膜或壁;⑤有可反射的光,所以看起来不透明。

泡沫的产生通常有 3 种方法:①鼓泡法,将气体通过多孔分配器,然后通入低浓度蛋白质水溶液中;②搅打起泡法,大多数食品充气最常用一种方法,在有大量气体存在的条件下,搅打或振摇蛋白质水溶液产生泡沫。与鼓泡法相比,搅打产生更强的机械应力和剪切作用,使气体分散更均匀;③将预先被加压的气体溶于要生成泡沫的蛋白质溶液中,突然减压,系统中的气体就会膨胀形成泡沫。

食品加工中产生泡沫是比较常见的现象,能形成许多诱人的泡沫型食品,如搅打奶油、蛋糕、蛋白甜饼、面包、蛋奶酥、冰激凌、啤酒等。这些食品体系中蛋白质能作为起泡剂主要取决于蛋白质的表面活性和成膜性,例如鸡蛋清中的水溶性蛋白质在鸡蛋液搅打时可被吸附到气泡表面来降低表面张力,又因为搅打过程中的蛋白变性,逐渐凝固在气液界面间,形成有一定刚性和弹性的薄膜,从而使泡沫稳定。有时由于蛋白质的起泡而影响加工操作,要对蛋白质泡沫进行消除,常用的方法就是加入消泡剂。

(四)蛋白质的感官性质

蛋白质与食品体系中某些成分相结合,对食品的感官性质有很大影响,如食品的颜色、气味、口味、适口性、咀嚼度、爽滑感和混浊度等。

1. 蛋白质与风味物质结合

蛋白质与风味物质结合是指蛋白质通过某种形式与一些挥发性风味化合物结合而将这些物质固定的性质。在食品加工过程中或食用时将呈味物质释放出来,从而影响食品的感官质量,因而在食品加工中起着重要的作用。蛋白质与风味物质的结合包括化学吸附和物理吸附。前者主要是静电吸附、氢键结合和共价结合,通常是不可逆的;后者主要是范德华力和毛细管作用吸附,是一个可逆结合的过程。

风味物质被吸附或结合在食品的蛋白质中,对于食品中的豆腥味、酸败味和苦涩味物质等不良风味物质的结合,常常降低蛋白质的食用性质,而对肉的风味物质和其他需

第五章　蛋白质

宜风味物质的可逆结合是非常有利的一面。在食品加工中蛋白质可以用作风味物质的载体和改良剂，使食品中的挥发性风味化合物在贮藏及加工过程中不发生变化，在食用时才完全不失真的释放表达出来，提高食品的食用价值。这就要求蛋白质必须同风味物牢固结合并在加工中保留，当食用被咀嚼时，风味又能释放出来。例如，在加工含有植物蛋白的人造肉制品时，模仿肉类风味使组织化的植物蛋白产生肉的香味。

2.蛋白质与其他物质结合

蛋白质还可与金属离子、色素、合成染料等物质结合，也可与致突变、致敏等生物活性物质结合。这些物质的结合可导致毒性增强或解毒作用，同时蛋白质的营养价值也受到了影响。有利的方面诸如：蛋白质与金属离子的结合，促进某些矿物质的吸收；蛋白质与色素的结合，便于蛋白质的定量分析；大豆蛋白与异黄酮结合，提高了其营养价值等。

三、食品加工对蛋白质营养价值的影响

蛋白质是食品的重要成分，不但能提高食品的营养价值，而且对食品的品质也起着重要的作用。蛋白质作为食品中的重要成分，在食品加工贮藏的过程中不可避免的要经过物理或化学处理，如加热、冷冻、干燥、机械处理、辐照、化学试剂处理、发酵等，这些处理会影响蛋白质的理化特性、功能性质和营养价值。食品加工方式概括起来主要有3类：物理方式、化学方式和生物方式，以物理加工方式为主。

（一）物理因素引起的变化

1. 热处理

食品加工通常情况下要经过热处理，热处理对蛋白质影响较大，影响的程度取决于加热的时间、温度、湿度以及有无氧化还原性物质存在等因素。热处理涉及的化学反应有：蛋白质的变性、分解，氨基酸的氧化、新键的形成、键之间的交换等。

（1）蛋白质热处理后有利的方面

从营养学角度讲，经过温和热处理的蛋白质所产生的变化一般是有利的。在适宜的加热条件下，蛋白质发生变性，可破坏酶的活性，杀灭或抑制微生物，破坏食品原料中天然存在的有毒蛋白质、肽和酶抑制剂等，从而使营养素免遭水解，并提高了消化吸收率。

（2）蛋白质热处理后不利的方面

过度热处理会发生一些不利营养的反应，如对蛋白质或含蛋白质的食品进行高强度热处理时，会引起氨基酸的脱硫、脱二氧化碳、脱氨等反应，使其结构遭到破坏，影响人体对氨基酸的吸收，从而导致蛋白质的效价降低；此外剧烈热处理的蛋白质可反应生成环状衍生物，其中有些具有致突变作用，如色氨酸在 200℃ 以上处理时会产生强致突变作用的物质 α，β 和 γ - 咔啉。

总之，适当的热处理有利于蛋白质功能性的发挥。过热处理会产生对人体有害的

物质。因此,在加工过程中,要掌握适当火候,才能减少蛋白质营养价值的损失,提高蛋白质的营养价值和改善食品的口感。

2. 低温处理

食品的低温贮藏可延缓或阻止微生物的生长并抑制酶的活性及化学反应。低温处理有两种方式:①冷却(冷藏)。即将温度控制在稍高于冻结温度之上,蛋白质较稳定,微生物生长也受到抑制;②冷冻(冻藏)。即将温度控制在低于冻结温度之下(一般为−18℃),对食品的风味多少有些损害,若控制得好,蛋白质的营养价值不会降低。

肉类食品经冷冻、解冻,细胞及细胞膜被破坏,酶被释放出来,随着温度的升高,酶活性增强,致使蛋白质降解,而且蛋白质与蛋白质间发生不可逆结合,代替了水和蛋白质间的结合,使蛋白质的质地发生变化,持水性也降低,但对蛋白质的营养价值影响很少。鱼蛋白质很不稳定,经冷冻或冻藏后,组织非常容易发生变化,使肌肉变硬,持水力降低,风味破坏,而且脂肪在冻藏期间会自动氧化,生成过氧化物和自由基,再与肌肉作用,使蛋白聚合,氨基酸破坏。冷冻使蛋白质变质主要与冻结速率有关,冻结速率越快,冰晶越小,挤压作用也越小,变性程度就越小,反之,变性程度大。食品的冻藏常采用快速冷冻法以避免蛋白质变性,保持食品原有的风味。

3. 脱水干燥处理

食品经脱水干燥后便于贮藏运输。当脱水方法选择不当或条件控制的不合适时,会有许多不利的变化发生。当蛋白质溶液中的水分被全部除去时,导致蛋白质-蛋白质相互作用,引起蛋白质大量聚集,特别是在高温下除去水分时可导致蛋白质溶解度和表面活性急剧降低。干燥条件会改变蛋白质的可湿润性、吸水性、分散性和溶解度。干燥时如温度过高,时间过长,蛋白质中的结合水受到破坏,则引起蛋白质变性,食品的复水性降低,硬度增加,风味变劣。不同的脱水方法对蛋白质影响程度也不相同,食品工业中常用的脱水方法主要有以下几种。

(1)传统的脱水方法以自然的温热空气干燥,脱水的畜禽肉、鱼肉会变得坚硬、萎缩且回复性差,烹调后感觉坚韧而无其原来风味。

(2)真空干燥在减压条件下以较低的温度脱水,可减少非酶褐变及其他化学反应的发生;真空与氧隔绝,所以氧化反应较慢。这种干燥方法较传统脱水法对食品的品质损害较小,能较大程度的保持食品原来的色香味。

(3)冷冻干燥在减压的条件下,冰晶升华而除去食品中的水分。冷冻干燥的食品可保持原形及大小,具有多孔性,有较好的回复性。冷冻干燥是最好的保持食品营养成分的方法。

(4)喷雾干燥将液态或浆状食品喷成雾状液滴,悬浮在热空气气流中进行脱水。喷雾干燥对蛋白质损害较小,常用于蛋乳的脱水。

4. 机械处理

机械处理对食品中的蛋白质有较大的影响。

(1)蛋白质粉或浓缩物经充分干磨后可形成细小的颗粒和较大的表面积,与未磨细时相比,蛋白质的吸水性、溶解性、对脂肪的吸收和起泡性均有所提高。

(2)蛋白质悬浊液或溶液体系在强剪切力的作用下可使蛋白质聚集体(胶束)碎裂成亚单位,这种处理一般可提高蛋白质的乳化能力。

(3)在空气/水界面施加剪切力,通常会引起蛋白质变性和聚集,而部分蛋白质变性可以使泡沫变得更稳定,而过度搅打鸡蛋蛋白时会发生蛋白质聚集,使形成泡沫的能力和泡沫稳定性降低。

(4)机械力同样对蛋白质质构化过程起重要作用,例如面团受挤压加工时,剪切力能促使蛋白质改变分子的定向排列、二硫键交换和蛋白质网络的形成。

5. 辐照处理

在辐照作用下,蛋白质中的含硫氨基酸残基和芳香族氨基酸残基最易分解,同时还可引起低水分食品中的多肽链断裂。

(二)化学因素引起的变化

食品蛋白质在大批量生产过程中常常需要进行一定的处理,目的在于改善食品的质地和风味;破坏微生物、酶、毒素、蛋白质水解抑制物等。通常采用的化学方式主要有:碱处理、氧化处理等。

对食品进行碱处理,尤其是与热处理同时进行时,对蛋白质的营养价值影响很大。蛋白质的碱处理通常是在 $40℃\sim80℃$ 的温度下,将蛋白质在 $0.1mol/L\sim0.4mol/L$ 的 NaOH 溶液中浸泡数小时,这样经碱处理后,能发生很多变化,生成各种新的氨基酸,还可使某些氨基酸发生构型变化,由 L - 型变为 D - 型,营养价值降低。有时用碱处理来改变蛋白质性质,使蛋白质具有或增强某些特殊功能,如增强蛋白质发泡性等。

食品加工过程中常使用氧化剂,如利用过氧化氢、过氧化乙酸和过氧化苯甲酰作为"冷杀菌剂"和漂白剂,用于无菌包装系统的包装容器杀菌和面粉、乳清粉、鱼浓缩蛋白的漂白等。在此过程中可引起蛋白质发生氧化变化。对氧化反应最敏感的氨基酸是含硫氨基酸和色氨酸,氧化反应的发生导致蛋白质营养价值的降低,甚至还会产生有害物质。

(三)酶处理

食品加工中常常用到酶制剂对食品原料进行处理,从而改变天然蛋白质的理化性质,实现蛋白质的功能多样化,以满足食品加工和食品营养性的需求。与物理处理和化学处理相比,酶法具有反应速度快,条件温和,专一性强,无氨基酸破坏,原料中有效成分保存完全,无副产物和有害物质产生,无环境污染,反应过程可控等特点。

酶法处理的工具是蛋白酶,食品级的蛋白酶可以从动物体、植物体、微生物中得到。水解蛋白酶主要有胃蛋白酶、胰蛋白酶、胰凝乳蛋白酶、木瓜蛋白酶、细菌蛋白酶等。目前,常用的蛋白质酶法改性主要有:酶法水解蛋白质为小分子肽;酶法合成新肽;醋酸酐或琥珀酸酐进行酰基化反应;增加蛋白质分子中亲水性基团等。其中,酶法水解是比较常用的方法。

　　蛋白质经酶解处理后降解成肽类以及更小分子的氨基酸,分子量变小,其产物的理化特性较原始蛋白质有所改变。蛋白质酶解处理可以有针对性地改善蛋白质的功能特性,如溶解性、乳化性、起泡性、热稳定性及风味特性等。影响蛋白质酶解的因素包括:酶的特性、蛋白质变性范围、底物和酶的浓度、pH、离子浓度、温度和有无抑制剂。酶的特性是关键因素。

【归纳与总结】

　　天然蛋白质是由 20 种 L-α-氨基酸构成的,在结构层次上包括一级共价结构,二级结构,三级结构,对于寡聚蛋白来讲还包括四级结构。氨基酸是指含有氨基的有机羧酸,根据氨基酸侧链基团 R 的极性的不同,可将氨基酸分为 4 类:①具有非极性或疏水的氨基酸,它们在水中的溶解度比较小;②极性但不带电荷的氨基酸,具有中性基团,能与适宜的水分子形成氢键,都与它们的极性有关;③带正电荷的氨基酸,通常含有两个氨基;④带负电荷的氨基酸,通常含有两个羧基。

　　氨基酸与蛋白质的等电点 pI 是指他们净电荷为零时对应的溶液 pH。天然蛋白质分子都有紧密的空间结构,当在某些物理或化学因素作用下,其特定的空间结构被破坏,从而导致蛋白质理化性质改变和生物学活性的丧失,这种作用称为蛋白质的变性作用。变性导致蛋白质的有序空间构型解体,变为无序的伸展肽链,蛋白质的二级、三级及四级结构发生变化,但不影响蛋白质的一级结构。天然蛋白质的变性可以是可逆或不可逆的。变性后的蛋白质,当变性因素解除后,可以恢复原状,称为蛋白质的复性。此类变性为可逆变性,不能恢复原状则为不可逆变性。

　　蛋白质的功能性质是指蛋白质在食品加工、贮藏、制备和销售过程中对食品需宜特征做出贡献的那些物理性质和化学性质。蛋白质是食品中的重要成分,其功能性质在食品加工中起着重大作用,对食品的品质产生重大影响,如蛋白质的凝胶作用、水化性、起泡性、乳化性和黏度等。

　　食品中蛋白质的功能性质概括起来分为 4 大类:①水合性质;②结构性质;③表面性质;④感官性质。

【相关知识阅读】

活 性 肽

　　肽是两个或两个以上的氨基酸以肽键相连的化合物,在人体内起重要生理作用,发挥生理功能。具有活性的多肽称为活性肽,又称生物活性肽或生物活性多肽。

1. 生理功能

　　目前,它成为全世界研究的热点、大量的国内外研究结果表明:生物活性肽是涉及生物体内多种细胞功能的生物活性物质,在生物体内已发现几百种,不同的生物

第五章　蛋白质

食
品
化
学
（
第
二
版
）

肽具有不同的结构和生理功能,如抗病毒、抗癌、抗血栓、抗高血压、免疫调节、激素调节、抑菌、降胆固醇等作用。

活性肽的生理功能如下：

(1)调节体内的水分、电解质平衡；

(2)为免疫系统制造对抗细菌和感染的抗体,提高免疫功能；

(3)促进伤口愈合；

(4)在体内制造酶素,有助于将食物转化为能量；

(5)修复细胞,改善细胞代谢,防止细胞变性,能起到防癌的作用；

(6)促进蛋白质、酶、酵素的合成与调控；

(7)沟通细胞间、器官间信息的重要化学信使；

(8)预防心脑血管疾病；

(9)调节内分泌与神经系统；

(10)改善消化系统、治疗慢性胃肠道疾病；

(11)改善糖尿病、风湿、类风湿等疾病；

(12)抗病毒感染、抗衰老,消除体内多余的自由基；

(13)促进造血功能,治疗贫血,防止血小板聚集,能提高血红细胞的载氧能力；

(14)直接对抗 DNA 病毒,对病毒细菌有靶向性。

通过活性肽类的研究,促进了人类对肽类物质的应用,营养学家、生物医学家不断开发出各种各样的肽类产品,以满足人类健康事业的需要。

2. 主要应用

目前对肽类物质的应用主要在以下 3 个方面：

(1)功能性食品：具有一定功能的肽类食品,目前是国际上研究的热点。日本、美国、欧洲已捷足先登,推出具有各种各样功能的食品和食品添加剂,形成了一个具有极大商业前景的产业。

(2)肽类试剂：纯度非常高,主要应用在科学试验和生化检测上,价格十分昂贵。

(3)肽类药物。活性肽分子结构复杂程度不一,可从简单的二肽到环形大分子多肽,而且这些多肽可通过磷酸化、糖基化或酰基化而被修饰。依据其功能,活性肽大致可分为生理活性肽、调味肽、抗氧化肽和营养肽等,但因一些肽具有多种生理活性,因此这种分类只是相对的。

3. 营养肽

对人或动物的生长发育具有营养作用的肽,称为营养肽。如蛋白质在肠道内酶解消化可释放游离的氨基酸和肽。大量研究表明,蛋白质和肽除可直接供给动物机体氨基酸需要外,对动物生长还有一些特殊的额外作用。以游离氨基酸代替完整蛋白质的数量是有限的,低蛋白日粮无论如何平衡氨基酸都无法达到高蛋白日粮的生产水平。动物日粮中蛋白质的重要性部分体现在小肠部位可以产生具有生物活性

的肽类。肽类的营养价值高于游离氨基酸和完整蛋白质,其原因有以下几个方面:

(1)一般来说,小肽的抗原性要比大的多肽或原型蛋白质的抗原性低;

(2)与转运游离氨基酸相比,机体转运小肽通过小肠壁的速度更快;

(3)肽类的渗透压比游离氨基酸低,因此可提高小肽的吸收效率,减少渗透问题;

(4)小肽还具有良好的感官/味觉效应。

目前,活性肽的研究领域发展很快,已经受到了各国科学家和政府的高度重视,短短的几年内,就有众多的生物活性肽被辨认出来。有些活性肽已经作为功能性食品实现了工业化生产。生物活性肽的研究与开发作为国际上新兴的生物高科技领域,具有极大市场潜力。

此外,活性肽类还可作为药物使用。目前,已经生产出的肽类药物达数百种,涉及大部分疾病的临床治疗。例如胰岛素的人工合成,它已解救无数糖尿病患者的生命。现代营养学研究发现:人类摄食蛋白质经消化道的酶作用后,大多是以低肽形式消化吸收的,以游离氨基酸形式吸收的比例很小。进一步的试验又揭示了肽比游离氨基酸消化更快、吸收更多,表明肽的生物效价和营养价值比游离氨基酸更高。这也正是活性肽的无穷魅力所在。

生物活性肽是蛋白质中 20 个天然氨基酸以不同组成和排列方式构成的从二肽到复杂的线性、环形结构的不同肽类的总称,是源于蛋白质的多功能化合物。活性肽具有多种人体代谢和生理调节功能,易消化吸收,有促进免疫、激素调节、抗菌、抗病毒、降血压、降血脂等作用,食用安全性极高,是当前国际食品界最热门的研究课题和极具发展前景的功能因子。

【课后强化练习题】

一、选择题

1. 氨基酸在等电点时具有的特点是(　　　)。

    A. 不带正电荷　　　　　　　　B. 不带负电荷

    C. 在电场中不泳动　　　　　　D. 溶解度最大

2. 下列哪一项不是蛋白质 α-螺旋结构的特点?(　　　)

    A. 天然蛋白质多为右手螺旋

    B. 肽链平面充分伸展

    C. 每隔 3.6 个氨基酸螺旋上升一圈

    D. 每个氨基酸残基上升高度为 0.15nm

3. 除了 8 种必需氨基酸外,下列氨基酸对于婴儿也是必需的(　　　)。

    A. 甘氨酸　　　B. 组氨酸　　　　C. 脯氨酸　　　D. 丙氨酸

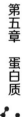

4. 氨基酸在等电点时,静电荷为(　　　)。

　　A. 1　　　　　　B. －1　　　　　C. 0　　　　　　D. 2

5. 蛋白质在何种条件下发生不可逆变性(　　　)。

　　A. 强酸　　　　B. 高温　　　　C. A 和 B　　　　D. 都不是

6. 下列 AA 中,哪些不是必需 AA(　　　)。

　　A. Lys　　　　B. Met　　　　C. Ala　　　　D. Val

7. 牛乳中含量最高的蛋白质是(　　　)。

　　A. 酪蛋白　　B. β-乳球蛋白　　C. α-乳清蛋白　　D. 脂肪球膜蛋白

8. 蛋白质胶体溶液的稳定因素主要是(　　　)。

　　A. 蛋白质的水化作用　　　　　　B. 一定 pH 下所带同性电荷的作用

　　C. 蛋白质与蛋白质的作用　　　　D. 疏水作用

9. 蛋白质的特征元素是(　　　)。

　　A. N　　　　　B. C　　　　　　C. S　　　　　　D. O

10. 蛋白质分子中的主要化学键是(　　　)。

　　A. 肽键　　　B. 盐键　　　　C. 二硫键　　　　D. 氢键

11. 对于人体来说,有几种必需氨基酸(　　　)。

　　A. 4 种　　　B. 6 种　　　　C. 8 种　　　　D. 10 种

12. 下列氨基酸中,属于酸性氨基酸的是(　　　)。

　　A. 丙氨酸　　B. 谷氨酸　　　C. 赖氨酸　　　D. 苯丙氨酸

13. 下列氨基酸中,属于碱性氨基酸的是(　　　)。

　　A. 丙氨酸　　B. 谷氨酸　　　C. 赖氨酸　　　D. 苯丙氨酸

14. 下面选项中,不是蛋白质一级结构包含的内容的是(　　　)。

　　A. 氨基酸排列顺序　　　　　　B. 多肽链数目

　　C. 二硫键位置　　　　　　　　D. 氢键的取向

15. 下列 pH 区间中,使多数蛋白质较为稳定的区间是(　　　)。

　　A. pH 为 4～10　　　　　　　B. pH 为 5～14

　　C. pH 为 1～5　　　　　　　　D. pH＞10

16. 肉冻、鱼冻的制作与蛋白质的哪个功能性质有关(　　　)。

　　A. 乳化性质　　B. 凝胶特性　　C. 水化性质　　D. 表面性质

17. 蛋白质在大于等电点的 pH 下进行电泳,它将移向(　　　)。

　　A. 正极　　　B. 负极　　　　C. 不移动　　　　D. 以上三点都不对

18. 下列操作不会导致蛋白质变性的是(　　　)。

　　A. 低温冷冻食物　　　　　　　B. 面团的搓揉捏合

　　C. 蛋清的剧烈搅打　　　　　　D. 少量的食盐腌制肉类

19. 皮蛋的制作与蛋清蛋白质的哪个功能性质有关（　　）。

　　A. 乳化性质　　B. 凝胶特性　　　C. 溶解性质　　　D. 表面性质

20. 大豆制品的豆腥味与大豆蛋白的哪个功能特性有关（　　）。

　　A. 乳化性质　　B. 凝胶特性　　　C. 风味结合能力　D. 表面性质

21. 以下属于蛋白质可逆变性的是（　　）。

　　A. 加入重金属　　　　　　　B. 静水压变性

　　C. 盐析　　　　　　　　　　D. 剧烈搅拌

22. 蛋白质变性是由于（　　）。

　　A. 一级结构改变　　　　　　B. 空间构象破坏

　　C. 辅基脱落　　　　　　　　D. 蛋白质水解

23. 组成蛋白质的氨基酸有（　　）。

　　A. 18 种　　　B. 16 种　　　　C. 约 20 种　　　D. 25 种以上

二、简答叙述

1. 什么是蛋白质？构成蛋白质的基本元素和基本单位是什么？

2. 什么是必需氨基酸、非必需氨基酸？

3. 什么是蛋白质变性？蛋白质变性的影响因素有哪些？

4. 蛋白质的功能性质有哪些？举例说明蛋白质功能性质在食品工业中的应用。

5. 叙述蛋白质的各级结构。

6. 解释下列名词：

①氨基酸的等电点　②肽　③多肽　④蛋白质等电点　⑤蛋白质功能性质
⑥肽键　⑦膨润（溶胀）

三、综合分析

　　蒸水蛋是一道老少皆宜的家常菜，南方人喜欢称之为"蒸水蛋"，北方人则称为"鸡蛋羹"。蒸水蛋的主要食材是鸡蛋，主要加工工艺是蒸。材料：大个鸡蛋两个，冷开水一杯，葱二条切碎（不吃葱免用）。调料：胡椒粉少计，生抽一茶匙，盐 1/3 茶匙，醋 2 滴（令水与蛋更结合），淀粉 1/3 茶匙。制作步骤：鸡蛋加调味打散，加入冷开水再打散泡，除去浮在面层的泡（可以用密孔筛隔去），放置几分钟后再蒸；把蛋液倒在一个直径约 6 寸的盛器中，盖上盖，蒸四分半钟至熟，关火虚蒸几分钟。取出，撒下葱花，盖上盖一分钟，待葱半熟，淋下少许熟油及生抽。

　　请用本章所学的知识解释：

1. 在整个加工过程中利用了鸡蛋蛋白质的哪些性质？

2. 影响成品质量的因素有哪些？

第五章　蛋白质

第六章　食品中的酶

【学习目的与要求】

　　理解酶的概念、作用的特点及影响酶促反应的因素。掌握食品中酶促褐变的机理及控制措施。了解固定化酶的特点，制备方法及其在食品工业中的应用；蛋白酶、脂肪酶、果胶酶、多酚氧化酶等的特点及其在食品工业中的应用。

第一节　概　述

　　20 世纪 70 年代初期兴起的酶工程技术已在食品、医药、基因工程等领域显示了它的生命力，尤其在食品工业中，利用酶来嫩化肉类，澄清啤酒、果汁，去除果皮，增进食品风味和改善食品质构；用酶水解淀粉和纤维素制葡萄糖，将葡萄糖异构为果糖，利用酶分析食品等等。

一、酶的定义

　　酶是一类由活细胞产生的具有催化作用和高度专一性的生物大分子物质。简单说，酶是一类由生物活细胞产生的生物催化剂。

　　人类对酶的认识起源于生产实践，早在几千年前，人类已开始利用微生物酶来制造食品。我国在 4000 多年前，就已经在酿酒、制酱、制饴等的过程中，不自觉地利用了酶的催化作用。如夏禹时代就已知道酿酒，周朝已经能制麦芽糖和制酱、醋，到春秋时代，就有用曲霉治腹泻的记载了。

　　酶的系统研究起始于对发酵本质的研究。直到 19 世纪开始，才真正地认识酶的存在和作用。1833 年，佩恩（Payen）和帕索兹（Persoz）从麦芽的抽提物中，用酒精沉淀得到一种可使淀粉水解成可溶性糖的物质，这就是后来被称作淀粉酶的物质。并指出了它的热不稳定性，初步触及了酶的一些本质问题。1857 年，法国科学家巴斯德（Pasteur）等人对酵母的酒精发酵进行了大量研究，指出酵母中存在一种使葡萄糖转化为酒精的物质。1878 年库尼（Kvnne）首先把这种物质称之为酶。1897 年，德国学者巴赫纳（Bvchner）发现酵母的无细胞抽取液也能将糖发酵成酒精。由此，证明了生命体内有酶，而且在细胞外也可在一定条件下进行催化作用。1926 年，萨姆纳（Sumner）首次从刀豆提取液中分离等到脲酶结晶，证明它具有蛋白质的性质，提出酶的化学本质是蛋白质的观点。以后陆续实验得到了胃蛋白酶、胰蛋白酶和胰凝乳蛋白酶的结晶,并进一步证明了酶是蛋白质。直至 1982 年,美国切赫(T. Cech)等人首次发现四膜虫的 26s rRNA 前体能在完全没有蛋白质的情况下进行自我加工,发现 RNA 有催化活性,提出核酶的概念。核酶是具有高效、特异催化作用的核酸,是近年来发现的一类新的生物催化剂。本章中提及的食品工业上的酶均指蛋白质酶。

二、酶的分类

(一)酶的分类

国际酶学委员会(IEC)制定了一套完整的酶分类系统。根据国际酶学委员会的规定,按照酶所催化反应的类型将酶分为以下 6 大类。

1. 氧化还原酶类

催化底物进行氧化还原反应的酶类。凡是失电子、脱氢或得到氧的反应叫氧化反应,反之则为还原反应。氧化反应和还原反应总是伴随发生。例如,乳酸脱氢酶、琥珀酸脱氢酶等。

2. 转移酶类

催化底物之间进行基团转移或交换的酶类。可以转移的基团有甲基、氨基、醛基、酮基、磷酸基、糖苷基和酰基等。例如,甲基转移酶、氨基转移酶等。

3. 水解酶类

催化底物发生水解反应的酶类。在一般情况下,水解酶催化的反应多数是不可逆的。例如,溶菌酶、淀粉酶等。它们在食品工业中很重要。

4. 裂合酶类

催化一种化合物裂解为两种化合物,或两种化合物加合成一种化合物。例如,柠檬酸合成酶和醛缩酶等。

5. 异构酶类

催化同分异构体相互转化的酶类。例如,磷酸丙糖异构酶,磷酸葡萄糖变位酶等。异构酶催化的反应都是可逆的。

6. 合成酶类

催化两分子底物合成一分子化合物,同时伴有 ATP 高能磷酸键断裂的酶类,又称为连接酶。例如,谷氨酰胺合成酶、丙酮酸羧化酶等。

(二)酶的编号

根据酶所催化的反应类型,将酶分为 6 大类,分别用 1,2,3,4,5,6 的编号来表示,再根据底物中被作用的基团或键的特点将每一大类分为若干个亚类,每个亚类再分为若干个次亚类,仍用 1,2,3,……编号。故每一个酶的分类编号由用"•"隔开的 4 个数字组成。编号前常冠以酶学委员会的缩写 EC。酶编号的前 3 个数字表明酶的特性,即反应性质类型、底物性质、键的类型；第 4 个数字则是酶在次亚类中的顺序号。

例如：乳酸脱氢酶的编号为 EC 1.1.1.27，其编号可作下列解释：EC 代表酶学委员会。第 1 个"1"表示第一大类，即氧化还原酶类；第 2 个"1"表示第一亚类，被氧化的基团为 CHOH 基；第 3 个"1"表示第一亚亚类，氢受体是 NAD^+；27 表示乳酸脱氢酶在亚亚类中的排号。

每一种酶都有一个系统命名和四位数字组成的分类编号。

(三)酶的命名

1. 习惯命名法

①根据酶催化的底物命名，如催化淀粉水解的酶称为淀粉酶；②根据酶催化的化学反应性质来命名，如催化氧化作用的酶称为氧化酶或脱氢酶；③将酶的作用底物与催化反应的性质结合起来命名，如催化葡萄糖进行氧化反应的酶称为葡萄糖氧化酶；④根据酶的来源分类，如胃蛋白酶；⑤将酶的来源与作用底物结合起来命名，如酶作用底物分别为淀粉和蛋白质，来源于细菌时，分别称为细菌淀粉酶和细菌蛋白酶；⑥将酶作用的最适 pH 和作用底物结合起来命名，如酶作用底物为蛋白质，作用最适 pH 为中性的称为中性蛋白酶。

酶的习惯命名法比较通俗、简单和方便。但由于习惯命名法缺乏系统性，没有统一的规则，所以会出现一酶多名或一名多酶的现象，而且有些酶命名也不甚合理。鉴于新酶的不断发展，为了避免名称的重复和混乱的现象，使酶的命名科学化、系统化，1961 年国际生化学会酶学委员会根据酶催化反应的性质规定了酶的系统命名法。

2. 系统命名法

系统名称包括底物名称、构型、反应性质，最后加一个酶字，并附有分类编号。

①标明底物，催化反应的性质，如 6－磷酸葡萄糖异构酶；②两个底物参加反应时应同时列出，中间用冒号：分开，如其中一个底物为水时，水可略去。如：丙氨酸＋α－酮戊二酸→谷氨酸＋丙酮酸(丙氨酸：α－酮戊二酸氨基转移酶)

系统命名可以清除习惯名称中的一些混乱现象，但名称很长，使用不便，尚未广泛采用，通常仍采用习惯名称。

三、酶的基本性质

酶与一般催化剂具有一些相同的特性，同时酶作为生物催化剂，又具有一般催化剂所没有的生物大分子的特征。

(一)酶与一般催化剂相同的特性

①能增加化学反应速度，本身在化学反应前后没有质和量的改变；②仅能改变化学反应的速度，缩短反应达到平衡所需的时间，不改变化学反应的平衡点；③用量少而催化效率高，只需微量就可大大加速化学反应的进行；④能降低反应的活化能，在任何化

学反应中,反应物分子必须超过一定的能阈,成为活化的状态,才能发生变化形成产物,这种提高低能分子达到活化状态的能量,称为活化能,即活化分子比一般分子所多含的能量。

(二)酶的催化作用性质

1.条件温和

酶是高效催化剂,能在常温(反应温度范围为20℃~40℃)、常压和近中性的pH条件(一般在pH为5~8水溶液中进行)下,大大加速反应。

2.催化效率高

酶具有高效的催化性,少量的酶就可以起到很强的催化作用,以物质的量(mol)表示,酶催化反应速度与不加催化剂相比可提高 $10^8 \sim 10^{20}$,与加普通催化剂相比可提高 $10^7 \sim 10^{13}$。酶与一般的催化剂相比,能有效地降低反应的活化能,使底物只需少量的能量就能进入活化状态,从而加速反应的进行,见图6-1。

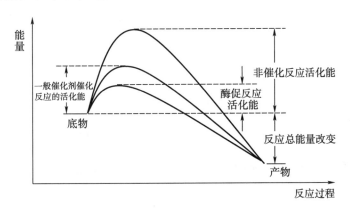

图6-1 酶促反应活化能的改变

3.酶的作用具有高度的专一性

不同的反应需要不同的酶,酶对其所催化的底物具有严格的选择性,即酶只能作用于一种底物、一类化合物、一定的化学键、一种异构体或催化一定的化学反应并生成一定的产物。

4.酶易失活

因酶的本质为蛋白质,一切使蛋白质变性的因素,如强酸、强碱、重金属盐,有机溶剂、高温、剧烈搅拌、紫外线等因素均能使酶失去催化活性。

5.酶促反应的可调节性

酶促反应通常受到多种因素的调控,以适应机体不断变化的内环境和外环境的需要。

6.酶的催化活力与辅酶、辅基有关

有些酶是复合蛋白质,其中的小分子物质(辅酶、辅基)与酶的催化活性密切相关。若将它们除去,酶就失去活性。

食品化学（第二版）

总之，高效率、专一性以及温和的作用条件使酶在生物体新陈代谢等中发挥强有力的作用，酶活力的调控使生命活动中的各个反应得以有条不紊的进行。

四、酶催化专一性的类型

根据酶对底物选择的严格程度不同，酶对底物的专一性可分为以下几种类型。

(一)绝对专一性

有些酶只能催化一种底物发生一定的化学反应并生成一定的产物，而不作用于任何其它物质，这种酶的专一性称为绝对专一性。例如，脲酶只能催化尿素水解生成 CO_2 和 NH_3，而对尿素以外的任何衍生物都不起作用。

(二)相对专一性

这类酶能够催化一类底物（具有相同的化学键或基团）发生一定的化学反应并生成一定的产物，这种不太严格的选择性称为相对专一性，包括键专一性和基团专一性。如，脂肪酶不仅能水解脂肪，也能水解简单的脂类化合物。

(三)立体异构专一性

这类酶只对其中的某一种构型起作用，而不催化其他异构体，这种酶对底物的立体构型的特异要求称为立体异构专一性，包括旋光异构专一性和几何异构专一性。

五、酶的组成与结构特点

(一)酶的组成

绝大多数的酶是蛋白质，具有酶催化活性的蛋白质根据其组成成分可分为简单蛋白酶和结合蛋白酶。简单蛋白酶，也叫单纯酶，仅由蛋白质构成的酶。除了蛋白质外，不含其他物质，如脲酶、脂酶等。一般催化水解反应的水解酶类多属于此类。结合蛋白酶，除了蛋白质外，还有一些对热稳定的非蛋白质小分子物质。蛋白质部分为酶蛋白，非蛋白部分为辅助因子，由酶蛋白和辅助因子共同构成的酶称为结合酶。辅助因子是酶催化活性的必要条件，缺少了它们，酶的催化作用就会消失。两者各自单独存在时，均无催化作用。只有结合成全酶才具有催化活性，即全酶＝酶蛋白＋辅助因子。

辅助因子按其与酶蛋白结合的紧密程度有辅酶和辅基之分，并没有严格的区别。通常辅酶是指与酶蛋白结合（非共价键）得比较松散的小分子有机物，可用透析法除去，主要为水溶性的 B 族维生素参与组成；辅基是指与酶蛋白结合（共价键）比较紧密的金属离子，透析法不易除去，需经过一定的化学处理才可与蛋白质分开，如 Mg^{2+}，Fe^{2+}，Zn^{2+} 等。

在催化反应中，酶蛋白与辅助因子所起的作用是不同的。酶蛋白部分决定酶促反应的特异性及其催化机制,即酶反应的专一性及高效率取决于酶蛋白本身;而辅助因子则直接对电子、原子或某些化学基团起传递作用,它们决定催化反应的性质和类型,即具体参加反应。

(二)酶的结构特点与功能

1. 一般结构特点

作为蛋白质,酶的基本组成单位是氨基酸,由肽键相连形成肽链,也具有一级、二级、三级和四级结构,并且具有蛋白质的一切理化性质。酶分子在一级结构的基础上盘绕、折叠成特定的空间结构后才具有特定的催化功能。酶蛋白的一级结构决定酶蛋白的空间构象,而酶的特定空间构象是其生物功能的结构基础。

2. 与催化作用相关的结构特点

酶具有高效率、高度专一性等催化特性,都与酶本身的特殊结构有关。酶是生物大分子,是一种蛋白质,具有蛋白质的化学组成和完整的空间结构,在酶蛋白分子肽链基团中有许多的侧链基团。酶分子中存在的各种化学基团并不一定都与酶的活性有关。酶蛋白中只有少数特定的氨基酸残基的侧链基团和酶的催化活性直接有关。这些官能团称为酶的必需基团,是酶分子中氨基酸残基侧链的化学基团中,与酶的活性密切相关的基团。在一级结构上可能相距很远的必需基团,在空间结构上彼此靠近,组成具有特定空间结构的区域,能与底物特异地结合并催化底物转化为产物。将这一区域称为酶的活性中心。

对于不需要辅酶的酶来说,酶活性中心是酶分子中具有三维结构的区域,或为裂缝,或为凹陷,深入到酶分子内部。是酶分子三维结构上比较靠近的少数氨基酸残基或是这些残基上的某些基团组成,且多为氨基酸残基的疏水基团组成的。对于结合酶来说,辅酶或辅基参与酶活性中心的组成,是连接底物和酶分子的桥梁。

活性中心内的必需基团有两种。一种叫结合基团,与底物相结合的氨基酸残基,负责与底物分子结合,形成酶-底物复合物。结合部位决定酶的专一性;另一种叫催化基团,参与催化底物转变成产物的基团,负责催化反应,即底物的键在此被打断或形成新的键,催化底物转化为产物。催化部位决定酶所催化反应的性质。有些酶的活性中心中,结合基团和催化基团并非都有严格的分工,常是两种功能兼而有之。活性中心外的必需基团位于活性中心以外,维持酶活性中心应有的空间构象所必需。活性中心的形成要求酶蛋白分子具有一定的空间构象,当外界物理化学因素破坏了酶的结构时,就可能影响酶活性中心的特定结构,结果就必然影响酶的活性。

六、酶催化的机理

酶之所能加快化学反应,具有高效性,主要是其降低了反应的活化能,使化学反应在活化能较低的水平上进行,从而加速了化学反应。那么,酶是如何来降低反应的活化能呢?目前得到大家公认的学说之一是中间产物学说。这种理论认为,酶催化某一反应时,酶总是先与底物结合,形成不稳定的中间产物,此中间产物极为活泼,很容易转变分解成一种或数种产物,同时使酶重新游离出来。

此过程可用下式表示: E＋S⇌ES⇌E＋P

上式中 E 代表酶,S 代表底物,ES 代表酶和底物结合的中间产物,P 代表反应产物。这样就把原来能阈较高的一步反应,变成能阈较低的两步反应,由于反应的过程改变了,活化能就大大降低了。

酶和底物如何结合成中间产物的呢? 又如何完成其催化作用? 历史上曾经提出过几种不同的假说。

(一)锁钥学说

1890 年 Fisher 提出,整个酶分子的天然构象是具有刚性结构的,酶表面具有特定的形状。底物的结构必须和酶活性部位的结构非常吻合,酶与底物的结合如同一把钥匙对一把锁一样,这样才能紧密结合形成中间产物(见图 6 - 2)。

(二)诱导契合学说

但是后来发现,当底物与酶结合时,酶分子上的某些基团常发生明显的变化。另外,对于可逆反应,酶常常能够催化正逆两个方向的反应,很难解释酶活性部位的结构与底物和产物的结构都非

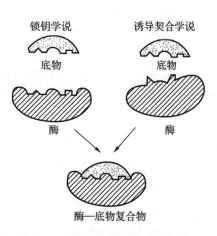

图 6 - 2 锁钥学说与诱导契合学说

常吻合。1958 年,Koshland 提出了诱导契合学说。该学说认为酶表面并没有一种与底物互补的固定形状,而只是由于底物的诱导才形成了互补形状。即当酶与底物相互接近时,其结构相互诱导、相互变形和相互适应,酶分子的活性部位构象发生了改变,并与底物易受结合部位结合,底物处于不稳定的过渡态,从而使底物转化为产物。这一过程称为酶－底物结合的诱导契合学说(见图 6 - 2)。

(三)邻近效应与定向排列

底物的反应基团与酶活性中心的催化基团相互接近,使活性中心附近底物的有效浓度升高并相互严格定向,反应物分子才被作用,迅速形成过渡态,从而增大了催化反应的速度。

(四)张力作用

底物的结合可诱导酶分子构象发生变化,比底物大得多的酶分子的三级、四级的变化也可对底物产生张力作用,使底物扭曲,促进底物进入活化状态。

(五)酸碱催化作用

酶的活性中心具有某些氨基酸残基的 R 基团,这些基团往往是良好的质子供体或受体,在水溶液中这些广义的酸性基团或广义的碱性基团对许多化学反应是有利的催化剂。

(六)共价催化作用

某些酶能与底物形成极不稳定的共价结合的复合物,这些复合物比无酶存在时更容易进行化学反应。

七、酶原与酶原的激活

有些酶在细胞内合成或初分泌时只是酶的无活性前体,此前体物质称为酶原。即没有活性的酶的前体。酶原在一定条件下,经适当的物质作用,可转变成有活性的酶。酶原转变成酶的过程称为酶原的激活。酶原的激活实质上是在一定的条件下,经适当的物质作用,促使酶活性中心形成或暴露的过程,使之转变为具有活性的酶。酶原激活的生理意义在于避免细胞产生的酶对细胞进行自身消化,并使酶在特定的部位和环境中发挥作用,保证体内代谢正常进行。有的酶原可以视为酶的储存形式,在需要时,酶原适时地转变成有活性的酶,发挥其催化作用。

八、酶活力的测定

因为酶制剂中常含有很多杂质,实际上真正的含酶量并不多,所以酶制剂中酶的含量通常用它催化某一特定反应的能力来代表。

(一)酶活力概念

酶活力,又称为酶活性,一般把酶催化一定化学反应的能力称为酶活力。在一定条件下,衡量酶促反应速率的大小。酶活力通常以在一定条件下酶所催化的化学反应速度来表示。即一定量的酶,在单位时间内产物(P)的生成量或底物(S)的消耗量。单位为 mol/min。

酶促反应速度越大,表明酶活力越高;反之,反应速度越小,酶的活力就越弱。所以,通过测定酶促反应速度,可以了解酶活力大小。

(二)酶活力测定的基本原理

酶是蛋白质,种类多,结构复杂多样,一般对酶的测定,不是直接测定其酶蛋白的浓度,而是测定其催化化学反应的能力(酶活力)。这是基于在最优化条件下,当底物足够(过量),在酶促反应的初始阶段,酶促反应的速度(初速度)与酶的浓度成正比(即 $v = k[E]$),故酶活力测定的是化学反应速度,一定条件下可代表酶活性分子的浓度。

测酶活力所用的反应条件应该是最适条件。所谓最适条件包括最适温度、最适 pH、足够大的底物浓度、适宜的离子强度、适当稀释的酶液及严格的反应时间，抑制剂不可有，辅助因子不可缺。

（三）酶活力测定

酶活力测定就是测定一定量的酶，在单位时间内产物（P）的生成量或底物（S）的消耗量。即测定时确定 3 种量：加入一定量的酶、一定时间间隔、物质的增减量。

测定酶活力常有以下几种方法。

1. 测定一定时间内所起的化学反应量

在一个反应体系中，加入一定量的酶液，开始计时反应，经一定时间反应后，终止反应，测定在这一时间间隔内发生的化学反应量，实际测得的是酶促反应的初速度。

2. 测定完成一定量反应所需要的时间

在一定条件下，加入一定量底物，再加入适量的酶液，测定完成该反应所需的时间。

（四）酶活力单位

酶活力单位，又称酶单位，是人为规定的一个对酶进行定量描述的基本量单位，其含义是在规定条件（最适条件）下，酶促反应在单位时间内生成一定量的产物或消耗一定量的底物所需要的酶量。

1. 国际单位（IU）

国际生化学会酶学委员会于 1976 年规定。在特定条件下，每分钟催化 $1\mu mol$ 底物转化为产物所需要的酶量为一个酶活力国际单位。

2. 催量单位（kat）

国际生化学会酶学委员会于 1979 年推荐。1 催量（1kat）是指在特定条件下，每秒钟使 1mol 底物转化为产物所需的酶量。kat 与 IU 的换算：$1IU = 16.67 \times 10^{-9} kat$。

3. 习惯单位

规定条件下，每小时分解 1g 可溶性淀粉的酶量为一个 $\alpha -$ 淀粉酶活力单位；也有规定每小时分解 1mL 2% 可溶性淀粉溶液为无色糊精的酶量为一个 $\alpha -$ 淀粉酶活力单位；每小时转化可溶性淀粉产生 1mg 还原糖（以葡萄糖计）所需的酶量为一个糖化酶酶单位；每分钟分解底物酪蛋白产生 $1\mu g$ 酪氨酸所需的酶量为一个蛋白酶单位。

（五）比活力

酶的比活力指是每单位蛋白质中的酶活力单位数（酶单位/mg 蛋白质）。实际应用中也用每单位制剂中含有的酶活力数表示[酶单位/mL（液体制剂），酶单位/g（固体制剂）]。对同一种酶来讲，比活力越高则表示酶的纯度越高，所以比活力是评价酶纯度高低的一个指标。

第二节　影响食品中酶活力的因素

研究酶促反应速度的规律以及各种因素对它的影响的科学称为酶促反应动力学。酶的反应速度是以单位时间内底物的减少量或产物的生成量来表示。如图6-3所示,曲线的斜率即为酶促反应的速度,在反应开始的一段时间内产物生成量与时间几乎成正比,即反应速度维持恒定,而且反应产物及其他因素对酶促反应的速度的影响较小,但随着时间的增加产物生成量与时间就不再成正比了。曲线渐渐平坦,反应速度逐渐降低。

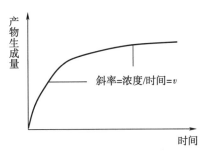

图6-3　酶促反应速度进程曲线

为了正确表示酶反应速度和催化能力,就必须采用反应起始阶段时的速度,即在产物生成量或底物减少量与时间成正比关系的一段时间内测定反应速度。因此,表征酶催化能力的反应速度,常以反应开始时的初速度而言。初速度通常记为底物的消耗量一般在5%以内时的反应速度。即反应刚刚开始时,各种影响酶促反应的因素未发挥作用时的反应速度。

由于酶的大多数为蛋白质,凡能影响蛋白质的理化因素都可能影响酶的结构和功能。因此,影响酶促反应的因素主要有酶的浓度、底物浓度、pH、温度、抑制剂及激活剂等。另外,在研究某一因素对酶促反应的影响时,应保持反应体系中的其他因素不变。

一、底物浓度对酶活力的影响

在其他因素不变的情况下,底物浓度对反应速度的影响呈矩形双曲线关系,见图6-4。当底物浓度[S]较低时,底物没有完全和酶结合,反应速度随底物浓度[S]的增加而急剧加快,两者呈正比关系,反应为一级反应,即$v=k[S]$;随着底物浓度[S]的增高,反应速度v不再与底物浓度[S]呈明显的比例加快,反应速度增加的幅度不断下降,反应为混合级反应;当底物浓度高达一定程度,底物与酶的完全结合时,反应速度不再增加,此时酶已被

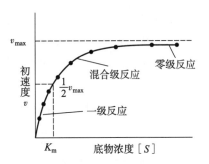

图6-4　底物浓度对酶活力的影响

底物完全饱和,此时再增加底物浓度,反应速度也不再增加,达到了最大反应速度,反应为零级反应。所有的酶都有饱和现象,只是达到饱和时所需底物浓度各不相同。

(一)米-曼氏方程式

解释酶促反应中底物浓度和反应速度关系的最合理学说是中间产物学说。

第六章　食品中的酶

$$E+S \underset{k_2}{\overset{k_1}{\rightleftharpoons}} ES \xrightarrow{k_3} E+P$$

酶首先与底物结合生成酶底物中间复合物,此复合物再分解为产物和游离的酶。1913 年德国化学家 Michaelis 和 Menten 根据中间产物学说对酶促反映的动力学进行研究,提出表示整个反应中反应速度与底物浓度关系的的著名数学方程式,即米-曼氏方程式,简称米氏方程式,见式(6-1)

$$v = \frac{v_{\max}[S]}{K_m + [S]} \tag{6-1}$$

式中:$[S]$——底物浓度;

$\quad v$——不同$[S]$时的反应速度;

$\quad v_{\max}$——最大反应速度;

$\quad K_m$——米氏常数。

(二)K_m 值的含义

K_m 值等于酶促反应速度为最大反应速度一半时的底物浓度,单位是 mol/L。

(三)K_m 与 $v_{\max}$的意义

1.米氏常数 K_m 的物理意义

①K_m 是酶的特征性常数之一,不同的酶具有不同 K_m,只与酶的种类(结构、性质)有关,与酶的浓度无关;②K_m 与底物类别有关,与底物浓度无关还与反应条件(pH、温度、离子强度)有关,因此 K_m 是一个物理常数,是对一定的底物、一定的 pH、一定的温度而言的;③K_m 可近似表示酶对底物的亲和力。K_m 值大表示亲和程度小,酶的催化活性低;K_m 值小表示亲和程度大,酶的催化活性高;④同一酶对于不同底物有不同的 K_m 值。其中 K_m 最小者,为酶的最适底物或天然底物。

2.$v_{\max}$ 定义

是酶完全被底物饱和时的反应速度,与酶浓度成正比。如果酶的总浓度已知,$v_{\max} = k_3[E]$。

二、酶浓度对酶活力的影响

所有的酶促反应,如果其他条件恒定,则反应速度决定于酶浓度。在正常情况下,酶反应速率与酶浓度之间存在如图 6-5 所示的线性关系。但有时会出现直线向横坐标弯曲的现象。随着反应的进行,反应速度下降的原因可能很多,其中最主要的是底物浓度下降和终产物对酶的抑制。在实际生产中,酶的用量要根据具体情况和要求确定。酶的浓

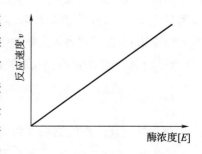

图 6-5 酶浓度对酶活力的影响

度太低,反应时间长;酶的浓度过高,既造成浪费,又可能影响产品质量,因此,通过前期准备工作可找出最佳用酶量。

三、水分活度对酶活力的影响

一般的酶促反应需要水分作为反应介质,水是酶进行催化作用的必需条件。在低水分活度下,酶活性受到抑制,随着水分活度增加酶的活性增强。当水分活度小于0.85时,导致食品原料腐败的大部分酶会失去活性。然而,即使在0.1~0.3这样的低水分活度下,脂肪氧化酶仍能保持较强活力。需要注意的是:酶活性一般不会因为水分活度低而停止,即使是经脱水干燥处理的蔬菜,若不经热烫杀酶也无法消除酶反应产生的青草味。干燥的燕麦食品,如果不用加热法使酶失活,则经过储藏后会产生苦味。

总之,水分能影响食品中酶活力,通常可用降低食品中水分活度的方法来阻滞酶作用引起的变质。

四、pH对酶活力的影响

大部分酶的活性受其环境pH的影响,随介质pH的变化而变化。每一种酶只能在特定的pH范围内表现出它的活性,使酶促反应速度达到最大值的pH称为该酶的最适pH。酶促反应随pH的变化曲线一般呈钟形,见图6-6。但不是所有的酶都如此,有的酶曲线只有钟形的一半。溶液的pH在最适pH两侧,即高于或低于最适pH时都会使酶的活性降低,远离最适pH时甚至导致酶的变性失活。各种酶的最适pH各不相同,大多数酶的最适pH接近中性,在4.5~8.0之间。其中微生物和植物来源的酶最适pH在4.5~6.5;动物来源的酶最适pH在6.5~8.0。但有不少例外,如霉菌酸性蛋白酶最适pH为2.0,地衣芽孢杆菌碱性蛋白酶则为11.0,胃蛋白酶为1.5~2.0。酶的最适pH不是酶的特征性常数,受底物浓度、缓冲液种类和浓度以及酶的纯度影响。

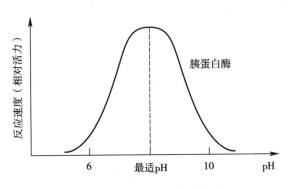

图6-6 pH对酶活力的影响

pH对酶作用的影响是复杂的,过酸、过碱会影响酶蛋白的构象,甚至变性而失活;当pH改变不很剧烈时,酶虽不变性,但活力受到影响。pH影响底物分子的解离状态,也影响酶分子的解离状态,也影响中间产物的解离状态;还会影响反应分子中的另一些基团的解离状态。这些基团与酶的专一性和酶分子的活性中心的构象都有关。

酶除了最适 pH 可能各不相同之外,酶分子的酸碱稳定性也不同。在一定条件下,能够使酶分子空间结构保持稳定,酶活性不损失或极少损失的 pH 范围,称为酶的稳定 pH 范围。在实际工作中,应按照酶的稳定 pH 范围控制食品工艺条件。例如,测定酶活性和使用酶时,必须加入适宜的缓冲溶液,以维持适宜的 pH,保持酶活性的相对稳定,避免因产物生成而发生变化。在酸性范围内酶会部分地变性,活性降低,这一特性也被用于食品保藏,如利用醋酸保藏蔬菜。

五、温度对酶活力的影响

酶促反应的速度随着温度增高而加快。但酶是蛋白质,温度过高会发生酶蛋白的变性,因此,温度对酶促反应速度具有双重影响。在温度较低时,前一影响较大,反应速度随温度升高而加快,一般来说,温度每升高 10℃,反应速度大约增加一倍;在温度较高时,当超过一定数值后,酶受热造成其高级结构发生变化或变性,反应速度随温度的上升而减缓,导致酶活性降低甚至丧失。如果以反应速率对温度做图,可以得到一条倒 V 形或倒 U 形曲线,见图 6-7。

在某一条件下,每一种酶在某一温度下才表现出最大的活力,这个温度称为该酶的最适温度,即曲线顶点对应的温度。在低于最适温度时,前一种影响为主;在高于最适温度时,后一种影响起主导作用。酶的最适温度不是酶的特征性常数,与酶作用时间的长短、pH 及底物浓度等有关。每一种酶都有一最适反应温度。一般来说,从动物组织提取的酶,其最适温度多在 35℃~40℃;植物来源的酶的最适温度在

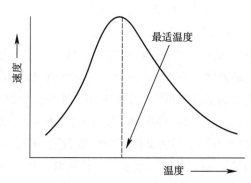

图 6-7　温度对酶活力的影响

40℃~50℃;大部分微生物酶的最适温度则在 30℃~40℃。温度升高到 60℃ 以上时,大多数酶开始变性,80℃ 以上,多数酶的变性不可逆。酶的活性虽然随温度的下降而降低,但低温一般不破坏酶的活性。随着温度的回升,酶又恢复原有的活性,甚至比原有活性更高,所以酶一般低温保存。

因此,温度对酶的影响在生产实践中有着重要的意义。在食品生产中,酶对低温的稳定性是食品保藏的理论基础,如用冷藏的方法防止食品腐败就是要降低食品本身和微生物中酶的活性;而酶的热变性又是高温灭菌的依据,如在生产中巴氏杀菌、灭菌、热熏、漂烫等过程就是利用高温使食品中酶和微生物酶变性,以防止食品的腐败变质。

酶除了最适温度之外,还有一个与生产和应用关系密切的概念—酶的稳定温度范围。酶的稳定温度范围是指在一定时间和一定条件下,不使酶变性或极少变性的温度范围。酶的分离、纯化和干燥的工艺条件的设计,以及酶制剂的使用,都必须充分考虑到酶的稳定温度范围。酶在干燥状态下比在水溶液中稳定得多,对温度的忍耐力也明

显增高。加入保护剂可以提高酶的热稳定性。

六、抑制剂对酶活力的影响

有些物质能与酶分子上某些必需基团结合,使酶的活性中心的化学性质发生改变,导致酶活力下降或丧失,这种现象称为酶的抑制作用。能够引起酶的抑制作用的化合物则称为抑制剂。即凡能使酶的催化活性下降而不引起酶蛋白变性的现象称为酶的抑制。酶发生变性的作用不属于酶的抑制作用。抑制剂对酶有一定选择性,而引起变性的因素对酶没有选择性。

抑制剂大多与酶活性中心内、外必需基团结合,直接或间接地影响酶的活性中心,从而抑制酶的催化活性。通常抑制作用分为不可逆性抑制和可逆性抑制两大类。

(一)不可逆性抑制作用

不可逆性抑制作用的抑制剂通常与酶活性中心的必需基团以共价键方式进行不可逆结合,而引起酶的永久性失活,不能用透析、超滤等方法去除抑制剂,恢复酶活性。不可逆抑制作用按其特点,又有专一性及非专一性之分。

1.非专一性不可逆抑制

抑制剂与酶分子中一类或几类基团作用,不论是必需基团与否,皆可共价结合。由于其中必需基团也被抑制剂结合,从而导致酶的失活。某些重金属离子及砷化合物能与某些酶分子的巯基进行不可逆结合,许多以巯基作为必需基团的酶,会因此而遭受抑制。如汞离子、银离子可与酶分子的巯基结合,使酶失活。

2.专一性不可逆抑制

抑制剂专一地作用于酶的活性中心或其必需基团,进行共价结合,从而抑制酶的活性。如农药敌百虫、敌敌畏等有机磷化合物能特异地与胆碱酯酶活性中心丝氨酸残基的羟基结合,使其磷酰化而不可逆地抑制酶的活性。

(二)可逆性抑制作用

抑制剂与酶蛋白以非共价方式结合,引起酶活性暂时性丧失。抑制剂可以通过透析等方法被除去,并能部分或全部恢复酶的活性,即抑制剂与酶的结合是可逆的。根据抑制剂与酶结合的情况不同分为竞争性抑制、非竞争性抑制及反竞争性抑制。

1.竞争性抑制作用

某些抑制剂的化学结构与底物结构相似,也可以与酶的活性中心可逆地结合。当此类物质与底物共同存在时,能与底物竞争与酶活性中心结合。抑制剂与酶作用后,生成抑制剂-酶复合物,从而阻止底物与酶结合形成中间复合物,减少了酶与底物结合的机会,其结果是酶促反应被抑制了,将这种抑制作用称为竞争性抑制作用。

2.非竞争性抑制作用

抑制剂和底物在结构上一般无相似之处,抑制剂与底物均可以与酶结合,既不相互排斥,也不相互促进。同时抑制剂也可以与酶-底物复合物结合,但所形成的酶-底物-抑制剂三元复合物较稳定,不易释放形成产物,引起酶分子构象变化,从而产生抑制作用,抑制了酶的活力。由于这类物质并不是与底物竞争与酶活性中心的结合,所以称为非竞争性抑制剂。

3.反竞争性抑制作用

抑制剂只与酶-底物复合物结合,使反应中酶-底物复合物减少,即减少了从酶-底物复合物转化为产物的量。也同时减少从酶-底物复合物解离出游离酶和底物的量,这种抑制作用称为反竞争性抑制。

七、激活剂对酶活力的影响

凡能使酶由无活性变为有活性或使酶活性增加的物质称为酶的激活剂。从化学本质看,激活剂包括无机离子和小分子有机物。例如,Mg^{2+}是多种激酶和合成酶的激活剂。这些离子可与酶分子活性部位上的氨基酸侧链基团结合;也可能与底物或中间产物结合;也可能作为辅酶或辅基的一个组成部分起作用。

根据激活剂作用方式的不同分为:①必需激活剂是酶催化作用所必需的,缺乏时酶将丧失活性。常见的是金属离子,与底物结合后再参与酶促反应;②非必需激活剂虽有促进酶促反应的效应,但在缺乏时,该酶仍有催化效应,不过催化效率较低。如许多有机化合物类的激活剂。

一般情况下,一种激活剂对某种酶是激活剂,而对另一种酶则起抑制作用;有些离子之间还有拮抗现象,如Na^+和K^+,Mg^{2+}和Ca^{2+};有的金属离子间也可相互替代,如Mg^{2+}和Mn^{2+};同一种酶,不同激活剂浓度会产生不同的作用。所以在具体使用时应确定最合适的激活剂种类和激活剂浓度。

第三节　食品中的酶促褐变

褐变是食品比较普通的一种变色现象。当食品原料进行加工、贮存或受到机械损伤后,易使原料原来的色泽变暗,或变成褐色,这种现象称为褐变。在食品加工过程中,有些食品需要利用褐变现象,如面包、糕点等在烘烤过程中生成的金黄色。但有些食品原料在加工过程中产生褐变,不仅影响外观,还降低了营养价值,如水果、蔬菜等原料。

一、食品中的酶促褐变

褐变作用按其发生机制可分为酶促褐变及非酶褐变两大类。

在酚酶的作用下,使果蔬中的酚类物质氧化而呈现褐色,这种现象称为酶促褐变。新鲜果蔬在加工、贮存和保鲜过程中,因机械性的损伤(如削皮、切开、压伤、虫咬、磨浆等)及处于异常的环境条件下(受冻、受热等)时,就会发生氧化产物的积累,造成变色。在大多数情况下,酶促褐变是一种不希望出现于食物中的变化。例如,香蕉、苹果、梨、茄子、马铃薯、莲藕等很容易在切开后发生褐变。伴随食品的褐变的发生,不但降低其营养价值,还会影响其风味、外观品质及产品运销,商业价值也会大大降低。特别是在热带鲜果中,酶促褐变导致的直接经济损失达 50%。因此,食品中的酶促褐变是评定食品品质的一个重要指标。

二、食品中酶促褐变的机理

酶促褐变是在有氧的条件下,多酚氧化酶催化组织中的酚类物质形成醌,醌再进一步氧化聚合形成褐色色素的结果。即植物组织中含有酚类物质,在完整的细胞中作为呼吸传递物质,在酚—醌中保持着动态平衡;当细胞组织被破坏后,氧就大量侵入,造成醌的形成和其还原反应之间的不平衡,在多酚氧化酶的作用下,发生了醌的积累,醌再进一步氧化聚合,就形成了褐色色素,称为黑色素或类黑精。

三、食品中酶促褐变的控制

(一)酶促褐变的条件

酶促褐变的发生需要 3 个条件:适当的酚类底物、酚氧化酶和氧气。只有这 3 个因素同时具备,褐变才能发生。

1. 酚类物质

多酚氧化酶作用的底物是酚类物质。多酚氧化酶对邻羟基结构的酚作用快于一元酚,使邻位的酚氧化为醌,醌很快聚合成为褐色素而引起组织褐变。对位二酚也可被利用,但间位二酚不能作为底物,甚至对酚酶还有抑制作用。

2. 多酚氧化酶

多酚氧化酶(EC 1.10.3.1)的系统名称是邻二酚:氧—氧化还原酶,是一种含铜的金属酶,必须以氧为受氢体,是一种末端氧化酶。可以用一元酚和二元酚作底物。是发生酶促褐变的主要酶,存在于大多数果蔬细胞组织中。

3. 氧　气

氧气是果蔬酶促褐变的另一个主要因素。正常的果蔬是完整的有机体,外界的氧气不能直接作用于酚类物质和多酚氧化酶而发生酶促褐变。原因是酚类物质分布于液泡中,而多酚氧化酶则位于质体中,多酚氧化酶与底物不能相互接触,阻止了正常组织酶促褐变的发生。而当果蔬受到机械损伤时,氧气可促进酶促褐变。

(二)酶促褐变的控制方法

控制酶促褐变的主要途径有:钝化酶的活性(热烫、抑制剂等);改变酶作用的条件(pH、水分活度等);隔绝氧气的接触;使用抗氧化剂(抗坏血酸、SO_2 等)。目前,食品加工中控制酶促褐变的方法主要从控制酶和氧两个方面入手。

1. 加热钝化酶的活性

在适当的温度和时间条件下加热新鲜果蔬,使多酚氧化酶失活,是广泛使用控制酶促褐变的方法。最常用方法是高温瞬时灭酶，一般在 80℃下，10min～20min；或 100℃下，15s～30s。总之，加热处理的关键是在最短时间内达到钝化酶的要求，否则过度加热会影响质量。相反，如果热处理不彻底，热烫虽破坏了细胞结构，但未钝化酶，反而会加强酶和底物的接触而促进褐变。

2.调节 pH 法

多数多酚氧化酶最适 pH 为 6～7。是一种含铜离子的金属酶，当 pH≤3.0 时，铜离子被解离，与酶蛋白脱离，几乎完全失活，其后再提高 pH，酶的活性也不能恢复。常使用的酸有苹果酸、柠檬酸、抗坏血酸、琥珀酸等有机酸。

3.多酚氧化酶活性抑制

实践中通常用多酚氧化酶活性抑制剂来抑制果蔬的酶促褐变。可分为化学抑制、物理控制和分子生物学方法三种。常规的化学抑制剂包括铜试剂、硫脲、EDTA、巯基乙醇、亚硫酸钠半胱氨酸、抗坏血酸等。这些化学元素抑制剂在适宜的浓度条件下，一般都具有较好的抑制效果。此外，为了更加有效地控制多酚氧化酶的活性，人们还从植物中寻找到一些具有抑制效应的天然物质，天然抑制物在达到较好的抑制效果的同时，还避免了化学试剂所引起的污染。物理控制如改变贮藏环境中的气体组分、热处理、辐射、超声处理等，与化学抑制手段相比，其专一性较差，但是由于其可以避免化学抑制带来的污染，因此往往作为一种辅助手段和化学抑制结合使用。

4.隔绝、去除氧气

氧气是多酚氧化酶的底物之一，从理论上讲，除去果蔬贮存、加工过程中的氧气就能防止酶促褐变的发生。在果蔬加工过程中，一般采用在破碎时充入惰性气体（最常见的是氮气）或用水蒸气排除系统中的空气，既可防止产品酶促褐变，又保持了原料的天然色、香、味和营养价值。

5.去除酚类物质

聚乙烯聚吡咯烷酮（PVPP）是一种无毒、安全、稳定的聚合物，具有很强的吸附能力，能与多酚物质的羟基缔合成较强的氢键，有选择地吸附多酚物质从而除去酶体系中的底物，阻止酶促褐变的发生。

第四节　食品中酶的固定化

由于酶的分离与提纯有许多技术性难题，造成酶制剂来源有限，成本高，活力不稳定，易失活，不利于大规模使用，使酶在食品加工中的应用受到制约。固定化酶是酶学近年来发展的重要技术之一，固定化酶在食品加工中的使用，将推动酶在生产上的应用。

一、酶的固定化的概念

（一）固定化酶的概念

固定化酶，又叫固定酶或水不溶性酶，是通过吸附、偶联、交联和包埋等物理、化学的方法把水溶性酶连接到某种水不溶性载体上,做成仍具有酶活力的一种酶的衍生物。既保持了酶的天然活性,又便于与反应液分离,可以重复使用,它是酶制剂中的一种新剂型。

(二)固定化酶的特点

酶经固定化以后,由于受到载体等因素的影响,其特征可能会发生某些改变。固定化酶与水溶性酶相比,具有以下特点:在催化反应中,固定化酶以固相状态作用于底物,并保持酶的高度特异性和催化效率,固定化酶的稳定性一般比游离酶的稳定性好,主要表现在对热及各种变性剂的耐受性增强,使用和保存的稳定性提高。使用固定化酶可实现生产连续化、自动,提高了酶的利用率,可以循环反复使用,极大地降低了成本。固定化酶易与底物、产物分离,简化了提纯工艺,在大规模的生产中所需工艺设备比较简单易行。

固定化酶也有缺点:只能用于水溶性底物,比较适用于小分子底物,对大分子底物不适宜。与完整菌体细胞相比,它不适合于多酶反应,特别是需要辅助因子的反应等。

二、食用酶的固定化方法

制备固定化酶就是将酶固定在不溶解的膜状或颗粒状聚合物上。目前制备固定化酶的主要方法有载体结合法、交联法和包埋法等。这些方法也可以并用,称为混合法。例如,交联加包埋、载体结合加包埋等。

(一)载体结合法

载体结合法是指用共价键、离子键或物理吸附法把酶固定在纤维素、琼脂糖、甲壳质、活性炭、多孔玻璃或离子交换树脂等水不溶性载体上的固定化方法。载体结合法有以下3种类型。

(1)共价结合法。利用酶蛋白分子上的非必需基团与载体反应,形成共价结合的固定化酶的方法称为共价结合法。共价结合法控制条件较苛刻,反应激烈,操作工艺复杂,常引起酶蛋白变性失活。但是,用此法制得的固定化酶,酶分子和载体间结合牢固,即使用高浓度底物溶液或盐溶液,也不会使酶分子从载体上脱落下来。

(2)离子结合法。通过离子效应,将酶固定到具有离子交换基团的非水溶性载体上。与共价结合法相比较,离子结合法的操作简便,处理条件较温和,酶分子的高级结构和活性中心很少改变,可得到活性较高的固定化酶。其缺点是载体和酶分子之间的结合力不够牢固,易受环境因素的影响,在离子强度较大的状态下进行反应,有时酶分子会从载体上脱落下来。

(3)物理吸附法。将酶分子吸附到不溶于水的惰性载体上的固定化方法,与前两种方法的不同之处在于酶与载体的结合是靠物理吸附。常用的载体有活性炭、多孔玻璃、酸性白土、磷酸钙凝胶等。此法优点是操作简便、载体价廉,酶分子不易变性。缺点是吸附不牢,极易脱落。

(二)交联法

交联法又称架桥法。它借助双官能团试剂的作用,将酶与载体交联成固相的网状结构而制成固定化酶。常用的交联剂有戊二醛、多聚戊二醛等。交联法与共价结合法一样,反应条件比较剧烈,固定化酶活性较低。又由于交联法制备的固定化酶颗粒较细,此法不宜单独使用,如与物理吸附法或包埋法联合使用,则可取得良好的效果。

(三)包埋法

包埋法是将酶包埋在半透膜囊或凝胶格子中,这样固定化后,酶分子不能从凝胶的网格中漏出,而小分子的底物和产物则可以自由通过凝胶网格。包埋法有几种类型,主要的有格子型和微胶囊型。格子型是将酶包埋在聚合物的凝胶格子中,最常用的凝胶有聚丙烯酰胺凝胶、淀粉、明胶、海藻酸、角叉菜胶等,其中以聚丙酰胺凝胶为最好,固定化酶的活性高,其机械性能也好。微胶囊型是以半透膜的高聚物薄膜包围含有酶分子液滴。制备方法有 3 种:界面聚合法、液中干燥法和相分离法。包埋法最简单,而且对大多数酶、粗酶制剂,甚至完整的微生物细胞都是适用的,但是它只适合于小分子底物的反应,而且固定的酶活性不高,牢度也不强。

三、固定化酶在食品工业中的应用

固定化酶在食品工业等领域中具有重要的应用价值,它不仅可以改革现有酶法工艺,而且可以开创新的多酶反应工艺,有助于更经济更有效地生产高质量的食品。

固定化酶在食品工业中可望优先应用的领域有:用固定 α-淀粉酶和葡萄糖氧化酶从淀粉生产葡萄糖;用固定果胶酶澄清果汁;用固定木瓜蛋白酶和多酚氧化酶解决啤酒的混浊问题,可使澄清啤酒;用固定葡萄糖异构酶转化葡萄糖为果糖。

第五节　食用酶对食品质量的影响

酶的作用对于食品质量的影响是非常重要的。食品原料中的内源酶不仅在植物生长和成熟中起作用,而且在成熟之后的收获、保藏和加工过程中也会改变食品原料的特性,加快食品变质的速度或者是提高食品的质量。另外,在食品加工过程中,也可将酶加入到食品原料中,使食品原料中的某些组分产生变化来改善食品的品质。

一、食用酶对食品色泽的影响

食品的色泽是众多消费者首先关注的感官指标和是否接受的标准。任何食品,无论是新鲜的还是经过加工的,都具有代表自身特色和本质的色泽。比如,莲藕由白色变为粉红色后,其品质下降。绿色常常作为人们判断许多新鲜蔬菜和水果质量标准的基础,在成熟时,水果的绿色减褪而代之以红色、橙色、黄色和黑色。青刀豆和其他一些绿叶蔬菜,随着成熟度增加导致叶绿素含量降低。

以上所述的颜色变化都与食品中的内源酶有关,其中最主要的是脂肪氧化酶、叶绿素酶和多酚氧化酶。

(一)脂肪氧化酶

脂肪氧化酶(EC 1.13.11.2)在动植物组织中均存在,广泛地存在于植物中。各种植物的种子,特别是豆科植物的种子含量丰富,尤其以大豆中含量最高。脂肪氧化酶作用的底物是脂肪,其对底物具有高度的特异性,在其脂肪酸残基上必须含有一个顺,顺-1,4-戊二烯单位(—CH=CH—CH$_2$—CH=CH—)。亚油酸、亚麻酸、花生四烯酸都含有这种单位,所以必需脂肪酸都能被脂肪氧化酶所利用,特别是亚麻酸更是脂肪氧化酶的良好底物。

该酶能催化多不饱和脂肪酸(包括游离的或结合的)的直接氧化作用,形成自由基中间产物并产生氢过氧化物,氢过氧化物会进一步发生非酶反应导致醛类(包括丙二醛)和其他不良异味化合物的生成。自由基和氢过氧化物会引起叶绿素和胡萝卜素等色素的损失、多酚类氧化物的氧化聚合产生色素沉淀,以及维生素和蛋白质的破坏。

由于脂肪氧化酶耐受低温能力强,因此低温下贮藏的青豆、大豆、蚕豆等最好也能经热烫处理,使脂氧合酶钝化,否则易造成质量变劣。控制食品加工时的温度是使脂肪氧化酶失活的有效方法。另外,食品中存在的一些抗氧化剂如维生素 E、没食子酸丙酯(PG)、去甲二氢愈创木酸(NDGA)等也能有效阻止自由基和氢过氧化物引起的食品损伤。

脂肪氧化酶对食品质量的影响较复杂,它在一些条件下可提高某些食品的质量。例如,制作面团时,在面粉中加入含有活性脂肪氧化酶的大豆粉,在脂肪氧化酶的作用下,有助于形成二硫键(氢过氧化物起着氧化剂的作用,可促进蛋白中的-SH 氧化成-S-S-,强化了面筋蛋白质的三维网状结),使得面筋网络更好地形成,从而较好地改善了面包的质量。但是,脂肪氧化酶在很多情况下又能损害一些食品的质量。

(二)叶绿素酶

叶绿素酶(EC 3.1.1.14)存在于植物和含有叶绿素的微生物中,水解叶绿素生成植醇和脱植基叶绿素。因为脱植基叶绿素仍然具有绿色,因此叶绿素酶对食品绿色破坏不大。

(三)多酚氧化酶

多酚氧化酶(EC 1.10.3.1)广泛存在于植物、动物和一些微生物(特别是霉菌)中。在果蔬中,多酚氧化酶分布于叶绿体和线粒体中,但也有少数植物,如马铃薯块茎,几乎所有的细胞结构中都有分布。

食品化学（第二版）

该酶是许多酶的总称,通常又称为酪氨酸酶、多酚酶、酚酶、甲酚酶或儿茶酚酶。多酚氧化酶是一种含铜的酶,主要在有氧的情况下催化酚类底物反应形成黑色素类物质。在果蔬加工中常常因此而产生不受欢迎的褐色或黑色,严重影响果蔬的感官质量。许多果蔬中存在多酚氧化酶,是加工贮藏中引起酶促褐变的主要原因。然而,红茶加工需要利用该种现象。多酚氧化酶催化的褐变反应多数发生在新鲜的水果和蔬菜中,如香蕉、苹果、梨、茄子、马铃薯等。当这些果蔬的组织碰伤、切开、遭受病害或处在不正常的环境中时,很容易发生褐变。

多酚氧化酶催化两类完全不同的反应。这两类反应一类是羟基化,另一类是氧化反应。前者可以在多酚氧化酶的作用下氧化形成不稳定的邻－苯醌类化合物,然后再进一步通过非酶催化的氧化反应,聚合成为黑色素,并导致香蕉、苹果、桃、马铃薯、蘑菇发生褐变和人的黑斑形成,同样由于褐变反应也将会造成食品的质地和风味的变化。

二、食用酶对食品质构的影响

质地对于食品的质量是一项致关重要的指标,水果和蔬菜的质地主要与复杂的碳水化合物有关,例如,果胶物质、纤维素、半纤维素、淀粉和木质素。然而影响各种碳水化合物结构的酶可能是一种或多种,它们对食品的质地起着重要的作用。导致水果和蔬菜的质构变化的酶有果胶酶、纤维素酶、戊聚糖酶和淀粉酶等。导致动物组织和高蛋白质植物食品质地变软的酶主要是蛋白酶。

(一)果胶酶

果胶酶是能水解果胶类物质的一类酶的总称。它存在于高等植物和微生物中,在高等动物中不存在,但蜗牛是例外。

果胶酶根据其作用底物的不同,可分为果胶酯酶、聚半乳糖醛酸酶和果胶裂解酶3种类型。其中,果胶甲酯酶和聚半乳糖醛酸酶存在于高等植物和微生物中,而果胶酸裂解酶仅在微生物中发现。

1. 果胶酯酶

果胶酯酶(EC 3.1.1.11)催化果胶脱去甲酯基生成聚半乳糖醛酸链和甲醇的反应。即水解果胶的甲酯键,生成果胶酸和甲醇。当有二价金属离子,例如 Ca^{2+} 存在时,果胶甲酯酶水解果胶物质生成果胶酸,由于 Ca^{2+} 与果胶酸的羧基发生交联,从而提高了食品的质地强度。在一些果蔬的加工中,若果胶酯酶在环境因素下被激活,将导致大量的果胶脱去甲酯基,从而影响果蔬的质构。生成的甲醇也是一种对人体有毒害作用的物质,尤其对视神经特别敏感。

2. 聚半乳糖醛酸酶

聚半乳糖醛酸酶(EC 3.2.1.15)是降解果胶酸的酶,即水解果胶物质分子中脱水半乳糖醛酸单位的 $\alpha-1,4-$ 糖苷键,将半乳糖醛酸逐个地水解下来,引起某些食品原料(如番茄)的质地变软。聚半乳糖醛酸酶来源不同,它们的最适 pH 也稍有不同。

3.果胶裂解酶

果胶裂解酶(EC 4.2.2.2)是内切聚半乳糖醛酸裂解酶、外切聚半乳糖醛酸裂解酶和内切聚甲基半乳糖醛酸裂解酶的总称。果胶裂解酶主要存在于霉菌中,在植物中尚无发现。果胶裂解酶催化果胶或果胶酸的半乳糖醛酸残基的 $C_4 \sim C_5$ 位上的氢进行反式消去作用,使糖苷键断裂,生成含不饱和键的半乳糖醛酸。

(二)纤维素酶和戊聚糖酶

纤维素在细胞结构中起着重要的作用,但是在果蔬汁加工中却常利用纤维素酶改善其品质。戊聚糖酶存在于微生物和一些高等植物中,能够水解木聚糖、阿拉伯聚糖和木糖与阿拉伯糖的聚合物为小分子化合物。

(三)淀粉酶

凡是能够催化淀粉和糖元水解的酶称为淀粉酶,不仅广泛存在于动物中,而且也存在于高等植物和微生物中,是生产最早、用途最广的一类酶,使食品中的淀粉在成熟、保藏和加工过程中被降解。淀粉在食品中主要提供粘度和质地,如果在食品的贮藏和加工中淀粉被淀粉酶水解,将显著影响食品的品质。

目前商品淀粉酶制剂最重要的应用是用淀粉制备麦芽糊精、淀粉糖浆和果葡糖浆等。淀粉酶包括:α-淀粉酶、β-淀粉酶和葡糖淀粉酶 3 种主要类型。

1.α-淀粉酶

α-淀粉酶(EC 3.2.1.1)存在于所有的生物体中,是一种内切酶,从淀粉分子内部随机水解 α-1,4 糖苷键,但不能水解 α-1,6 糖苷键。α-淀粉酶对直链淀粉的作用可分为两步:第一步先将直链淀粉任意地迅速降解为短链的糊精,使粘稠的淀粉糊的黏度迅速下降成稀溶液状态,与碘的呈色反应消失,工业上称这种作用为“液化”,因此通常又称其为液化淀粉酶。第二步是缓慢地将短链的糊精水解为 α-麦芽糖和少量的葡萄糖。α-淀粉酶作用于支链淀粉时,由于它不能水解 α-1,6 糖苷键,所以水解产物除 α-麦芽糖、少量的葡萄糖外,还有含 α-1,6 糖苷键的各种分支糊精或异麦芽糖,因为它生成的还原糖其结构是 α-型,所以称为 α-淀粉酶。α-淀粉酶相对分子质量约为 5×10^4,每一个酶分子含有一个结合很牢的 Ca^{2+},Ca^{2+} 的作用是维持酶蛋白的空间结构,使其具有最大的稳定性和活性,所以在提纯 α-淀粉酶时,往往加 Ca^{2+} 来促进酶的结晶和稳定。不同生物组织的 α-淀粉酶的氨基酸组成不同,其最适 pH、最适温度不同。最适pH 在 4.5～7.0。pH 低于 3.3 时,α-淀粉酶失活。最适温度为 55℃～70℃。但一些细菌淀粉酶的最适温度为 92℃,当淀粉浓度为 30%～40%时,甚至在 110℃条件下仍具有短时的催化能力。

2.β-淀粉酶

β-淀粉酶(EC 3.2.1.2)主要存在于高等植物的种子中,如麦芽、麸皮、大豆、甘薯、大麦芽内尤为丰富。β-淀粉酶是一种外切酶,它只能水解淀粉分子中的 α-1,4 糖苷键,不能水解 α-1,6 糖苷键。β-淀粉酶在催化淀粉水解时,是从淀粉分子的非还原性末端开始,依次切下一个个麦芽糖单位,并将切下的 α-麦芽糖转变成 β-麦芽糖,所以称它为 β-淀粉酶。β-淀粉酶在催化支链淀粉水解时,因为它不能断裂 α-1,6 糖苷键,也不能绕过支点继续作用于 α-1,4 糖苷键,因此,β-淀粉酶分解淀粉是不完全的。β-淀粉酶作用的终产物是 β-麦芽糖和分解不完全的极限糊精。β-淀粉酶的热稳定性普遍低于 α-淀粉酶,最适温度 62℃～64℃,但比较耐酸。相对分子质量一般高于 α-淀粉酶。最适 pH 为 5.0～6.0,pH 在 3.0 时不受破坏,利用这一性质可以从大麦中将 α、β 两种淀粉酶分离。

β-淀粉酶主要用于淀粉糖的生产,在酿造工业中非常重要,如饴糖、高麦芽糖浆等。用 β-淀粉酶与异淀粉酶配合水解淀粉,麦芽糖产率可达 95%,在啤酒酿造传统工艺中用大麦芽的 β-淀粉酶将淀粉糖化。

3. 葡糖淀粉酶

葡萄糖淀粉酶(EC 3.2.1.3)主要由微生物的根霉、黑曲霉和红曲霉等产生。葡萄糖淀粉酶,又名葡糖糖化酶,是一种外切酶,它不仅能水解淀粉分子的 α-1,4 糖苷键,而且能水解 α-1,6 糖苷键和 α-1,3 糖苷键,但对后两种键的水解速度较慢。葡萄糖淀粉酶水解淀粉时,是从非还原性末端开始逐次切割下 α-1,4 糖苷键,切下一个个葡萄糖单位,将葡萄糖由 α 型转变成 β 型。当作用于淀粉支点时,速度减慢,但可切割支点,使 α-1,6 糖苷键水解。因此,葡萄糖淀粉酶作用于直链淀粉或支链淀粉时,能将淀粉分子全部分解为葡萄糖。葡萄糖淀粉酶的相对分子质量约为 69000,最适 pH 为 4～5,最适温度在 50℃～60℃范围。

工业上用葡萄糖淀粉酶来生产葡萄糖,在食品和酿造工业上有着广泛的用途,如果葡糖浆的生产。可大量用作淀粉糖化剂,是淀粉工业转化的主要水解酶,所以也称为糖化酶。与 α-淀粉酶一起广泛用于淀粉糖生产和发酵生产领域。在酒精、白酒发酵生产中代替酒曲,可提高糖化率。用于啤酒加工中,可生产低糖干啤酒等等。

(四)蛋白酶

生物体内蛋白酶种类很多,根据来源分类,可将其分为动物蛋白酶、植物蛋白酶和微生物蛋白酶 3 大类。根据它们的作用方式,可分为内肽酶和外肽酶两大类。还可根据最适 pH 的不同,分为酸性蛋白酶、碱性蛋白酶和中性蛋白酶。也有根据其活性中心的化学性质不同,分为丝氨酸蛋白酶(酶活性中心含有丝氨酸残基)、巯基蛋白酶(酶活性中心含有巯基)、金属蛋白酶(酶活性中心含金属离子)和酸性蛋白酶(酶活性中心含羧基)。

1. 动物蛋白酶

在人和哺乳动物的消化道中存在着有各种蛋白酶。胃蛋白酶、胰蛋白酶、胰凝乳蛋白酶等先都分别以无活性前体的酶原形式存在,在消化道需经激活后才具有活性。

在动物组织细胞的溶酶体中有组织蛋白酶,最适 pH 约为 5.5。当动物死亡之后,随组织的破坏和 pH 的降低,组织蛋白酶被激活,可将肌肉蛋白质水解成游离氨基酸,使肌肉产生优良的肉香风味。但从活细胞中提取和分离组织蛋白酶很困难,限制了它的应用。

在哺乳期小牛的第四胃中还存在一种凝乳酶,是由凝乳酶原激活而成,pH 为 5 时可由已有活性的凝乳酶催化而激活,在 pH 为 2 时主要由 H^+(胃酸)激活。随小牛长大,由摄取母乳改变成青草和谷物时,凝乳酶逐渐减少,而胃蛋白酶增加。凝乳酶也是内肽酶,能使牛奶中的酪蛋白凝聚,形成凝乳,用来制作奶酪等。

2. 植物蛋白酶

蛋白酶在植物中存在比较广泛。最主要的 3 种植物蛋白酶,即木瓜蛋白酶、无花果蛋白酶和菠萝蛋白酶已被大量应用于食品工业。这 3 种酶都属巯基蛋白酶,也都为内肽酶,对底物的特异性都较宽。

木瓜蛋白酶是番木瓜胶乳中的一种蛋白酶,在 pH 为 5 时稳定性最好,pH 低于 3和高于 11 时,酶会很快失活。该酶的最适 pH 虽因底物不同而有不同,但一般在 5～7。与其他蛋白酶相比,其热稳定性较高。无花果蛋白酶存在于无花果胶乳中,新鲜的无花果中含量可高达约 1%。无花果蛋白酶在 pH 为 6～8 时最稳定,但最适 pH 在很大程度上取决于底物。菠萝汁中含有很强的菠萝蛋白酶,从果汁或粉碎的茎中都可提取得到,其最适 pH 范围在 6～8。

以上 3 种植物蛋白酶在食品工业上常用于肉的嫩化和啤酒的澄清。特别是木瓜蛋白酶的应用,很久以前民间就有用木瓜叶包肉,使肉更鲜嫩、更香的经验。现在这些植物蛋白酶除用于食品工业外,还用于医药上作助消化剂。

3. 微生物蛋白酶

细菌、酵母菌、霉菌等微生物中都含有多种蛋白酶,是生产蛋白酶制剂的重要来源。生产用于食品和药物的微生物蛋白酶的菌种主要是枯草杆菌、黑曲霉、米曲霉 3 种。

三、食用酶对食品风味的影响

食品风味是评价食品品质的重要感官指标,食品在加工和贮藏过程中经常会发生风味的改变从而影响食品的品质。无论是食品良好风味物质,还是不良风味物质的形成都与食品中的酶的作用有关,尤其是风味酶的发现和应用,使之更能真实的让风味再现、强化和改变。

影响食品风味的酶有很多种,如脂肪酶、脂肪氧化酶、过氧化物酶和硫代葡萄糖苷酶等。

脂肪酶存在于含有脂肪的组织中,植物的种子里含脂肪酶,一些霉菌、细菌等微生物也能分泌脂肪酶。脂肪酶在乳制品的增香过程中发挥着重要作用,在加工时添加适量脂肪酶可增强干酪和黄油的香味,选择性地使用较高活力的蛋白酶和肽酶与脂肪酶协同作用可使干酪的风味强度提高 10 倍。但是一些含脂食品如牛奶、奶油、干果等在加工和贮藏过程中产生的不良风味,主要是来自脂肪酶催化的脂肪水解酸败产物,进而

食品化学（第二版）

催化脂肪氧化酸败。食品加工中脂肪酶作用于脂类物质会产生一些短链的流放脂肪酸，如丁酸、已酸等，当其浓度低于一定水平时，会产生好的风味和香气，一旦浓度增大而会产生陈腐气味、苦味或者类似山羊的膻味。

脂肪氧化酶存在于番茄、豌豆、香蕉、黄瓜等果蔬中，对这些果蔬的良好风味发挥了作用。但在很多情况下脂肪氧化酶会损害一些食品的风味，脂肪氧化可直接或间接地加快肉类的酶败；脂肪氧化酶还使植物籽仁中的脂肪氧化，产生哈喇味、豆腥味等不愉快的味道，因此脂肪氧化酶被认为是导致青刀豆和甜玉米不良风味形成的主要酶种。

过氧化物酶是一种非常耐热的酶，是由微生物或植物所产生的一类氧化还原酶，广泛存在于自然界中，如所有高等植物中，也存在牛奶中。能催化很多反应，通过氧化、羟化等引起食品品质变化，主要以过氧化氢为电子受体催化底物氧化的酶。该酶具很高的耐热性，通常将过氧化物酶作为一种控制食品热处理的温度指示剂，同样也可以根据酶作用产生的异味物质作为衡量酶活力的灵敏方法。过氧化物酶能促进不饱和脂肪酸的过氧化物降解，产生挥发性的氧化风味化合物。此外，过氧化物酶在催化过氧化物分解的历程中，同时产生的自由基也能引起食品许多食品组分的破坏。

风味酶是使风味物质前体转化为风味物质的关键催化作用的专一性酶。例如蒜氨酸酶是蒜氨酸转变为蒜素反应中关键的效应酶。常见的风味还有葡萄糖硫苷酶、胱氨酸裂解酶等。其作用是形成风味化合物。水果和蔬菜中的风味化合物，一些是由风味酶直接或间接地作用于风味前体，然后转化生成的。当植物组织保持完整时，并无强烈的芳香味，因为酶与风味前体是分隔开的，只有在植物组织破损后，风味前体才能转变为有气味的挥发性化合物。而有的是经过贮藏和加工过程而生成的。例如香蕉、苹果或梨在生长过程中并无风味，甚至在收获期也不存在，直到成熟初期，由于生成少量的乙烯的刺激而发生了一系列酶促变化，风味物质才逐渐形成。

【归纳与总结】

酶是一类由活细胞产生的具有催化作用和高度专一性的生物大分子物质。酶与一般催化剂相同的特外。还具有高效率、专一性以及温和的作用条件等特性。酶所催化的化学反应称之为酶促反应，受多种理化因素的影响。在食品加工过程中的利用这些因素来控制酶促反应的进行程度。在酚酶的作用下，使果蔬中的酚类物质氧化而呈现褐色，这种现象称为酶促褐变。在有些食品加工利用这个反应达到应有的品质比如红茶加工，但许多情况要控制这个反应发生防止其对食品的品质造成坏的影响。固定化酶技术是近年来酶在生产应用的技术之一，与游离的相比具有很多优点。由于食用酶对食品色泽、质构及风味的影响，因此在食品加工过程中应正确地使用酶，并产生需宜的食品品质。

酶 工 程

酶工程（Enzyme engineering）又称蛋白质工程学，是指工业上有目的的设置一定的反应器和反应条件，利用酶的催化功能，在一定条件下催化化学反应，生产人类需要的产品或服务于其他目的的一门应用技术。

1. 原 理

酶工程就是将酶或者微生物细胞、动植物细胞、细胞器等在一定的生物反应装置中，利用酶所具有的生物催化功能，借助工程手段将相应的原料转化成有用物质并应用于社会生活的一门科学技术。它包括酶制剂的制备、酶的固定化、酶的修饰与改造及酶反应器等方面内容。酶工程的应用，主要集中于食品工业、轻工业以及医药工业中。

酶作为一种生物催化剂，已广泛地应用于轻工业的各个生产领域。近几十年来，随着酶工程不断的技术性突破，在工业、农业、医药卫生、能源开发及环境工程等方面的应用越来越广泛。

2. 食品加工中的应用

酶在食品工业中最大的用途是淀粉加工，其次是乳品加工、果汁加工、烘烤食品及啤酒发酵。与之有关的各种酶如淀粉酶、葡萄糖异构酶、乳糖酶、凝乳酶、蛋白酶等占酶制剂市场的一半以上。

帮助和促进食物消化的酶成为食品市场发展的主要方向，包括促进蛋白质消化的酶（菠萝蛋白酶、胃蛋白酶、胰蛋白酶等），促进纤维素消化的酶（纤维素酶、聚糖酶等），促进乳糖消化的酶（乳糖酶）和促进脂肪消化的酶（脂肪酶、酯酶）等。

【课后强化练习题】

一、选择题

1. 下列酶中，可导致油脂游离脂肪酸含量增加，酸价增大的是（　　）。

    A. 蛋白酶　　　　B. 脂肪酶　　　　C. 酚酶　　　　D. 淀粉酶

2. 下列酶中，与人体消化食物无关的酶是（　　）。

    A. 蛋白酶　　　　B. 脂肪酶　　　　C. 酚酶　　　　　D. 淀粉酶

3. 酶的化学本质是（　　）。

    A. 核酸　　　　　　　　　　B. 蛋白质

    C. 大多为蛋白质，少数为核酸　D. 维生素

4. 下列性质中，与酶催化特性不相符的是（　　）。

    A. 高效性　　　　　　　　　B. 反应条件温和性

    C. 专一性　　　　　　　　　D. 高温催化活性

5. 绝大多数的酶是(　　)。

  A. 蛋白质   B. 维生素   C. 脂肪   D. 多糖

6. 又被称为生物催化剂的是(　　)。

  A. 脂类   B. 核酸   C. 糖类   D. 酶

7. 酶催化性决定于(　　)。

  A. 催化基团 B. 结合基团 C. 辅酶因子 D. 酶蛋白

8. 下列关于酶特性的叙述哪个是不正确的(　　)。

  A. 催化效率高   B. 专一性强

  C. 作用条件温和   D. 都有辅因子参与催化反应

9. 酶促反应中决定酶专一性的部分是(　　)。

  A. 酶蛋白 B. 底物   C. 辅酶或辅基 D. 结合基团

10. 下列酶属于异构酶的是(　　)。

  A. 葡萄糖异构酶   B. 蛋白酶

  C. 脱羧酶   D. 转氨酶

二、简答叙述

1. 酶的本质是什么？酶不同于一般催化剂的催化特性是什么？

2. 酶分为哪几类？

3. 影响酶促反应速度的因素是什么？

4. 写出米曼氏方程并叙述 K_m 和 v_{max} 的意义。

5. 什么是固定化酶？有何优点？

6. 简述酶催化的机理。

7. 什么是酶活力？什么是比活力？如何测定酶的活力？

8. 什么是酶的抑制作用？与酶的变性作用有何不同？

9. 简述酶促褐变产生的机理及控制措施。

10. 什么是酶原与酶原激活？

三、综合分析

苹果去皮切成块后，在其放置过程中会出现逐渐变色发暗的现象。

请用本章所学知识回答下列问题：

1. 苹果去皮切成块后变色发暗的产生原因是什么？

2. 产生上述现象的化学反应机理是什么？影响因素有哪些？

第七章　维生素与矿物质

【学习目的与要求】

通过本章的学习使学生掌握维生素与矿物质概念、分类、特点；掌握各种维生素的性质、结构及在食品加工发生的化学变化。熟悉维生素与矿物质在食品加工贮藏中的变化及影响因素。

第一节　维生素概述

一、维生素的定义与特性

维生素（vitamin）也称"维他命"，是活的细胞维持正常生理功能所必需、但需要量极少的天然有机化合物的总称。

人体所需的维生素大部分不能在体内合成，或者即使能合成，但合成的量很少，不能满足人体的正常需要，而且维生素本身也在不断地代谢，因此必须从食物中摄取。

从维生素的稳定性来看，水溶性维生素稳定性较差，在食品的加工过程中较容易损失；而脂溶性维生素的稳定性较高，在食品的加工过程中损失较少。

二、维生素的主要作用

维生素不参与机体组织器官的组成，也不能为机体提供能量，而主要以辅酶的形式参与机体的新陈代谢。维生素除具有重要的生理作用外，有些维生素还可作为自由基的清除剂，如抗坏血酸、某些类胡萝卜素和维生素 E；有的维生素是遗传调节因子，如维生素 A 和维生素 D；有的维生素具有某些特殊功能，如维生素 A 与视觉有关，维生素 K 与凝血因子的生物合成有关。

三、维生素的命名

一般按发现的先后顺序命名，如 A，B，C，D，E 等；或者根据其生理功能特征、化学结构特点命名，例如维生素 C 称为抗坏血病维生素（抗坏血酸），维生素 B_1 分子结构中含有硫和氨基，称为硫胺素。

四、维生素的分类

由于维生素的化学结构与生理功能各异，因而无法按结构或功能对其进行分类。一般是根据溶解性特征，将其分为两大类：脂溶性维生素和水溶性维生素。脂溶性维生素包括维生素 A、维生素 D、维生素 E、维生素 K；水溶性维生素包括维生素 C 和维生素 B 族，维生素 B 族有维生素 B_1（硫胺素）、维生素 B_2（核黄素）、维生素 B_3（泛酸）、维生素 B_5（烟酸）、维生素 B_6、维生素 B_{12}、叶酸、生物素。

第二节　脂溶性维生素

脂溶性维生素溶于脂肪及脂溶剂，不溶于水，在食物中常与脂类共存，吸收后大部分储存在体内脂肪中。

一、维生素 A

维生素 A 是一类由 20 个碳构成的不饱和碳氢化合物，其羟基可被酯化成酯或转化为醛或酸，也可以以游离醇的状态存在，主要有维生素 A_1（视黄醇）及其衍生物（醛、酸、酯）、维生素 A_2（脱氢视黄醇）（见图 7－1）。

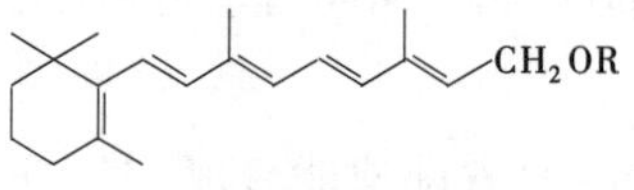

（a）维生素 A_1（视黄醇） 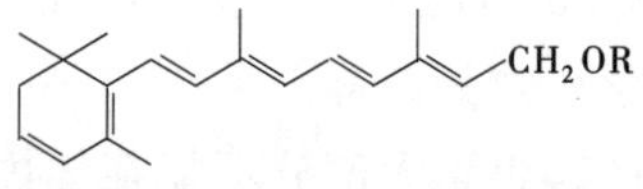　　　　　　（b）维生素 A_2（脱氢视黄醇）

图 7－1　维生素 A 的化学结构

维生素 A_1 结构中存在共轭双键（异戊二烯类），故有多种顺、反立体异构体。食品中的维生素 A_1 主要是全反式结构，其生物效价最高。维生素 A_2 的生物效价只有维生素 A_1 的 40%，而 1,3－顺异构体（新维生素 A）的生物效价是维生素 A_1 的 75%。新维生素 A 在天然维生素 A 中约占 1/3，在人工合成的维生素 A 中很少。

食品中维生素 A 的含量可用国际单位（IU）表示。$1IU＝0.344\mu g$ 维生素醋酸酯＝ $0.549\mu g$ 棕榈酸酯＝ $0.600\mu g$ β－胡萝卜素。目前，维生素 A 的含量常用视黄醇当量（RE）来表示，即 $1RE＝1\mu g$ 视黄醇。

在食品加工和储藏中，维生素 A 和维生素 A 原对氧、氧化剂、脂肪氧合酶等敏感，光照可以加速氧化反应。维生素 A 在一般的加热、碱性条件和弱酸性条件下较稳定，但在无机强酸中不稳定。在缺氧条件下，维生素 A 和维生素 A 原可能发生许多变化，尤其是 β－胡萝卜素通过顺反异构化而转变为新 β－胡萝卜素，使营养价值降低，蔬菜烹调和罐装时即发生该反应。有氧时，β－胡萝卜素先氧化生成 5,6－环氧化物，然后异构为 5,8－环氧化物。光、酶及脂质过氧化物的共同氧化作用导致 β－胡萝卜素的大量损失，光氧化的产物主要是 5,8－环氧化物。高温时 β－胡萝卜素分解形成一系列芳香化合物,其中最重要的是紫罗烯,它与食品风味的形成有关。

维生素 A(包括胡萝卜素)最主要的生理功能是:维持视觉,促进生长;增强生殖力,清除自由基,在延缓衰老、防止心血管疾病和肿瘤方面发挥作用。

维生素 A 缺乏最早出现的症状是夜间视力减退,严重者可导致夜盲症,引起干眼病;出现皮肤干燥、毛囊角化、毛囊丘疹、毛发脱落,呼吸道、消化道、泌尿道和生殖道感染。特别是儿童容易发生呼吸道感染和腹泻,使儿童生长发育迟缓。维生素 A 摄入过量,可引起急性中毒、慢性中毒及致畸毒性,急性中毒表现为恶心、呕吐、嗜睡;慢性中毒比急性中毒常见,表现为食欲不振、毛发脱落、头痛、耳鸣、复视等。中毒多发生在长期误服过量的维生素 A 浓缩剂的儿童。

维生素 A 主要存在于动物组织中,维生素 A_1 在动物和海鱼中存在,维生素 A_2 存在于淡水鱼中。蔬菜中没有维生素 A,但所含的类胡萝卜素进入动物体内可转化为维生素 A_1,通常称之为维生素 A 原或维生素 A 前体,其中以 β-胡萝卜素转化效率最高,1 分子 β-胡萝卜素可转化为 2 分子维生素 A。富含维生素 A 或维生素 A 原的食品通常是呈现红色、黄色、绿色的蔬菜和红色、黄色水果,如胡萝卜、番茄、菠菜、豌豆苗、青椒、芒果、柑橘类水果等;动物性食品如蛋类、动物肝脏、牛奶、乳制品等中含量较高。膳食中维生素 A 和维生素 A 原的比例最好为 1:2。

二、维生素 D

维生素 D 又称为钙化醇、阳光维生素,是一类固醇衍生物。天然的维生素 D 主要包括维生素 D_2(麦角钙化醇)和维生素 D_3(胆钙化醇),它们的结构十分相似(见图 7-2)。

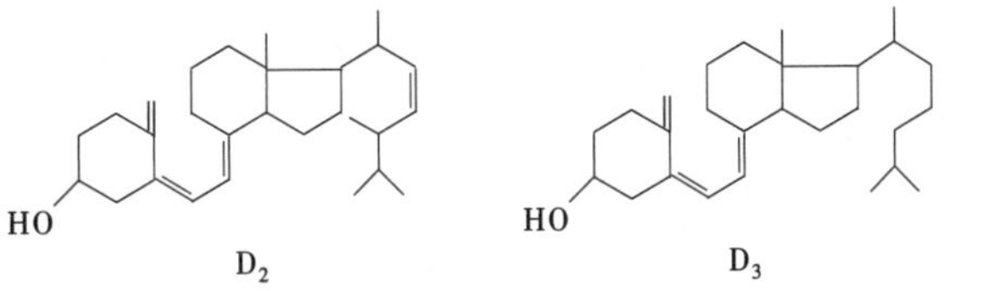

![维生素D的化学结构]

图 7-2 维生素 D 的化学结构

植物性食品、酵母中所含的麦角固醇,经紫外线照射后转化为维生素 D_2,鱼肝油中也含有少量的维生素 D_2。人和动物皮肤中所含的 7-脱氢胆固醇,经紫外线照射后可转化为维生素 D_3。维生素 D 的生物活性形式为 1,25-二羟基胆钙化醇,1μg 维生素 D 相当于 40IU。

维生素 D 比较稳定,在加工和贮藏时很少损失,消毒、煮沸及高压灭菌对其活性无影响,冷冻贮存对牛乳和黄油中维生素 D 的影响不大。维生素 D 的损失主要与光照和氧化有关,其光解机制可能是直接光化学反应,或由光引发的脂肪自动氧化间接涉及反应。结晶的维生素 D 对热稳定,但在油脂中容易形成异构体,食品中油脂氧化酸败时也会使维生素 D 破坏。

维生素 D_3 广泛存在于动物性食品中,以鱼肝油中含量最高,鸡蛋、牛乳、黄油、干酪

第七章 维生素与矿物质

中含量较少。一般情况下,仅从普通食物中获得充足的维生素 D 是不容易的,而采用日光浴的方式是机体合成维生素 D 的一个重要途径。

维生素 D 的重要生理功能是调节机体钙、磷的代谢,维持正常的血钙水平和磷酸盐水平;促进骨骼和牙齿的生长发育;维持血液中正常的氨基酸浓度;调节柠檬酸的代谢。人体缺乏维生素 D 时,儿童易患佝偻病,成人易患骨质疏松症。

三、维生素 E

维生素 E 是 6-羟基苯并二氢吡喃(母育酚)的衍生物,包括生育酚和生育三烯酚(见图 7-3)。生育三烯酚与生育酚在结构上的区别在于其侧链的 $3'$,$7'$,$11'$ 存在双键。

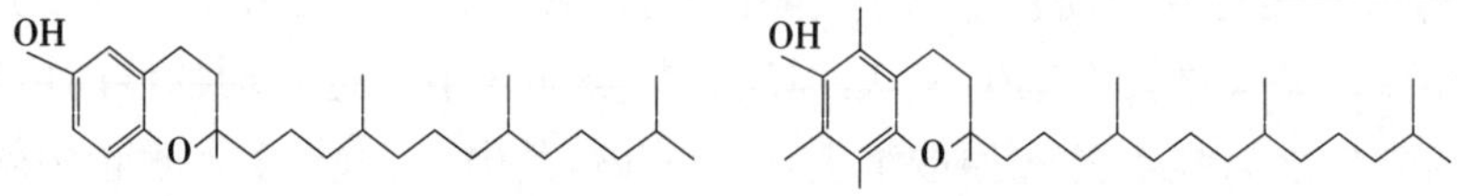

图 7-3　母育酚的结构式(左)和 α-生育酚的结构式(右)

维生素 E 的活性成分主要是 α-,β-,γ-和 δ-4 种异构体,它们具有相同的生理功能,以 α-生育酚最重要。母育酚的苯并二氢吡喃环上可有一个至多个甲基取代物。甲基取代物的数目和位置不同,其生物活性也不同,其中 α-生育酚活性最大。

在食品加工和储藏中,常常造成维生素 E 的大量损失。例如,谷物机械加工去胚时,维生素 E 大约损失 80%;油脂精炼也会导致维生素 E 的损失;脱水可使鸡肉和牛肉中的维生素 E 损失 36%~45%;肉和蔬菜罐头制作过程中,维生素 E 损失 41%~65%;油炸马铃薯在 23℃下贮存 1 个月,维生素 E 损失 71%,贮存 2 个月损失 77%。但通常家庭烘炒或水煮不会大量损失。此外,氧、氧化剂和碱对维生素 E 也有破坏作用,某些金属离子(如 Fe^{2+})可促进维生素 E 的氧化。

生育酚是良好的抗氧化剂,广泛用于食品中,尤是动植物油脂中。在生物体内,生育酚的抗氧化能力大小依次为 α>β>γ>δ;而在食品中,生育酚的抗氧化能力大小顺序为 δ>γ>β>α。维生素 E 与动物的生殖功能有关,当缺乏维生素 E 时,其生殖器官受损而造成不育。此外,还能提高机体的免疫能力,保持血红细胞的完整性,调节体内化合物的合成,促进细胞呼吸,保护肺组织免遭空气污染。

维生素 E 广泛分布于自然界,主要存在于植物性食品中,在玉米油、棉籽油、花生油、芝麻油以及菠菜、莴苣叶、甘薯等食品中含量较多;在蛋类、鸡(鸭)肫、豆类、坚果、种子、绿叶蔬菜中含量中等;在鱼、肉等动物性食品、水果、其他蔬菜中含量较低。

四、维生素 K

维生素 K 是 2-甲基-1,4-萘醌的衍生物(见图 7-4)。较常见的天然的维生素 K 有维生素 K_1 和维生素 K_2,还有人工合成的 2-甲基-1,4-萘醌(维生素 K_3)。维生素 K_1 即叶绿醌,仅存在于绿色植物中,如菠菜、甘蓝、花椰菜和卷心菜等叶菜中含量较多;维生素 K_2 即聚异戊烯基甲基萘醌,由许多微生物包括人和其他动物肠道中的细菌合成;维生素 K_3 即 2-甲基-1,4-萘醌,在人体内变为维生素 K_2,其活性是维生素 K_1 和维生素 K_2 的 2~3 倍。

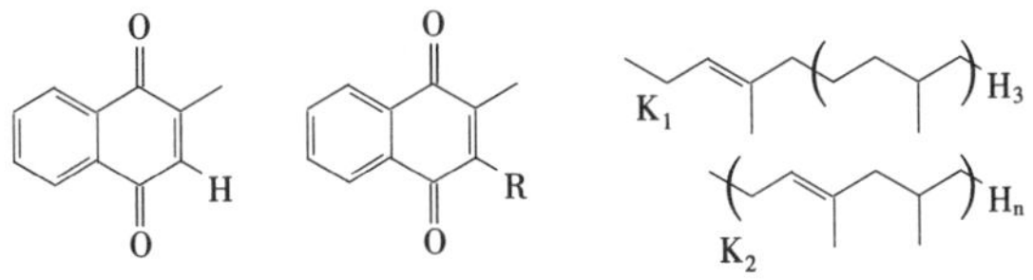

图 7-4　维生素 K 的化学结构式

天然存在的维生素 K 是黄色油状物,人工合成的是黄色结晶。维生素 K 对热相当稳定,但易受酸、碱、氧化剂和光(特别是紫外线)的破坏。在正常的烹调过程中损失很少。有些衍生物(如甲基萘氢醌乙酸酯)有较高的维生素 K 活性,并对光不敏感。

维生素 K 的生理功能主要是参与凝血过程,加速血液凝固,促进肝脏合成凝血酶原所必需的因子。维生素 K 具有还原性,可清除自由基,保护食品中其他成分(如脂类)不被氧化,并减少肉品腌制中亚硝胺的生成。

维生素 K 的来源有两个:一个来源是由肠道细菌合成,占 50%~60%;另一个来源是食物,占 40%~50%。维生素 K 含量高的食品是绿叶蔬菜,其次是奶类、肉类,水果和谷类含量低。

第三节　水溶性维生素

水溶性维生素有一些共同的特点:溶解于水,在体内仅有少量储存,较易从尿中排出。绝大多数以辅酶或辅基的形式参加各种酶系统,在中间代谢的很多环节发挥重要作用。

一、维生素 C

维生素 C 又名抗坏血酸,是一个羟基羧酸的内酯,具烯二醇结构(见图 7-5),有较强的还原性。维生素 C 有 4 种异构体:D-抗坏血酸、D-异抗坏血酸、L-抗坏血酸和 L-异抗坏血酸,其中 L-抗坏血酸的生物活性最高。

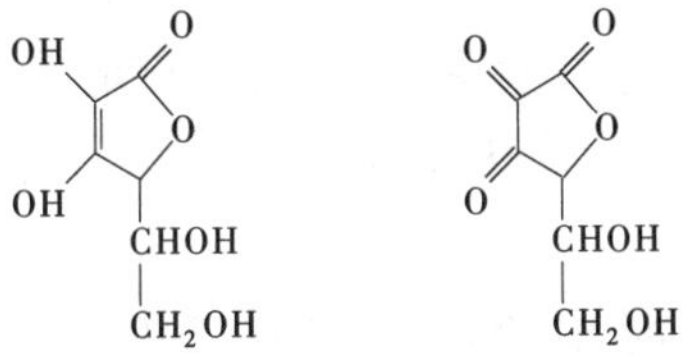

图 7-5　L-抗坏血酸(左)及
脱氢抗坏血酸(右)的结构

维生素 C 是最不稳定的维生素,对氧化非常敏感,光、Cu^{2+} 和 Fe^{2+} 等加速其氧化,pH、氧浓度和水分活度等也影响其稳定性。此外,含有 Fe 和 Cu 的酶(如抗坏血酸氧化酶、多酚氧化酶、过氧化物酶、细胞色素氧化酶)对维生素 C 也有破坏作用。水果受到机械损伤、成熟或腐烂时,由于其细胞组织被破坏,导致酶促反应的发生,使维生素 C 降解。某些金属离子螯合物对维生素 C 有稳定作用,亚硫酸盐对维生素 C 具有保护作用。维生素 C 降解最终阶段中的许多物质参与风味物质的形成或非酶褐变,降解过程中生成的 L-脱氢抗坏血酸和二羰基化合物,与氨基酸共同作用生成糖胺类物质,形成二聚体、三聚体和四聚体,维生素C降解形成风味物质和褐色物质,是由于二羰基化合物及其他降解产物按糖类非酶褐变的方式转化为风味物和类黑素。

维生素C主要存在于新鲜水果和蔬菜中,水果中以红枣、山楂、柑橘类含量较高,蔬菜中以绿色蔬菜如辣椒、菠菜等含量丰富。野生果蔬如苜蓿、沙棘、猕猴桃和酸枣等维生素C含量尤为丰富。动物性食品中只有牛奶和肝脏中含有少量维生素C。

二、维生素 B_1

维生素 B_1 又称硫胺素、抗脚气病维生素,它由一个嘧啶分子和一个噻唑分子通过一个亚甲基连接而成(见图7-6)。硫胺素的主要功能形式是焦磷酸硫胺素,即硫胺素焦磷酸酯,而各种结构形式的硫胺素都具有维生素 B_1 活性。

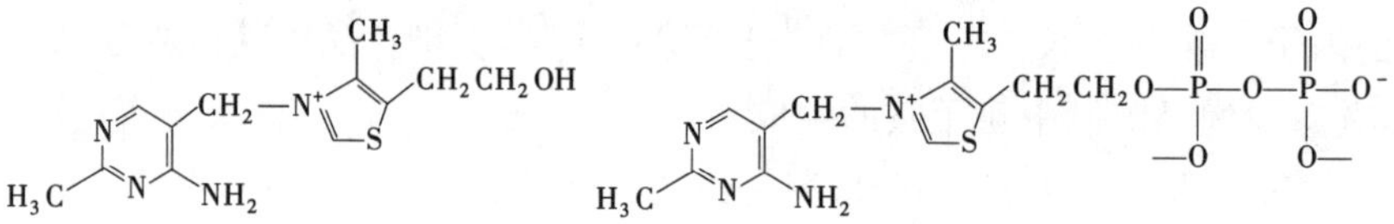

硫胺素

硫胺素焦磷酸盐

图7-6　维生素 B_1 的化学结构

硫胺素是B族维生素中最不稳定的一种。在中性或碱性条件下易降解,在酸性条件下较稳定。食品中其他组分也会影响硫胺素的降解,如单宁能与硫胺素形成加成物而使之失活,SO_2 或亚硫酸盐对其有破坏作用,胆碱使其分子裂开,加速其降解,蛋白质和碳水化合物对硫胺素的热降解有一定的保护作用,这是由于蛋白质与硫胺素的硫醇形式形成二硫化物,从而阻止其降解。

在低水分活度和室温时,硫胺素相当稳定,而在高水分活度和高温下长期储存,损失较大。硫胺素像其他水溶性维生素一样,在烹调过程中会因浸出而带来损失。硫胺素在宰后的鱼类和甲壳动物中不稳定,过去认为是由于其中存在的硫胺素酶造成的,现在研究发现,在金枪鱼、鲤鱼、猪肉和牛肉的肌肉组织中存在促使硫胺素降解的血红素蛋白。

食品中的硫胺素几乎能被人体完全吸收和利用,可参与糖代谢、能量代谢,并具有维持神经系统和消化系统正常功能及促进发育的作用。硫胺素摄入不足时,轻者表现为肌肉乏力、精神淡漠和食欲减退,重者会发生典型的脚气病,重病人可引起心脏功能失调、心率衰竭和精神失常。

硫胺素广泛分布于动植物食品中,其中在动物内脏、鸡蛋、马铃薯、核果及全粒小麦中含量较丰富。

三、维生素 B_2

维生素 B_2 又称核黄素,是D-核糖醇与7,8-二甲基异咯嗪的缩合物(见图7-7)。

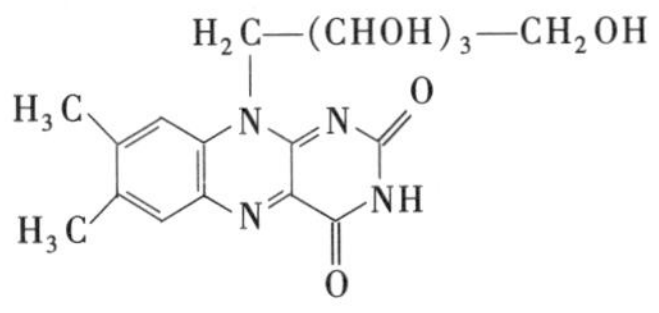

H_2C—$(CHOH)_3$—CH_2OH

核黄素

图 7-7　维生素 B_2 的化学结构

自然状态下常常是磷酸化的,在机体代谢中起辅酶作用。核黄素的生物活性形式是黄素单核苷酸(FMN)和黄素腺嘌呤二核苷酸(FAD),两者是细胞色素还原酶、黄素蛋白等的组成部分。FAD 起着电子载体的作用,在葡萄糖、脂肪酸、氨基酸和嘌呤的氧化中起重要作用。两种活性形式之间可通过食品中或胃肠道内的磷酸酶催化而相互转变。

核黄素具有热稳定性,不受空气中氧的影响,在酸性溶液中稳定,但在碱性溶液中不稳定,光照射容易分解。若在碱性溶液中辐射,其核糖醇部分发生光化学裂解,生成非活性的光黄素及一系列自由基,在酸性或中性溶液中,可形成具有蓝色荧光的光色素和不等量的光黄素。光黄素是一种比核黄素更强的氧化剂,它能加速其他维生素(特别是抗坏血酸)的破坏。在瓶装牛乳中,由于上述反应,会造成营养价值的严重损失,并产生不适宜的味道,称为"日光臭味",如果用不透明的容器装牛乳,就可避免这种反应的发生。在大多数加工或烹调过程中,食品中的核黄素是稳定的。

核黄素是构成呼吸黄酶和其他许多脱氢酶的辅酶所必需的物质。这些辅酶参与机体内许多氧化还原反应,能促进糖、脂肪和蛋白质的代谢。一旦缺乏,会影响机体呼吸和代谢,儿童最易出现生长停止,成人则出现唇炎、口角炎、舌炎、眼角膜炎、皮肤炎等病症。

食品中核黄素与磷酸和蛋白质结合形成复合物。动物性食品富含核黄素,尤其是肝、肾和心脏,奶类和蛋类中含量较丰富,豆类和绿色蔬菜中也有一定量的核黄素。

四、维生素 B_6

维生素 B_6 包括吡哆醛、吡哆醇和吡哆胺,它们都具有生物活性,易溶于水和酒精。三者均可在 $5'$-羟甲基位置上发生磷酸化,3 种形式在体内可相互转化。其生物活性形式以磷酸吡哆醛为主,也有少量的磷酸吡哆胺(见图 7-8)。它们作为辅酶参与体内的氨基酸、碳水化合物、脂类和神经递质的代谢。

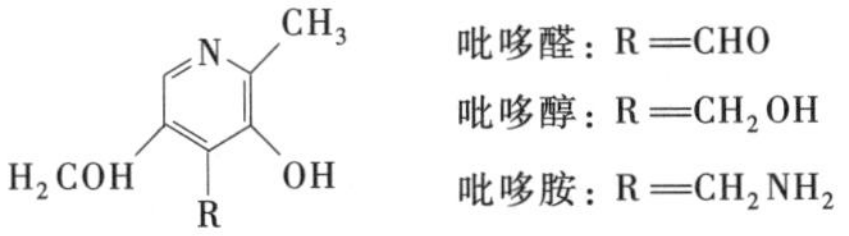

H_2COH　OH　R　N　CH_3

吡哆醛:R ═CHO
吡哆醇:R ═CH_2OH
吡哆胺:R ═CH_2NH_2

图 7-8　维生素 B_6 的化学结构

维生素 B_6 的 3 种形式都具有热稳定性,遇碱则分解。其中吡哆醛最为稳定,通常用来强化食品。维生素 B_6 的各种形式对光敏感,光降解最终产物是 4-吡哆酸或 4-吡哆酸-$5'$-磷酸。这种降解可能是自由基中介的光化学氧化反应,但并不需要氧的直接参与,氧化速度与氧的存在关系不大。维生素 B_6 的非光化学降解速度与 pH、温度和其他食品成分关系密切。在避光和低 pH 下,维生素 B_6 的 3 种形式均表现良好的稳定性,吡哆醛在 pH 为 5 时损失最大,吡哆胺在 pH 为 7 时损失最大。

维生素 B_6 可以通过食物摄入和肠道细菌合成两条途径获得。维生素 B_6 摄入不足

可导致维生素 B_6 缺乏症,主要表现为脂溢性皮炎、口炎、口唇干裂、舌炎,个别出现易激怒和抑郁等神经精神症状,儿童缺乏时的影响较成人大。从食物中获取过量的维生素 B_6 没有副作用,但通过补充品长期给予大剂量维生素 B_6 会引起严重毒副作用,主要表现为感觉神经疾患。

维生素 B_6 在肉类、肝脏、鱼类、奶类、豆类、坚果类中含量丰富,谷类、水果和蔬菜也含有,但含量不高。谷物中的维生素 B_6 主要是吡哆醇,动物性食品中主要是吡哆醛和吡哆胺,牛奶中主要是吡哆醛。

五、维生素 B_{12}

维生素 B_{12} 由几种密切相关的具有相似活性的化合物组成,这些化合物都含有钴,所以又称其为钴胺素。维生素 B_{12} 是一种共轭复合体,中心为三价的钴原子,分子结构中主要包括两个部分:一部分是与铁卟啉很相似的复合环式结构,另一部分是与核苷酸相似的 $5,6$-二甲基-1-(α-D-核糖呋喃酰)苯并咪唑-$3'$-磷酸酯(见图 $7-9$)。其中心卟啉环体系中的钴原子与卟啉环中 4 个内氮原子配位,二价钴原子的第 6 个配位位置被氰化物取代,生成氰钴胺素。

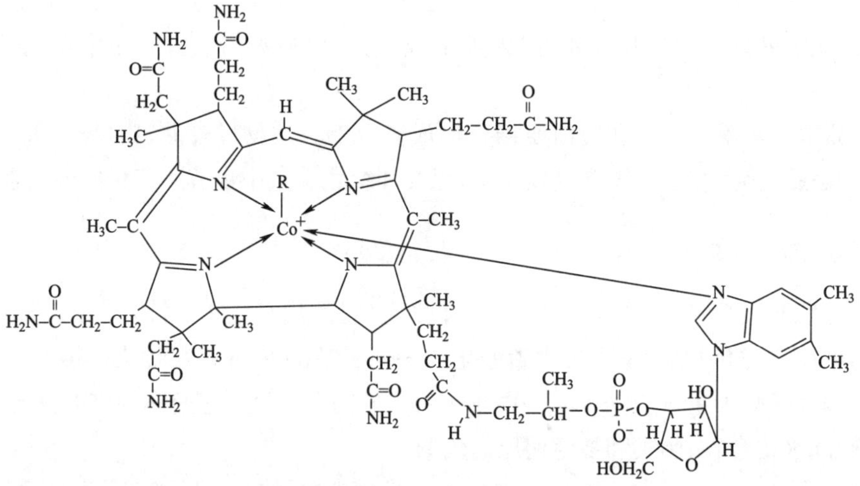

图 7-9　维生素 B_{12} 的化学结构

维生素 B_{12} 为红色结晶状物。维生素 B_{12} 的水溶液在室温并且不暴露在可见光或紫外光下是稳定的,其稳定的最适宜 pH 是 $4\sim6$,在此范围内,即使高压加热也仅有少量损失。在碱性溶液中加热能破坏维生素 B_{12},还原剂如低浓度的巯基化合物,能防止维生素 B_{12} 破坏,但用量较多以后,则又起破坏作用。抗坏血酸或亚硫酸盐也能破坏维生素 B_{12}。在溶液中,硫胺素与尼克酸的结合可缓慢地破坏维生素 B_{12},铁与来自硫胺素中具有破坏作用的硫化氢结合,可以保护维生素 B_{12},三价铁盐对维生素 B_{12} 有稳定作用,而低价铁盐则导致维生素 B_{12} 的迅速破坏。

许多酶的作用需要维生素 B_{12} 作辅酶,维生素 B_{12} 与叶酸一起参与由高半胱氨酸形成甲硫氨酸。人体缺乏维生素 B_{12} 时,可引起巨幼红细胞性贫血,即恶性贫血,以及神经系统损伤。

植物性食品中维生素 B_{12} 很少,其主要来源是菌类食品、发酵食品以及动物性食品如肝脏、瘦肉、肾脏、牛奶、鱼、蛋黄等,人体肠道中的微生物也可合成一部分供人体利用。

六、烟 酸

烟酸又称维生素 B_5 或维生素 PP、抗癫皮病因子,是吡啶 3 - 羧酸及其衍生物的总称(见图 7 - 10),包括尼克酸和尼克酰胺。它们的天然形式均有相同的烟酸活性。在生物体内,其活性形式是烟酰胺腺嘌呤二核苷酸(NAD)和烟酰胺腺嘌呤二核苷酸磷酸(NADP),它们是许多脱氢酶的辅酶,在糖酵解、脂肪合成及呼吸作用中发挥重要的生理功能。

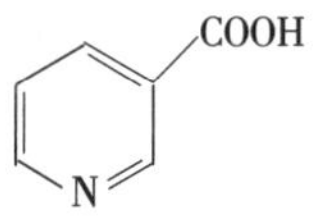

烟酸是最稳定的维生素,对光和热不敏感,在酸性或碱性条件下加热可使烟酰胺转变为烟酸,其生物活性不受影响,烟酸的损失主要与加工中原料的清洗、烫漂和修整等有关。

图 7 - 10 烟酸化学结构

烟酸具有抗癫皮病的作用,缺乏时会出现癫皮病,临床表现为"三 D 症",即皮炎(dermatitis)、腹泻(diarrhea)和痴呆(dementia)。癫皮病常发生在以玉米为主食的地区,因为玉米中的烟酸与糖形成复合物,阻碍了在人体内的吸收和利用,碱处理可以使烟酸游离出来。

烟酸广泛存在于动植物体内,酵母、肝脏、瘦肉、牛乳、花生、黄豆中含量丰富,谷物皮层和胚芽中含量也较高。

七、叶 酸

叶酸又名维生素 B_{11},包括一系列化学结构相似、生物活性相同的化合物,其分子结构中包括蝶呤、对氨基苯甲酸和谷氨酸 3 个部分(见图 7 - 11)。

叶酸的活性形式是四氢叶酸,是在叶酸还原酶、维生素 C、辅酶 Ⅱ 的协同作用下转化的。四氢叶酸的主要作用是进行单碳残基的转移,叶酸以这种方式在嘌呤与嘧啶的合成、氨基酸的相互转换作用以及某些甲基化的反应中起着重要作用。

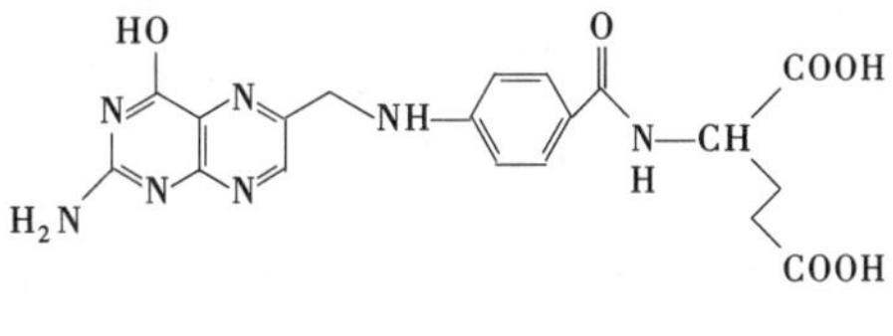

图 7 - 11 叶酸的结构

叶酸为黄色结晶,不易溶解于水,其钠盐溶解度较大,不溶于乙醇、乙醚及其他有机溶剂。叶酸在酸性溶液中对热不稳定,在中性和碱性条件下对热稳定,即使在 100℃ 下加热 1h 也不被破坏。

绿色蔬菜和动物肝脏中富含叶酸,乳中含量较低。蔬菜中的叶酸呈结合型,而肝中的叶酸呈游离态。人体肠道中可合成部分叶酸。

食品化学（第二版）

人体缺乏叶酸时,可引起巨幼红细胞性贫血、高半胱氨酸血症,孕早期缺乏叶酸,可引起胎儿神经管畸形,造成新生儿生长不良。叶酸虽为水溶性维生素,但大量服用也会产生毒副作用。

八、泛　酸

泛酸又称遍多酸,结构为 D(＋)- N - 2,4 -二羟基- 3,3 -二甲基丁酰-β-丙氨酸(图 7 - 12),是辅酶 A 的重要组成部分。

泛酸在空气中稳定,但对热不稳定,在 pH 为 5～7 内最稳定,在碱性溶液中易分解,生成 β-丙氨酸和泛解酸,在酸性溶液中水解成泛解酸的 γ-内酯。泛酸热降解的原因可能是 β-丙氨酸与 2,4 -二羟基- 3,3 -二甲基丁酸之间的连接键发生了酸催化水解。在其他的条件下,泛酸与食品中的其他组分不发生反应。

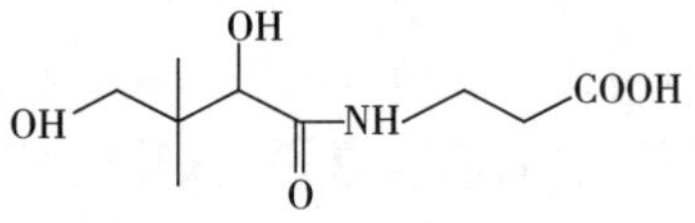

图 7 - 12　泛酸的化学结构

在食品加工和储藏中,泛酸较稳定,尤其是低 A_w 的食品。食品加工过程中,随温度的升高和水溶流失程度的增大,泛酸大约损失 30%～80%。

泛酸在肉、肝脏、肾脏、水果、蔬菜、牛奶、鸡蛋、酵母、全麦和核果中含量丰富,动物性食品中的泛酸大多呈结合态。

九、生物素

生物素和硫胺素一样,也是一种含硫维生素,由脲和噻吩 2 个五元环组成(见图 7 - 13)。有 8 种异构体,天然存在的为具有活性的 D-生物素。生物素与蛋白质中的赖氨酸残基结合形成生物胞素。生物素和生物胞素是两种天然的维生素。

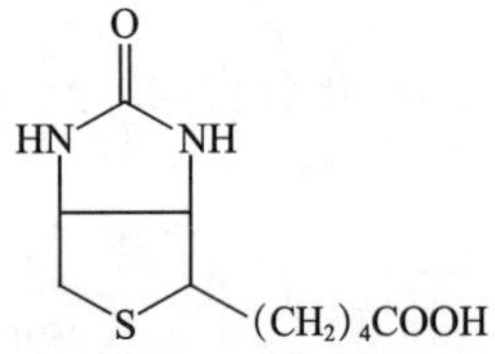

生物素对光、氧和热非常稳定,但强酸、强碱会导致其降解。某些氧化剂(如过氧化氢)使生物素分子中的硫氧化,生成无活性的生物素或生物素硫氧化物。此外,生物素环上的羰基也可与氨基发生反应。在食品加工和储藏中,生物素的损失较小,发生的损失主要是由于溶于水而流失,也有部分是由于酸碱处理和氧化造成的。

图 7 - 13　生物素的结构

很多动物包括人体在内都需要生物素维持健康,体内轻度缺乏生物素可导致皮肤干燥、脱屑,头发变脆等,重度缺乏可导致可逆性脱发、抑郁、肌肉疼痛、萎缩等。生物素在糖类、脂肪和蛋白质代谢中具有重要的作用,主要是作为羧基化反应、羧基转移反应以及脱氨作用中的辅酶。以生物素为辅酶的酶是用赖氨酸残基的 ε-氨基与生物素的羧基通过酰胺键连接的。

生物素广泛存在于动、植物性食品中,以肉、肝、肾、牛奶、蛋黄、酵母、蔬菜和蘑菇中含量丰富,肠道细菌可合成相当部分的生物素,故人体一般不缺乏生物素。生物素可因食用生鸡蛋清而失活,这是由一种称抗生物素的糖蛋白引起的,它能与生物素牢固结合形成抗生物素的复合物,使生物素无法被生物体利用,加热可破坏这种拮抗作用。

第四节　维生素在食品储藏加工中的损失

在加工和储藏的过程中,所有食物都不可避免地在某种程度上遭受维生素的损失。

一、环境因素的影响

食品中维生素的种类较多,但含量较少。食品中维生素的含量除与原料中维生素的含量有关外,还与食品在收获、储藏、运输和加工过程中维生素的损失关系密切。因此,要提高食品中维生素的含量除了要考虑原料的成熟度、生长环境、土壤情况、肥料的使用、水的供给、气候变化、光照时间和强度,以及采后或宰杀后的处理等因素外,还需考虑加工及储藏过程中各种条件对食品中营养素含量的影响。

二、食品原料自身的影响

(一)原料成熟度与部位对维生素含量的影响

水果、蔬菜中维生素的含量随成熟期、生长地及气候的不同而异。在果蔬成熟过程中,维生素的含量由其合成和降解的速度决定。番茄中抗坏血酸含量在未成熟的某个时期最高,大部分蔬菜与番茄的情况相反,成熟度越高,维生素含量越高,辣椒中的抗坏血酸含量就是在成熟期最高。胡萝卜中类胡萝卜素的含量随品种不同差异很大,但成熟期对其并无显著影响。

植物的不同部位维生素含量也不同。一般植物的根部维生素含量最低,其次是果实和茎,含量最高的部位是叶片。对果实而言,表皮维生素含量最高,由表皮到果芯,维生素含量依次递减。

动物制品中的维生素含量与动物的物种及食物结构有关,如 B 族维生素在肌肉中的浓度取决于肌肉从血液中汲取维生素 B 并将其转化为辅酶形式的能力。在饲料中补充脂溶性维生素,肌肉中脂溶性维生素的含量就会增加。

(二)采后(宰后)食品中维生素的含量变化

食品从采收或屠宰到加工这段时间,营养价值会发生明显的变化。因为许多维生素的衍生物是酶的辅助因子,易受酶,尤其是动、植物死后释放出的内源酶所降解。细胞受损后,原来分隔开的氧化酶和水解酶会从完整的细胞中释放出来,从而改变维生素的化学形式和活性。例如,维生素 B_6、维生素 B_1 或维生素 B_2 辅酶的脱磷酸化反应;维生素 B_6 葡萄糖苷的脱葡萄糖基反应;聚谷氨酰叶酸酯的去共轭作用,都会影响植物采收后或动物屠宰后维生素的含量和存在状态,其变化程度与贮藏加工过程中的温度高低和时间长短有关。一般而言,维生素的净浓度变化较小,主要是引起生物利用率的变化。脂肪氧合酶的氧化作用可以降低许多维生素的含量，而抗坏血酸氧化酶则专一性地引起抗坏血酸的损失。豌豆从采收到运往加工厂贮水槽的 1h 内，所含维生素会发生明显的还原反应。新鲜蔬菜如果处理不当，在常温或较高温度下存放 24h 或更长时间，维生素也会发生严重损失。如果在采后或宰后采取适当的处理方法，如科学的包装、冷藏运输等措施，果蔬和动物制品中维生素的变化就会减少。

三、食品加工前的预处理对维生素含量的影响

（一）谷类食品在研磨过程中维生素的损失

碾磨是谷物特有的加工方式。谷类在碾磨过程中，维生素会发生不同程度的损失，其损失程度依胚乳和胚芽与种子外皮分离的难易程度而异，难分离的研磨时间长，损失率高，反之则损失率低。因此，研磨对各种谷物种子中维生素的影响不一样，即使同一种谷物各种维生素的损失率也不尽相同。此外，不同的加工方式对维生素损失的影响也有差异，谷物精制程度越高，维生素损失越严重。例如，小麦在碾磨成面粉时，出粉率不同，维生素的存留也不同。

（二）切割、去皮

植物组织经过修整或细分（如水果去皮），均会导致营养素的部分丢失。苹果皮中抗坏血酸的含量比果肉高，凤梨心比食用部分含有更多的维生素 C，胡萝卜表皮层的烟酸含量比其他部位高，土豆、洋葱和甜菜等植物的不同部位也存在营养素含量的差别。因而在修整这些蔬菜和水果以及摘去菠菜、花椰菜、绿豆、芦笋等蔬菜的部分茎、梗和梗肉时，会造成部分营养素的损失。在一些食品去皮过程中，由于使用强烈的化学物质，如碱液处理，使外层果皮的维生素破坏。

（三）清洗、热烫对维生素含量的影响

水果和蔬菜在清洗时，一般维生素的损失很少，但要注意避免挤压和碰撞，也要尽量避免切后清洗造成水溶性维生素的大量流失。对于化学性质较稳定的水溶性维生素（如泛酸、烟酸、叶酸、核黄素等），溶于水而流失是最主要的损失途径。

大米在淘洗过程中会损失部分维生素，这主要是由于维生素主要存在于米粒表面的细米糠中。大米淘洗后 B 族维生素的损失率为 60%，总维生素损失率为 47%，淘洗次数越多，淘洗时用力越大，B 族维生素损失越多。

热烫（烫漂）是水果和蔬菜加工中不可缺少的处理方法，目的在于钝化影响产品品质的酶类、减少微生物污染和排除组织中的空气，有利于食品储存期间保持维生素的稳定。热烫的方式有热水、蒸汽和微波。烫漂会造成水溶性维生素发生损失，损失程度与pH、烫漂时间和温度、含水量、切口表面积、烫漂类型及成熟度有关。通常高温短时烫漂维生素损失较少，烫漂时间越长，维生素损失越大；食品成熟度越高，烫漂时维生素 C

和维生素 B_1 损失越少；食品切分越细，单位质量表面积越大，维生素损失越多。不同烫漂类型对维生素影响的顺序为热水＞蒸汽＞微波。热水烫漂会造成水溶性维生素的大量流失，随温度升高，损失量显著增加。

(四)化学药剂(包括食品添加剂)处理对维生素含量的影响

由于贮藏和加工的需要，常常向食品中添加一些化学物质，其中有的能引起维生素损失。二氧化硫(SO_2)、亚硫酸盐、亚硫酸氢盐、偏亚硫酸盐可以防止水果和蔬菜的酶促褐变和非酶褐变，作为还原剂可防止抗坏血酸氧化，在葡萄酒加工中起抗微生物的作用，但会破坏维生素 B_1 和维生素 B_6。

在肉制品加工中，为了改善肉制品的颜色，通常添加硝酸盐和亚硝酸盐作为发色剂。而菠菜、甜菜等蔬菜本身就含有高浓度的硝酸盐，通过微生物作用而产生亚硝酸盐，亚硝酸盐不但能与抗坏血酸迅速反应，而且还能破坏类胡萝卜素、维生素 B_1 和叶酸等。

作为杀虫剂的环氧乙烷和环氧丙烷，可使害虫的蛋白质和核酸烷基化，从而达到杀灭目的，但也导致了一些维生素的失效，不过未造成食品中总体维生素的严重损失。

食品在配料时，由于其他原料的加入会带来酶的污染，从而影响维生素的稳定性。例如，加入植物性配料，会把抗坏血酸氧化酶带入成品；用海产品作为配料，可带入硫胺素酶。

果蔬加工中，添加的有机酸可减少维生素 C 和维生素 B_1 的损失；碱性物质会增加维生素 C、维生素 B_1 和叶酸等的损失。

不同维生素之间也相互影响。例如，食品中添加维生素 C 和维生素 E 可降低胡萝卜素的损失。

四、食品加工和储藏过程中维生素含量的变化

(一)储藏温度

食品在储藏期间，维生素的损失与储藏温度关系密切。例如，罐头食品冷藏保存一年后，维生素 B_1 的损失低于室温保存。

冷冻是最常用的食品储藏方法。冷冻一般包括预冷冻、冷冻储存、解冻 3 个阶段，维生素的损失主要包括储存过程中的化学降解和解冻过程中水溶性维生素的流失。例如，蔬菜经冷冻后，维生素会损失 37%～56%；肉类食品经冷冻后，泛酸的损失为 21%～70%。肉类解冻时，汁液的流失使维生素损失 10%～14%。

(二)储藏时间

食品储藏的时间越长，维生素损失就越大。在储藏期间，食品中脂质的氧化产生的氢过氧化物、过氧化物和环过氧化物，能够氧化类胡萝卜素、生育酚、抗坏血酸等易被氧

化的维生素,导致维生素活性的损失。氢过氧化物分解产生的含羰基化合物,能造成一些维生素(如硫胺素、泛酸)的损失。糖类非酶褐变产生的高度活化的羰基化合物,也能以同样的方式破坏某些维生素。

(三)包装材料

包装材料对储藏食品中维生素的含量有一定影响。例如,透明包装的乳制品在储藏期间,维生素 B_2 和维生素 D 会发生损失。

(四)辐 照

辐照是利用原子能射线对食品原料及其制品进行灭菌、杀虫、抑制发芽和延期后熟等,以延长食品的保存期,尽量减少食品中营养的损失。

辐照对维生素有一定的影响。水溶性维生素对辐照的敏感性主要取决于它们是处在水溶液中还是食品中或是否受到其他组分的保护等。维生素 C 对辐照很敏感,其损失随辐照剂量的增大而增加。B 族维生素中,维生素 B_1 最易受到辐照的破坏,辐照对烟酸的破坏较小。脂溶性维生素对辐照的敏感程度大小依次为维生素 E>胡萝卜素>维生素 A>维生素 D>维生素 K。

第五节　矿物质

一、矿物质概述

所谓矿物质是指食品中各种无机化合物,大多数相当于食品灰化后剩余的成分,故又称粗灰分。具体地说除 C,H,O,N 主要以有机化合物形式存在外,其他的元素都称为矿物质元素。矿物质在食品中的含量较少,但具有重要的营养生理功能,有些对人体具有一定的毒性。因此,研究食品中的矿物质目的在于提供建立合理膳食结构的依据,保证适量有益矿物质,减少有毒矿物质,维持生命体系处于最佳平衡状态。

食品中矿物质含量的变化主要取决于环境因素。植物可以从土壤中获得矿物质并贮存于根、茎和叶中,动物通过摄食饲料而获得。

食物中的矿物质可以离子状态、可溶性盐和不溶性盐的形式存在,有些矿物质在食品中往往以螯合物或复合物的形式存在。

二、食品中矿物质的分类

食品中矿物质按其对人体健康的影响可分为必需元素、非必需元素和有毒元素 3 类。必需元素是指这类元素存在于机体的健康组织中,对机体自身的稳定具有重要作用。当缺乏或不足时,机体出现各种功能异常现象。例如,缺铁导致贫血,缺硒出现白肌病,缺碘易患甲状腺肿等。但必需元素摄入过多会对人体造成危害,引起中毒。非必需元素又称辅助营养元素,有毒元素通常指重金属元素如汞、铅、镉等。

食品中的矿物质若按在体内含量的多少可分为常量元素和微量元素两类。常量元素是指其在人体内含量在 0.01% 以上的元素,如钙、磷等;含量在 0.01% 以下的称为微量元素,如铁、碘、硒、锌、锰、铬等。无论是常量元素还是微量元素,在适当的范围内对维持人体正常的代谢与健康具有十分重要的作用。

三、矿物质的基本作用

(一)机体的构成成分

食品中许多矿物质是构成机体必不可少的部分,如钙、磷、镁、氟和硅等是构成牙齿和骨骼的主要成分,磷和硫存在于肌肉和蛋白质中,铁为血红蛋白的重要组成成分。

(二)维持内环境的稳定

作为体内的主要调节物质,矿物质不仅可以调节渗透压,保持渗透压的恒定以维持组织细胞的正常功能和形态,而且可以维持体内的酸碱平衡和神经肌肉的兴奋性。

(三)某些特殊功能

某些矿物质在体内作为酶的构成成分或激活剂。在这些酶中,特定的金属与酶蛋白分子牢固地结合,使整个酶系具有一定的活性,如血红蛋白和细胞色素酶系中的铁,谷胱甘肽过氧化物酶中的硒等。有些矿物质是构成激素或维生素的原料,如碘是甲状腺素不可缺少的元素、钴是维生素 B_{12} 的组成成分等。

(四)改善食品的品质

许多矿物质是非常重要的食品添加剂,它们对改善食品的品质意义重大。如 Ca^{2+} 是豆腐的凝固剂,还可保持食品的质构,磷酸盐有利于增加肉制品的持水性和结着性,食盐是典型的风味改良剂等。

第六节　食品中重要的矿物质

一、常量元素

(一)钠和钾

钠(Na)和钾(K)的作用与功能关系密切,两者均是人体的必需营养素。钠作为血浆和其他细胞外液的主要阳离子,在保持体液的酸碱平衡、渗透压和水的平衡方面起重要作用;并和细胞内的主要阳离子钾共同维持细胞内外的渗透平衡,参与细胞的生物电

活动,在机体内循环稳定的控制机制中起重要作用;在肾小管中参与氢离子交换和再吸收;参与细胞的新陈代谢。在食品工业中钠可激活某些酶如淀粉酶;诱发食品中典型咸味;降低食品的 A_w,抑制微生物生长,起到防腐的作用;作为膨松剂改善食品的质构。钾可作为食盐的替代品及膨松剂。

钠的主要来源是食盐和味精,钾的主要食物来源是水果、蔬菜和肉类。人们一般很少出现钠、钾缺乏症,但当钠摄入过多时会造成高血压。

（二）钙和磷

钙(Ca)和磷(P)也是人体必需的营养素之一。体内 99％的钙和 80％的磷以羟磷灰石的形式存在与骨骼和牙齿中。钙对血液凝固、神经肌肉的兴奋性、细胞的粘着、神经冲动的传递、细胞膜功能的维持、酶反应的激活以及激素的分泌都起着决定性的作用。磷作为核酸、磷脂、辅酶的组成部分,参与碳水化合物和脂肪的吸收与代谢。

由于钙能与带负电荷的大分子形成凝胶,如低甲氧基果胶、大豆蛋白、酪蛋白等,加入罐用配汤可提高罐装蔬菜的坚硬性,因此,在食品工业中广泛用作质构改良剂。磷在软饮料中用作酸化剂;三聚磷酸钠有助于改善肉的持水性;在剁碎肉和加工奶酪时使用磷可起到乳化助剂的作用。此外,磷还可充当膨松剂。

钙的主要来源有乳及其制品、绿色蔬菜、豆腐、鱼和骨等,磷主要来源于动物性食品。植物性食品中含有大量的磷,但大多数以植酸磷的形式存在,难以被人体消化与吸收。可通过发酵或浸泡方式将其水解,释放出游离的磷酸盐,从而提高磷的生物利用率。人体缺钙时,幼年易患佝偻病,成年或老年易患骨质疏松症。一般很少出现磷缺乏症。

（三）镁

镁(Mg)虽然是常量元素中体内总含量较少的一种元素,但具有非常重要的生理功能。镁是骨骼和牙齿的重要组成成分之一,它与钙、磷构成骨盐,与钙在功能上既协同又对抗。当钙不足时镁可部分替代,当镁摄入过多时,又阻止骨骼的正常钙化。镁是细胞内的主要阳离子之一,和 Ca,K,Na 一起与相应的阴离子协同,维持体内的酸碱平衡和神经肌肉的应激性。细胞内大多数镁集中在线粒体中作为辅基参与体内的各种磷酸化反应;通过对核糖体的聚合作用,参与蛋白质的合成,使 mRNA 与 70S 核糖体连接;参与 DNA 的合成与分解,维持核酸结构的稳定。

食品工业中镁主要用作颜色改良剂。在蔬菜加工中常因叶绿素中的镁脱去生成脱镁叶绿素,使色泽变暗。膳食中的镁来源于全谷、坚果、豆类和绿色蔬菜中,一般很少出现缺乏症。

（四）硫

硫(S)对机体的生命活动起着非常重要的作用,在体内主要作为合成含硫氨基酸如胱氨酸、半胱氨酸和甲硫氨酸的原料。食品工业中常利用 SO_2 和亚硫酸盐作为褐变反应的抑制剂;在制酒工业中广泛用于防止和控制微生物生长。硫分布广,富含含硫氨基酸的动植物食品是硫的主要膳食来源。

二、微量元素

(一)锌

锌(Zn)主要通过体内某些酶类直接发挥作用来调节生命活动,作为负责调节基因表达的反式作用因子的刺激物,参与 DNA,RNA 和蛋白质的代谢。锌与胰岛素、前列腺素、促性腺素等激素的活性有关,锌具有提高机体免疫力的功能,与人的视力及暗适应能力关系密切。此外,锌可能是细胞凋亡的一种调节剂。

一般动物性食品中锌的含量较高,肉中锌的含量约为 20mg/kg～60mg/kg,而且肉中的锌与肌球蛋白紧密连接在一起,提高了肉的持水性。除谷类的胚芽外,植物性食品中锌含量较低,如小麦含 20mg/kg～30mg/kg,且大多与植酸结合,不易被吸收与利用。水果和蔬菜中含锌量很低,大约为 2mg/kg。有机锌的生物利用率高于无机锌。

(二)铁

铁(Fe)是人体必需的微量元素,也是体内含量最多的微量元素。机体内的铁都以结合态存在,没有游离的铁离子存在。铁是血红素的组成成分之一;铁参与血红蛋白和肌红蛋白的构成;参与细胞色素氧化酶、过氧化物酶的合成;维持其他酶类如乙酰辅酶A、黄嘌呤氧化酶等活性以保持体内三羧酸循环顺利进行。在机体氧的运输、交换与组织呼吸中发挥重要作用。铁还影响体内蛋白质的合成,提高机体的免疫力。

食品工业中铁主要有以下几个方面的作用:①通过 Fe^{2+} 与 Fe^{3+} 催化食品中的脂质过氧化;②颜色改变剂。与多酚类形成绿色、蓝色或黑色复合物,在罐头食品中与 S^{2-} 形成黑色的 FeS;在肌肉中以其价态不同呈现不同的色泽如 Fe^{2+} 呈红色,而 Fe^{3+} 呈褐色;③营养强化剂。在越来越多的食品中使用铁进行营养强化。不同化学形式的铁,其强化后的生物可利用性也不同,动物性食品如肝脏、肌肉、蛋黄中富含铁,植物性食品如豆类、菠菜、苋菜等中含铁量稍高,其他含铁较低,且大多数与植酸结合难以被吸收与利用。

(三)铜

人体中的铜(Cu)大多数以结合状态存在,如血浆中大约有 90% 的铜以铜兰蛋白的形式存在。铜通过影响铁的吸收、释放、运送和利用来参与造血过程。铜能加速血红蛋白及卟啉的合成,促使幼稚红细胞成熟并释放。铜是体内许多酶的组成成分,如超氧化物歧化酶(SOD);对结缔组织的形成和功能具有重要作用;与毛发的生长和色素的沉着有关；促进体内释放许多激素，如促甲状腺激素、促黄体激素、促肾上腺皮质激素和垂体释放生长激素等；影响肾上腺皮质类固醇和儿茶酚胺的合成，并与机体的免疫有关。

食品加工中铜可催化脂质过氧化、抗坏血酸氧化和非酶氧化褐变；作为多酚氧化酶的组成成分催化酶促褐变，影响食品的色泽。但在蛋白质加工中，铜可改善蛋白质的功能特性，稳定蛋白质的起泡性。绿色蔬菜、鱼类和动物肝脏中含铜丰富，牛奶、肉、面包中含量较低。食品中锌过量时会影响铜的利用。

（四）碘

碘（I）在机体内主要通过构成甲状腺素而发挥各种生理作用。它活化体内的酶，调节机体的能量代谢，促进生长发育，参与 RNA 的诱导作用及蛋白质的合成。面粉加工焙烤食品时，KIO_3 作为面团改良剂，能改善焙烤食品质量。机体缺碘会产生甲状腺肿，幼儿缺碘会导致呆小病。

海带及各类海产品是碘的丰富来源。乳及乳制品中含碘量在 $200\mu g/kg \sim 400\mu g/kg$，植物中含碘量较低。食品加工中一些含碘食品如海带长时间的淋洗和浸泡会导致碘的大量流失。内陆地区常会出现缺碘症状，沿海地区很少缺碘。一般可通过营养强化碘的方法预防和治疗碘缺乏症。目前，通常使用强化碘盐，即在食盐中添加碘化钾或碘酸钾使 1g 食盐中碘量达 $70\mu g$。

（五）硒

硒（Se）是机体重要的必需微量元素。硒参与谷胱苷肽过氧化物酶（GSH－Px）的合成，发挥抗氧化作用，保护细胞膜结构的完整性和正常功能的发挥。

硒能加强维生素 E 的抗氧化作用，但维生素 E 主要防止不饱和脂肪酸氧化生成氢过氧化物（ROOH），而硒使氢过氧化物（ROOH）迅速分解成醇和水。硒还具有促进免疫球蛋白生成和保护吞噬细胞完整的作用。

硒的生物利用率与硒化合物的形态有关，最活泼的是亚硒酸盐，但它化学性质最不稳定。许多硒化合物有挥发性，在加工中有损失。例如脱脂奶粉干燥时大约损失 5% 的硒。硒的食物来源主要是动物内脏，其次是海产品、淡水鱼、肉类；蔬菜和水果中含量最低。

硒缺乏与中毒与地理环境有关。我国黑龙江克山县一带是严重缺硒地区，土壤中的含硒量仅为 0.06mg/kg，这些地区的人易患白肌病（WMD）或大骨节病；而陕西的紫阳和湖北的恩思部分地区为高硒区，硒的含量变化为 0.08mg/kg～45.5mg/kg，平均为9.7mg/kg，常会出现硒中毒现象。

（六）铬

铬（Cr）是人和动物必需的微量元素，在体内具有重要的生理功能。铬通过协同和增强胰岛素的作用，影响糖类、脂类、蛋白质及核酸的代谢。Cr^{3+} 在葡萄糖磷酸变位酶中起着关键性的作用。铬作用于细胞上的胰岛素敏感部位,增加细胞表面胰岛素受体的数量或激活胰岛素与膜受体之间二硫键的活性,加强胰岛素与其受体位点的结合,刺激外周组织对葡萄糖的利用,维持体内血糖的正常水平。铬可增强脂蛋白脂酶和卵磷脂胆固醇酰基转移酶的活性,促进高密度脂蛋白(HDL)的生成。铬可促进氨基酸进入细胞,影响核蛋白、RNA 和核酸的合成,保护 RNA 免受热变性,维持核酸结构的完整性。Cr^{3+} 可能具有改变和调节基因的功能。

铬的最丰富来源是啤酒酵母,动物肝脏、胡萝卜、红辣椒等中含铬较多。有机铬易被吸收,Fe,Zn 及植酸盐等妨碍铬的吸收,而 Mn,Mg 及草酸盐可促进铬的吸收。

(七)钴

钴(Co)是早期发现的人和动物体内必需的微量元素之一。钴可增强机体的造血功能,可能的途径有:①直接刺激作用。钴促进铁的吸收和贮存铁的动员,使铁易进入骨髓被利用;②间接刺激作用。钴能抑制细胞内许多重要的呼吸酶的活性,引起细胞缺氧,从而使红细胞生成素的合成量增加,产生代偿性造血机能亢进。钴通过维生素 B_{12} 参与体内甲基的转移和糖代谢;钴还可以提高锌的生物利用率。

食物中钴的含量变化较大。豆类中含量稍高,大约在 1.0mg/kg,玉米和其他谷物中含量很低,大约在 0.1mg/kg。

第七节　矿物质在食品加工中的损失和强化

一、矿物质在食品加工中的损失

(一)遗传因素和环境因素

食品中矿物质在很大程度上受遗传因素和环境因素的影响。有些植物具有富集特定元素的能力,植物生长的环境如水、土壤、肥料、农药等也会影响食品中的矿物质。内地与沿海地区比较,食品碘的含量低。动物种类不同,其矿物质组成有差异。例如,牛肉中铁含量比鸡肉高。同一品种不同部位矿物质含量也不同,如动物肝脏比其他器官和组织更易沉积矿物质。

(二)食品加工中变化

食品中矿物质的损失与维生素不同,在食品加工过程中不会因光、热、氧等因素分解,而是通过物理作用除去或形成另外一种不易被人体吸收与利用的形式。

1. 预加工

食品加工最初的整理和清洗会直接带来矿物质的大量损失,如水果的去皮、蔬菜的去叶等。

2.精　制

精制是造成谷物中矿物质损失的主要因素,因为谷物中的矿物质主要分布在糊粉层和胚组织中,碾磨时使矿物质含量减少,碾磨越精,损失越大。需要指出的是由于某些谷物如小麦外层所含的抗营养因子在一定程度上妨碍矿物质在体内的吸收,因此,需要适当进行加工,以提高矿物质的生物可利用性。

3.烹调过程中食物间的搭配

溶水流失是矿物质在加工过程中的主要损失途径。食品在烫漂或蒸煮等烹调过程中,遇水引起矿物质的流失,其损失多少与矿物质的溶解度有关,烹调方式不同,对于同一种矿物质的损失影响也不同。

烹调中食物间的搭配对矿物质也有一定的影响,若搭配不当时会降低矿物质的生物可利用性。例如,含钙丰富的食物与含草酸盐较高的食物共同煮制,就会形成螯合物,大大降低钙在人体中的利用率。

4.加工设备和包装材料

食品加工中设备、用水和包装都会影响食品中的矿物质。例如,牛乳中镍含量很低,但经过不锈钢设备处理后镍的含量明显上升;罐头食品中的酸与金属器壁反应,生产氢气和金属盐,则食品中的铁和锡离子的浓度明显上升,但这类反应严重时会产生"胀罐"和出现硫化黑斑。

二、食品中矿物质的强化

(一)矿物质营养强化概况

一种优质的食品应具有良好的品质属性,主要包括安全性、营养、色泽、风味和质地,其中营养是一项重要的衡量指标。但是,没有一种天然食物含有人体需要的各种营养素,其中也包括矿物质。此外,食品在加工和贮藏过程中往往造成矿物质的损失。因此,为了维护人体的健康,提高食品的营养价值,根据需要有必要进行矿物质的营养强化。对此,我国有关部门专门制定了食品营养强化剂使用标准。

根据营养强化的目的不同,食品中矿物质的强化主要有3种形式:

(1)矿物质的恢复。添加矿物质使其在食品中的含量恢复到加工前的水平;

(2)矿物质的强化。添加某种矿物质,使该食品成为该种矿物质的丰富来源;

(3)矿物质的增补。选择性地添加某种矿物质,使其达到规定的营养标准要求。

(二)矿物质强化的意义

人们由于饮食习惯和居住环境等不同,往往会出现各种矿物质的摄入不足,导致各种不足症和缺乏症。例如,缺硒地区人们易患白肌病和大骨节病。因此,有针对性地进行矿物质的强化对提高食品的营养价值和保护人体的健康具有十分重要的作用。通过强化,可补充食品在加工与贮藏中矿物质的损失,满足不同人群生理和职业的要求,方便摄食以及预防和减少矿物质缺乏症。

(三)食品矿物质强化的原则

食品进行矿物质强化必须遵循一定的原则,即从营养、卫生、经济效益和实际需要等方面全面考虑。

1.结合实际,有明确的针对性

在对食品进行矿物质强化时必须结合当地的实际,要对当地的食物种类进行全面的分析,同时对人们的营养状况作全面细致的调查和研究,尤其要注意地区性矿物质缺乏症,然后科学地选择需要强化的食品、矿物质强化的种类和数量。

2.选择生物利用性较高的矿物质

在进行矿物质营养强化时,最好选择生物利用性较高的矿物质。例如,钙强化剂有氯化钙、碳酸钙、磷酸钙、硫酸钙、柠檬酸钙、葡萄糖酸钙和乳酸钙等,其中人体对乳酸钙的生物利用率最好。强化时应尽量避免使用那些难溶解、难吸收的矿物质,如植酸钙、草酸钙等。另外,还可使用某些含钙的天然物质如骨粉及蛋壳粉。

3.应保持矿物质和其他营养素间的平衡

食品进行矿物质强化时,除考虑选择的矿物质具有较高的可利用性外,还应保持矿物质与其他营养素间的平衡。若强化不当会造成食品各营养素间新的不平衡,影响矿物质以及其他营养素在体内的吸收与利用。

4.符合安全卫生和质量标准

食品中使用的矿物质强化剂要符合有关的卫生和质量标准,同时还要注意使用剂量。一般来说,生理剂量是健康人所需的剂量或用于预防矿物质缺乏症的剂量;药理剂量是指用于治疗缺乏症的剂量,通常是生理剂量的10倍;而中毒剂量是可引起不良反应或中毒症状的剂量,通常是生理剂量的100倍。

5.不影响食品原来的品质属性

食品大多具有美好的色、香、味等感官性状,在进行矿物质强化时不应损害食品原有的感官性状而致使消费不能接受。根据不同矿物质强化剂的特点,选择被强化的食品与之配合,这样不但不会产生不良反应,而且还可提高食品的感官性状和商品价值。例如,铁盐色黑,当用于酱或酱油强化时,因这些食品本身具有一定的颜色和味道,在合适的强化剂量范围内,可以完全不会使人们产生不快的感觉。

6.经济合理,有利于推广

矿物质强化的目的主要是提高食品的营养和保持人们的健康。一般情况下,食品的矿物质强化需要增加一定的成本。因此,在强化时应注意成本和经济效益,否则不利于推广,达不到应有的目的。

【归纳与总结】

维生素与矿物质是食品中两种重要的必需营养素,维生素是活的细胞维持正常生理功能所必需、但需要量极少的天然有机化合物的总称。矿物质具体地说是除 C,H,O,N 主要以有机化合物形式存在外,其他的元素都称为矿物质元素。

维生素根据溶解性将其分为水溶性维生素与脂溶性维生素,其中水溶水溶性维包括维生素 C 与 B 族类维生素;脂溶性维生素包括维生素 A、维生素 D、维生素 E、维生素 K。它们在加工容易遭到破坏而造成含量的下降。

食品中矿物质按其对人体健康的影响可分为必需元素、非必需元素和有毒元素 3 类。矿物质若按在体内含量的多少可分为常量元素和微量元素两类。常量元素是指其在人体内含量在 0.01% 以上的元素,如钙、磷等;含量在 0.01% 以下的称为微量元素,如铁、碘、硒、锌、锰、铬等。无论是常量元素还是微量元素,在适当的范围内对维持人体正常的代谢与健康具有十分重要的作用。食品中矿物质在食品加工贮藏中变化与维生素相比除溶出减少外,或转化成人体不可利用的形式,也可能存在配料或设备接触使成品含量增加的情况。

【相关知识阅读】

类维生素物质

维生素是人和动物为维持正常的生理功能而必须从食物中获得的一类微量有机物质,在人体生长、代谢、发育过程中发挥着重要的作用。维生素既不参与构成人体细胞,也不为人体提供能量,还有一些物质,从目前的研究材料还不能完全证明它们属于维生素,但不同程度上具有维生素的属性。一类物质是已被证明在某些方面具有维生素的生物学作用,少数动物必须由饲粮提供,但没有证明大多数动物都必须由饲粮提供。属于这一类的类维生素物质有肌醇、肉毒碱、硫辛酸、辅酶 Q 和多酚。还有一类物质,有促进动物机体代谢的作用或某方面的效益,但还没有被证明对哪种动物是必须由饲粮提供的。这一类物质包括"维生素 B_{13}(乳清酸)""维生素 B_{15}(Pangamic acid)""维生素 B_{17}(苦杏仁苷)""维生素 H_3(Gerovital)""维生素 U"以及"葡萄糖耐受因子",由于后一类还不能确定是动物所必需的,又称为假维生素。关于这些物质是否属于维生素还有待进一步证明,也涉及维生素概念及定义的进一步阐明。

食品强化

向食品中添加营养素,以增强其营养价值的措施。在中国,食品强化优先选择的载体主要是谷类及其制品、奶制品、饮料、豆制品、调味品和儿童食品。

强化剂主要有:必需氨基酸类,如赖氨酸、色氨酸、苯丙氨酸、蛋氨酸等;维生素类;无机盐与微量元素类;天然食品及其制品,如豆类。强化剂的用量应符合中国《食品营养强化剂使用卫生标准》。在下列情况下可考虑食品强化:①弥补食品天然的营养缺陷,如向面粉及其制品中添加赖氨酸;②补充食品在加工过程中损失的营养素,如向精磨的稻米中添加维生素 B 和烟酸;③为了某种特殊需要,如宇航食品;④使特殊人群的食品中含有充足的维生素,也称食品的维生素化。食品强化应遵循一定的原则。

食物载体的选择除了经济上合理和便于推广外,还应有覆盖率高、接受性好等特点。目前,以食盐为载体强化碘,以动物油、植物油、食糖、牛奶、奶制品、谷类食物为载体强化维生素 A,以面粉、谷类食品、断奶食品、饼干、面包等为载体强化铁方面已得到广泛应用与发展。

【课后强化练习题】

一、选择题

1. 下列维生素中,与人的骨骼钙化有关的维生素是(　　　)。

    A. 维生素 C　　　　　B. 维生素 D　　　　　C. 维生素 B_1　　　　　D. 维生素 B_2

2. 下列维生素中,缺乏会导致糙皮病的维生素是(　　　)。

    A. 维生素 PP　　　　B. 维生素 B_3　　　　C. 维生素 B_2　　　　D. 维生素 B_1

3. 下列维生素中,与人的正常视觉有关的维生素是(　　　)。

    A. 维生素 A　　　　　B. 维生素 D　　　　　C. 维生素 B_1　　　　　D. 维生素 B_2

4. 下列维生素中,缺乏可能导致脚气病的是(　　　)。

    A. 维生素 B_5　　　　B. 维生素 B_3　　　　C. 维生素 B_2　　　　D. 维生素 B_1

5. 下列维生素中,具有防治坏血病的是(　　　)。

    A. 维生素 A　　　　　B. 维生素 D　　　　　C. 维生素 B_1　　　　　D. 维生素 C

6. 下列 B 族维生素中,只在动物食物中存在的(　　　)。

    A. 维生素 B_1　　　　B. 维生素 B_2　　　　C. 维生素 B_{11}　　　　D. 维生素 B_{12}

7. 惟一含金属的维生素是(　　　)。

    A. 维生素 B_1　　　　B. 维生素 B_2　　　　C. 维生素 B_{11}　　　　D. 维生素 B_{12}

8. 下面属于有害重金属的是(　　　)。

    A. 铬　　　　　　　　B. 锰　　　　　　　　C. 硒　　　　　　　　D. 铅

9. 下列维生素中可由肠道菌供给的维生素是(　　　)。

    A. 维生素 B_1　　　　B. 维生素 B_2　　　　C. 维生素 B_3　　　　D. 维生素 C

10. 下列哪组维生素中具有抗氧化功能(　　　)。

    A. 维生素 A、维生素 B_1　　　　　　　　B. 维生素 E、维生素 C

    C. 维生素 A、维生素 C　　　　　　　　D. 维生素 C、维生素 K

11. 属于脂溶性维生素有(　　　)。

    A. 硫胺素　　　B. 维生素 A　　　C. 核黄素　　　　D. 维生素 C

12. 属于水溶性维生素有(　　　)。

    A. 维生素 B_1　　　　B. 维生素 A　　　　C. 维生素 E　　　　D. 维生素 D

13.维生素 B_1 在大米的碾磨中损失随着碾磨精度的增加而(　　)。

    A. 增加 　　　　　　 B. 减少 　　　　　　 C. 不变 　　　　　　 D. 不一定

14.坏血症是因为人体缺乏下列哪种维生素引起的？(　　)。

    A. 维生素 A 　　　 B. 维生素 C 　　　 C. 维生素 D 　　　 D. 维生素 K

15.大多数酶的辅助因子是(　　)。

    A. 单糖 　　　　　　 B. 氨基酸 　　　　　 C. 核苷酸 　　　　　 D. 维生素

16.根据人体内元素含量及其重要性,铁应属于(　　)。

    A. 微量元素 　　　　　　　　　　　　 B. 常量元素

    C. 微量必需元素 　　　　　　　　　　 D. 微量非必需元素

17.根据人体内元素含量及其重要性,钙应属于(　　)。

    A. 微量元素 　　 B. 常量元素 　　 C. 微量必需元素 　　 D. 常量必需元素

18.根据人体内元素含量及其重要性,氮应属于(　　)。

    A. 微量元素 　　 B. 常量元素 　　 C. 微量必需元素 　　 D. 常量必需元素

19.根据人体内元素含量及其重要性,硒应属于(　　)。

    A. 微量非必需元素 　　　　　　　　 B. 微量有毒元素

    C. 微量必需元素 　　　　　　　　　 D. 常量必需元素

20.下列哪种状态的钙,易被人体消化吸收(　　)。

    A. $CaCO_3$ 　　　 B. 硫酸钙 　　　 C. 葡萄糖酸钙 　　　 D. 氧化钙

二、简答叙述

1.解释下列名词：

①维生素　②矿物质　③常量元素　④微量元素。

2.维生素按其溶解性分为哪几类？

3.食品加工中维生素损失的途径有哪些？

4.矿物质在食品加工中的损失途径有哪些？

三、综合分析

糖水黄桃罐头是原料黄桃经过预处理、装罐及加罐液、排气、密封、杀菌和冷却等工序加工制成的产品。其生产工艺参考要点：

①原料选择采购"黄肉、不溶质、黏核"这一类黄桃品种。②去皮采用碱液去皮,以淋碱法比浸碱法好,因为能达到快速去皮。③切半挖核,用切核刀沿桃子合缝线切成两半,不要切偏。切半后立即浸入清水或 1%~2% 的盐水中护色。④热烫冷却,将桃片放入含 0.1% 的柠檬酸热溶液中,95℃~100℃热水中烫 4min~8min,以煮透而不烂为度,迅速捞出用冷水冷透,以停止热作用,保持果肉脆度。⑤修整、分选,用锋利的刀削去毛边和残留桃皮,挖去斑点和变色部分,使切口无毛边,核洼光滑,果块呈半圆形,并用水冲洗,沥水后选择果形完整等桃块,即可装罐。⑥装罐、注液 500g 玻璃罐果肉装罐量为 310g,注入 85℃以上 25%~30% 的热糖水(糖水中加

0.2%～0.3%的柠檬酸)170g。⑦排气、密封,采用排气箱加热排气法排气,即将罐头送入排气箱后,在预定的排气温度下,经过一段时间的加热,使罐头中心温度达到85℃,排气10min。采用卷边密封法密封,即依靠玻璃罐封口机的滚轮的滚压作用,将马口铁盖的边缘卷压在罐颈凸缘下,以达密封目的。⑧杀菌、冷却,密封后及时杀菌,在沸水浴中煮20min后,杀菌后立即用温水喷淋分段冷却至35℃～40℃。⑨将冷却后的罐头在保温仓库内(37℃±2℃)贮存约7天。⑩检验是否有胀罐、平盖酸败、硫化黑变、霉变等罐藏质量问题。最后贴标出厂。

请用本章所学知识分析下列问题:

1. 黄桃中维生素在生产过程中各个环节的变化情况是什么?

2. 黄桃中矿物质在生产过程中各个环节的变化情况是什么?

第八章 色 素

【学习目的与要求】

了解色素与食品质量的关系,八种食用合成色素的一般性质及其在使用中的注意事项;熟悉天然色素与合成色素的优缺点,食品中常见天然色素的化学结构、性质及在食品加工贮藏中控制色泽的方法;掌握食品色素的定义、分类及食品中常见的天然色素在食品加工贮藏中的重要变化。

第一节 概 述

在食品加工、运输和贮藏过程中,由于食品本身会发生褪色或者是变色,从而会影响到食品的感官品质,降低食品的商品价值。因此,了解食品色素的种类、特性,一方面可以有针对性地采取必要的有效措施,防止食品褪色和不良色泽的生成;另一方面也可以将一些食用的色素添加到食品中,以保持或赋予食品以良好的色泽,从而提高其感官品质和商品价值。

一、色素定义

食品之所以呈现不同的色泽,是由于食品中能够选择性的吸收和反射不同波长的可见光(380nm～770nm),而其被反射的光作用在人的视觉器官上而产生的感觉,是由食品中所含的色素决定的。

食品色素是指食品中能够吸收或反射可见光波进而使食品呈现各种颜色的物质的统称。食品色素包括原料中固有的天然色素,添加到食品中的有色物质,以及食品在加工中所产生的有色物质。

二、色素分类

食品的色素根据来源分为天然色素,人工合成色素。天然色素是从天然的动植物中提取出来的,又可分为动物色素(血红素、虾青素、虫胶色素等)、植物色素(叶绿素、胡萝卜素、花青素等)、微生物色素(红曲色素等),其中植物色素是天然色素中来源最丰富,应用最多的一类。人工合成食用色素则是由煤焦油提取物中合成的,主要分为偶氮类与非偶氮类色素。

根据溶解性质的不同,食品中的色素可分为脂溶性色素和水溶性色素。

根据色素的化学结构不同,食品中的色素可以分为以下 5 类:①吡咯类色素,如叶绿素、红血素等;②多烯类色素,如胡萝卜素、叶黄素等;③酚类色素,如花青素、儿茶素、花黄素等;④醌酮类色素,如红曲色素、姜黄素、虫胶色素等;⑤其他类色素,如核黄素、甜菜红色素等。

三、色素与食品质量

(一)色素对食品感官质量的影响

食品的色泽是构成食品感官质量的一个重要因素,也是决定食品品质和可接受性的重要因素。例如,新鲜的果蔬常常呈现自然的、鲜艳的、新鲜的色彩;相反,不正常、不自然、不均匀的食品颜色则常被认为是劣质、变质或工艺不良的食品。

(二)色素对食品安全性的影响

从安全、毒性来看,天然色素不仅安全性高,而且不少品种还有一定的营养价值及药理作用,因此,近年来开发应用发展迅速,并且其品种和数量也在不断扩大。

合成色素是以煤焦油为原料制成的,通称煤焦色素或苯胺色素,对人体有害。危害包括一般毒性、致泻性、致突性(基因突变)与致癌作用。存在毒性的原因主要是合成色素化学性能直接对人体健康有影响,或因其在代谢过程时,产生其他有害物质而使人体受害,同时也因加工提制过程的复杂,被其他有毒物质所污染。特别是偶氮化合物类合成色素的致癌作用更明显,偶氮化合物在体内分解,可形成多种芳香胺化合物,芳香胺在体内经过代谢活动后与靶细胞作用而可能引起癌肿。

由于天然色素的着色性能、色彩和稳定性一般比合成色素差,并且价格比较贵,因此食用合成色素目前仍广泛地应用于糖果、糕点上彩装和软饮料等的着色。

第二节　食品中的天然色素

一、四吡咯类色素

四吡咯类色素的共同特点是:化学结构中含有 4 个吡咯构成的卟啉环,4 个吡咯可以与金属元素以共价键和配位键结合,其中重要的色素有叶绿素和血红素。

(一)叶绿素

1.叶绿素的结构

叶绿素是绿色植物的主要色素,存在于叶绿体中类囊体的片层膜上,在植物光合作用中进行光能的捕获和转换。叶绿素是由叶绿酸、叶绿醇和甲醇缩合而成的二醇酯。

食品化学（第二版）

叶绿素有多种,如叶绿素 a,叶绿素 b,叶绿素 c 和叶绿素 d 以及细菌叶绿素等。其中高等植物中的叶绿素有 a,b 两种类型,其区别仅在于 3 位碳原子(见图 8-1 中的 R)上的取代基不同。取代基是甲基时为叶绿素 a(蓝绿色),是醛基时为叶绿素 b(黄绿色),两者的比例一般为 3∶1。

2.叶绿素的性质

叶绿素不溶于水,易溶于乙醇、乙醚、丙酮和苯等有机溶剂。叶绿素 a 纯品是具有金属光泽的蓝黑色粉末状物质,在乙醇溶液中呈现蓝绿色,并有深红色荧光。叶绿素 b 是深绿色粉末,在乙醇溶液中呈现绿色或者黄绿色,有红色荧光。两者都具有旋光性。

在活体植物细胞中,叶绿素与类胡萝卜素、类脂物质及脂蛋白结合成复合体,共同存在于叶绿体中。当细胞死亡后,叶绿素就游离出来,游离的叶绿素对光、热、酸、碱敏感,很不稳定。因此,在食品加工储藏中会发生多种反应,生成不同的衍生物,见图 8-2。在酸性条件下,叶绿素分子中的镁离子被两个质子取代,生成橄榄色的脱镁叶绿素,依然是脂溶性的,加热可加快反应的进行。在稀碱溶液中水解,脱去植醇部分,生成颜色仍然为鲜绿色的脱植基叶绿色素、植醇以及甲醇,加热可加快反应的进行。在叶绿素酶的作用下,分子中的植醇由羟基取代,生成水溶性的脱植叶绿素,仍然为绿色的。焦脱镁叶绿素的结构中除镁离子被取代外,甲酯基也脱去,同时该环的酮基也转为烯醇式,颜色比脱镁叶绿素更暗。

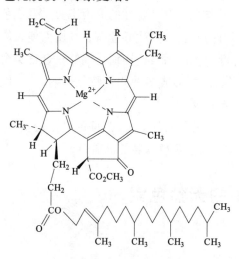

图 8-1 叶绿素的结构

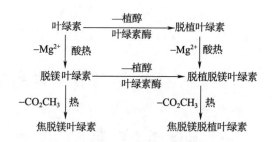

图 8-2 叶绿素的衍生物

3.叶绿素在食品加工与储藏中的变化

(1)酸和热引起的变化

绿色蔬菜加工中的热烫和杀菌是造成叶绿素损失的主要原因。在加热下组织被破坏,细胞内的有机酸成分不再区域化,加强了与叶绿素的接触。更重要的是,又生成了新的有机酸。由于酸的作用,叶绿素发生脱镁反应生成脱镁叶绿素,并进一步生成焦脱镁叶绿素,食品的颜色转变为橄榄绿、甚至褐色。pH 是决定脱镁反应速度的一个重要因素。在 pH 为 9.0 时,叶绿素很耐热;在 pH 为 3.0 时,非常不稳定。植物组织在加热期间,其 pH 大约会下降 1,这对叶绿素的降解影响很大。

食品在发酵过程中,pH 降低使叶绿素在叶绿素酶的作用下生成脱镁叶绿素,其中具有苯环的非极性有机酸由于扩散进入色质体时更容易透过脂肪膜,在细胞内离解出氢离子,其对叶绿素降解的影响大于亲水性的有机酸。

(2)酶促变化

在植物衰老和储藏过程中,酶能引起叶绿素的分解破坏。这种酶促变化可分为直接作用和间接作用两类。直接以叶绿素为底物的只有叶绿素酶,催化叶绿素中植醇酯键水解而产生脱植醇叶绿素。脱镁叶绿素也是它的底物,产物是水溶性的脱镁脱植叶绿素,它是橄榄绿色的。叶绿素酶的最适温度为 60℃~82℃,加热温度超过 80℃,酶活力就会降低的确,100℃时完全失活。

起间接作用的酶有蛋白酶、酯酶、脂氧合酶、过氧化物酶、果胶酯酶等。蛋白酶和酯酶通过分解叶绿素蛋白质复合体,使叶绿素失去保护而更易遭到破坏。脂氧合酶和过氧化物酶可催化相应的底物氧化,其间产生的物质会引起叶绿素的氧化分解。果胶酯酶的作用是将果胶水解为果胶酸,从而提高了质子浓度,使叶绿素脱镁而被破坏。

(3)光　解

在活体绿色植物中,叶绿素既可发挥光合作用,又由于受到周围类胡萝卜素和其他脂类的保护而不会发生光分解。一旦植物衰老或从组织中提取出色素,或者在加工储藏过程中,由于细胞损伤,叶绿素丧失了这种保护,经常会受到光和氧气作用,被光解为一系列小分子物质而褪色,这个反应是不可逆的。

4. 护绿技术

加入碱性物质中和酸从而提高罐藏蔬菜的 pH,是一种有效的护绿方法。在存储过程中,绿色植物内部会不断产生酸性物质,因此,要加入氧化钙和磷酸二氢钠,使产品 pH 长期保持中性;或采用碳酸镁或碳酸钠与磷酸钠相结合调节 pH 的方法都有护绿效果,但它们的加入有促进组织软化、产生碱味和减少维生素 C 的副作用,限制了其应用。

高温瞬时杀菌不仅能杀灭蔬菜中的微生物,而且由于在高温下杀菌比在常温下所需时间短,因而与常规热处理相比,具有较好的维生素、风味和颜色保留率,但由于在储藏过程中 pH 降低,导致叶绿素降解,因此保藏时间不超过 2 个月。

将锌或铜离子添加到蔬菜的热烫中,也是一种有效的护绿方法,因为脱镁叶绿素衍生物可与锌或铜形成绿色络合物。铜代叶绿素的色泽最鲜亮,对光和热较稳定。

气调保鲜技术同时使绿色得以保存,属于生理护色,由于降低了环境中的氧气含量,可有效的减缓酶促反应。水分活度较低时,H^+ 转移受到限制,难以置换叶绿素中的 Mg^{2+},同时微生物的生长和酶的活性也被抑制,因此,脱水蔬菜能长期保持绿色。避光、驱氧可防止叶绿素的光氧化褪色。因此,正确选择包装材料与适当使用抗氧化剂相结合,就能长期保持食品的绿色。

目前保持叶绿素稳定性最好的方法是多种护绿技术联合应用,即挑选品质良好的原料,尽快进行加工,缩短贮藏时间,采用高温瞬时灭菌加工,并且辅以碱式盐,在低温下避光保存等。

(二)血红素

1.血红素的结构

血红素是存在于高等动物血液和肌肉中的主要色素,是血红蛋白和肌红蛋白的辅基。肌肉中的肌红蛋白是由 1 个血红素分子和 1 条肽链组成的,相对分子量为 17000。而血液中的血红蛋白由 4 个血红素分子分别和 4 条肽链结合而成,相对分子量为68000。血红蛋白分子可粗略看作肌红蛋白的四聚体。在活体动物中,血红蛋白和肌红蛋白发挥着氧气转运和储备的功能。

如图 8-3 所示,血红素是一种铁卟啉化合物,中心铁离子有 6 个配位键,其中 4 个分别与卟啉环的 4 个氮原子配位结合。还有一个与肌红蛋白或血红蛋白中的球蛋白以配价键相连结,结合位点是球蛋白中组氨酸残基的咪唑基氮原子。第 6 个键则可以与任何一种能提供电子对的原子结合。

动物肌肉中的红色主要来源于肌红蛋白(70%~80%)和血红蛋白(20%~30%)。动物放血后肌肉色泽的 90% 以上是由肌红蛋白产生。新鲜肌肉的颜色主要由肌红蛋白决定,呈紫红色。虾、蟹及昆虫体内的血色素是含铜的血蓝蛋白。

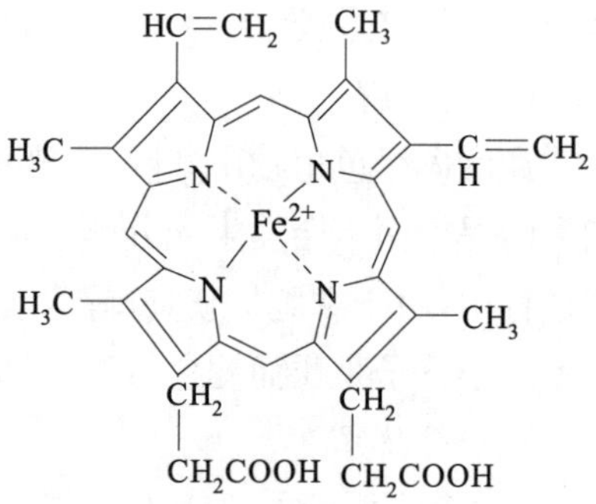

2.血红素的性质

动物屠宰放血后,对肌肉组织的供氧停止,新鲜肉中的肌红蛋白则保持还原状态,肌肉的颜色呈稍暗的紫红色。当鲜肉存放在空气中,肌红蛋白向

图 8-3 血红素的结构

两种不同的方向转变,部分肌红蛋白与氧气发生氧合反应生成鲜红色的氧合肌红蛋白,部分肌红蛋白与氧气发生氧化反应,生成褐色的高铁肌红蛋白,这两种反应见图 8-4。

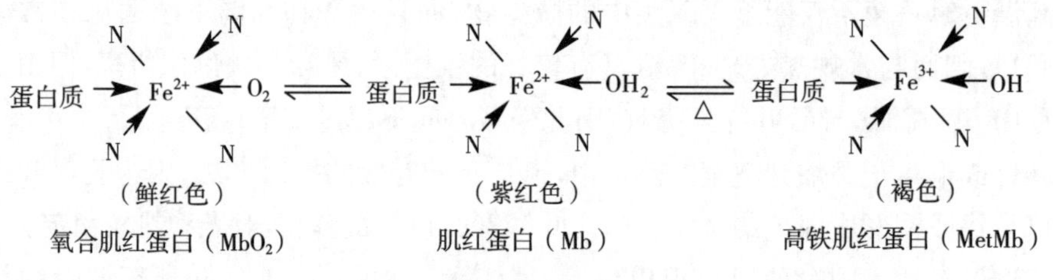

图 8-4 肌红蛋白的相互转化

3.在食品加工与储藏中的变化

在肉品的加工与储藏中,肌红蛋白会转化为多种衍生物,这些衍生物的颜色各异。

(1)屠宰后肉的颜色变化

动物被宰杀放血后,由于对肌肉组织的供氧停止,鲜肉中的肌红蛋白保持其原有状态,肌肉呈肌红蛋白稍暗的紫红色。

（2）肉分割时的颜色变化

当肉被分割后,随着肌肉与空气的接触,肌红蛋白会转化为多种衍生物,从而呈现不同的色泽。一方面由于氧合作用,肌红蛋白中的亚铁与氧发生键合,亚铁原子不被氧化,而是成为鲜红色的氧合肌红蛋白。另一方面由于氧化反应,血红素中的亚铁与氧发生氧化还原反应,Fe^{2+}铁转变成Fe^{3+},生成棕褐色的高铁肌红蛋白。因此新鲜肉放置在空气中,表面会形成很薄一层氧合肌红蛋白的鲜红色泽。而在中间部分,由于肉中原有的还原性物质存在,肌红蛋白就会保持还原状态,故为深紫色。当鲜肉在空气中放置过久时,还原性物质被耗尽,高铁肌红蛋白的褐色就成为主要色泽。如图8-5显示出这种变化受氧气分压的强烈影响,氧气分压高时有利于氧合肌红蛋白的生成,氧气分压低时有利于高铁肌红蛋白的生成。

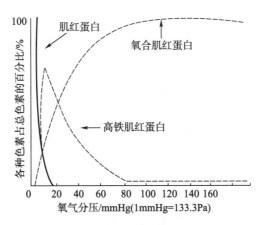

图8-5　氧分压对三种肌红蛋白的影响

刚切开的肉表面由于与充足的氧气接触,肉色是鲜红的;随着肉的贮放,高铁肌红蛋白的生成量增大。主要因为少量好氧菌开始在肉表面生长,使氧气分压有所降低;另外由于高铁肌红蛋白逆向转化为肌红蛋白是通过肉内固有的还原性物质(谷胱甘肽、巯基化合物等)的还原作用实现的,但随着这些物质的减少,高铁肌红蛋白的量就有所增加。当存在球蛋白时,氧化速度降低;而pH降低,将加快氧化成高铁肌红蛋白的速度;Cu^{2+}等金属离子存在时,氧化加快。

（3）肉贮存时的颜色变化

贮存肉时,肌红蛋白在一定条件下会转变为绿色物质,这是因为污染细菌的生长繁殖产生了过氧化氢或硫化氢,过氧化氢与血红素中的Fe^{2+}或Fe^{3+}作用,生成胆绿蛋白;而硫化氢在有氧条件下,与肌红蛋白反应生成硫肌红蛋白,这两种物质都是绿色的。

（4）肉加热时的颜色变化

鲜肉在加热时会迅速变色,因为由于温度升高以及氧分压降低,肌红蛋白的球蛋白部分变性,铁被氧化成三价铁,产生高铁肌色原,熟肉的色泽呈褐色。当其内部有还原性物质存在时,铁可能被还原成亚铁,产生暗红色的肌色原。

（5）肉腌制时的颜色变化

火腿、香肠等腌肉制品，由于在加工中使用了硝酸盐或亚硝酸盐作为发色剂，血红素的中心铁离子可与氧化氮以配价键结合而转变为氧化氮肌红蛋白，加热则生成鲜红的氧化氮肌色原，见图8-6。因此，腌肉制品的颜色更加诱人，并对加热和氧化表现出更大的稳定性。但可见光可促使氧化氮肌红蛋白和氧化氮肌色原重新分解为肌红蛋白和肌色原，并被继续氧化为高铁肌红蛋白和高铁肌色原。这就是腌肉制品见光褐变的原因。稍过量添加亚硝酸盐和抗氧化剂（维生素C）有利于防止腌肉制品的见光变色，因为，可使光解初产物重新转变为氧化氮肌红蛋白。但是过量的亚硝酸盐，一方面会生成绿色的亚硝基高铁血红素，另一方面也会与肉中的胺类物质反应生成亚硝胺类致癌物，因此亚硝酸盐或硝酸盐作为发色剂的用量必须严格控制。

$$3HNO_2 \xrightarrow{\text{歧化反应}} HNO_3 + 2NO + H_2O$$

$$2HNO_2 \xrightarrow{\text{肉中的还原剂}} 2NO + H_2O$$

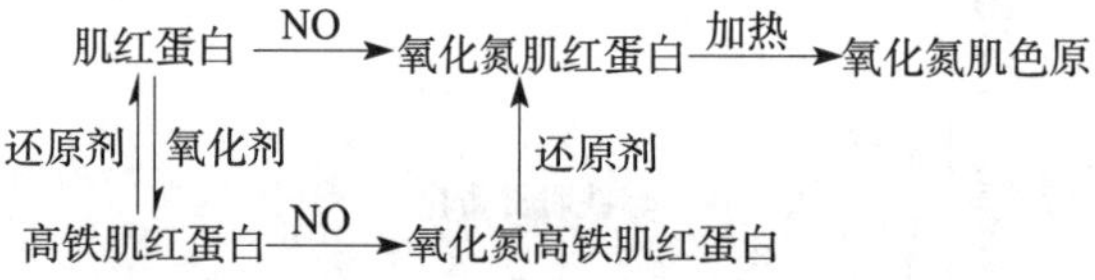

肌红蛋白 $\xrightarrow{NO}$ 氧化氮肌红蛋白 $\xrightarrow{\text{加热}}$ 氧化氮肌色原

还原剂↕氧化剂　　　　　还原剂

高铁肌红蛋白 $\xrightarrow{NO}$ 氧化氮高铁肌红蛋白

图8-6　腌肉制品中的发色反应

4. 肉及肉制品的护色

肉类色素的稳定性与光照、温度、相对湿度、水分活度、pH及微生物繁殖等因素相关。常用的护色方法如下：采用真空包装或高氧分压方法，即用低透气性材料包装膜，先除去包装袋中的空气，再充入富氧或缺氧空气，密封后可延长新鲜肉色泽的保留时间；加入抗氧化剂护色；采用气调或气控法保持肉色也有一定成效，首先用100% CO_2条件，肉色可以得到较好保护，但是CO_2分压不高时，肉品很容易出现褐色，主要原因是肌红蛋白向高铁肌红蛋白转化引起的，如若配合使用除氧剂，护色效果更好，但是厌氧微生物的生长必需同时加以控制。腌肉制品的护色措施一般采用避光、除氧方法。

另外，不论哪种护色方法，避免微生物生长和产品失水都是必需考虑的。这不但是从食品安全和减少失重的需要出发，也是护色措施之一。

二、多烯类色素

多烯类色素，又名类胡萝卜素。是自然界最丰富的天然色素，广泛分布于红色、黄色和橙色的水果及绿色的蔬菜和根用作物中，卵黄、虾壳等动物材料中也富含类胡萝卜素。一般来说，富含叶绿素的植物组织也富含多烯类色素，因为叶绿体和有色体是多烯类色素含量较丰富的细胞器。类胡萝卜素可以游离态溶于细胞的脂质中，也能与碳水化合物、蛋白质或脂类形成结合态存在，或与脂肪酸形成酯。

(一)多烯类色素的结构

多烯类色素按结构可归为两大类,即胡萝卜素类和叶黄素类。

1. 胡萝卜素类

胡萝卜素类包括 α-、β-、γ-胡萝卜素及番茄红素。它们都是含 40 个碳的多烯四萜,由异戊二烯经头尾或尾尾相连构成,见图 8-7。

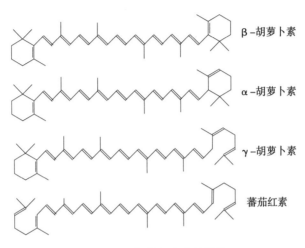

β-胡萝卜素

α-胡萝卜素

γ-胡萝卜素

蕃茄红素

图 8-7　胡萝卜素类的结构

2. 叶黄素类

叶黄素类是结构中含有羟基、环氧基、醛基、酮基等含氧基团的一类化合物,如叶黄素、玉米黄素、辣椒红素、虾黄素等。图 8-8 是一些常见叶黄素的结构,从中可以看出,叶黄素类是共轭多烯烃的加氧衍生物,可简单地被认为是胡萝卜素类的衍生物,并区别于胡萝卜类色素。

(二)多烯类色素的性质

多烯类色素是脂溶性色素,胡萝卜素类微溶于甲醇和乙醇,易溶于石油醚;叶黄素类却易溶于甲醇或乙醇中,难溶于乙醚和石油醚,有个别甚至亲水。

由于多烯类色素具有高度共轭双键的发色基团和含有-OH 等助色基团,故呈现不同的颜色,但分子中至少含有 7 个共轭双键时才能呈现出黄色。食物中的多烯类色素一般是全反式构型,偶尔也有单顺式或二顺式化合物存在。全反式化合物颜色最深,若顺式双键数目增加,会使颜色变浅。

多烯类色素在酸、热和光作用下很容易发生顺反异构化,但引起的颜色变化不明显。但是在有氧的条件下,极易受氧化和光氧化而降解,强热下可分解为多种挥发性小分子化合物,这些变化有时会明显改变食品的颜色并影响到食品的风味。

储藏在有机溶剂中的胡萝卜素,会加速分解;亚硫酸盐或金属离子的存在将加速 β-胡萝卜素的氧化。脂肪氧合酶、多酚氧化酶、过氧化物酶可促进类胡萝卜素的间接氧化

食品化学（第二版）

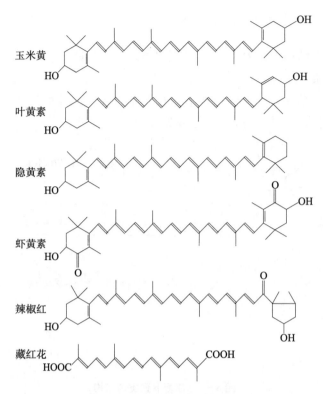

图8-8 常见叶黄素类的结构

降解。这都是由于其化学结中含有的双键数目很多，并且高度共轭造成的。

多烯类色素具有一定的抗氧化活性，多烯类色素能抑制脂质的过氧化。

在自然界中，胡萝卜素类广泛地存在于食品及生物性原料中，以β-胡萝卜素含量最多，分布最广。蔬菜中胡萝卜中主要存在β-胡萝卜素和α-胡萝卜素及少量的番茄红素。而番茄红素是番茄的主要色素，呈现红色，也存在于西瓜、南瓜、柑橘、杏、桃、辣椒等水果、蔬菜中。虽然胡萝卜素类的化学性质相近，但其营养属性却不同，如α-、β-、γ-胡萝卜素是维生素A原，而番茄红素却不是，没有维生素A的功能。

（三）多烯类色素在食品加工与储藏中的变化

一般说来，食品加工过程对多烯类色素的影响很小。多烯类色素耐pH变化，对热较稳定。以胡萝卜素类作为主要色素的食品，颜色多数条件下是稳定的，只发生轻微变化，如加热胡萝卜会使金黄色变为黄色，加热西红柿使红色变为橘黄。

在有氧、酸性和加热条件下，胡萝卜素可能降解；受热中组织的热聚集也严重影响类胡萝卜素的色感。叶黄素类中的含氧基，如羟基、环氧基、醛基等可能成为引起变化的起始部位，也可能促进或抑制分子中多烯结构发生变化。因此，变化种类繁多，条件也有差异。但总体它们在加工和贮藏中遇到光、氧化、中性或碱性条件加热，会发生异构化、氧化分解等，缓慢使食品褪色或褐变。

多烯类色素与蛋白质形成的复合物,比游离的多烯类色素更稳定。例如,虾黄素是存在于虾、蟹、牡蛎及某些昆虫体内的一种多烯类色素。在活体组织中,其与蛋白质结合,呈蓝青色。当久存或煮熟后,蛋白质变性与色素分离,同时虾黄素发生氧化,变为红色的虾红素。烹熟的虾蟹呈砖红色就是虾黄素转化的结果。

(四)多烯类色素在食品加工中的应用

多烯类色素由于它的脂溶性特点已经广泛地应用于油脂食品,如人造奶油、鲜奶和其他食用油脂的着色。

三、多酚类色素

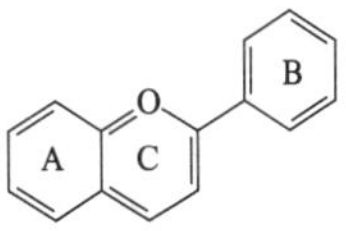

多酚类色素是自然界中存在非常广泛的一类化合物,最基本的母核为 α-苯基苯并吡喃(见图 8-9),即花色基元,又称苯并吡喃衍生物。由于苯环上连有 2 个或 2 个以上的羟基,统称为多酚类色素。多酚类色素是植物中存在的主要的水溶性色素,包括花青素、类黄酮色素、儿茶素和单宁等。

图 8-9 α-苯基苯并吡喃环的结构

(一)花青素类色素

花青素类色素是多酚类色素中一个最富有色彩的子类,多以糖苷(花色苷)的形式存在于植物细胞液中,是植物最主要的水溶性色素之一,构成花、果实、茎和叶等五彩缤纷的色彩,包括蓝、紫、紫罗兰、洋红、红和橙色等。已知花青素有 20 多种,食物中重要的有 6 种,即天竺葵色素、矢车菊色素、飞燕草色素、芍药色素、牵牛色素和锦葵色素。

1.花青素的结构

自然状态的花青素都以糖苷形式存在,称花色苷,很少有游离的花青素存在。花青素的基本结构是带有羟基或甲氧基的 2-苯基苯并吡喃环的多酚化合物,称为花色基原。花色基原可与一个或几个单糖结合成花色苷,糖基部分一般是葡萄糖、鼠李糖、半乳糖、木糖和阿拉伯糖,由这些单糖构成的双糖或三糖。这些糖基有时被有机酸酰化,主要的有机酸包括对香豆酸、咖啡酸、阿魏酸、丙二酸、对羟基苯甲酸等。

2.花青素的性质

花色苷水解失去糖基后的配体(非糖部分)称为花青素或花色素。花青素的水溶性比相应花色苷的水溶性差,这是由于失去了亲水性的糖基。花色苷比花青素的稳定性强,且花色基原中甲氧基多时稳定性比羟基多时高。花青素类色素易于金属离子络合,且络合物的颜色不受 pH 的影响。

花青素可呈蓝、紫、红、橙等不同的色泽,主要是结构中的羟基和甲氧基的取代作用的影响。随着羟基数目的增加,颜色向紫蓝方向增强;随着甲氧基数目的增加,颜色向红色方向变动。

3.花青素在食品加工与储藏中的变化

花青素和花色苷一般呈现红色,但由于花色苷色素的苯基苯并吡喃环上缺电子,因此不太稳定。由于花色苷的结构多样性，花色苷降解速率变化很大，总的规律是：羟基化程度越高越不稳定，甲基化越多越稳定；食品中天竺葵色素、矢车菊色素或飞燕草色素羟基较多，食品颜色不稳定；富含牵牛花色素或锦葵色素配基居多的食品的颜色较稳定，因为它们具有反应活性较高的羟基被封闭。糖基化程度增加，花色苷的稳定性提高。

在食品加工和贮藏中经常因化学作用而变色。影响变色反应的因素包括 pH、温度、光照、氧、氧化剂、金属离子、酶等。

(1)pH 的影响

在花色苷分子中，其吡喃环上的氧原子是四价的，具有碱的性质，而其酚羟基则具有酸的性质。这使花色苷的水溶液在不同 pH 下出现 4 种结构形式，花色苷的颜色随之发生相应改变。以矢车菊色素为例，在酸性 pH 中呈红色，在 pH 为 8~10 时呈蓝色，而 pH>11 时吡喃环开裂，形成无色的查尔酮。

$$醌式 \underset{OH^-}{\overset{H^+}{\rightleftharpoons}} 花烊式 \underset{H^+}{\overset{OH^-}{\rightleftharpoons}} 拟碱式 \rightleftharpoons 查耳酮式$$

(2)温度的影响

高温会强烈影响到花色苷的稳定性，加速花色苷的降解变色，这种影响程度还受到环境氧含量、花色苷种类以及 pH 等的影响。一般来说，花色基原中含羟基多的花色苷的热稳定性不如含甲氧基或含糖苷基多的花色苷。花色苷在水溶液中的 4 种结构形式间的转化平衡也受温度的影响，加热有利于生成查尔酮型，使颜色褪去。

(3)光　照

光照在活体细胞中有利于花色苷的生成，但是采摘之后又会引起花色苷的降解，另外紫外光的降解作用比室内光的降解作用更加明显。

(4)氧气、水分活度与抗坏血酸的影响

花色苷的高度不饱和性使得它们对氧气比较敏感，易降解成无色或褐色的物质，可利用装满、充入惰性气体或真空包装的方法防止其氧化。水分活度为 0.63~0.79，花色苷的稳定性相对最高。果汁中抗坏血酸和花色苷的量会同步减少，且促进或抑制抗坏血酸和花色苷氧化降解的条件相同，这是因为抗坏血酸在被氧化时可产生 H_2O_2，H_2O_2 对花色基原的 2 位碳进行亲核进攻，裂开吡喃环而产生无色的醌和香豆素衍生物，这些产物还可进一步降解或聚合，最终在果汁中产生褐色沉淀。铜和铁离子能催化抗坏血酸降解为过氧化物，从而加快花色苷的破坏速率。黄酮类化合物能抑制抗坏血酸的降解反应，因此有利于花色苷的稳定。

(5)二氧化硫的影响

水果在加工时常添加亚硫酸盐或二氧化硫，使其中的花青素褪色成微黄色或无色。其原因不是由于氧化还原作用或使 pH 发生变化，而是能在 2,4 的位置上发生加成反应，生成无色的化合物，此反应过程是可逆的，如果煮沸或者酸化可以使亚硫酸除去，则可重新生成花色苷。

(6)金属元素的影响

花色苷的相邻羟基可以螯合多价金属离子，形成稳定的螯合物。一些研究表明金属络合物可以稳定含花色苷食品的颜色,如 Ca,Fe,Al,Sn 对蔓越橘汁中的花色苷提供保护作用。

某些金属离子也会造成果汁变色,产物通常为暗灰色、紫色、蓝色等深色色素,使食品失去吸引力。尤其是处理梨、桃、荔枝等水果时产生粉红色,螯合物的稳定性较高,一旦形成,很难恢复,因此含花色苷的果蔬加工时不能接触金属制品,并且最好用涂料罐或玻璃罐包装,另外也可以加入柠檬酸等螯合剂减少变色的发生。

(7)糖及糖的降解产物的影响

果汁中高浓度的糖有利于花色苷的稳定,因为高浓度糖可降低水分活度。因此降低了花色苷生成醇型假碱的速度,所以稳定了花色苷的颜色。低浓度糖会加速花色苷的降解,在果汁等食品中,糖的浓度较低,花色苷的降解加速,生成褐色物质。主要是糖先自身降解成糠醛或羟甲基糠醛,然后再与花色苷类缩合生成褐色物质。花色苷的降解速率取决于糖转化为糠醛的速率。

(8)酶促变化

能够导致花色苷分解的酶有葡萄糖苷酶及多酚氧化酶。葡萄糖苷酶水解糖苷键,生成糖和糖苷配基,使花色苷水解为花青素,且花青素稳定性低于花色苷,因此加速了花色苷的降解。当有邻二酚和氧存在时,多酚氧合酶可氧化花色苷,生成邻二醌,继续与花色苷反应,生成氧化态花色苷及降解产物。

(9)有机化合物

花色苷可以与自身、蛋白质、单宁、其他黄酮或多糖类物质发生缩合反应,形成的产物一般颜色会加深(红移),并能增加最大吸收峰波长处的吸光强度,也有少数颜色消失。

(二)黄酮类色素

1.黄酮类色素的结构

黄酮类色素,也称花黄素,是一大类具有 2 -苯基苯并吡喃酮结构的天然化合物,包括类黄酮苷和游离的类黄酮苷元(见图 8 - 10)。在花、叶、果中,多以苷的形式存在,而在木质部组织中,多以游离苷元的形式存在。植物中花黄素种类、数量都比花青素多得多,是潜在的植物色素来源。黄酮类母核在不同碳位上发生羟基或甲氧基取代,即成为黄酮类色素。

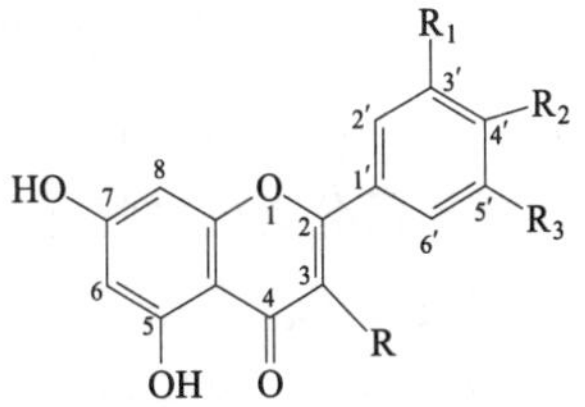

图 8 - 10　黄酮类色素母核的结构

2.黄酮类色素的性质

黄酮类色素是广泛分布于植物组织细胞中的一类水溶性色素,常为浅黄或无色,偶为橙黄色。天然的黄酮类化合物具有丰富的色泽,大部分黄酮类化合物呈黄色,主要与酚羟基数目及位置相关。天然类黄酮多以糖苷的形式存在,未糖苷化的类黄酮不易溶于水,形成糖苷后水溶性加大。

第八章　色素

类黄酮的羟基呈现酸性,具有酸性化合物的通性,可以与强碱作用。在碱性溶液中,类黄酮容易开环生成查尔酮型结构而呈现黄色,该反应是可逆的,在酸性条件下,查尔酮结构又恢复为闭环结构,于是颜色消失。例如,稻米、小麦面粉、马铃薯、芦笋、荸荠等在碱性水中烹煮变黄,即是由于黄酮物质在碱的作用下形成查尔酮型结构的原因。在花椰菜和甘蓝中也有变黄现象发生,尤其是在黄皮种洋葱中变黄的现象更为显著。

黄酮类色素可以与 Al^{3+}, Fe^{3+}, Mg^{2+}, Pb^{2+}, Zn^{2+}, Sn^{2+} 等金属离子形成有色化合物,不同的黄酮类色素与金属离子反应产生的颜色是不同的。因此,与金属离子的反应可以作为类黄酮化合物的鉴别方法。

3.黄酮类色素在食品加工与储藏中的变化

在食品加工中,若水的硬度较高或因使用碳酸钠和碳酸氢钠而使 pH 上升,原本无色的黄烷酮或黄酮醇之类的类黄酮可转变为有色的查耳酮类物质。例如,马铃薯、小麦粉、芦笋、荸荠、黄皮洋葱、菜花和甘蓝等在碱性水中烫煮都会出现由白变黄的现象,其主要变化是黄烷酮类转化为有色的查耳酮类。该变化为可逆变化,可用有机酸加以控制和逆转。在水果蔬菜加工中,用柠檬酸调整预煮水 pH 的目的之一就在于控制黄酮色素的变化。

有颜色的黄酮类化合物常可与金属离子发生配位而颜色加深。与铝离子的螯合物能增加黄色,与铁离子络合后可呈蓝色、黑色、紫色、棕色等不同颜色。黄酮类色素在空气中久置,易氧化而成为褐色沉淀,这是果汁久置变褐生成沉淀的原因之一。

(三)鞣质类色素

1.鞣 质

鞣质,又称单宁,是存在于植物体内的一类结构比较复杂的多元酚类化合物。鞣质广泛存在于植物界,是具有沉淀生物碱、明胶和其他蛋白质的能力,且相对分子质量在500~3000 的水溶性多酚化合物。基本结构单元为黄烷－3,4－二醇。尤其是在五倍子和柿子中含量较高,如五倍子所含鞣质的量可高达 70％以上。

鞣质可分为可水解型(如没食子酸)和缩合型(原花色素)两大类。

鞣质为黄色或棕黄色无定形松散粉末,具有十分强的涩味;不溶于乙醚、苯、氯仿,易溶于水、乙醇、丙酮;化学性质极不稳定,易被氧化,在空气中颜色逐渐变深,最终成为暗黑色的加氧化合物;有强吸湿性;鞣质与蛋白质作用可产生不溶于水的沉淀,与多种生物碱或多价金属离子结合生成有色的不溶性沉淀,如易于高价铁离子反应生成黑褐色的沉淀,颜色逐渐泛蓝色或绿色,在 210℃～215℃分解。

在食品贮藏加工中,鞣质会在一定条件(如加热、氧化或遇到醛类)下会发生缩合反应,从而消除涩味。同时作为多酚类化合物,鞣质也容易被氧化,酶促褐变及非酶促褐变都可发生,但以多酚氧化酶催化的酶促褐变为主。

2.儿茶素

儿茶素也叫茶多酚,是一种多酚类化合物。在茶叶中含量很高,儿茶素本身没有颜色,具有轻微的涩味,与金属离子络合产生白色或有色沉淀,如儿茶素溶液与三氯化铁生成墨绿色沉淀,与醋酸铅反应生成灰黄色沉淀。作为多酚类色素,儿茶素很容易被氧化生成褐色物质。多酚氧化酶和过氧化物酶均能氧化儿茶素。高温、潮湿条件下遇到氧气,儿茶素也可自动氧化。

在红茶的加工过程中,儿茶素由于酶促氧化导致发生褐变,产生的氧化产物被称为茶红素和茶黄素,茶红素颜色深,茶黄素颜色亮,二者以适当的比例构成红茶的颜色,而儿茶素本身则减少90%以上。在绿茶的加工过程中,为了防止酶促褐变,需要在干燥前采用杀青工序,即采取高温措施钝化酶的活性,制止多酚类的酶促氧化,从而形成绿茶绿汤绿叶品质。

四、酮类色素

(一)红曲色素

红曲色素是存在于红曲米中,由红曲霉菌产生的的色素。红曲米是用水将大米浸透、蒸熟以后接种红曲菌进行发酵而成,它可以直接用于食品的着色,也可以用乙醇提取出色素再用于食品的着色。

红曲色素中有6种结构相似的成分,其中黄色、橙色和紫色各两种,均属于酮类化合物,它们分别是红斑素、红曲红素、红曲素、红曲黄素、红斑胺和红曲红胺。

红曲色素安全性高,稳定性强,着色性好,广泛用于畜产品、水产品、豆制品、植物蛋白、酿造食品、酒类和各种糕点的着色。我国允许按正常生产需要量添加于食品当中。

(二)姜黄色素

姜黄色素是从草木植物姜黄的根茎中提取得到的一种黄色色素,它是自然界中比较稀少的一种二酮类色素的混合物,主要成分为姜黄素、脱甲基姜黄素和双脱甲基姜黄素,姜黄中含3%~6%的姜黄素。

姜黄素为橙黄色粉末,具有姜黄特有的香辛气味,味微苦。几乎不溶于水,溶于乙醇、冰醋酸和碱溶液中。在中性和酸性溶液中呈黄色,在碱性溶液中呈褐红色。不易被还原,易与铁离子结合而变色。对光、热、氧等稳定性差。着色性较好,尤其是对蛋白质的着色力强。

姜黄色素可以作为糖果、冰淇淋、汽水、果冻、蛋糕等食品的增香着色剂,也可用于咖哩粉、色拉调味料及黄色咸萝卜条的着色。我国允许的添加量因食品而异,一般为0.01g/kg。据报道,姜黄色素还具有抗突变、抗癌的作用。

第三节　食品中的合成色素

人工合成的色素一般较天然色素色泽鲜艳、坚牢度大、化学性质稳定、着色能力强。

第八章　色素

大多数合成色素属于偶氮类化合物,其又分为水溶性色素和脂溶性色素。目前世界各国允许使用的合成色素几乎都是水溶性色素,此外还包括它们各自的色淀。而我国允许使用的合成色素有下列8种,包括苋菜红、胭脂红、柠檬黄、日落黄、靛蓝、亮蓝、赤藓红和新红。这些色素分属于红、黄、蓝3种基本色,可根据食品生产需要和色素的性能进行拼色。

一、常用人工合成色素

1.苋菜红

苋菜红是胭脂红的异构体,又名食用红色2号,属于单偶氮类色素。苋菜红的分子式 $C_{20}H_{11}O_{10}N_2S_3Na_3$,化学名称为:1-(4'-磺酸基-1'-萘偶氮)-2-萘酚-3,6-二磺酸的三钠盐。

苋菜红是红褐色或暗红褐色均匀粉末或颗粒。对光、热、盐均比较稳定,耐酸性良好,对氧化还原作用敏感,易溶于水成为带蓝光的红色溶液,可溶于甘油,微溶于乙醇,不溶于油脂,不宜用于发酵食品着色。我国食品添加剂使用卫生标准规定苋菜红最大使用量为0.05g/kg。使用范围包括果味水、果味粉、果子露、汽水、配制酒、糖果、糕点上彩装、红绿丝及罐头。苋菜红如若与其他食用合成色素混合使用,则应根据最大使用量按比例折算。婴儿代乳食品不得使用该色素着色。

2.胭脂红

胭脂红的分子式为 $C_{20}H_{11}O_{10}N_2S_3Na_3$,化学名称为1-(4'-磺基-1'-萘偶氮)-2-萘酚-6,8-二磺酸的三钠盐,属于单偶氮类色素。

胭脂红是红色至深红色均匀粉末或颗粒,耐光、耐热(105℃),对柠檬酸、酒石酸稳定,耐还原性差,遇碱变为褐色粒,易溶于水,呈红色,溶于甘油,难溶于乙醇,不溶于油脂。用于饮料、配制酒、糖果等最大使用量0.05g/kg。其使用方法参照苋菜红。

3.柠檬黄

柠檬黄又称肼黄或酒石黄,亦为单偶氮色素,分子式: $C_{16}H_9O_9N_4S_2Na_3$,其化学名称为3-羧基-5-羟基-1-(对-磺苯基)-4-(对-磺苯基偶氮)-邻氮茂的三钠盐。

柠檬黄是橙黄色至橙色均匀粉末或颗粒,耐光、耐热(105℃),易溶于水、甘油、乙二醇,微溶于乙醇、油脂,在柠檬酸、酒石酸中稳定,遇碱稍变红,是安全性较高的食用合成色素。我国规定其最大用量为100 mg/kg。

4.日落黄

日落黄又称桔黄,分子式: $C_{16}H_{10}O_7N_2S_2Na_2$,化学名称是1-(对-磺苯基偶氮)-2-萘酚-6-磺酸的二钠盐,属单偶氮色素。

日落黄是橙红色均匀粉末或颗粒,耐光、耐酸、耐热性非常强,易溶于水、甘油,微溶于乙醇,不溶于油脂。在酒石酸、柠檬酸中稳定,遇碱变红褐色。日落黄安全性较高,用于饮料、配制酒、糖果等,最大使用量为0.10g/kg。

5.靛 蓝

靛蓝又名酸性靛蓝,是世界上最广泛使用的食用色素之一。靛蓝属靛类色素。靛

蓝分子式 $C_{16}H_8O_8N_2S_2Na_2$，化学名称为 5.5'-靛蓝素二磺酸二钠盐。

靛蓝为蓝色均匀粉末，无臭，0.05％水溶液呈深蓝色。在水中溶解度较低，溶于甘油、丙二醇，稍溶于乙醇，不溶于油脂。对光、热、酸、碱、氧化作用都很敏感，耐盐性较弱，易为细菌分解，还原后褐色，但染着力好。靛蓝很少单独使用，多与其他色素混合使用。我国规定其最大使用量为 0.1g/kg。该色素对水的溶解度较其他食用合成色素低，在使用时应加以注意。

6．亮　蓝

亮蓝属于三苯代甲烷类色素，分子式：$C_{37}H_{34}O_9N_2S_3Na_2$。亮蓝为具有金属光泽的红紫色粉末，溶于水呈蓝色，可溶于甘油及乙醇，21℃时在水中的溶解度为 18.7％。耐光性、耐酸性、耐碱性均好。适用于糕点、糖果、清凉饮料及豆酱等的着色，用量为 $5 \times 10^{-6} \sim 10 \times 10^{-6}$，使用时可以单独或与其他色素配合成黑色、小豆色、巧克力色等应用。本品安全性较高，无致癌性，最大使用量为 0.025g/kg。

7．赤藓红

赤藓红即食用红色 3 号，又名樱桃红或新酸性品红，其分子式为 $C_{20}H_6I_4O_5Na_2 \cdot H_2O$。赤藓红是红至红褐色均匀粉末或颗粒，耐光性、耐酸性、耐碱性均好，对蛋白质着色性好，可溶于乙醇、甘油和甘二醇，不溶于油脂，安全性较高。用于饮料、配制酒、糖果等，最大使用量为 0.05g/kg。

8．新　红

新红的分子式为：$C_{18}H_{12}O_{11}N_3S_3Na_3$，其化学名称是：2 -(4'-磺基- 1'-苯氮)- 1 -羟基- 8 -乙酰氨基- 3,6 -二磺酸三钠盐。新红属单偶氮类色素，系一种新的食用合成色素，为红色均匀粉末，易溶于水，呈红色澄清溶液，微溶于乙醇而不溶于油脂，具有酸性染料特性。适用于糖果、糕点、饮料等的着色。毒理学实验证明安全性较高，最大的使用量为 0.05g/kg。

9．色　淀

除了以上这些品种外，我国还可使用色淀。色淀是指将水溶性色素吸附到不溶性的基质上而得到的一种水不溶性色素。常用的基质有氧化铝，二氧化钛，硫酸钡，氧化钾，滑石，碳酸钙，目前主要使用的是铝色淀。色淀的优点是可以代替油溶性色素，主有用于油基性食品，它可在油相中均匀分散，可在干燥下并入食品。稳定性提高，耐光，耐热，耐盐。我国 1988 年批准使用，可用于各类粉状食品、糖果、糕点、甜点包衣、油脂食品、口香糖(不染口腔)、药剂、药片、化妆品、玩具等。

二、食用人工合成色素的一般性质

选用合成色素，首先应考虑无害。此外，通常需要考虑的是在水、乙醇或其他混合介质中有较高的溶解度，坚牢度好，不易受食品加工中的某些成分，如酸、碱、盐、膨松剂及防腐剂等的影响，不易被细菌侵蚀，对光和热稳定，以及具有令人满意的色彩。我国准许使用的几种食用合成色素的一般性质扼要概括如下。

食品化学（第二版）

1.溶解度

最重要的溶剂是水、醇（特别是乙醇和甘油）以及植物油。油溶性合成色素一般毒性较大，现在很少作食用，在实际应用时可以用非油溶性食用合成色素与之乳化、分散来达到着色的目的。温度对水溶性色素的溶解度影响很大，一般是溶解度随温度的上升而增加。水的pH及食盐等盐类亦对溶解度有影响。此外，水的硬度高则易变成难溶解的色淀。

2.染着性

食品的着色可以分成两种情况，一种是使之在液体或酱状的食品基质中溶解，混合成分散状态，另一种是染着在食品的表面。

3.坚牢度

坚牢度是衡量食用色素品质的重要指标，系指其在所染着的物质上对周围环境（或介质）抵抗程度的一种量度，色素的坚牢度主要决定于它们自己的化学结构及所染着的基质等因素，衡量色素的坚牢度主要包括如下几项内容：①耐热性；②耐酸性；③耐碱性；④耐氧化性；⑤耐还原性；⑥耐紫外线（日光）性；⑦耐盐性；⑧耐细菌性。

三、人工合成色素的使用注意事项

1.安全问题

食品着色剂作为食品添加剂之一，安全问题非常重要。理想的添加剂应该是有益无害的物质。但是有些添加剂，特别是化学合成着色剂往往都有一定的毒性，因此必须严格控制使用。

2.色素溶液的配制

直接使用色素粉末不易使之在食品中分布均匀，可能形成色素斑点，所以最好用适当的溶剂溶解，配制成溶液应用。一般使用的浓度为$1\%\sim10\%$，过浓则难于调节色调。配制时溶液应该按每次的用量配制，因为配好的溶液久置后易析出沉淀。另外，配制水溶液所使用的水，通常应将其煮沸，冷却后再用，或者使用纯净水。配制溶液时应尽量避免使用金属器具。

3.色调的选择与拼色

色调的选择应考虑消费者对食品色泽方面的爱好和认同，即应选择与食品原有色彩相似，或与食品名称一致的色调。我国规定允许使用的合成色素仅有苋菜红等数种。为丰富食用合成色素的色谱，以满足食品加工生产着色的需要，可将色素按不同的比例混合拼配。理论上由红、黄、蓝3种基本色即可拼配各种不同的色谱。具体配法如下

由于影响色调的因素很多，在应用时必须通过具体实践，灵活掌握。

4.遵循先调色后调味的程序

添加色素时,要遵循先调色后调味的基本程序。这是因为绝大多数调色料也是调味料,若先调味再调色,势必使菜肴口味变化不定,难以掌握。

5.长时间加热的食品要注意分次调色

需要长时间加热的食品(如红烧肉等)时,要注意运用分次调色的方法。因为汤汁在加热过程中会逐渐减少,颜色会自动加深,如酱油在长时间加热时会发生糖分减少、酸度增加、颜色加深的现象。若一开始就将色调好,食品成熟时,色泽必会过深,故在开始调色阶段只宜调至七八成,在成菜前,再来一次定色调制,使成菜色泽深浅适宜。

【归纳与总结】

食品色素是指食品中能够吸收或反射可见光波进而使食品呈现各种颜色的物质的统称。食品之所以呈现不同的色泽是因为食品中含的不同的色素有选择性的吸收或反射可见光波而形成的。按其来源分为天然色素和人工合成色素;按溶解性质分为脂溶性色素和水溶性色素;按照化学结构食品中的色素分为吡咯类色素、多烯类色素、酚类色素、醌酮类色素、其他类色素五大类。

当食品质量发生变化时食品的色泽也随之发生变化。因此要充分掌握各种食品色素物质的结构与性质特点,才能更好地对食品进行保色护色。

【相关知识阅读】

亚硝酸盐与食品加工

亚硝酸盐作为肉类生产中常用的添加剂,可以改善食品品质和色、香、味,兼具防腐作用。理想的食品添加剂是有益而无害的物质,但是对于亚硝酸盐,其作用、危害和解决途径一直备受关注,关于"亚硝酸盐问题"的安全性争议也从未停止过。

1.亚硝酸盐的作用

在肉类工业生产中,亚硝酸盐是常用的发色剂、防腐剂和抗氧化剂。其作用可以归结为以下几点。

(1)发色作用

硝酸盐、亚硝酸盐的分解还原产物氧化氮能够与血红素的铁离子络合,形成氧化氮肌红蛋白,再经加热变为稳定的鲜红色。

(2)改善风味

肉在腌制过程中,盐的添加和复合磷酸盐的使用,使盐溶蛋白不断渗出,盐溶蛋白中含有大量风味(香味、鲜味)物质,使呈现出独特的风味。

(3)改善品质

硝酸盐、亚硝酸盐类腌制后的肉,经过熟制,弹性增加,口感良好,后者的变化与呈味物质密切相关,但弹性的增加的原因,可能与其他改良剂使用有关或与蛋白

变性、脂肪固化以及胶原蛋白明胶化有关,目前尚无定论。这些都是肉组织本身的物理变化,它与亚硝酸盐类之间存在的关系,也值得进一步探讨。

(4)抑制肉毒梭菌的生长及毒素的生成

亚硝酸根离子对肉毒梭菌具有很强的抑制作用。它能够与肌红蛋白中的铁螯合,使其不能成为细菌形成含铁细胞的铁源。它的抑菌作用与肉组织的pH有直接的关联。在pH为$5.6 \sim 6.0$时抑菌效果最好。除亚硝酸盐作用外,肉组织本身还可以产生乳酸,形成酸性环境,在采用柠檬酸调制时,应综合考虑产品结构及腌制时间、温度,但肉组织的发色和抑菌仍然是关键。

2. 亚硝酸盐的危害

20世纪70年代初,腌肉制品中亚硝酸盐、硝酸盐的加入,对人体健康造成的影响引起了人们的关注。

在适当条件下,亚硝酸盐的衍生物能够与多种有机成分反应。如亚硝酸盐在发色过程中能够与肉品中的胺与氨基酸形成亚硝基化合物(NOC),尤其是亚硝胺和亚硝酰胺,这些均是致癌因子。

由于亚硝酸盐外观与食盐、白糖类似,均为无色晶体,肉眼不易区分,且许多食品缺乏明确标记或标识不清、管理混乱,日常生活中误食会造成急性中毒。主要的中毒症状为口唇、指甲和全身皮肤出现紫绀等组织缺氧症状,由于中枢神经对缺氧最敏感,并有头晕、头痛、心率加速、呼吸急促、恶心、呕吐、腹痛等症状,严重者可以引起呼吸困难、循环衰竭和中枢神经损害,出现心率不齐、昏迷,常死于呼吸衰竭。

3. 亚硝酸盐危害的解决途径

近来,人们对亚硝酸盐问题进行了诸多研究。解决亚硝酸盐危害的途径,一方面可以利用亚硝酸盐的替代试剂,如红曲色素、甜菜红、熟制腌肉色素(CCMP)等替代亚硝酸盐的发色作用,这些物质可以单独或混合使用来生产无硝或低硝腌制剂;另一方面加入可以阻断亚硝胺类化合物形成的试剂,如维生素C和维生素E加入,对亚硝基离子具有亲和力,可以减少亚硝胺前驱物质的形成。

然而,在具体的实施过程中还存在很多困难:①亚硝酸盐兼具发色、防腐、形成肉制品特有风味的作用,单纯去除或减少亚硝酸盐的用量,存在肉毒梭菌中毒的风险;②在动态氮环境中,硝酸盐和亚硝酸盐互变频繁且复杂;③除腌肉制品外,人体对亚硝酸盐等致癌因子的摄入还受其他因素的影响,如饮用水中亚硝酸盐的含量变化范围较大,许多叶菜类、根菜类蔬菜中亚硝酸盐含量较高;④环境因素如熏烟可使氮氧化,影响饮用水和蔬菜的亚硝酸盐量;同时N-亚硝基化合物又可以从许多橡胶类产品和含酒精类饮料中产生。

【课后强化练习题】

一、选择题

1.天然色素按溶解性与结构进行分类,黄酮类化合物分别属于(　　　)色素。

A. 水溶性;多酚类　　　　　　　　　B. 水溶性;酮类

C. 脂溶性;多酚类　　　　　　　　　D. 脂溶性;酮类

2. 胡萝卜素类的化学性质相近,但其营养属性都不相同。下列选项中不属于维生素 A 原的是(　　)。

　　A. α－胡萝卜素　　B. β－胡萝卜素　　C. γ－胡萝卜素　　D. 番茄红素

3. 在(　　)条件下,对绿色蔬菜的护绿最有利。

　　A. 加酸　　　　　　B. 加热　　　　　　C. 加碱　　　　　　D. 加酸加热

4. 采用下列的(　　)处理可以提高绿色蔬菜的色泽稳定性,改善加工蔬菜的色泽品质。

　　A. 加入有机酸　　B. 加入锌离子　　C. 提高水分活度　　D. 乳酸菌发酵

5. 稻米、小麦面粉、马铃薯、芦笋、荸荠等在碱性水中烹煮变黄,是由于黄酮物质生成(　　)型结构引起的。

　　A. 萘醌　　　　　　B. 鞣花酸　　　　　C. 查耳酮　　　　　D. 叶酸

6. 食品加工与储藏过程中,以下(　　)花色素的结构,稳定性最差。

　　A. 糖基化　　　　　B. 高度羟基化　　　C. 甲基化　　　　　D. 酰基化

7. 添加下列(　　)物质,可以在贮藏加工中,快速使花色苷褪色。

　　A. 亚硫酸盐　　　　B. 异抗坏血酸　　　C. 抗坏血酸　　　　D. 过氧化氢

8. 天然色素颜色与其结构、温度、pH 等的变化密切相关,以下色素的颜色变化不受 pH 影响是(　　)。

　　A. 甜菜色素　　　　B. 类胡萝卜素　　　C. 类黄酮类　　　　D. 花色苷

9. 氧分压与血红素的存在状态密切相关,在高氧分压下,肉制品中的(　　)增多,呈现(　　)色。

　　A. MbO_2;鲜红　　B. MMb;鲜红　　　C. MbO_2;褐　　　D. MMb;褐

10. 下列属于天然色素的为(　　)。

　　A. 胭脂红　　　　　B. 姜黄素　　　　　C. 苋菜红　　　　　D. 柠檬黄

11. 在下列条件中能抑制类胡萝卜素的自动氧化反应的条件是(　　)

　　A. 高水分活度　　B. 高温　　　　　　C. 氧化剂　　　　　D. 低水分活度

12. 在有亚硝酸盐存在时,腌肉制品生成的亚硝基肌红蛋白为(　　)。

　　A. 绿色　　　　　　B. 鲜红色　　　　　C. 黄色　　　　　　D. 褐色

13. 天然色素的颜色受到自身结构、温度、pH 等因素的影响,下面颜色不受 pH 影响的一类色素是(　　)。

　　A. 花色苷　　　　　B. 类黄酮类　　　　C. 甜菜色素　　　　D. 类胡萝卜素

14. 一些含类黄酮化合物的果汁存放过久会有褐色沉淀产生,原因是类黄酮与(　　)反应。

　　A. 氧　　　　　　　B. 酸　　　　　　　C. 碱　　　　　　　D. 金属离子

第八章　色素

15.虾青素与(　　)结合时不呈现红色,与其分离时则显红色。

    A.蛋白质　　　　B.糖　　　　　　C.脂肪酸　　　　D.糖苷

16.氧分压与血红素的存在状态有密切关系,若想使肉品呈现红色,通常使用(　　)氧分压。

    A.高　　　　　　B.低　　　　　　C.排除氧　　　　D.饱和

17.β-胡萝卜素是维生素A的前体,一分子的β-胡萝卜素可生成(　　)分子维生素A。

    A.1　　　　　　B.2　　　　　　C.3　　　　　　D.4

18.在贮藏加工时添加(　　),可使花色苷迅速褪色。

    A.亚硫酸盐　　　B.抗坏血酸　　　C.异抗坏血酸　　D.过氧化氢

19.在肉类加工中,添加(　　),有利于提高血红素的稳定性,延长肉类产品货架期。

    A.抗坏血酸　　　B.抗氧化剂　　　C.过氧化氢　　　D.金属离子

20.类黄酮与(　　)反应可以作为类黄酮类化合物的鉴定方法。

    A.强碱　　　　　B.酸性物质　　　C.金属离子　　　D.氧

二、简答叙述

1.解释下列名词:

①食品色素　②叶绿素　③氧合肌红蛋白　④高铁肌红蛋白　⑤多酚类色素　⑥色淀

2.食品色素如何分类?

3.叶绿素主要可能发生哪些变化? 如何在食品贮藏中控制这些变化以保持绿色?

4.在肉制品的生产加工过程中,腌肉制品见光易发生褐变,请简要说明原因及有效的防治措施。

5.对比说明天然色素与合成色素有何优缺点。

三、综合分析

美味酸黄瓜罐头加工技术

1.工艺流程

进料→检斤→清洗→热烫→分选→配汤汁→称重→装罐→排气、密封→杀菌、冷却→成品

2.工艺规范

(1)原料:选长11cm以下、粗3.5cm以下的嫩瓜,并选除虫害及伤烂等不合格料。在流动水中浸泡后,清洗干净。

(2)热烫:于微沸水中烫1min～2min。

(3)配汤汁:

香料水的制做:洋葱丝 4kg,红辣椒 0.2kg,桂皮 0.1kg,小茴香 0.1kg,时萝籽 0.3kg。将以上香料充分混合在一起,加水 25kg 后,煮沸 40min,过滤后调至 20kg。

香料水 20kg、白砂糖 7kg、食盐 5kg、冰醋酸约 2kg 再兑入沸水 90kg。以上配料兑成后,加热煮沸、过滤调到总量为 120kg。

(4)称重、装罐:净重 750g,其中黄瓜占 480g 约为净重的 60%,用汤汁填充罐内黄瓜块上以排除空气。在每罐内要求添加月桂叶一枚、胡桃二粒、芥籽 5g、洋葱 12g。添加热汁后要求罐温达到 85℃以上。

(5)排气、密封:由于蔬菜遇高温,会引起变色和软烂,故多用真空封口,使用 0.05MPa～0.06MPa 封口。

(6)杀菌,冷却。

请运用本章所学知识分析:

1.加工过程中黄瓜中的叶绿素可能发生哪些变化? 变化机理是什么?

2.对黄瓜进行保绿的措施有哪些?

第九章　食品风味化学

【学习目的与要求】

通过本章的学习使学生了解食品风味的定义、分类、特点及呈味的生理学基础。掌握食品中各种呈味物质的呈味特点及应用;掌握食品中香气的形成途径及控制方法。

第一节　概　述

一、食品风味的定义

中国的传统食品视"风味"为核心。就风味一词而言,"风"指的是飘逸的,挥发性物质,一般引起嗅觉反应;"味"指的是水溶性或油溶性物质,在口腔引起味觉的反应。因此,食品风味的基本概念是:摄入口腔的食品,刺激人的各种感觉受体,使人产生的短时的,综合的生理感觉。这类感觉主要包括味觉、嗅觉、触觉、视觉等。

二、食品风味的分类

根据风味产生的刺激方式不同可将其分为化学感觉、物理感觉和心理感觉,具体分类见表9-1。然而在近代食品科学中,风味仅指口味和人的嗅觉感受。由于食品风味是一种主观感觉,所以对风味的理解和评价往往会带有强烈的个人、地区或民族的特殊倾向性和习惯性。

表9-1　食品的感官反应分类

感官反应	分　类
味觉:甜、苦、酸、咸、辣、鲜、涩… 嗅觉:香、臭	化学感觉
触觉:硬、粘、热、凉 运动感觉:滑、干	物理感觉
视觉:色、形状 听觉:声音	心理感觉

三、食品中风味物质的特点

风味虽然有个人和社会的差异,但真正决定风味性质的仍然是一定的物质成分,这些物质叫风味成分。食品中所有的成分,都对其风味有影响,但能作为风味成分的物质并不包括全部化学成分。这些能称为风味成分的物质是指能够改善口感,赋予食品特征风味的化合物,它们具有以下特点:

(1)食品风味物质是由多种不同类别的化合物组成,通常根据味感与嗅感特点分类,如酸味物质、香味物质。但是同类风味物质不一定有相同的结构特点,如酸味物质具有相同的结构特点,但香味物质结构差异很大。

(2)除少数几种味感物质作用浓度较高以外,大多数风味物质作用浓度都很低。很多嗅感物质的作用浓度在 ppm,ppb,ppt(10^{-6},10^{-9},10^{-12})数量级。虽然浓度很小,但对人的食欲产生极大作用。

(3)很多能产生嗅觉的物质易挥发、易热解、易与其他物质发生作用,因而在食品加工中,哪怕是工艺过程很微小的差别,将导致食品风味很大的变化。食品贮藏期的长短对食品风味也有极显著的影响。

(4)食品的风味是由多种风味物质组合而成,如目前已分离鉴定茶叶中的香气成分达 500 多种;白酒中的风味物质也有 300 多种。一般食品中风味物质越多,食品的风味越好。

(5)除少数以外,大多数为非营养素。

(6)呈味物质之间的相互作用对食品风味产生不同的影响。

①对比现象。两种或两种以上的呈味物质适当调配,使其中一种呈味物质的味觉变得更协调可口,称为对比现象。如 10% 的蔗糖水溶液中加入 1.5% 的食盐,使蔗糖的甜味更甜爽。

②相乘现象。两种具有相同味感的物质共同作用,其味感强度几倍于两者分别使用时的味感强度,叫相乘作用,也称协同作用。如味精与 $5'$-肌苷酸($5'$-IMP)共同使用,能相互增强鲜味。

③消杀现象。一种呈味物质能抑制或减弱另一种物质的味感叫消杀现象。例如砂糖、柠檬酸、食盐、和奎宁之间,若将任何两种物质以适当比例混合时,都会使其中的一种味感比单独存在时减弱,如在 1%～2% 的食盐水溶液中,添加 7%～10% 的蔗糖溶液,则咸味的强度会减弱,甚至消失。

④变调现象。刚吃过中药,接着喝白开水,感到水有些甜味,这就称为变调现象。先吃甜食,接着饮酒,感到酒似乎有点苦味。

第九章　食品风味化学

195

第二节　风味物质的生理学基础

一、味　觉

(一)味觉产生

味觉的形成一般认为是呈味物质作用于舌面上的味蕾而产生的。味蕾是由 30～100 个变长的舌表皮细胞组成,味蕾大致深度为 $50\mu m$～$60\mu m$,宽 $30\mu m$～$70\mu m$,嵌入舌面的乳突中,顶部有味觉孔,敏感细胞连接着神经末梢,呈味物质刺激敏感细胞,产生兴奋作用,由味觉神经传入神经中枢,进入大脑皮质,产生味觉。味觉一般在 $1.5ms$～$4.0ms$内完成。人的舌部有味蕾 2000～3000 个。人的味蕾结构见图 9－1。

(二)舌面对各种味觉的感受能力

由于舌部的不同部位味蕾结构有差异,因此,不同部位对不同的味感物质灵敏度不同,舌尖和边缘对咸味较为敏感,而靠腮两边对酸敏感,舌根部则对苦味最敏感,见图 9－2。

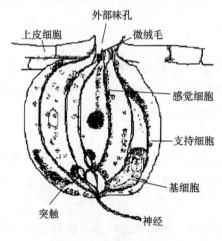

图 9－1　味蕾的解剖图

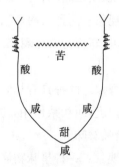

图 9－2　舌头各部味感区域示意图

(三)味的数值表示

通常人们用阈值来表示味的敏感程度。所谓味觉阈值即是人能品尝出呈味物质味道的最稀的水溶液浓度。阈值是心理学和生理学上的术语,系指获得感觉上的不同而必须越过的最小刺激值。阈值的"阈"意味着味觉刺激的划分点或临界值的概念。例如,我们感到食盐水是咸的,可是把它稀释至极淡就与清水感受不到区别了,也就是说,感到食盐水咸味的浓度一般必须在 0.2%以上,这种浓度在不同的人和不同的试验条件下,也存在着差别。阈值的获得就是在许多人参加评味的条件下半数以上的人感到有咸味的浓度,也称最低呈味浓度。5 种原味的阈值见表 9-2。

表 9-2 几种基本味感物质的阈值

物 质	食 盐	砂 糖	柠檬酸	奎 宁
味道	咸	甜	酸	苦
阈值(%)	0.08	0.5	0.0012	0.00005

从表中可以看出,食盐、砂糖等呈味阈值大,而酸味、苦味等阈值小。阈值小的物质即使浓度稀仍能感到其味,即味觉范围大,人对这种物质的味敏感。

(四)味觉的种类

味觉也有 4 种原味的说法,从生理的角度出发,把甜、酸、咸、苦 4 种基本味觉称之为"四原味"。目前认为,其他味,特别是复合味是 4 种基本味相互作用产生的。4 种基本味在舌头上都有与之对应的、专一性较强的味感受器。另外,在烹饪食品调味中,鲜味也常作为基本味。

在日本除了 4 种基本味觉外,增加了辣味。欧美在 4 种味觉的基础上又增加了金属味和碱味而为 6 种味觉。而印度则加进了涩味、辣味、淡味、不正常味而为 8 种味觉。化学味觉通常包括酸、甜、咸、苦、辣、鲜、涩等基本味和由此派生出来的咸鲜、酸甜、麻辣等各种复合味。具体有以下种类。

1. 单一味
单一味有甜、酸、咸、苦、鲜、辣、涩、碱、清凉及金属味等。

2. 复合味
复合味是由两种或两种以上的单一味所组成的新味,如咸鲜、酸甜、麻辣、甜辣、怪味等。各种单味物质以不同的比例,不同的加入次序,不同的方法混合就能产生众多的各种复合味。单一味可数,复合味无穷。不同的单一味混合在一起,各种味之间可以相互影响,使其中每一种味的强度都会发生一定程度上的改变。如咸味中加入微量的食醋,可使咸味增强;酸味中加入甜味的食糖,可使酸味变得柔和。

(五)影响味感的主要因素

1. 呈味物质的结构
不同呈味物质的结构决定了所呈味感的不同。如糖呈甜味,酸呈酸味。

2. 温 度
温度对味觉的灵敏度有显著的影响。一般说来,最能刺激味觉的温度是 10℃～40℃,最敏感的温度是 30℃。温度过高或过低都会导致味觉的减弱,如在 50℃以上或 0℃以下,味觉便显著迟钝。表 9-3 列举了上述 4 种味觉在不同温度时的实验结果。

食品化学（第二版）

表 9 – 3　不同温度对味觉阈值的影响

呈味物质	味道	常温阈值/%	0℃阈值/%
盐酸奎宁	苦	0.0001	0.0003
食盐	咸	0.05	0.25
柠檬酸	酸	0.0025	0.003
蔗糖	甜	0.1	0.4

3.味感物质浓度

味感物质在适当浓度时通常会使人有愉快的感觉,而不适当的浓度则会使人产生不愉快的感觉。人们对各种味道的反应是不同的,一般来说,甜味在任何被感觉到的浓度下都会给人带来愉快的感受,单纯的苦味差不多总是令人不快的,而酸味和咸味在低浓度时使人有愉快感,在高浓度时则会使人感到不愉快。这说明呈味物质的种类和浓度、味觉以及人的心理作用的关系是非常微妙的。

4.溶解度

呈味物质只有在溶解后才能刺激味蕾。因此,其溶解度大小及溶解速度快慢,也会使味感产生的时间有快有慢,维持时间有长有短。例如,蔗糖易溶解,产生甜味快,消失也快;而糖精较难溶解,则味觉产生慢,维持时间也长。

5.各种物质间的相互作用(如前所述)

二、嗅　觉

(一)嗅感现象

嗅感是指挥发性物质刺激鼻粘膜,再传到大脑的中枢神经而产生的综合感觉。产生令人喜爱感觉的挥发性物质叫香气,产生令人厌恶感觉的挥发性物质叫臭气。嗅感物是指能在食物中产生嗅感并具有确定结构的化合物。在人的鼻腔前庭部分有一块嗅感上皮区域,也叫嗅粘膜。膜上密集排列着许多嗅细胞就是嗅感受器。它由嗅纤毛、嗅小胞、细胞树突和嗅细胞体等组成(见图 9 – 3 和图 9 – 4)。人类鼻腔每侧约有 2000 万个嗅细胞,挥发性物质的小分子在空气中扩散进入鼻腔,人们从嗅到气味到产生感觉时间很短,仅需 0.2s～0.3s。

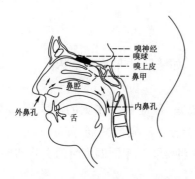

图 9 – 3　人鼻与口腔构造图

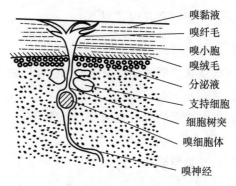

图 9 – 4　嗅黏膜的结构

人们的嗅觉是非常复杂的生理和心理现象,具有敏锐、易疲劳,适应与习惯等特点,嗅觉比味觉更复杂。不同的香气成分给人的感受各不相同,薄荷、菊花散发的香气使人思维活跃、思路清晰;玫瑰花的香气使人精神倍爽、心情舒畅;而紫罗兰和水仙花的香气能唤起美好的回忆。食品的香气给人愉快感受,能诱发食欲,增加人们对营养物质的消化吸收,唤起购买欲望。

人对嗅感物质的敏感性个性差异大,若某人的嗅觉受体越多,则对气味的识别越灵敏、越正确。若缺少某种嗅觉受体,则对某些气味感觉失灵。嗅感物质的阈值也随人的身体状况变化,身体状况好,嗅觉灵敏。

(二)香气值

判断一种呈香物质在食品香气中起作用的数值称为香气值(发香值),香气值 FU 是呈香物质的浓度和它的阈值之比,即

$$香气值 = \frac{呈香物质的浓度}{香气阈值}$$

一般当香气值低于 1,人们嗅觉器官对这种呈香物质不会引起感觉。FU 越大,说明是该体系的特征嗅感成分。香气阈值是指刚刚能引起嗅觉的气味物质在空气中的浓度或挥发性物质在水中的浓度。香气阈值会受到其他物质的影响,可相互抵消也可相互加强,甚至会变调,所谓无香的成分(如蛋白质、淀粉、蔗糖、油脂等)也会使香的格调发生变化。表 9-4 列举了某些物质的香味阈值。

表 9-4 某些物质的香味阈值

物　　质	香气阈值/(mg/L)(空气)	物　　质	香气阈值/(mg/L)(水溶液浓度)
甲醇	8		
乙酸乙酯	4×10^{-2}	维生素 B_1 分解物	0.0004×10^{-9}
异戊醇	1×10^{-3}	2-甲基-3-异丁基吡嗪	0.002×10^{-9}
氨	2.3×10^{-2}	β-紫罗酮	0.007×10^{-9}
香兰素	5×10^{-4}	甲硫醇	0.02×10^{-9}
丁香酚	2.3×10^{-4}	癸醛	0.1×10^{-9}
柠檬醛	3×10	乙酸戊酯	5×10^{-9}
二甲硫醚	2×10^{-6}	香叶烯	15×10^{-9}
H_2S(煮蛋)	1×10^{-7}	西酸	240×10^{-9}
粪臭素	4×10^{-7}	乙醇	100000×10^{-9}
甲硫醇	4.3×10^{-8}		

(三)嗅感产生的理论

食品的香气是通过嗅觉来实现的,是挥发性香味物质的微粒悬于空气中,经过鼻孔,刺激即为嗅觉。关于产生嗅觉的理论有多种,这些理论主要解释了闻香过程的第一

第九章　食品风味化学

个阶段,即香基与鼻黏膜之间所引起的变化,至于下一阶段的刺激传导和嗅觉等还没得到解释。这些嗅觉理论可以归纳为 3 个方面。

1. 立体化学理论

亦称"锁和锁匙学说",为 Amoore 所发现。Amoore 发现具有相同气味的分子,其外形上也有很大的共同性;而分子的几何形状改变较大时,嗅感也就发生变化。①决定物质气味的主要因素可能是整个分子的几何形状,而与分子结构或成分的细节无关;②有些原臭的气味取决于分子所带的电荷。根据这种理论,把气味分成 7 种基本气味:分别是樟脑气味、麝香气味、花香气味、薄荷气味、醚类气味、辛辣气味和腐败气味。

2. 微粒理论

包括香化学理论、吸附理论、象形的嗅觉理论等。这 3 种理论都涉及香物质分子微粒在嗅觉器官中由于在短距离中经过物理作用或化学作用而产生嗅觉。

3. 振动理论

也称电波理论,当嗅感分子的固有振动频率与受体膜分子的振动频率相一致时,受体便获得气味信息。

第三节　食品中的基本风味

一、甜味与甜味物质

(一)甜　味

甜味是具有糖和蜜一样的味道,是最受人类欢迎的味感。它能够用于改进食品的可口性和某些食用性质。甜味的强弱可以用相对甜度来表示,它是甜味剂的重要指标。对于甜味物质的呈味机理,席伦伯格(Shallenberger)等人提出了产生甜味的化合物都有呈味单位 AH/B 的理论。这种理论认为,有甜味的化合物都具有一个电负性原子 A(通常是 N,O)并以共价键连接氢,故 AH 可以是羟基($-OH$),亚氨基($-NH$)或氨基($-NH_2$),它们为质子供给基;在距离 AH 基团大约 0.25nm～0.4nm 处同时还具有另外一个电负性原子 B(通常是 N,O,S,Cl),为质子接受基;而在人体的甜味感受器内,也存在着类似的 AH/B 结构单元。当甜味化合物的 AH/B 结构单位通过氢键与味觉感受器中的 AH/B 单位结合时,便对味觉神经产生刺激,从而产生了甜味。图 9-5 显示了氯仿、糖精、葡萄糖的 AH/B 结构。

这一学说适用于一般甜味的物质,但有很多现象它解释不了,如强甜味物质,为什么同样具有 AH/B 结构的糖和 D-氨基酸甜度相差很大;为什么氨基酸的旋光异构体有不同的味感,D-缬氨酸呈甜味而 L-缬氨酸是苦味? 因此,科尔(Kier)等对 AH/B 学说进行了补充和发展(见图 9-6)。他们认为在强甜味化合物中除存在 AH/B 结构以外,分子还具有一个亲脂区域 γ,γ 区域一般是亚甲基($-CH_2-$)、甲基($-CH_3$)或苯基

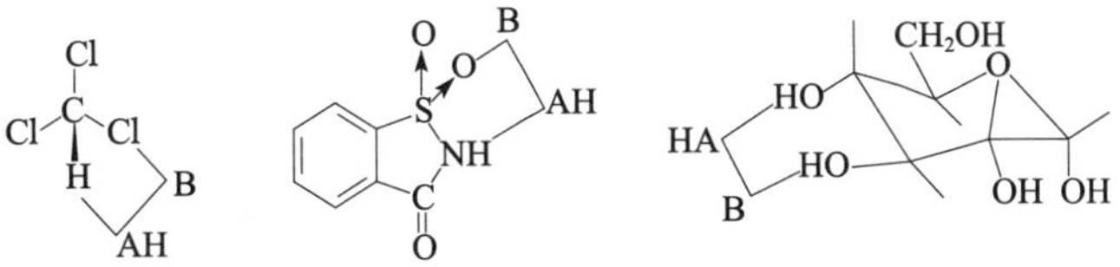

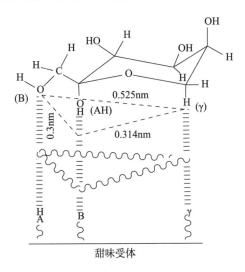

图 9-5　几种化合物的 AH/B 关系

(-C₆H₅)等疏水性基团,γ区域与 AH,B 两个基团的关系在空间位置有一定的要求,它的存在可以增强甜味剂的甜度,这就是目前甜味学说的理论基础。

图 9-6　β-D-吡喃果糖中 AH/B 和 γ 结构的相互关系

(二)甜味物质

食品中的甜味物质分为天然与合成两大类,而天然甜味物质又分为两大类,一类是糖及其衍生物糖醇,另一类是非糖天然甜味物质。

1.糖

在糖类中凡能形成结晶的都具有甜味,而淀粉、纤维素不能结晶,也就无甜味。

(1)葡萄糖。广泛分布于自然界,其甜度约为蔗糖的 65%～75%,甜味有凉爽感。葡萄糖液能被多种微生物发酵,是发酵工业的重要原料,工业上生产葡萄糖都用淀粉为原料,经酸法或酶法水解而制得。

(2)果糖。多存在于瓜果和蜂蜜中,比糖类中其它糖都甜。果糖很容易消化,不需要胰岛素的作用就能被人体代谢利用,适合糖尿病患者食用,食品工业中用异构酶使葡萄糖转化为果糖。

(3)蔗糖。广泛存在于植物中,尤其在甘蔗和甜菜中含量较多,食品工业中以甘蔗和甜菜为原料生产蔗糖。常温下 100g 蔗糖可溶于 50mL 水中,溶解度随温度的升高而增加,单独加热蔗糖,160℃时熔融,继续加热则发生脱水,加热至 190℃～220℃时生成黑褐色的焦糖。蔗糖很容易被酵母发酵。

（4）麦芽糖。在植物体内存在很少，当种子发芽时酶分解淀粉，能形成中间产物——麦芽糖，在麦芽中含量尤多。麦芽糖的甜度约为蔗糖的1/3，味较爽口，不像蔗糖那样有刺激胃粘膜的作用，在糖类中麦芽糖的营养价值最高。

（5）乳糖。是乳中特有的糖，其甜度约为蔗糖的1/5，是糖中甜度较低的一种。水溶性较差（20℃时为17g）。乳糖食用后在小肠内受β-半乳糖酶的作用，分解成半乳糖和葡萄糖被人体吸收，并有助于人体对钙的吸收。乳糖的吸附性强，能吸附气体和有色物质，故可作为肉类食品风味和颜色的保存剂。它易与蛋白质发生美拉德反应，在饼干和烘焙制品中添加乳糖，能产生诱人的金黄色。

（6）木糖。由木聚糖水解而得，无色晶体粉末，易溶于水，有类似果糖的甜味，其甜度约为蔗糖的65%，溶解性及渗透性大，易引起褐变反应，不能被微生物发酵，在人体内也不容易被吸收利用，是无热能的甜味物质，可供糖尿病等患者食用。

（7）蜂蜜。蜂蜜为蜜蜂自花的蜜腺中所采集的花蜜，为淡黄色至红黄色的强粘性透明浆状物，在低温下则有结晶。较蔗糖甜，全部糖分约80%，其组成中葡萄糖约36.2%，果糖约37.1%，蔗糖约2.6%，糊精约3.0%。蜂蜜因花的种类不同而各有其特殊风味。它含果糖多，不易结晶，易吸收空气中水分，可防止食品干燥。多用于糕点、丸药的加工。

2. 糖 醇

糖醇系糖的衍生物，有下列4种已投入实际使用中。

（1）山梨醇。属六元醇，广泛存在于苹果、梨、葡萄等植物中，有清凉的甜味，其甜度为蔗糖的50%～70%，易溶于水，不易与氨基酸、蛋白质等发生美拉德反应，耐酸、热性能好。食用山梨醇后在血液中不能转化为葡萄糖，不受胰岛素影响，适宜作糖尿病、肝病、胆囊炎患者的甜味剂。它还有保湿性，可维持一定的水分，防止食品干燥。

（2）木糖醇。存在于许多植物中，如香蕉、胡萝卜、杨梅等。木糖醇和蔗糖一样甜，甜度是山梨醇的2倍，有防龋齿的性能。人体对木糖醇不吸收，不受胰岛素的影响，从而避免了人体血糖的升高，所以适宜作糖尿病患者的甜味剂。木糖醇的许多性质与山梨醇相同，在应用方面与山梨醇相似。

（3）麦芽糖醇。在水中溶解度大，具有保湿性，甜度接近蔗糖，人体食用后，不会产生热量，不使血糖升高和增加脂肪与胆固醇，对心血管病、糖尿病、动脉硬化、高血压患者是理想的甜味剂。因为它不被微生物利用，也不能发酵，也是防龋齿甜味剂。

（4）甘露醇。天然存在于植物如洋葱、胡萝卜、海藻等中。甘露醇在食品工业中仅用于胶姆糖中以防止黏牙，也可用于医药工业。

糖醇类有一个共同的特点，即摄入过多时有引起腹泻的作用，因此在适度摄入的情况下，有通便作用。

3. 非糖天然甜味物质

一些植物的果实、叶、根常含有非糖甜味物质，有的已作食用。

(1)甘草苷。甘草是多年生豆科植物。甘草中的甜味成分是由甘草酸与两个葡萄醛酸脱水而成的甘草苷,甜度为蔗糖的 100～500 倍,甘草苷的甜味特点是缓慢而存留时间长,很少单独使用。它具有很强的增香效能,对乳制品、蛋制品、巧克力及饮料类的增香效果很好。因它可缓和盐的咸性,在我国民间习惯用于酱、酱制品和腌制食品中。

(2)甜叶菊苷。原产南美的一种菊科植物,其甜味来自该植物中的茎、叶中所含的一种二萜烯类糖苷,甜叶菊苷的甜度约为 300 倍蔗糖。甜味爽口,味感较长,可单独或与蔗糖混和使用。由于食用后不被人体吸收,不能产生能量,故是糖尿病、肥胖患者的天然甜味剂,并具有降低血压、促进代谢、防止胃酸过多等疗效作用。

二、苦味与苦味物质

(一)苦味

苦味本身并不是令人愉快的味感,但它和其他味感适当组合时,可以形成一些食品的特殊风味,如茶、咖啡、啤酒、苦瓜等。番木鳖碱是已经发现的最苦的物质,奎宁常被用来在评价苦味物质的苦味强度时,做基准物(强度为 100,阈值约 0.0016%)。

苦味的产生类似于甜味,苦味化合物与味觉感受器的位点之间的作用也为 AH/B 结构,不过,苦味化合物分子中的质子给体(AH)一般是 $-OH$,$-C(OH)COCH_3$,$-CHCOOCH_3$,$-NH$ 等,而质子受体(B)为 $-CHO$,$-COOH$,$-COOCH_3$,AH 和 B 之间距离为 0.15nm,远小于甜味化合物 AH/B 之间的距离。

(二)苦味物质

1.苦味物质的类别

无机盐类有些有苦味,如 Ca^{2+},Mg^{2+},NH_4^+ 等离子。一般来说,质量与半径比值大的无机离子都有苦味。有机物中苦味物质更多,许多 L-氨基酸、蛋白质水解生成的小肽具有苦味;生物碱中有许多苦味物质如马钱子碱、奎宁、石榴皮碱;还有一些糖苷(如柚皮苷)、尿素类、硝基化合物、大环内酯化合物也是苦味物质,如苦味酸、银杏内酯等。葫芦素类是苦瓜、黄瓜、丝瓜、甜瓜的呈苦物质,绿原酸、单宁、芦丁等多酚也具有一定苦味。在苦瓜中奎宁的苦味贡献最大。在动物界最著名的苦味物质是胆汁中的胆酸、鹅胆酸及脱氧胆酸。

2.食品中重要的苦味物质

(1)茶叶、可可、咖啡中的苦味物质——咖啡因。茶叶中的主要苦味物质是茶碱,可可和咖啡中的主要苦味物分别是可可碱和咖啡碱,它们都是嘌呤衍生物,统称为咖啡因,是主要的生物碱类苦味物质。这 3 种苦味物质在冷水中微溶,易溶于热水,化学性质较稳定。它们都有兴奋中枢神经的作用。

(2)啤酒中的苦味物质。啤酒中的苦味物质主要来自啤酒花。啤酒花中原有的苦味物质为律草酮类和蛇麻酮类,俗称之为 α-酸和 β-酸,当啤酒花与麦芽汁共煮时,酒

花中的 α-酸部分异构化生成异 α-酸等。啤酒中约有 30 多种苦味物质,主要的有 α-酸、异 α-酸、β-酸。

(3)柑橘中的苦味物质。柚皮苷和新橙皮苷是柑橘果实中天然存在的苦味物质。它们结构中的双糖称为新橙皮糖,当柚皮苷酶水解这两种糖苷时,该双糖游离而失去苦味,故可利用酶来分解柚皮苷和新橙皮苷,以脱去橙汁的苦味。

(4)苦杏仁苷。广泛存在于桃、李、杏、樱桃、苦扁桃、苹果的果核种仁和子叶中。种仁中有分解它的酶。苦杏仁苷本身无毒,具镇咳去痰作用。

三、酸味与酸味物质

(一)酸 味

酸味是有机酸、无机酸和酸性盐产生的氢离子引起的味感。适当的酸味能给人以爽快的感觉,并促进食欲。一般来说,酸味与溶液的氢离子浓度有关,氢离子浓度高酸味强,但两者之间并没有函数关系,在氢离子浓度过大(pH<3.0)时,酸味令人难以忍受,而且很难感到浓度变化引起的酸味变化。酸味还与酸味物质的阴离子、食品的缓冲能力等有关。例如,在 pH 相同时,酸味强度为醋酸>甲酸>乳酸>草酸>盐酸。酸味物质的阴离子还决定酸的风味特征,如柠檬酸、维生素 C 的酸味爽快,葡萄糖酸具有柔和的口感,醋酸刺激性强,乳酸具有刺激性的臭味,磷酸等无机酸则有苦涩感。

(二)酸味物质

1.食 醋

食醋是我国常用的调味酸,是用含淀粉或糖的原料经发酵制成,含有 3%~5% 的醋酸和其它的有机酸、氨基酸、糖、酚类、酯类等。食醋的酸味比较温和,在烹调中除了用作调味酸之外,还有去腥臭的作用。

2.醋 酸

又名乙酸,无色有刺激性的液体,普通醋酸含量为 29%~31%,含量 98% 以上的能冻结成冰状固体,称为冰醋酸,沸点 118.2℃,熔点 16.7℃,它可与水、乙醇、甘油、醚任意混和,能腐蚀皮肤,有杀菌能力。醋酸可用以调配合成醋,用于食品的防腐和调味。

3.柠檬酸

又名枸橼酸,即 3-羟基-3-羧基戊二酸,因它多存在于柠檬、枸橼、柑橘等果实中而得名,是食品工业中使用最广的酸味物质。柠檬酸是无色晶体,有强酸味,常含一分子结晶水,熔点为 100℃~133℃,可溶于水、酒精及醚中。柠檬酸的酸味爽快可口,广泛用于清凉饮料、水果罐头、糖果、果酱、合成酒等,又因其性质稳定,故常用以配制粉末果汁。工业上所使用的柠檬酸都是用葡萄糖、麦芽糖或糊精经黑曲霉作用,发酵后从发酵液中分离而得。

4.乳 酸

乳酸又名 α-羟基丙酸,因最先在酸奶中发现而得名。乳酸因吸湿性很强,所以一一般为无色或淡黄色的透明糖浆状液,低温也不凝结,其酸味较醋酸温和,一般含乳酸85%～92%,能溶于水、酒精、丙酮、乙醚中,有发酵和防止腐蚀的功能。乳酸可用作清凉饮料、酸乳饮料、合成酒、合成醋、辣椒油、酱菜等的酸味料,又可用于酵母发酵过程中防止杂菌的繁殖。

5. 苹果酸

苹果酸又名 α-羟基丁二酸,广泛存在于一切果实中,在未成熟的苹果和浆果中含量最多。苹果酸为无色针状晶体或粉末,略带有刺激性的爽快酸味,易溶于水,而微溶于酒精和醚,吸湿性强,保存时应注意。苹果酸的酸味较柠檬酸强,酸味清鲜爽口,微有苦涩感,在口中呈味时间较柠檬酸长。苹果酸可用作饮料,糕点等的配料,尤其适用于果冻等食品,其钠盐有咸味,可代替食盐而供肾病患者食用。

6. 酒石酸

又名 α,β-二羟基丁二酸,存在于各种水果的果汁中,尤其以葡萄中含量最多,在自然界中以钙盐或钾盐存在,是无色透明的结晶或粉末,有强酸味,并稍有涩味,溶于水,微溶于醚,而不溶于氯仿及苯,葡萄酒的涩味与含酒石酸有关。酒石酸的酸味约为柠檬酸的 1.3 倍,其用途与柠檬酸相似。

7. 葡萄糖酸

无色至淡黄色的浆状液体,其酸味爽快,易溶于水,微溶于酒精,因不易结晶,故其产品多为 50% 的液体。葡萄糖酸可直接用于清凉饮料、合成酒、合成醋的酸味调料,及营养品的加味料,尤其在营养品中代替乳酸或柠檬酸。葡萄糖酸在 40℃减压浓缩,则生成葡萄酸内酯,将其内酯的水溶液加热,又能形成葡萄糖酸与内酯的平衡混合物。利用这一特性将葡萄糖内酯加于豆浆中,混合均匀后再加热,即生成葡萄糖酸,从而使大豆蛋白质凝固。这样可生产细腻软嫩的袋装豆腐,它还可作为饼干等的膨胀剂,它的膨胀作用须在烘烤时才表现出来。

四、咸味与咸味物质

咸味是中性盐显示的味,是食品中不可或缺的、最基本的味,氯化钠是纯正咸味的代表。咸味是由盐类离解出的正负离子共同作用的结果,正离子是咸味产生的主要原因,它被味觉感受器中蛋白质的羟基或磷酸基吸附,产生咸味。阴离子对咸味影响不大,但它的存在会产生副味。无机盐类的咸味或所具有的苦味与阳离子、阴离子的离子直径有关,在直径和小于 0.65nm 时,盐类一般为咸味,超出此范围则出现苦味,如 $MgCl_2$(离子直径和 0.85nm)苦味相当明显。具有咸味的化合物主要是碱金属卤化物,如氯化锂、氯化铜、氯化钾、碘化钾、溴化钠、碘化钠、氯化铵、硫酸钠等,还有苹果酸钠和新近发现的一些肽类分子,而溴化钾、碘化铵呈咸苦味。只有 NaCl 才产生纯正的咸味,其他盐多带有苦味或其他不愉快味。通常有机阴离子碳链愈长,咸味的感应能力会减弱,咸味强度为:氯化钠＞甲酸钠＞丙酸钠＞酪酸钠。食品调味料中,专用食盐产生咸味,其阈值一般在 0.2%,在液态食品中的最适浓度为 0.8%～1.2%。由于过量摄入食

"十三五"高职高专院校规划教材（食品类）

食品化学（第二版）

盐会带来健康方面的不利影响，所以现在提倡低盐食品。目前作为食盐替代物的化合物主要有 KCl，如 20％的 KCl 与 80％的 NaCl 混合所组成的低钠盐，苹果酸钠的咸度约为 NaCl 咸度的 1/3，可以部分替代食盐。

五、其他味

（一）辣　味

辣味是调味料和蔬菜中存在的某些化合物所引起的辛辣刺激感觉，不属于味觉，是舌、口腔和鼻腔黏膜受到刺激产生的辛辣、刺痛、灼热的感觉。辛辣味具有增进食欲、促进人体消化液分泌的功能，是日常生活中不可缺少的调味品，同时它们还影响食品的气味。天然食用辣味物质按其味感的不同，大致可分为以下 3 类。

1. 热辣物质

热辣物质是在口腔中能引起灼热感觉的无芳香的辣味物质，主要有以下几种。

（1）辣　椒

辣椒的主要辣味物质是辣椒素，是一类不同链长（$C_8 \sim C_{11}$）的不饱和一元羧酸的香草酰胺，同时还含有少量含饱和直链羧酸的二氢辣椒素。二氢辣椒素已经可以人工合成。不同辣椒品种中的总辣椒素含量变化非常大，如红辣椒含 0.06％、牛角红辣椒含 0.2％、印度的萨姆辣椒含 0.3％、非洲的乌干达辣椒中含 0.85％。

（2）胡　椒

胡椒中的主要辣味成分是胡椒碱，它是一种酰胺类化合物，有 3 种异构体，差别在于 2,4-双键的顺、反异构上，顺式双键越多越辣。胡椒在光照和储藏时辣味会损失，这主要是由于这些双键异构化作用造成的。

（3）花　椒

花椒的主要辣味成分是花椒素，也是酰胺类化合物。

2. 辛辣（芳香辣）物质

辛辣物质的辣味伴有较强烈的挥发性芳香物质。

（1）姜

新鲜生姜中以姜醇为主，其分子中环侧链上羟基外侧的碳链长度各不相同（$n=5 \sim 9$）。鲜姜经干燥储藏，姜醇脱水生成姜酚类化合物，更为辛辣。姜加热时。姜醇侧链断裂生成姜酮，姜酮的辣味较缓和。

（2）丁香和肉豆蔻

丁香和肉豆蔻的辛辣成分主要是丁香酚和异丁香酚。

3. 刺激性辣味物质

刺激性辣味物质除了能刺激舌和口腔黏膜外，还刺激鼻腔和眼睛，有催泪作用。

（1）芥末、萝卜、辣根

芥末、萝卜、辣根的刺激性辣味物质是芥子苷水解产生的芥子油，它是异硫氰酸酯

206

类的总称。

（2）二硫化合物类

是葱、蒜、韭、洋葱中的刺激性辣味物质。大蒜中的辛辣成分是由蒜氨酸分解产生的，主要有二烯丙基二硫化合物、丙基烯丙基二硫化合物；对于韭菜、葱等中的辣味物质也是有机硫化合物。这些含硫有机物在加热时生成有甜味的硫醇，所以葱蒜煮熟后其辛辣味减弱，而且有甜味。

（二）涩 味

当口腔粘膜蛋白质凝固时，会引起收敛的感觉，此时感觉到的滋味就是涩味，因此涩味不作用于味蕾而是由于刺激到触觉的神经末梢而产生。引起食品涩味的物质，主要是多酚类化合物，其中单宁最典型，其次是铁等金属离子、明矾、草酸、香豆素、奎宁酸、醛类等。

柿子的涩味是由于柿子中有单宁的缘故。用温水浸、酒浸、干燥、CO_2 和乙烯等气体处理，能使可溶性单宁变成不溶物而脱去涩味。茶叶中亦含有单宁和多酚类，因为加工方法不同，各种茶叶的涩味强弱程度也不一样，一般绿茶中多酚类含量多，而红茶经发酵后，由于多酚类的氧化，使其含量降低，涩味也就比绿茶弱。

（三）鲜 味

鲜味是一种复杂的综合味感，它是能够使人产生食欲、增加食物可口性的味觉。呈现鲜味的化合物加入到食品中，含量大于阈值时，使食品鲜味增加；含量小于阈值时，即使尝不出鲜味，也能增强食品的风味，所以鲜味剂也被称为风味增强剂。

鲜味物质可以分为氨基酸类、核苷酸类、有机酸类。不同鲜味特征的鲜味剂的典型代表化合物有 L-谷氨酸一钠（MSG），$5'$-肌苷酸（$5'$-IMP）、$5'$-鸟苷酸（$5'$-GMP）、琥珀酸一钠等。它们的阈值浓度分别为 140mg/kg，120mg/kg，35mg/kg，150mg/kg。谷氨酸钠（MSG）是最早被发现和实现工业生产的鲜味剂，在自然界广泛分布，海带中含量丰富，是味精的主要成分；$5'$-肌苷酸广泛分布于鸡、鱼、肉汁中，动物肉中 $5'$-肌苷酸主要来自于肌肉中的 ATP 的降解；$5'$-鸟苷酸是香菇为代表的蕈类鲜味的主要成分；琥珀酸一钠广泛分布在自然界中，在鸟、兽、禽、畜、软体动物等中都有较多存在，特别是贝类中含量最高，是贝类鲜味的主要成分，由微生物发酵的食品，如酱油、酱、黄酒等中也有少量存在。另外，天冬氨酸及其一钠盐也有较好的鲜味，强度比 MSG 弱，是竹笋等植物中的主要鲜味物质。IMP、GMP 与谷氨酸一钠合用时可明显提高谷氨酸一钠的鲜味，如 1%IMP＋1%GMP＋98%MSG 的鲜味为单纯 MSG 的 4 倍。

（四）碱 味

是 OH^- 离子的呈味属性，溶液中只要含 0.01% 即可感知。

第九章　食品风味化学

（五）清凉味

清凉味的典型化合物是薄荷醇。

（六）金属味

由于与食品接触的金属与食品之间可能存在着离子交换关系，存放时间长的罐头食品中常有一种令人不快的金属味。

第四节　各类食品中的风味化合物

一、果蔬的香气成分

（一）水果的香气成分

水果香气浓郁，基本是清香与芳香的综合。此类香气类别比较单纯，是天然食品中具有高度爽快的香气，其香气成分中主要为萜类、醇类、酯类和醛类。

苹果中的主要香气成分包括醇、醛和酯类。异戊酸乙酯，乙醛和反－2－己烯醛为苹果的特征气味物。香蕉的主要气味物包括酯、醇、芳香族化合物、羰基化合物。其中以乙酸异戊酯为代表的乙、丙、丁酸与 $C_4 \sim C_6$ 醇构成的酯是香蕉的特征风味物，芳香族化合物有丁香酚、丁香酚甲醚、榄香素和黄樟脑。菠萝中的酯类化合物十分丰富，己酸甲酯和己酸乙酯是其特征风味物。葡萄中特有的香气物是邻氨基苯甲酸甲酯。西瓜、甜瓜等葫芦科果实的气味由两大类气味物质组成，一是顺式烯醇和烯醛，二是酯类。柑橘果实中萜、醇、醛和酯皆较多，但萜类最突出，是特征风味的主要贡献者。

（二）蔬菜的香气成分

蔬菜的总体香气较弱，但气味多样。百合科蔬菜（葱、蒜、洋葱、韭菜、芦笋等）具有刺鼻的芳香，其主要的风味物是含硫化合物，如二丙烯基二硫醚（洋葱气味）、二烯丙基二硫醚（大蒜气味）、2－丙烯基亚砜（催泪而刺激的气味）、硫醇（韭菜中的特征气味物之一）。

十字花科蔬菜最主要的气味物也是含硫化合物，如卷心菜中的硫醚、硫醇和异硫氰酸酯及不饱和醇与醛为主体风味物，异硫氰酸酯也是萝卜、芥菜和花椰菜中的特征风味物。

伞形花科的胡萝卜和芹菜中，萜烯类气味物突出，与醇类和羰化物共同形成有点刺鼻的气味。黄瓜和番茄具青鲜气味，其特征气味物是 C_6 或 C_9 的不饱和醇与醛，如2,6－壬二烯醛、2－壬烯醛、2－己烯醛。青椒、莴苣和马铃薯也具有青鲜气味，其特征气味物为嗪类，如青椒中主要为2－甲氧基－3－异丁基吡嗪、马铃薯的特征气味物之一为3－乙基－2－甲氧基吡嗪，莴苣的主要香气成分为2－异丙基－3－甲氧基吡嗪和2－仲丁基－3－甲氧基吡嗪。青豌豆的主要成分为一些醇、醛、吡喃类。鲜蘑菇中以 3 -辛烯- 1 -醇或庚烯醇的气味最大,香菇中以香菇精为最主要的气味物。

(三)水果蔬菜中香气物的产生

水果蔬菜中大部分风味物都是经生物合成而产生,首先产生糖、糖苷、脂肪酸、氨基酸和色素等风味物前体,然后在生物体内(特别是在成熟期内)继续经生理生化作用而将前体转变为风味物。因此成熟度对风味物影响很大。一般来说,水果的风味在生理上充分成熟时最佳;蔬菜的风味与不同生长期有关。果蔬在采收后贮藏和加工阶段,其风味物主要经历酶促变化、微生物活动和一系列的化学变化,由少变多,即由各种前体向风味物转变,然后由多变少,即风味物挥发损失或转化为其他物质而失去。

二、肉、乳及其制品的香气成分

(一)肉类的香气

生肉的风味是清淡的,但经加工,熟肉的香气十分诱人,称为肉香。组成肉香的主要风味物为内酯、呋喃类、含氮化合物和含硫化合物,另外也有羰基化合物、脂肪酸、脂肪醇、芳香族化合物等。

牛肉的香气,通过分析已检出有 700 多种。猪与羊肉的风味物质种类少于牛肉,已分别鉴定出了 300 多种挥发物,因为猪肉中脂肪含量及不饱和度相对更高,所以猪肉的香气物中 γ -和 δ —内酯、不饱和羰化物和呋喃类化合物比牛肉的含量高,并且还具有由孕烯醇酮转化而来的猪肉特征风味 5α -雄甾- 16 -烯- 3 -酮和 5α -雄甾- 16 -烯- 3 -醇。羊肉中脂肪、游离脂肪酸和不饱和度都很低,并含有一些特殊的带支链的脂肪酸(如 4 -甲基辛酸,4 -甲基壬酸和 4 -甲基癸酸),使羊肉有膻气。鸡肉香气是与中等碳链长度的不饱和羰化物如 2 -反- 4 -顺-癸二烯醛和 2 -反- 5 -顺-十一碳二烯醛等相关。

(二)乳品香气

乳制品种类较多,常见的有鲜奶、稀奶油、黄油、奶粉、炼乳、酸奶和干酪。

新鲜优质的牛乳有一种鲜美可口的香味,其组成成分很复杂。主要是低级脂肪酸、羰基化合物(如 2 -已酮、2 -戊酮、丁酮、丙酮、乙酯、甲醛等),以及极微量的挥发性成分(如乙醚、乙醇、氯仿、乙腈、氯化乙烯等)和微量的甲硫醚。甲硫醚是构成牛乳风味的主体,含量很少。牛乳中的脂肪吸收外界异味的能力较强,特别是在 35℃,其吸收能力最强。因此刚挤出的牛乳应防止与有异臭气味的物料接触。牛乳有时有一种酸败味,主要是因为牛乳中有一种脂酶,能使乳脂水解生成低级脂肪酸(如丁酸)。

牛乳及乳制品长时间暴露在空气中因乳脂中不饱和脂肪酸自动氧化产生 α,β -不饱和醛(如 $RCH=CHCHO$)和两个双键的不饱和醛而出现氧化臭味。牛乳在日光下也会产生日光臭(日晒气味)。这是因为蛋氨酸会降解为 β-甲巯基丙醛。奶酪的加工过程中,常使用了混合菌发酵。一方面促进了凝乳,另一方面在后熟期促进了香气物的产生。因为奶酪中的风味在乳制品中最丰富,包括游离脂肪酸、β-酮酸、甲基酮、丁二酮、醇类、酯类、内酯类和硫化物等。

鲜奶、稀奶油和黄油的香气成分基本都是乳中固有的挥发成分,它们间的差异来自特定分离时,鲜乳中的风味物根据其水溶性和脂溶性而按不同分配比进入不同产品。奶粉和炼乳加工中,奶中固有的一些香气物质因挥发而部分损失,但加热又产生了一些新的风味物。新鲜黄油的香气主要由挥发性脂肪酸、异戊醛、3-羟基丁酮等组成。发酵乳品是通过特定微生物的作用来制造的。如酸奶利用了嗜热乳酸链球菌和保加利亚乳杆菌发酵,产生了乳酸、乙酸、异戊醛等重要风味成分,同时乙醇与脂肪酸形成的酯给酸奶带来了一些水果气味,在酸奶的后熟过程中,酶促作用产生的丁二酮是酸奶重要的特征风味物质。奶酪的风味在乳制品中最丰富,它们包括游离脂肪酸、β-酮酸、甲基酮、丁二酮、醇类、酯类、内酯类和硫化物等。

三、焙烤食品的香气成分

许多食品在加热时会形成特有的香气。食品焙烤时形成的香气大部分是由吡嗪类产生的。首先糖类是生成香味物质的重要前驱物,糖单独加热就会生成多种香味物质,如呋喃衍生物、酮类、醛类、丁二酮等;同时,糖与氨基酸经过美拉德反应后形成了棕色并伴随着多种香味物质的生成,因为糖类与氨基酸反应之后生成的醛和烯醇进而环化生成吡嗪,随着温度的不同,生成的吡嗪也不同,因而香味的种类也不同。此外,香气的生成与氨基酸的种类和 pH 也有关系。不同的糖类与氨基酸的反应能力大小也不同,其顺序为山梨糖＞果糖＞葡萄糖＞蔗糖＞鼠李糖。氨基酸与葡萄糖共热在不同温度下可产生香气和臭气,并随比例不同而异。缬氨酸、赖氨酸、脯氨酸与葡萄糖一起加热至适度时都产生美好的气味,而胱氨酸及色氨酸则产生臭气。

面包香气一方面来自于用酵母发酵时生成的醇类和酯类,另一方面主要来自于焙烤时氨基酸与糖反应生成的约 20 多种羰基化合物。面包的香气物包括醇、酸、酯、羰基化合物、呋喃类、吡嗪类、内酯、硫化物及萜烯类化合物等。

生花生的香味成分为己醛和壬烯醛,加热后产生的香气,除羰基化合物外,特有的香气成分已知有 5 种吡嗪类化合物和 N-甲基氮杂茂,其中以对-二甲基吡嗪和 N-甲基氮杂茂为最多。

四、发酵食品的香气成分

常见的发酵食品包括酒类、酱类、食醋、发酵乳品、香肠等。发酵食品的香气成分主要是由微生物作用于蛋白质、糖、脂肪及其他物质而产生的,其成分主要是醇、醛、酮、酸、酯等。由于微生物代谢产物繁多,各种成分比例各异,遂使发酵食品的风味各异。

（一）酒　类

我国酿酒历史悠久,名酒极多,如茅台酒、五粮液、泸州大曲等。在各种白酒中已鉴定出了300多种挥发性成分,包括醇、酯、酸、羰基化合物、缩醛、含氮化合物、含硫化合物、酚、醚等。其中醇、酯、酸和羰基化合物成分多样,含量也最多。醇是酒的主要香气物质,除乙醇之外,还有正丙醇、异丁醇、异戊醇等,统称为杂醇油或高级醇。如果酒中杂醇油含量高则使酒产生异杂味,含量低则酒的香气不够。杂醇油主要来源于发酵原料中蛋白质分解的氨基酸,经转氨基作用生成相应的 α-酮酸,α-酮酸脱羧后生成相应的醛,醛经还原生成醇。乙酸乙酯、乳酸乙酯、乙酸戊酯是主要的酯,乙酸、乳酸和己酸是主要的酸,乙醛、糠醛、丁二酮是主要的羰基化合物。

一般酿造酒中的香气来源于:①原料中原有的物质在发酵时转入酒中;②原料中挥发性化合物,经发酵作用变成另一挥发性化合物;③原料中所含的糖类、氨基酸类及其他原来无香味的物质,经发酵微生物的代谢,而产生香味物质;④经贮藏后熟阶段残存酶的作用以及长期而缓慢的化学变化而产生许多重要的风味成分。

由此可见,酒类的香气成分与酿酒的原料种类、生产工艺有密切的关系,由于酿造的方法和酿酒菌种及其条件不同,其香气物质的含量比例也不相同,因而酒类具有不同的香型。如白酒有酱香型、浓香型、清香型、米香型和其他香型之分。

（二）酱　类

酱制品是以大豆、小麦为原料,由霉菌、酵母菌和细菌综合发酵生成的调味品,其中的香味成分十分复杂,主要是醇类、醛类、酚类、酯类和有机酸等。其中醇类的主要成分为乙醇、正丁醇、异戊醇、β-苯乙醇(酪醇)等;羰基化合物中构成酱油芳香成分主要有乙醛、丙酮、丁醛、异戊醛、糠醛、不饱和酮醛等。缩醛类有 α-羟基异己醛、二乙缩醛和异戊醛二乙缩醛;酚类以 4-乙基愈创木酚、4-乙基苯酚、对羟基苯乙醇为代表;酯类中的主要成分是乙酸戊酯、乙酸丁酯及酪醇乙酸酯;酸类主要有乙酸、丙酸、异戊酸、己酸等。酱油中还由含硫氨基酸转化而得的硫醇、甲基硫等香味物质,其中甲基硫是构成酱油特征香气的主要成分。

五、水产品的香气成分

（一）鱼类香气

1. 鱼香气

鱼类香气成分研究较少,已经测出其中以三甲胺为代表的挥发性碱性物质、脂肪酸、羰基化合物、二甲硫为代表的含硫化合物以及其他物质。

2. 鱼腥臭味

鱼类具有代表性的气味即为鱼的腥臭味,它随着新鲜度的降低而增强。鱼类臭味

的主要成分为三甲胺,新鲜的鱼有淡淡的清鲜气味,鱼中很少含有三甲胺,陈放之后在腐败菌和酶的作用下,鱼体中大量产生三甲胺,这是由氧化三甲胺还原而生成的。除三甲胺外,还有氨、硫化氢、甲硫醇、吲哚、粪臭素以及脂肪氧化的生成物等。这些都是碱性物质,若添加醋酸等酸性物质使溶液呈酸性,鱼腥气便可大减。

海水鱼含氧化三甲胺比淡水鱼高,故海水鱼比淡水鱼腥味强。海参类含有壬二烯醇,具有黄瓜般的香气。鱼体表面的粘液中含有蛋白质、卵磷脂、氨基酸等,因细菌的繁殖作用即可产生氨、甲胺硫化氢、甲硫醇、吲哚、粪臭素、四氢吡咯、四氢吡啶等而形成较强的腥臭味。此外鲜肉中还含有尿素,在一定条件下分解生成氨而带臭味。

第五节 食品中香气形成的途径与调控

一、香气的生成

食品风味物质的形成途径见表 9-5。

表 9-5 食品风味物质的形成途径

类 型	说 明	举 例
生物合成	直接由生物合成的香味成分	以萜烯类或脂类化合物为母体的香味物质,如薄荷、柑橘、甜瓜、香蕉中的香味物质
直接酶作用	酶对香味物质前体作用形成香气成分	蒜酶对亚砜作用,形成洋葱香味
间接酶作用(氧化作用)	酶促生成氧化剂对香味前体氧化生成香味成分	羰基及酸类化合物生成,使香味增加,如红茶
高温分解作用	加热或烘烤处理使前体物质成为香味成分	由于生成吡嗪(如咖啡、巧克力)呋喃(如面包)等,而使香味更加突出
微生物作用	微生物作用将香味前体转化成香气成分	酒、醋、酱油等的香气形成
外来赋香作用	外来增强剂或烟熏方法	由于加入增强剂或烟熏使香气成分渗入到食品中而呈香

(一)生物合成

各种食品原料在天然生长和收获后的鲜活状态下,在生命代谢中通过将蛋白质、氨基酸、糖、脂等物质转变为一些能挥发的成分,从而产生气味。

1.植物的生长、成熟作用

植物在生长、成熟过程中产生的气味成分主要是其次生物质中的萜类,呼吸作用中产生的各种酸、醇、酯,以及蛋白质及氨基酸衍生出的低沸点挥发物。

分子量较低的萜类是易挥发成分,种类极多,特别在香料中含量较多。呼吸作用中酯的产生也对原料香气有很大贡献,特别是水果成熟过程中更为明显。植物中将氨基酸转氨、脱氨,也产生许多挥发性物质。特别是含硫氨基酸的降解,能产生很多种含硫气味成分。

2.动物的生长、后熟作用

动物性食品原料的气味,在鲜活原料时并不太显著,而主要由其生长或后熟过程中,油脂的分解产物、雌雄个体性激素的分泌及氨基酸的分解等产生。

3.微生物代谢作用

在微生物代谢作用下,食品会产生许多气味成分,发酵品的气味就是一例。它因不同的发酵过程,产生如醇、酸、酯的一系列产物。另外,发酵菌也能将氨基酸转变为各种产物。食品腐败变质,也是微生物代谢的结果,此时糖和油脂水解、氧化、酸败;蛋白质水解,氨基酸分解。特别是氨基酸分解,产生许多恶臭气味物质,主要是氨基酸脱羧造成的。

(二)直接酶作用

原料在食品加工时,其自身的酶或外加入的酶能使原料中的一些物质转变为气味成分。这些酶是游离状态酶,当原料组织遭破坏后,其活力大增,能发生酶促反应。产生气味的酶反应,一般是直接产生气味物,这在蔬菜中产生含硫化合物时最显著,这类反应叫直接酶作用。能被此酶反应成气味物的前体叫风味前体,此酶也叫风味酶。葱、蒜的辛香气味,萝卜、芥末及芦笋的气味都是这样产生的。

风味酶具反应专一性。例如在甘蓝中事先灭活其自身的酶,再从别的甘蓝、芥末、洋葱中提取相应的酶分别加入前甘蓝后,能分别得到甘蓝、芥末、洋葱的风味。烹饪中常用到蒜水,内有蒜酶,它不仅对蒜,也对许多其他原料有酶反应产生风味。

(三)氧化作用(间接酶作用)

酶反应有时并不直接产生气味成分,它只是产生气味成分的前体或为气味成分产生提供条件,这种情况可叫间接酶作用。例如酶促氧化中的酚酶,将酚氧化成醌,醌进一步去氧化氨基酸、脂肪酸、胡萝卜素等产生香气,红茶的香气与此有关。

(四)高温分解作用

多数食品的气味是通过这种方式产生的。在加热过程中,多数食品会产生诱人的香气。这时主要是发生了羰氨反应、焦糖化反应、含硫氨基酸和维生素(如维生素 B_1、维生素 B_2)的热解反应。油脂的热解反应和氧化反应也能产生各种特有的香气。

食品非酶化学反应产生气味都是以分解反应为主。

1.热分解

水解因加热更易进行,但是蛋白质、多糖的水解产物并不能直接挥发,因此它不是产生气味的主要方式。不过它为更进一步的分解创造了条件。例如发酵过的豆瓣，因事先的水解，加热时能产生特别显著的香气。对于分子量较小的酯、糖苷等进行水解能直接产生气味成分。油脂的水解也有明显气味生成。

羰氨反应是各种糖、氨基酸等相互作用的重要反应，它不仅在生成色素方面发挥作用，同样对食品气味物生成方面发挥重要作用。羰氨反应能产生各种杂环化合物，主要有吡啶类、呋喃类和吡嗪类；特别是在斯特勒克降解反应中，不仅产生吡嗪，还产生醛、酮、烯醇胺等产物；另外甲基还原酮和 α-二羰基化合物的产生，为进一步分解产生醛、酮等创造了条件。糖、氨基酸加热时，也很快容易生成一种具有特征香气的烷酸内酯产物，特别是短时间加热时，这种产物为气味的主体。不同氨基酸与不同的糖反应，通过生成不同的内酯、吡嗪等杂环化合物，从而产生出不同的加热气味来。

2. 氧化及光解

加热时，氧化作用本身也变得强烈，产生热氧化的分解产物。氧化、光解主要是在加工、贮存时对油脂的分解。油脂的自动氧化是产生酸败的主要原因。例如大豆的豆腥气味、鱼肉的腥气、奶油味、畜禽肉的膻味等，都与自动氧化产生的酸败产物有关。许多食品，如牛奶的"日光臭"就是氧化、光解的一种结果。

又如茶叶、香料等中的类胡萝卜素能被光氧化作用裂解，失去颜色，产生挥发性成分。其中有一种产物具有紫罗兰花的香气，叫紫罗酮，其结构见图9-7。另外，通过物理变化来得到或改变某种气味也是食品气味产生的一个方面。对于低温加

图9-7 紫罗酮结构

热、短时加热的食品来说，物理变化的重要性更加突出。此时，加热只是为了使食品中原有的挥发成分改变其存在状态，从结合型变成游离型，并与水、油一并挥发出来，加热蔬菜时的香气就是这样产生的。

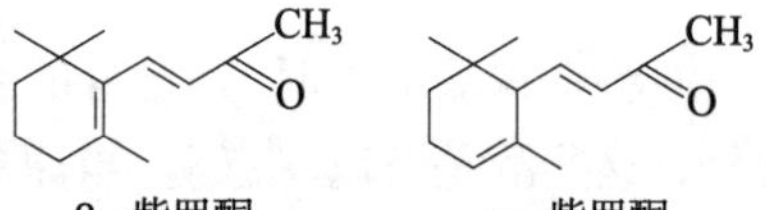

（五）微生物作用

发酵食品风味形成的途径是微生物产生的酶，使原料成分生成小分子，这些分子经过不同时期的化学反应生成许多风味物质。发酵食品的后熟阶段对风味的形成有较大的贡献。

发酵食品的种类很多，酒类、酱油、醋、酸奶等都是发酵食品。它们的风味物质非常复杂。主要由下列途径形成：①原料本身含有的风味物质；②原料中所含的糖类、氨基酸及其他类无味物质，经发酵在微生物的作用下代谢而生成风味物质；③在制作过程和熟化过程中产生的风味物质。由于酿造选择的原料、菌种不同，发酵条件不同，产生的风味物质千差万别，形成各自独特的风味。

（六）外加赋香作用

也可称之为食品调香。例如芝麻油由于含有芝麻油酚，具有香气，常用来调香。食

品预加工中添加香调料、辅料也是为了让这些原料中的香气成分能转移到整个食品中去。在较长时间的水或油中加热，能将这些成分溶解于水或油中，让其他原料又吸附它们，最后使整个食品都有香气。另外熏制食品的特殊风味也属外加赋香作用。

二、香气的控制

食品在贮藏与加工过程中不仅会损失部分生物内自身合成的香气物质，同时也会生成许多新的风味成分。从营养学角度考虑，生成香味物质是不利的，因为它们的前体大多数为食品中的营养成分（糖类、蛋白质、脂肪以及核酸、维生素等），生成风味物质后会丧失其营养价值，特别是那些自身不能或不易合成的氨基酸、脂肪酸和维生素不能得到充分利用，当反应控制不当时，甚至还会产生抗营养的或有毒性的物质，如稠环化合物等；若从工艺的角度来看，也有有利的一面，它增强了食品的多样性、提高了商品价值。因此，对食品加工过程中香气的控制、稳定和增强是十分重要的。

（一）香气回收

天然水果富含许多特有的天然香气物质，在进行果汁浓缩汁生产过程中，因加热、浓缩等工艺过程，会大量损失香气物质。因此，在果汁浓缩之前，往往对香气物质进行回收，即先通过蒸馏、分馏等物理方法将果汁的挥发性香气物质收集起来，再进行浓缩。然后，视生产工艺的要求，可将这些回收的香气添加回果汁中，以减少香气物质在加工过程中的损失。

（二）酶的控制

在风味技术中所用酶的主要用途：增强食品风味或将风味前体转变风味物质；作为风味物质生产中的生物催化剂；充当从天然原料中提取风味物质的催化剂；激活食品中的内源酶以诱导合成风味物质的反应；钝化食品中的内源酶以避免异味的产生和用酶来释放食品的异味。

酶对食品尤其是植物性食品香气的形成有十分重要的作用。在食品加工贮藏过程中除了采取加热或冷冻方法来抑制酶的活性外，还可以利用酶的活性来控制香气的形式，如添加特定的产香酶或去臭酶。在蔬菜脱水干燥时，蔬菜中产生特定香味的酶会失去活性，即使将干制蔬菜复水也难再现原来的香味，若将黑芥子硫苷酸酶（产生香味的一种）添加到干制的卷心菜中，就能得到和新鲜卷心菜大致相同的香气。有些食品往往含有少量不良气味成分而影响风味，如大豆制品中含有一些中长碳链的醛类而产生豆腥味，有人认为，利用醇脱氢酶和醇氢化酶来将这些醛类氧化，可除去豆腥味。

（三）微生物的控制

许多微生物在标准培养基生长时都能够合成香气物质，且微生物具有代谢能力强、易于培养、原料来源广泛等特点。发酵食品的香气主要来自微生物的代谢产物，通过选择和纯化菌种并严格控制工艺条件可以控制香气的产生。如发酵乳制品的微生物有3种类型：一是只产生乳酸的；二是产生柠檬酸和发酵香气的；三是产生乳酸和香气的，第3种类型的微生物在氧气充足时能将柠檬酸在代谢过程中产生的 α-乙酰乳酸转变为具有发酵乳制品特征香气的丁二酮，在缺氧时则生成没有香气的丁二醇。

(四)植物培养细胞技术

植物组织培养技术是随着生物技术的发展而发展起来的一种使植物细胞在培养液中生长代谢产物的技术，目标是使植物的生成和收成工业化，免受天气及其环境因素的影响，更易于控制。植物香料属于次级代谢物，在培育植物细胞生产香料时，要控制培养液成分和环境因素，加入引发因子诱发细胞分化成特殊组织，提高产率。香兰素又名香草素或香草酚，是香子兰制品中的重要组成成分。由于种植香子兰的过程需要对花朵进行人工授粉，劳动强度高，使之难以大规模栽种。目前，美国已开始采用植物细胞培养法生产香兰素，生产成本大大降低。

三、香气的稳定

为了减少香气物质由于蒸发原因造成的损失，可通过适当的方式方法来降低香气物质的挥发性，而达到稳定香气的作用，通常稳定作用有两种方式。

(一)形成包合物

即在食品微粒表面形成一种水分子能通过而香气成分不能通过的半渗透性薄膜，这种包合物一般是在干燥食品时形成，加水后又能将香气成分释放出来。组成薄膜的物质有纤维素、淀粉、糊精、果胶、琼脂、CMC。

(二)物理吸附作用

对那些不能通过包合物稳定香气的食品，可以通过物理吸附作用使香气成分与食品成分结合。一般液态食品比固态食品有较大的吸附力，相对分子质量大的物质对香气的吸收性较强。如用糖吸附醇类、醛类和酮类化合物；用蛋白质来吸附醇类化合物。

(三)隐蔽或变调

由于希望加入某种呈香物质来直接消除异味很难取得效果，所以对异味进行隐蔽或变调就成为常用的方法。使用其他强烈气味来掩盖某种气味，称为隐蔽作用。使某种气味与其他气味混合后性质发生改变的现象，叫变调作用。

四、香气的增强

目前主要采用两种途径来增强食品香气，一是加入食用香精或回收的香气物质，以达到直接增加香气的目的。二是加入香味增强剂，提高或充实食品的香气，而且也能改善或掩盖一些不愉快的气味。目前应用较多的主要有:麦芽酚、乙基麦芽酚、α-谷氨酸钠,5-磷酸肌苷等。

麦芽酚和乙基麦芽酚都是白色或微黄色结晶或粉末,易溶于热水和多种有机溶剂,具有焦糖香气,在酸性条件下增香和调香效果较好,在碱性条件下形成盐而香味减弱。由于它们的结构中有酚羟基,遇 Fe^{3+} 呈紫色,应防止与铁器长期接触。它们广泛地应用于各种食品中如糖果、饼干、面包、果酒、果汁、罐头、汽水、冰淇淋等明显增加香味,麦芽酚还能增加甜味,减少食品中糖的用量。乙基麦芽酚的挥发性比麦芽酚强,香气更浓,增效作用更显著,约相当于麦芽酚的 6 倍。一般麦芽酚作为食品添加剂,用量为 0.005%～0.030%,而乙基麦芽酚用量为 0.4mg/kg～100mg/kg。

【归纳与总结】

食品风味是食品品质的一个重要指标,一般品质好的食品具有好的风味特征,在本章中风味主要指味觉和嗅觉特征。基本的味觉物质包括甜味物质、苦味物质、酸味物质、咸味物质,分别与味蕾上的甜味受体、苦味受体、酸味受体、咸味受体化学作用产生甜味、苦味、酸味、咸味。嗅觉是指挥发性物质刺激鼻粘膜,再传到大脑的中枢神经而产生的综合感觉。产生令人喜爱感觉的挥发性物质叫香气,产生令人厌恶感觉的挥发性物质叫臭气。食品香气形成的途径包括生物合成、直接酶作用、间接酶作用(氧化作用)、高温分解作用、微生物作用、外来赋香作用等。

【相关知识阅读】

味 觉 与 嗅 觉

1. 味 觉

味觉是指食物在人的口腔内对味觉器官化学感受系统的刺激并产生的一种感觉。

从味觉的生理角度分类,传统上只有四种基本味觉:酸、甜、苦、咸;直到最近,第五种味道鲜才被大量这一领域的作者所提出。

因此可以认为,目前被广泛接受的基本味道有 5 种,包括:苦、咸、酸、甜以及鲜味。它们是食物直接刺激味蕾产生的。

味觉生理基础如下:

①味觉产生的过程。呈味物质刺激口腔内的味觉感受体,然后通过一个收集和传递信息的神经感觉系统传导到大脑的味觉中枢,最后通过大脑的综合神经中枢系统的分析,从而产生味觉。不同的味觉产生有不同的味觉感受体,味觉感受体与呈味物质之间的作用力也不相同。

②味蕾。口腔内感受味觉的主要是味蕾,其次是自由神经末梢,婴儿有 10000 个味蕾,成人几千个,味蕾数量随年龄的增大而减少,对呈味物质的敏感性也降低。味

蕾大部分分布在舌头表面的乳状突起中,尤其是舌黏膜皱褶处的乳状突起中做密集。味蕾一般有 40~150 个味觉细胞构成,大约 10~14 天更换一次,味觉细胞表面有许多味觉感受分子,不同物质能与不同的味觉感受分子结合而呈现不同的味道。人的味觉从呈味物质刺激到感受到滋味仅需 1.5ms~4.0ms,比视觉(13ms~45ms)、听觉(1.27ms~21.5ms)、触觉(2.4ms~8.9ms)都快。

在 4 种基本味觉中,人对咸味的感觉最快,对苦味的感觉最慢,但就人对味觉的敏感性来讲,苦味比其他味觉都敏感,更容易被觉察。

阈值是指感受到某中成为物质的味觉所需要的该物质的最低浓度。常温下蔗糖(甜)为 0.1%,氯化钠(咸)为 0.05%,柠檬酸(酸)为 0.0025%,硫酸奎宁(苦)为 0.0001%。

根据阈值的测定方法的不同,又可将阈值分为:

绝对阈值:指人从感觉某种物质的味觉从无到有的刺激量。

差别阈值:指人感觉某种物质的味觉有显著差别的 刺激量的差值。

最终阈值:指人感觉某种物质的刺激不随刺激量的增加而增加的刺激量。

2. 嗅　觉

嗅觉是一种感觉。它由两感觉系统参与,即嗅神经系统和鼻三叉神经系统。嗅觉感受器位于鼻腔顶部,叫做嗅粘膜,这里的嗅细胞受到某些挥发性物质的刺激就会产生神经冲动,冲动沿嗅神经传入大脑皮层而引起嗅觉。它们所处的位置不是呼吸气体流通的通路,而是为鼻甲的隆起掩护着。带有气味的空气只能以回旋式的气流接触到嗅感受器,所以慢性鼻炎引起的鼻甲肥厚常会影响气流接触嗅感受器,造成嗅觉功能障碍。

嗅觉是由物体发散于空气中的物质微粒作用于鼻腔上的感受细胞而引起的。在鼻腔上鼻道内有嗅上皮,嗅上皮中的嗅细胞,是嗅觉器官的外周感受器。嗅细胞的粘膜表面带有纤毛,可以同有气味的物质相接触。

每种嗅细胞的内端延续成为神经纤维,嗅分析器皮层部分位于额叶区。嗅觉的刺激物必须是气体物质,只有挥发性有味物质的分子,才能成为嗅觉细胞的刺激物。

人类嗅觉的敏感度是很大的,通常用嗅觉阈来测定。所谓嗅觉阈就是能够引起嗅觉的有气味物质的最小浓度。

【课后强化练习题】

一、选择题

1. 什么指标能判断一种香气成分在某食品总体香气中所起作用的大小?(　　　)

　　A. 该香气成分的浓度　　　　　B. 该香气成分的香气阈值

　　C. 该香气成分的香气值　　　　D. 该香气成分占香气成分总浓度的比值

2. 面包的香气成分不可能来源于(   )。

    A. 微生物发酵 B. 羰氨反应   C. 风味酶催化   D. 氨基酸热解

3. 下列哪类成分不是一般水果的主要香气成分?(   )

    A. 有机酸酯   B. 醇类   C. 萜类   D. 硫化物

4. 某食品中有甲、乙、丙三种香气成分,其含量($\mu g/L$)分别为 0.06, 0.12, 2.2, 其香气阈值分别为($\mu g/L$)0.04, 0.4, 2.5, 那么该食品的呈香成分是(   )。

    A. 甲和丙   B. 甲   C. 乙和丙   D. 丙

5. 加热肉香成分不可能是下列哪种成分转变而来的?(   )

    A. 核酸   B. 萜类   C. 氨基酸   D. 低级脂肪酸

6. 芥末味是在酶催化作用由什么成分转变而形成的?(   )

    A. 蒜氨酸   B. 芥子苷   C. 蒜素   D. 脂肪酸

7. 下列关于葱暴菜肴香气的说法,错误的是(   )。

    A. 香气成分可来源于某些热分解反应

    B. 香气成分不可来源于酶反应

    C. 香气成分中一定有硫化物

    D. 有些香气成分是原料中已经存在的

8. 下列能增大面包香气的方法是(   )。

    A. 加少量食盐 B. 加砂糖   C. 低温烘焙   D. 加少量柠檬酸

9. 普通味精强热下鲜味消失是因为生成了何种成分之故(   )

    A. 无水谷氨酸钠   B. 焦性谷氨酸钠

    C. 谷氨酸二钠   D. 谷氨酸一钠

10. 在甜食中加很少一点盐可使甜味更突出,这是利用味间的什么作用?(   )

    A. 相乘   B. 相消   C. 对比   D. 转化

11. 大多数蔬菜虽然含有有机酸,但人们一般品尝不出酸味感,这是因为(   )。

    A. 其 pH 小于酸感 pH 阈值   B. 其 pH 大于酸感 pH 阈值

    C. 其浓度值大于酸感浓度阈值   D. 其酸全部属于弱酸

12. 味蕾主要分布在舌头(   )、上腭和喉咙周围。

    A. 表面   B. 内部   C. 根部   D. 尖部

13. (   )常被用来在评价苦味物质的苦味强度时,做基准物。

    A. 番木鳖碱   B. 柚皮苷   C. 咖啡碱   D. 奎宁

二、简答叙述

1. 食品的风味概念。

2. 食品中风味物质的形成途径有哪些?

3. 影响味感的因素有哪些?

4. 什么是发香值?

三、综合分析

叉烧肉（Grilled Pork），叉烧肉在以前是插烧，叉是象形字，烧是象声词，久而久之，成为了一道菜名——叉烧。"叉烧"是从"插烧"发展而来的。插烧是将猪的里脊肉加插在烤全猪腹内，经烧烤而成。因为，一只烤全猪最鲜美处是里脊肉。但一只猪，只有两块里脊，难于满足食家需要。于是人们便想出插烧之法。但这也只能插几条，更多一点就烧不成了。后来，又改为将数条里脊肉串起来叉着来烧，久而久之插烧之名便被叉烧所替代。

材料：梅肉（前腿肉）2kg。

配料：糖 500g、盐 100g、高粱酒 200g、红葱头 100g、陈皮 50g、酱油 100g、甜面酱 100g、鸡蛋 2 枚、麦芽糖 250g、食用色素黄色 5 号 1g。

制作参考步骤：

①梅肉切成大片条状。

②腌料：糖、盐、葱头、陈皮末、高粱酒、酱油、甜面酱。

③腌渍时拌入 2 枚蛋及已调好的色素拌匀，在室温下腌 40min。

④腌好的梅花肉以叉子串起，进炉烤已摄氏 270℃，烤 20min。

⑤烤至表面著色，边缘焦掉时取出，淋上蜜汁（麦芽糖先熔解）。

⑥放进烤炉，烤至表面干亮，最后再淋上蜜汁，等至蜜汁稍干及可。

请用本章所学的知识解释：

1. 叉烧肉风味形成的途径及控制方法是什么？

2. 各种原料在叉烧肉风味形成中所起的作用是什么？

第十章 食品添加剂

【学习目的与要求】

通过教学使学生理解食品添加剂的概念、分类和作用等。了解食品添加剂应符合的要求和使用标准。掌握几种重要的食品添加剂（防腐剂、抗氧化剂、乳化剂、增稠剂、漂白剂）的种类及应用特点。

第一节 概　述

近些年来，食品安全事件屡见不鲜，例如：泡椒凤爪事件，染色馒头事件，塑化剂事件，毒血旺事件，这些事件使得食品添加剂越来越备受关注。由于对食品添加剂不够认识，对它在食品行业的作用不够了解，致使很多的媒体和大众对其产生了较深的误解。实际上食品添加剂是食品加工与贮藏的常用原料，也是现代食品工业不可缺少的一部分，对于改善食品生产工艺、提高产品质量、开发利用食品资源等起到至关重要的作用。由于世界各国对食品添加剂的理解不同，因此其定义及分类也不尽相同，目前我国按2009 年颁布的《中华人民共和国食品安全法》的规定定义及 GB 2760 标准对食品添加剂进行分类。

一、食品添加剂的定义

许多国家将加入食品中的一些成分分成以下 4 类：①正常的配料；②操作助剂；③食品添加剂；④污染物。正常的配料一般是指能单独作为食品食用的那些配料。操作助剂在加工过程中使用，一般不残留在最终的食品中。污染物是指农药的残留物、加工和包装过程中化学和微生物的污染等。

我国《食品安全法》规定食品添加剂的定义是：为改善食品品质和色、香、味，以及防腐和保鲜、加工工艺的需要而加入食品中的人工合成或天然物质。食品添加剂是有目的、直接加入食品中去的物质，这区别于食品操作助剂和污染物。使用食品添加剂的目的是为了保持食品质量、增加食品营养价值、保持或改善食品的功能性质、感官性质和简化加工过程等。

二、食品添加剂的分类

食品添加剂有多种分类方法，可按其来源、功能、安全性评价的不同等来分类。

（一）按来源不同分类

可分为天然食品添加剂和化学合成食品添加剂两类。前者是利用动植物或微生物的代谢等为原料，经提取所获得的天然物质，如甜菜红、β-胡萝卜素等；后者是指利用化学反应如氧化、还原、缩合、聚合、成盐等得到的物质，如苯甲酸钠、蛋白糖等。

（二）按功能不同分类

在使用功能分类上，各国分法又不尽相同。美国在《食品、药品与化妆品法》中，将食品添加剂分成 32 类；日本在《食品卫生法规》（1985 年）中，又将食品添加剂分为 30 类；联合国粮农组织（FAO）和世界卫生组织（WHO）至今尚未正式对食品添加剂分类做出明确的规定，1994 年 FAO/WHO 将食品添加剂分为 40 类。我国在《食品添加剂使用卫生标准》（GB 2760）中，将食品添加剂分为以下 23 类：酸度调节剂、抗结剂、消泡剂、抗氧化剂、漂白剂、膨松剂、胶姆糖基础剂、着色剂、护色剂、乳化剂、酶制剂、增味剂、面粉处理剂、被膜剂、水分保持剂、营养强化剂、防腐剂、稳定剂和凝固剂、甜味剂、增稠剂、香料、加工助剂和其他添加剂。

（三）按安全性评价来划分

CCFA（FAO/WHO 食品添加剂法规委员会）曾在 JECFA（食品添加剂专家委员会）讨论的基础上将其分为 A、B、C 3 类，每类再细分为两类。

A 类——JECFA 已制定人体每日允许摄入量（ADI）值和暂定 ADI 者，其中：

A_1 类：经 JECFA 评价认为毒理学资料清楚，已制定出 ADI 值或认为毒性有限无需规定 ADI 值者；

A_2 类：JECFA 已制定暂定 ADI 值，但毒理学资料不够完善暂时允许使用于食品者。

B 类——JECFA 曾进行过安全性评价，但未建立 ADI 值，或者未进行过安全性评价者，其中：

B_1 类：JECFA 曾进行过评价，因毒理学资料不足未制定 ADI 值；

B_2 类：JECFA 未进行过评价者。

C 类——JECFA 认为在食品中使用不安全或应该严格限制作为某些食品的特殊用途者，其中：

C_1 类：JECFA 根据毒理学资料认为在食品中使用不安全者；

C_2 类：JECFA 认为应该严格限制在某些食品中作为特殊应用者。

三、食品添加剂在食品工业上的应用

食品添加剂的作用很多，基本可以归结为以下几个方面：①防止食品腐败：例如防腐剂和抗氧化剂;②改善食品感官性状:例如乳化剂、增稠剂、护色剂、增香剂等;③有利于食品加工操作:例如澄清剂、助滤剂和消泡剂;④保持或提高食品的营养和保健价值:例如营养强化剂、食品功能因子等;⑤满足某些需要:例如营养甜味剂可满足糖尿病患者的特殊要求;某些加工食品在真空包装后,为防止水分蒸发需要吸湿剂等。

现代食品工业的发展已离不开食品添加剂,当前食品添加剂已经进入到粮油、肉禽、果蔬加工等各个领域,也是烹饪行业必备的配料,并已进入了家庭的一日三餐。如:方便面中含有 BHA、BHT 等抗氧化剂,海藻酸钠等增稠剂,味精、肌苷酸等风味剂,磷酸盐等品质改良剂。豆腐中含有凝固剂:$CaCl_2$、$MgCl_2$、$CaSO_4$、葡萄糖酸内酯,消泡剂单甘酯等。酱油中含有防腐剂:如尼泊金酯、苯甲酸钠;含有食用色素酱色等。饮料中含有酸味剂,如柠檬酸;甜味剂,如甜菊苷、阿斯巴甜;香精,如桔子香精;色素,如胭脂红、亮蓝、柠檬黄、胡萝卜素等。冰淇淋中含有乳化剂:如聚甘油脂肪酸酯、蔗糖酯、Span、Tween、单甘酯等;增稠剂:明胶、CMC、瓜尔豆胶;还含有色素、香精、营养强化剂等。面包中含有酵母食料:NH_4Cl、$CaCO_3$、$MgSO_4$、$CaHPO_4$、维生素 C 等,含有面粉改良剂:溴酸钾、过硫酸铵、二氧化氯、脲叉脲、维生素 C 等,含有乳化剂:吐温-60、琥珀酸单甘油酯、硬脂酸乳酸钠等。随从某种意义上讲,没有食品添加剂,就没有近代的食品工业。

四、食品添加剂的安全性

食品添加剂的使用存在着不安全性的因素,因为有些食品添加剂不是传统食品的成分,对其生理生化作用我们还不太了解,或还未作长期全面的毒理学试验等。有些食品添加剂本身虽不具有毒害作用,但由于产品不纯等因素也会引起毒害作用。这是因为合成食品添加剂时可能带入留的催化剂、副反应产物等工业污染物。对于天然的食品添加剂也可能带入一些我们还不太了解和关注的动植物中的有毒成分,另外天然物在提取过程中也存在被化学试剂或微生物污染的可能,所以对食品添加剂的生产和使用必须进行严格的卫生管理。

五、食品添加剂的使用原则

①各种食品添加剂都必须经过一定的安全性毒理学评价;②不影响食品的感官理化性质,对食品成分不应有破坏作用;③鉴于有些食品添加剂具有一定毒性,应尽可能不用或少用,必须使用时应严格控制使用范围及使用量;④不得使用食品添加剂掩盖食品的缺陷或作为伪造的手段;⑤食品中使用的添加剂必须在产品外包装上明确标识品种名称、使用量等,不得隐瞒使用添加剂;⑥严禁使用违禁添加剂,未经许可,婴儿及儿童食品中不得使用色素、香精和糖精。

第二节 食品中常用的添加剂

一、防腐剂（抗微生物剂）

我们生活中不难发现，家中烧煮的饭菜很容易发"馊"变质，而买来的袋装食品往往放置半年、一年也不会霉变。这是因为食品营养丰富，非常适合微生物繁殖生长，细菌、霉菌、酵母之类微生物的侵袭通常是导致食品变质的主要因素。而在罐头或袋装食品中，被加入了一种称之为"防腐剂"的化学物。它们具有杀死微生物或抑制其生长的作用。那么到底什么东西是防腐剂呢？加入食品中能够杀死或抑制微生物，防止或延缓食品腐败的食品添加剂称为防腐剂，也称为抗微生物剂。

（一）防腐剂的分类

狭义的防腐剂主要指山梨酸、苯甲酸等直接加入食品中的化学物质。广义的防腐剂除包括狭义防腐剂所指的化学物质外，还包括那些通常认为是调料但是也具有防腐作用的物质，如食盐、醋等，以及那些通常不直接加入食品，在食品贮藏过程中应用的消毒剂和防霉剂等。

我们通常将化学物质类的防腐剂分为两大类：一类为有机防腐剂，如苯甲酸及其盐类、山梨酸及其盐类、丙酸及其盐类、对羟基苯甲酸酯等；另一类为无机防腐剂，如二氧化硫、硝酸盐及亚硝酸盐类、亚硫酸及其盐类等。防腐剂除具有防腐作用外，有些防腐剂还有其他的功能，如硝酸盐及亚硝酸盐可作为腌制肉类的发色剂，亚硫酸及其盐类可作为漂白剂。另一类食品防腐剂是利用生物工程技术获取的新型防腐剂，如乳酸链球菌素、纳他霉素等产品。

按其作用分为两大类：一类为杀菌剂，具有杀死微生物作用的物质；另一类为抑菌剂，具有抑制微生物生长、繁殖作用的物质，又称保藏剂。杀菌剂和抑菌剂的最大区别是，杀菌剂在其使用限量范围内能通过一定的化学作用杀死微生物，使之不能侵染食品，造成食品变质。

按来源和性质分为两大类：一类为天然防腐剂（动、植物中的抗菌物质及微生物防腐剂），目前世界各国所用的食品防腐剂约有 50 多种，我国现许可使用 15 种；另一类为合成类防腐剂。

（二）防腐剂的性能要求

在食品工业中，作为防腐剂，除了要具备符合食品添加剂的一般条件外，还要具备显著的杀菌或抑菌的功能作用，即有效地破坏食品中的有害微生物。另外，要求防腐剂性质稳定，在一定时期内有效，使用中和分解后无毒；在低浓度下仍有抑菌作用；本身无刺激性和异味；价格合理，使用方便。但所使用的防腐剂不能影响人体正常的生理功能,一般说来,在正常规定的范围内使用食品添加剂应对人体没有毒害或毒性作用极小。

(三)防腐剂的作用机理及影响因素

防腐剂的作用机理对微生物细胞壁和细胞膜产生一定效应;对细胞原生质部分的遗传机制产生效应;干扰细胞中酶的活性,根本原因就是我们在前面章节中讲述的加入防腐剂使得蛋白质变性。食品防腐剂的使用及其使用量和发挥的功效,受到很多因素的影响。

1.食品的染菌情况

染菌情况一是指防腐剂使用时食品的染菌程度,二是指食品中细菌是否被防腐剂抑制。在使用等量防腐剂的情况下,食品染菌情况越严重,则防腐效果越差。如果食品已变质,任何防腐剂也无济于事,这个过程是不可逆的。因此,一定要首先保证食品本身处于良好的卫生条件下,并将防腐剂在细菌的诱导期加入。一般食品必须加入防腐剂的话,应早加入,这样效果好用量少。各种防腐剂都有一定的作用范围,为了弥补这种缺陷,可将不同作用范围的防腐剂进行混合使用,这样扩大了作用范围,增强了抗微生物作用。

2.pH与水分活度

在含水或水溶液系统中,某些防腐剂是处于解离平衡的状态。酸性防腐剂的防腐作用主要是依靠溶液内的未电离分子。苯甲酸及其盐类,山梨酸及其盐类均属于酸性防腐剂。食品pH对酸性防腐剂的防腐效果有很大的影响,pH越低防腐效果越好。一般地说,使用苯甲酸及苯甲酸钠适用于pH为4.5~5以下,山梨酸及山梨酸钾在pH为5~6以下,对羟基苯甲酸酯类使用范围为pH为4~8。

3.溶解与分散

在使用防腐剂时,要针对食品腐败的具体情况进行处理。有些食品如水果、薯类、冷藏食品等腐败开始时发生在食品外部,因此,将防腐剂均匀的分散与食品表面即可。而有些食品如饮料、焙烤食品等就要求防腐剂完全溶解和均匀分散在食品中才能全面发挥作用。因此,要考虑防腐剂的溶解与分散特性。

4.热处理

一般情况下加热可增强防腐剂的防腐效果,加热杀菌时加入防腐剂可以缩短杀菌时间。

(四)常用食品防腐剂

1.苯甲酸及其钠盐

苯甲酸又称为安息香酸,天然存在于蔓越橘、洋李和丁香等植物中。纯品为白色有丝光的鳞片或针状结晶,质轻,无臭或微带安息香气味,比重为1.2659,沸点249.2℃,熔点为121℃~123℃,100℃开始升华,在酸性条件下容易随同水蒸气挥发,微溶于水,易溶于乙醇。由于苯甲酸难溶于水，一般在应用中都是用其钠盐，即苯甲酸钠，为白色结晶或粉末。加入食品后，在酸性条件下苯甲酸钠转变成具有抗微生物活性的苯甲酸。防腐效果好，对人体比较安全。苯甲酸进入机体后，在 9h～15h 与甘氨酸化合成马尿酸，剩余部分与葡萄醛酸结合形成葡萄糖苷酸，并全部从尿中排出。ADI 为 0mg/kg～5mg/kg，解毒作用在肝脏内进行，因此苯甲酸对肝功能衰弱的人可能是不适宜的。

苯甲酸曾广泛在食品中用作抗微生物剂，最适抗微生物活性范围在 pH 为 2.5～4.0，适用于酸性食品如果汁、碳酸饮料、酸黄瓜和酸洋白菜中。苯甲酸对酵母和细菌很有效，对霉菌活性稍差。我国 GB 2760《食品安全国家标准　食品添加剂使用标准》规定：苯甲酸允许用于酱油、醋、果汁，最大用量为 1.0g/kg；用于低盐酱菜、酱类、蜜饯其最大用量为 0.5g/kg；用于碳酸饮料最大使用量为 0.2g/kg（以苯甲酸计）。苯甲酸常与山梨酸或对羟基苯甲酸酯混合使用，浓度一般为重量的 0.05％～0.1％，少量使用苯甲酸对人体无害。苯甲酸及其钠盐是目前应用历史最长的一种防腐剂，现在其应用逐渐减少。

2. 山梨酸及其盐

山梨酸又名花椒酸，无色针状结晶或白色粉末状结晶，沸点为 228℃（分解），熔点为 133℃～135℃，微溶于冷水，而易溶于乙醇和冰醋酸，其钾盐易溶于水，具有特殊气味和酸味，对光热均稳定，但在空气中长期放置，易氧化变色。在体内正常地参加代谢作用，产生 CO_2 和 H_2O，所以无毒。与亚硝酸盐共用时可提高亚硝酸盐对肉制品中梭状芽孢杆菌的抑菌及毒素的形成，ADI 为 0mg/kg～25mg/kg。

山梨酸的钠盐和钾盐可广泛用在许多食品，如干酪、焙烤食品、果汁、酒类和酸黄瓜中来抑制霉菌和酵母菌。山梨酸的使用方法有直接加入食品，涂布于食品表面或用于包装材料中。我国规定的使用标准是：用于酱油、醋、果酱最大使用量为 1.0g/kg，酱菜、酱类、蜜饯、果冻最大使用量为 0.5g/kg，果蔬、碳酸饮料为 0.2g/kg，肉、鱼、蛋、禽类制品为 0.075g/kg（均以山梨酸计）。山梨酸对防止霉菌的生长特别有效，如用的浓度适当（重量的 0.3％）对风味没有影响。山梨酸的活性因 pH 的降低而增加，在 pH 高达 6.5 时仍有效。它是一种广谱抗霉剂，对新鲜或冷冻的禽、鱼、肉中的肉毒芽孢杆菌的抑制尤为有效，是目前应用最多的防腐剂。

3. 对羟基苯甲酸酯

对羟基苯甲酸酯又叫尼泊金酯类，是食品、药品和化妆品中广泛使用的抗微生物剂。我国允许使用的是尼泊金乙酯和丙酯。美国许可使用对羟基苯甲酸的甲酯、丙酯和庚酯。对羟基苯甲酸酯为无色结晶或白色结晶粉末，是苯甲酸的衍生物，无臭，无味，微溶于水，可溶于氢氧化钠和乙醇。

对羟基苯甲酸酯可在焙烤食品、清凉饮料、啤酒、橄榄、酸黄瓜、果酱和果冻、糖浆中用作抗微生物的保存剂。对风味的影响不大，对抑制霉菌和酵母菌有效（重量的 0.05％～0.1％），但对抑制细菌效果较差。与其他防腐剂不同，对羟基苯甲酸酯类的抑菌作用不像苯甲酸类和山梨酸类那样受 pH 的影响。在 pH 为 7 或更高时对羟基苯甲酸酯仍具活性，这显然是因为它们在这些 pH 时仍能保持未离解状态的缘故。对羟基苯甲酸酯具有很多与苯甲酸相同的性质,它们也常常一起使用。

4. 丙酸及其盐

丙酸及其钠盐和钙盐具有抗菌能力以抑制霉菌和少数细菌的生长。丙酸是食品的正常成分,也是人体代谢的中间产物,基本无毒,国外多用于面包及糕点的防腐。丙酸在焙烤食品中有很大的用途,不仅能抑制霉菌,而且还能抑制使面包发粘的微生物如丙酸杆菌。使用的浓度一般应低于0.3%,当与其他抗菌剂相比较时,未解离的丙酸具有抑菌活性,而且pH高至5.0时仍然有效。丙酸在烘焙食品中的使用量为0.32%(白面包,以面粉计)和0.38%(全麦产品,以小麦粉计),在干酪产品中的用量不超过0.3%。除烘焙食品外,已建议将丙酸用于不同类型的蛋糕、馅饼的皮和馅、白脱包装材料的处理、麦芽汁、糖酱、经热烫的苹果汁和豌豆。丙酸盐也可作为抗霉菌剂用于果酱、果冻和蜜饯。我国GB 2760《食品安全国家标准 食品添加剂使用标准》规定:丙酸类防腐剂可用于面包、醋、酱油、糕点、豆制品,最大使用量2.5g/kg。

5. 醋酸及其盐

醋酸常以醋的形式加入食品,醋含有2~4%或者更多的醋酸,作为应用广泛的调味品醋能降低食品的pH和产生相应的风味。醋酸钠、醋酸钾、醋酸钙等用在面包和其他焙烤食品上可防止胶粘和霉菌生长,但对酵母却无影响。醋和醋酸可用于腌肉、酸黄瓜、肉和鱼产品上。若有发酵的碳水化合物存在时,必须用3.6%的醋酸才能防止乳酸菌和酵母菌的生长。醋酸还可用于酸黄瓜、蛋黄酱和番茄酱中,具有抑制微生物和增加风味的双重作用。当pH降低时,醋酸的抗微生物活性能力增加。

6. 二氧化硫和亚硫酸盐

二氧化硫在食品工业中的使用已有很长的历史,尤其是作为葡萄酒制造中的消毒剂。在美国亚硫酸处理(使用SO_2或亚硫酸盐)仍继续被用于葡萄酒工业,它用于处理脱水水果和蔬菜,主要目的是保持颜色和风味,而抑制微生物活力是次要的。二氧化硫及亚硫酸盐也为酸性防腐剂,pH在4以下以HSO_3^-和H_2SO_3形式存在,pH在3以下以H_2SO_3为主要形式,并有部分SO_2逸出。这两种形式产生较强的抗菌效果。一些酵母比乳酸菌和乙酸菌更耐亚硫酸盐处理,这个性质使亚硫酸盐在葡萄酒工业中特别有用。二氧化硫还可用于去皮和切片的马铃薯、胡萝卜和干制水果中以防止褐变。

7. 硝酸盐和亚硝酸盐

使腌肉能产生一种颜色,抑制微生物生长并生成一种特殊的风味,常常使用亚硝酸盐,并具有抗氧化剂和抗菌剂的作用。亚硝胺是一种致癌物质,在遗传上可导致突变或致畸。

(五)防腐剂的发展及趋势

食品防腐是一个古老的话题。在人类还没有化学合成食品防腐剂之前,人们已经寻找到了大量使食品保质期延长的办法,如高盐腌制、高糖蜜制、酸、酒、烟熏以及在水中、地下存放等。随着食品工业的发展,传统防腐方法已不能满足其防腐需要,人们对食

第十章 食品添加剂

品防腐方法提出了更高的要求；要求操作更简单、保质期更长、防腐成本更低。基于此，化学产品用于食品防腐的做法开始流行。早期的化学防腐主要有甲醛、硝酸盐类等高毒产品，以后又研究出苯甲酸、苯甲酸钠、脱氢醋酸钠、双乙酸钠等数十种各类化学合成食品防腐剂。可以说，没有食品防腐剂就没有现代食品工业，食品防腐剂对现代食品工业的发展作出了很大贡献。但是，随着科学技术的进步，人们逐步发现化学合成食品防腐剂存在对人体健康的巨大威胁。而随着人们生活和消费水平的提高，人们对食品的安全水平提出了更高的要求，食品防腐剂的发展也将呈现出新的趋势：

一是由毒性较高向毒性更低、更安全方向发展。人类进步的核心是健康、和谐。随着人们对健康要求的提高，食品的安全标准也越来越严。各国政府在快速修订食品安全标准，提高食品安全水平和国民健康水平的同时，也通过"绿色壁垒"来保护本国食品工业，减少国外食品对本国食品业的冲击。例如，日本早已全面禁止高毒的苯甲酸钠的使用，添加苯甲酸钠的食品不可能进入日本市场的。

二是由化学合成食品防腐剂向天然食品防腐剂方向发展。鉴于化学合成食品防腐剂的安全性和其他缺陷，人类正在探索更安全、更方便使用的天然食品防腐剂。如微生物源的乳酸链球菌素、那他霉素、红曲米素等；动物源的溶菌酶、壳聚糖、鱼精蛋白、蜂胶等；植物源的琼脂低聚糖、杜仲素、辛香料、丁香、乌梅提取物等；微生物、动物和植物复合源的 R－多糖等。

三是由单项防腐向广谱防腐方向发展。目前广泛使用的食品防腐剂无论是化学合成的，还是天然的，它们的抑菌范围相对都比较狭小。有的对真菌有抑制作用，对细菌无效；有的仅对少数微生物有抑制作用。所以，大多数食品生产企业添加多种防腐剂以达到防腐目的。人们渴望单一使用既能杀菌又能抑菌的广泛意义上的食品防腐剂。广谱防腐剂将成为业界的研究方向。

四是由苛刻的使用环境向方便使用方向发展。目前广泛使用的食品防腐剂，对食品生产环境有较苛刻的要求，如有的对食品的 pH、加热温度等敏感；有的水溶性差；有的异味太重；有的导致食品褪色等等。发展趋势应该是对食品生产环境没有苛刻要求的食品防腐剂。

五是高价格的天然食品防腐剂向低价格方向发展。天然食品防腐剂无毒无害，是发展方向，但目前天然食品防腐剂的价格高昂，每公斤高达上千元，甚至更高，大多数食品生产企业难以承受，如溶菌酶、乳酸链球菌素、那他霉素、鱼精蛋白等等。因此，开发高效低成本的天然食品防腐剂仍然是重要的研究方向。

二、抗氧化剂

我们常有这样的经历，将买来的点心、饼干或者自己熬制的猪油放置一段时间后，就会"变哈"。这是因为在这些食品中都富含共轭双键较多的不饱和脂肪酸的油脂，它们很容易与空气中的氧发生反应，生成有臭味的低级的醛、酮和羧酸，这就是油脂的酸败。酸败的油脂，不但其中脂油性维生素遭到破坏，而且还常有毒性，不宜食用。为保持食品的品质,降低氧化作用引起的变质,提高食品稳定性和延长食品储存期,往往在食品加工中加入抗氧化剂这类食品添加剂。抗氧化剂对于延缓人体衰老,提高免疫力都有着重要作用。那么到底什么东西是抗氧化剂呢？能阻止或延缓食品氧化,以提高食品质量的稳定性和延长贮存期的食品添加剂称为抗氧化剂。

(一)抗氧化剂的作用机理

抗氧化剂是一种重要的食品添加剂,它主要用于防止油脂及富脂食品的氧化酸败,以及由氧化所导致的褪色、褐变、营养损坏等。抗氧化剂的作用机理比较复杂:一是通过抗氧剂的还原反应,降低食品内部及周围的氧气含量;二是由于抗氧化剂能提供氢原子,与脂肪酸自动氧化反应产生的过氧化物结合,中断连锁反应,从而阻止氧化反应继续进行;三是阻止、减弱氧化酶的活性;四是将能催化、引起氧化反应的物质封闭。

(二)抗氧化剂的分类

抗氧化剂按来源可分为天然的和人工合成的。按作用方式分为自由基吸收剂、金属离子螯合剂、氧清除剂、过氧化物分解剂、酶抗氧化剂、紫外线吸收剂。

按溶解性可分为油溶性的和水溶性的。油溶性的抗氧化剂主要用来抗脂肪氧化,主要有丁基羟基茴香醚(BHA)、二丁基羟基甲苯(BHT)、没食子酸丙酯(PG)、生育酚(V_E)等。水溶性抗氧化剂主要用于食品的防氧化、防变色和防变味等,主要有抗坏血酸及钠盐、植酸、茶多酚等。

根据作用机理可将抗氧化剂分成两类,第一类为主抗氧化剂,是一些酚类化合物又叫酚型抗氧化剂,它们是自由基接受体,可以延迟或抑制自动氧化的引发或停止自动氧化中自由基链的传递。食品中常用的主抗氧化剂是人工合成品,包括丁基羟基茴香醚(BHA)、二丁基羟基甲苯(BHT)、棓酸丙酯(PG)以及叔丁基氢醌(TBHQ)等。有些食品中存在的天然组分也可作为主抗氧化剂,如生育酚是通常使用的天然主抗氧化剂。第二类抗氧化剂又称为次抗氧化剂,这些抗氧化剂通过各种协同作用,减慢氧化速率也称为协同剂,如柠檬酸、抗坏血酸、酒石酸以及卵磷脂等。

(三)抗氧化剂的使用注意事项

(1)添加时机。从抗氧化剂的作用机理可以看出,抗氧化剂只能阻碍脂质氧化,延缓食品开始败坏的时间,而不能改变已经变坏的后果,也就是我们通常所说的亡羊补牢为时已晚,因此抗氧化剂要尽早加入。

(2)适当的使用量。和防腐剂不同,添加抗氧化剂的量和抗氧化效果并不总是成正比,当超过一定浓度后,不但不再增强抗氧化作用,反而起了反效果变成具有促进氧化的效果。

(3)溶解与分散。抗氧化剂在油中的溶解性影响抗氧化效果,如水溶性的抗坏血酸可以用其棕榈酸酯的形式用于油脂的抗氧化。油溶性抗氧化剂一般使用溶剂载体将它们带入油脂或含脂食品中,常用的溶剂是丙二醇或丙二醇与甘油—油酸酯的混合物。

(4)避免光、热、氧的影响。使用抗氧化剂的同时还要注意存在的一些促进脂肪氧化的因素,如光尤其是紫外线极易引起脂肪的氧化,可采用避光的包装材料如铝复合塑料包装袋来保存含脂食品。加工和贮藏中的高温一方面促进食品中脂肪的氧化,另一方面加大抗氧化剂的挥发,例如 BHT 在大豆油中经加热至 170℃、90min,就完全分解或挥发。大量氧气的存在会加速氧化的进行,实际上只要暴露于空气中,油脂就会自动氧化。避免与氧气接触极为重要,尤其对于具有很大比表面的含油粉末状食品。一般可以采用充氮包装或真空密封包装等措施,也可采用吸氧剂或称脱氧剂,否则任凭食品与氧气直接接触,即使大量添加抗氧化剂也难以达到预期效果。

(四)常用抗氧化剂

1.油溶性抗氧化剂

(1)丁基羟基茴香醚

又称为特丁基羟基茴香醚,简称为 BHA(见图 10-1)。白色或微黄色蜡样结晶状粉末,具有典型的酚味,当油受到高热时,酚味就相当明显了。它通常是 3-BHA 和 2-BHA 两种异构体混合物。熔点为 57℃~65℃,随混合比不同而异。BHA 对动物脂肪的抗氧化性较强,对不饱和的植物油的抗氧化性弱。

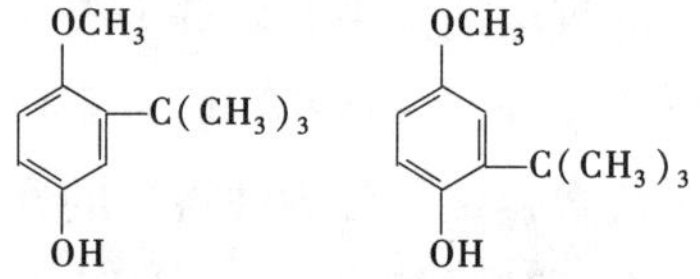

图 10-1 特丁基羟基茴香醚

其中,3-BHA 的抗氧化效果比 2-BHA 高 1.5~2 倍;在猪油中加入 50×10^{-6} BHA 可使其贮藏期延长 5 倍,与其他抗氧化剂共用时效果更佳,BHA 与抗氧化增效剂共用时的效果也很明显,如同柠檬酸的共用。由于 BHA 是一个酚类化合物,所以它对一些细菌和一些霉菌也有一定的抑制效果。用于食用油脂、油炸食品、干鱼制品、方便面、果仁、腌制肉制品及早餐谷类食品。食品添加剂使用卫生标准规定:以油脂量计最大使用量为 0.2g/kg,BHA 与 BHT 混用时总量<0.2g/kg。BHA 对热相当稳定,在弱碱性的条件下不容易破坏,这就是它在焙烤食品中,仍能有效使用的原因。与金属离子作用不着色。大白鼠经口 LD_{50} 为 2900mg/kg,每日允许摄入量(ADI)暂定为 0mg/kg~0.5mg/kg。

(2)二丁基羟基甲苯

又称 2,6-二特丁基对甲酚,简称为 BHT(见图 10-2),BHT 为白色结晶或结晶性粉末,无味,无臭,熔点为 69.5℃~70.5℃(其纯品为 69.7℃),沸点为 265℃,不溶于水及甘油,能溶于有机溶剂。性质类似 BHA,对热稳定,与金属离子不反应着色。抗氧化作用较强,耐热性较好,普通烹调温度对其影响不大。用于长期保存的食品与焙烤食品效果较好。价格

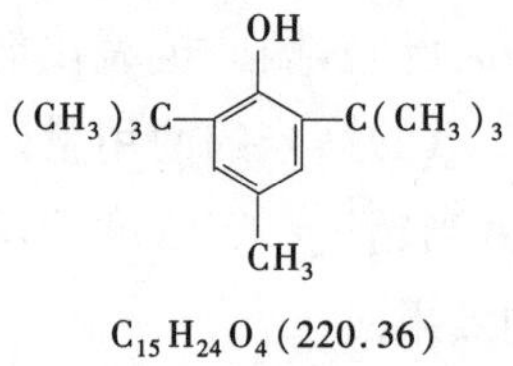

$C_{15}H_{24}O_4$(220.36)

图 10-2 二特丁基对甲酚

只有 BHA 的 1/5～1/8,为我国主要使用的合成抗氧化剂品种。

大白鼠经口 LD_{50} 为 1.70g/kg～1.97g/kg,食品添加剂卫生使用标准规定最大使用量和 BHA 相同,为 0.2g/kg。可用于油脂、油炸食品、干鱼制品、饼干、速煮面、干制品、罐头。一般多和 BHA 混用并可以柠檬酸等有机酸作为增效剂。如在植物油的抗氧化中使用的配比为:BHT：BHA：柠檬酸＝2：2：1。

(3)没食子酸丙酯

没食子酸丙酯又称棓酸丙酯,简称 PG(见图 10-3),纯品为白色至淡褐色的针状结晶,无臭,稍有苦味,易溶于乙醇、丙酮、乙醚,难溶于水、脂肪、氯仿。其水溶液有微苦味,pH 约为 5.5,对热比较稳定,无水物熔点为 146℃～150℃。易与铜、铁等离子反应显紫色或暗绿色,潮湿和光线均能促进其分解。没食子酸丙酯单独使用时在含油面制品中抗氧化效果不如 BHA 和 BHT,但对猪油抗氧化作用较 BHA 和 BHT 都强些。没食子酸丙酯加增效剂柠檬酸后抗氧化作用更强,但不如没食子酸丙酯与 BHA 和 BHT 混合使用时的抗氧化作用强,混合使用时,再添加增效剂柠檬酸则抗氧化作用最好。该物大白鼠经口 LD_{50} 为 3800mg/kg,每日允许摄入量 ADI 暂定为 0mg/kg～0.2mg/kg,食品添加剂卫生使用标准 GB 2760 规定没食子酸丙酯可用于油脂、油炸食品、干鱼制品、速煮面、罐头,最大使用量 0.1g/kg。当 BHA 和 BHT 混合使用时,其两者总量必须小于 0.2g/kg,当 BHA、BHT 和 PG 三者混合使用时,BHA 和 BHT 总量小于等于 0.1g/kg,PG 小于等于 0.05g/kg,最大使用量以脂肪计。

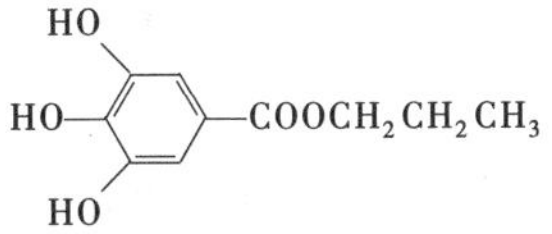

图 10-3　没食子酸丙酯

(4)生育酚

生育酚(V_E)为黄褐色,无臭的透明粘稠液体,相对密度为 0.933～0.955,溶于乙醇,可与油脂任意混合,一般不溶于水,现在为了特殊需要已经开发出水溶性生育酚。生育酚是自然界分布最广的一种抗氧化剂,许多未精制的植物油抗氧化能力强,主要是含有生育酚。如大豆油中生育酚含量为最高,约是 0.09％～0.28％,其次是玉米油和棉籽油,含量分别为 0.09％～0.25％和 0.08％～0.11％。生育酚适用于婴儿食品,疗效食品及乳制品等食品的抗氧化剂或营养强化剂使用。全脂奶粉、奶油或人造奶油可添加 0.005％～0.05％,动物油脂可添加 0.001％～0.5％,植物油脂添加 0.03％～0.07％,在肉制品、水产加工品、脱水蔬菜、果汁饮料、冷冻食品、方便食品等食品中,其用量一般为该食品油脂含量的 0.01％～0.2％。每日允许摄入量 ADI 为 0mg/kg～2mg/kg。

2.水溶性抗氧化剂

(1)抗坏血酸及其钠盐

抗坏血酸又称维生素 C,熔点在 166℃～218℃,为白色粉末或结晶,无臭,味酸,易溶于水、乙醇,但不溶于苯、乙醚等溶剂。它可由葡萄糖合成,它的水溶液受热、遇光后易破坏,特别是在碱性及重金属存在时更能促进其破坏,因此,在使用时必须注意避免与金属和空气接触。

抗坏血酸常用作啤酒、无醇饮料、果汁等的抗氧化剂,可以防止褪色,变色,风味变劣和其它由氧化而引起质量问题。这是由于它能与氧结合而作为食品除氧剂,此外还有钝化金属离子的作用。作为发色助剂,0.02%～0.05%的添加量,可有效促进肉红色的亚硝基红蛋白的产生,防止肉制品的褪色,抑制致癌物亚硝胺的生成。正常剂量的抗坏血酸对人体无毒害作用,每日允许量 ADI 为 0mg/kg～15mg/kg。

（2）植　酸

植酸大量存在于米糠、麸皮以及很多植物种子皮层中。它是肌醇的六磷酸酯,简称PA,在植物中与镁、钙或钾形成盐。植酸有较强的金属螯合作用,除具有抗氧化作用外,还有调节 pH 及缓冲作用和除去金属的作用,防止罐头特别是水产罐头产生鸟粪石与变黑等作用。植酸也是一种新型的天然抗氧化剂。

植酸为淡黄色或淡褐色的粘稠液体,易溶于水、乙醇和丙酮。几乎不溶于乙醚、苯、氯仿。对热比较稳定。其毒性用 50%植酸水溶液试验,对小白鼠经口 LD_{50} 为 4.192g/kg。有很强的抗氧化能力,与维生素 E 混用,具有相乘的抗氧化作用。用于对虾保鲜允许残留量为 20mg/kg;用于食用油脂、果蔬制品、饮料和肉制品,最大使用量为 0.2g/kg。

3.天然抗氧化剂

许多天然产物具有抗氧化作用,如粉末香辛料和其石油醚、乙醇萃取物的抗氧化能力都很强。从迷迭香得到的粗提取物呈绿色并带有强薄荷风味,它的抗氧化活性组分是一种酚酸化合物,白色,无嗅无味,按 0.02%的浓度使用时,有明显效果,如在以葵花籽油作为热媒,油炸马铃薯片的过程中显示出良好的耐加工性质,同样这些活性组分也能推迟大豆油的氧化。

由 α-愈创木脂酸、β-愈创木脂酸、少量胶质、精油等组成的愈创树脂,油溶性好,对油脂有良好抗氧化性能,也有防腐性能,愈创树脂是由愈创树心材粉碎加热提取到的。栎精为五羟黄酮,可作为油脂的抗氧化剂,将栎树皮磨碎,用热水洗涤,稀氨水提取后,稀硫酸中和,煮沸滤液,析出结晶可得到栎精。茶叶中含有大量酚类物质:儿茶素类(即黄烷醇类)、黄酮、黄酮醇、花色素、酚酸和多酚缩合物,其中儿茶素是主体成分,占茶多酚总量的 60%～80%。从茶叶中提取的茶多酚为淡黄色液体或粉剂,略带茶香,有涩味。据报道具有很强的抗氧化和抗菌能力。此外茶多酚还具有多种保健作用,现已批准为食用抗氧化剂,在很多食品中得到应用,目前市面上很多茶饮料广告中都强调突出茶多酚的使用。

三、乳化剂

乳化剂是指具有表面活性,能够促进或稳定乳状液的食品添加剂。乳化剂在食品体系中可以控制脂肪球滴聚集,增加乳状液稳定性;在焙烤食品中可减少淀粉的老化趋势;与面筋蛋白相互作用强化面团特性;乳化剂具有控制脂肪结晶,改善以脂类为基质的产品的稠度等多种功用。据统计,全世界每年耗用的食品乳化剂有 25 万吨,其中甘油酯占 2/3～3/4。而在甘油酯中，其衍生物约占 20％，其中聚甘油酯用量最大。蔗糖酯是性能优良的食用乳化剂，但价格稍高。大豆磷脂不仅是常用的食用乳化剂还兼有保健作用。我国过去基本上只有单甘酯一个品种，经过多年发展，现在几乎所有的品种都有。那么到底什么东西是乳化剂呢？

添加少量即可显著降低油水两相界面张力，产生乳化效果的食品添加剂称为乳化剂。

(一)乳化剂的分类

按其来源可以分为天然乳化剂和合成乳化剂；按其溶解性可分为水溶性和油溶性；按其在食品中实际应用目的或功能，又可以将乳化剂分为：破乳剂、起泡剂、消泡剂、润湿剂、增溶剂等。还可以根据所带电荷性质，分为阳离子型乳化剂、阴离子型乳化剂、两性离子型乳化剂和非离子型乳化剂。按其作用可分为水包油型(O/W)和油包水型(W/O)。

(二)乳化剂的结构和 HLB 值

乳化剂的结构特点是具有两亲性，分子中含有亲油的基团和一个亲水的基团。为了表示乳化剂分子的亲水、亲油性质，通常用亲水亲油平衡值(HLB)来反映一个乳化剂的性质及用途。HLB 值越大，表示其亲水性越强，如 HLB 越小，则表示其亲油性越强(见表 10－1)。一般以石蜡等化合物为标准物质：石蜡 HLB＝0，油酸 HLB＝1，油酸钾 HLB＝20，十二烷基磺酸钠 HLB＝40；其他的表面活性剂的 HLB 值可以通过乳化实验，对比其乳化效果以后确定，非离子型表面活剂一般 HLB 在 1～20 之间。

表 10－1 HLB 值和用途

亲水亲油平衡值(HLB)	适 用 性
1.5～3	消泡剂
3.5～6	水/油型乳化剂
7～9	湿润剂
8～18	油/水型乳化剂
13～15	洗涤剂(渗透剂)
15～18	溶化剂

乳化剂的 HLB 值 Griffin 提出按公式(10－1)计算
对多元醇与脂肪酸酯

$$HLB = 20\left(1 - \frac{S}{A}\right) \qquad (10-1)$$

式中，S 为皂化价，A 为酸价。

精确测定皂化价是比较困难的，也可采用式(10－2)进行计算

第十章 食品添加剂

$$HLB = \frac{E+P}{5} \qquad (10-2)$$

式中，E 为氧化乙烯基的质量分数，P 为多元醇的质量分数。

当环氧乙烷是惟一存在的亲水基时，式$(10-2)$简化为

$$HLB = \frac{E}{5} \qquad (10-3)$$

故此在实际生产过程时可以用两种不同 HLB 的非离子型表面活性剂来调制出不同 HLB 值的乳化剂来满足具体的需要。

当两种或两种以上的非离子型表面活性剂混合使用时，其 HLB 值具有加和性

$$HLB = (Wt_1\% \times HLB_1) + (Wt_2\% \times HLB_2) + \cdots \qquad (10-4)$$

由乳化剂的水溶性可以估计其 HLB 值，表 $10-2$ 给出了乳化剂的水溶性或水中分散性和 HLB 的关系，见表 $10-2$。

表 10－2　水溶性或水中分散性和 HLB 的关系

乳化剂在水中的性质	HLB 范围
不能溶解或分散	1～3
分散性差	3～6
搅拌后呈牛奶状分散	6～8
稳定的牛奶状分散	8～10
半透明到透明状分散	10～13
呈透明的溶液	13+

(三)乳化剂在食品中的作用

乳化剂可使食品组分混合均匀、产品的流变性改善，同时还可以对食品的外观、风味、适口性和保存性有一定的作用。

乳化作用是其最主要的作用，由于食品中通常含有不同性质的成分，乳化剂有利于它们的分散，可防止油水分离，防止糖、油脂起霜，防止蛋白质凝集和沉淀，提高食品的耐盐性、耐酸及耐热能力，并且乳化后的成分更易为人体吸收利用。乳化剂和淀粉形成稳定的复合物可延缓淀粉的老化，可使面制品长时间保鲜、松软，同时还可以提高淀粉的糊化温度、淀粉糊的粘度及制品的保水性。乳化剂在面团中还可起到调理作用，强化蛋白质的网络结构，提高弹性，增加空气的进入量，缩短发酵时间，使气孔分布均匀，有利于面包、糕点等食品品质的提高。乳化剂有调节粘度的作用，可以作为饼干的脱模剂，降低巧克力物料的粘度利于操作等。在奶粉、麦乳精、粉末饮料中使用乳化剂可以提高其分散性、悬浮性和可溶性，有利于食品在冷水或热水中速溶。在巧克力中可促使可可脂的结晶变得细微和均匀，在冰淇淋中可以阻止冰晶的成长，而在人造奶油中低HLB 值的乳化剂可防止油脂产生结晶。HLB>15 的乳化剂可以作为脂溶性色素、香料等的增溶剂，还可以作为破乳剂使用。蔗糖酯还有一定的抗菌作用，还可作为水果、鸡

蛋的涂膜保鲜乳化剂,有防止细菌侵入、抑制水分蒸发和调节吸收的作用,又如磷脂还有抗氧化作用。

(四)常用乳化剂

1. 单硬脂肪酸甘油酯

又叫单甘酯,甘油一酸酯,脂肪酸单甘油酯,一酸甘油酯等,为白色或微黄色固体,不溶于水但可分散于水中,可溶于有机溶剂。目前,生产的分子蒸馏单甘酯其单酯率在90%以上。甘油一酯是食品中使用最广泛的一种乳化剂,产量约占整个食用乳化剂的50%。单甘酯 HLB 约 3.8,属于 W/O 型乳化剂,但也可与其他乳化剂混合用于 O/W 型乳状液中,单甘酯不溶于水,在振荡下可分散于热水中,可溶于乙醇和热脂肪油中,在油中达 20%以上时出现混浊。其酯键在酸,碱,酶催化下可以水解,和脂肪酸盐共存时,单酯率降低,这是因为发生了酰基转移反应。单甘酯具有乳化、分散、稳定、起泡、消泡、抗淀粉老化等性能,通常应用于制造冰淇淋、人造奶油及其他冷冻甜食等。如冰淇淋中用量为 0.2%~0.5%,人造奶油、花生酱为 0.3%~0.5%,炼乳、麦乳精、速溶全脂奶粉为 0.5%,含油脂、含蛋白饮料及肉制品中为 0.3%~0.5%,面包为 0.1%~0.3%,儿童饼干为 0.5%,巧克力为 0.2%~0.5%等。使用时可将单甘酯粉与其他原料(如面粉,奶粉)直接混合或与油脂一起加热溶解,然后加入食品中,效果最好。也可以 1 份单甘酯放入容器中加热熔化,然后加入 3~4 份温水(约 70 ℃)高速搅拌,生成乳白色膏体,再将此膏体投入食品中。

2. 大豆磷脂

又叫做大豆卵磷脂,实际上应用的是一些磷脂的混合物,它包括磷脂酰胆碱(卵磷脂,PC)、磷脂酰乙醇胺(脑磷脂,PE)、磷脂酰肌醇(PI)以及磷脂酰丝氨酸等,商品粗卵磷脂一般还含有少量甘油三酯、脂肪酸、色素、碳水化合物以及甾醇。大豆磷脂是精炼大豆油的副产品,不溶于水,吸水膨润,溶于氯仿、乙醚、乙醇,不溶于丙酮,可溶于热的植物油,用作乳化剂和润湿剂。

在食品配方中,卵磷脂添加量一般为 0.1%~0.3%。PC 能稳定 O/W 乳状液,而 PE 与 PI 稳定 W/O 乳状液。在硬水中含有高浓度的 Ca 与 Mg,PE 易失去乳化能力而絮凝。为了增强稳定乳状液的能力,可将卵磷脂与其他乳化剂复合使用。许多情况下,卵磷脂进行化学或酶法改性,可以提高乳化能力,并减少与金属离子的反应。卵磷脂的亲水性较强,而肌醇磷肌的亲油性较强。大豆磷脂的 HLB 值约为 9,它不耐高温,在 80℃开始变色,到 120℃开始分解;它不仅可以作为乳化剂、润湿剂、乳化稳定剂等用于食品中,它还有重要的药疗价值,在保健品方面销售情况较好。

3. 蔗糖脂肪酸酯

蔗糖脂肪酸酯(SE),一般为白色或黄色粉末,也可能为无色或淡黄色液体,单酯易溶于水,多酯易溶于有机溶剂,热不稳定,如脂肪酸游离,蔗糖焦糖化,酸、碱、酶均可引起水解。一般是利用 C_{12}~C_{18} 的脂肪酸甲酯同蔗糖进行酯交换反应而制得,它在酸性、碱性条件下可被皂化,加热至145℃时开始分解。

蔗糖酯单酯HLB为10～16,二酯HLB为7～10,三酯HLB为3～7,多酯HLB≈1,所以蔗糖酯中各种酯的比例不同使得HLB不同,市售产品为其混合物,HLB为3～16,基本上可满足不同的食品加工需要。可在水中形成介晶相,具有增溶作用。具有优良充气作用,与面粉有特殊作用,可以防淀粉老化,可降低巧克力物料黏度。蔗糖酯除可以用于面制品、人造奶油、巧克力、冰淇淋、速溶食品、乳化香精等以外,它还具有抑菌作用。用于乳化香精要选用HLB高的,面包中要用HLB大于11的,奶糖中用HLB值5～9的,冰淇淋中则要高、低HLB值的产品混合使用,并与单甘酯1∶1合用。

4. 山梨糖醇酐脂肪酸酯

又叫失水山梨醇脂肪酸酯,其商品名为Span,中译为"司盘",山梨醇首先脱水形成己糖醇酐与己糖二酐,然后再与脂肪酸酯化,它一般是脂肪酸与山梨醇酐或脱水山梨醇的混合酯。因失水位置不同而产生多种异构体,结合不同的脂肪酸形成多种不同系列产品。最著名的是美国ICI公司的Span产品。如Span20为山梨糖醇酐单月桂酸酯,Span40为单棕榈酸酯,Span60为单硬脂酸酯,Span65为三硬脂酸酯,Span80为单油酸酯。

本产品为琥珀色粘稠油状液体或蜡状固体,不溶于水,但可分散在温水中,呈乳浊液,溶于大多数有机溶剂,一般在油中可溶解或分散。具有较好的热稳定性和水解稳定性,乳化力较强,但风味差,一般与其他乳化剂合并使用。

本品亲脂性强,常用作W/O型乳化剂,脂溶性差的化合物的增溶剂,脂不溶性化合物的润湿剂。本品可单独作W/O型乳化剂使用,用量一般为1%～1.5%,本品常与吐温类配合使用,改变两者的比例,可得O/W或W/O型的乳化剂。具有充气和稳定油脂晶体作用。Span60特别适应于与Tween-80配合使用。用作增溶剂时,一般用量为1%～10%。用作润湿剂时,用量为0.1%～3%。

5. 聚氧乙烯山梨糖醇酐脂肪酸酯类

聚氧乙烯链通过醚键加到羟基上去,生成的产品即聚氧乙烯脱水山梨醇脂肪酸酯,其商品名为Tween,中译"吐温或吐文"。HLB为16～18,亲水性强,为O/W型乳化剂,乳化力强,乳化性能不受pH影响。用量过大时口感发苦,可用多元醇和香精料等加以改善。胶束形成力强,可用于制备乳化香精。

四、增稠剂

增稠剂又称糊料,是一种能改善食品的物理特性,增加食品的黏稠度或形成凝胶,赋予食品以柔滑适口性,并且具有稳定乳化状态和悬浊状态的物质。增稠剂是属于具有胶体特性的一类物质。该类物质的分子中具有很多亲水性基团,易发生水化作用,形成相对稳定的均匀分散的体系。食品中用的增稠剂大多属多糖类。增稠剂分为天然的和合成的,合成的主要是一些化学衍生胶,如羧甲基纤维素钠(CMC)、羧甲基淀粉钠、藻酸丙二酯、羧甲基纤维酸钙、磷酸淀粉钠、乙醇酸淀粉钠等。天然来源的增稠剂大多数是由植物、海藻或微生物提取的多糖类物质,如阿拉伯胶、卡拉胶、果胶、琼胶、海藻酸类、罗望子胶、甲壳素、黄蜀葵胶、亚麻籽胶、田箐胶、瓜尔胶、槐豆胶、酪蛋白酸钠和黄原胶等。

(一)增稠剂在食品中的作用

增稠剂在食品加工中主要起稳定食品型态的作用,如乳化稳定、悬浮稳定、凝胶等,同时还对于改善食品的感官质量起着相当程度的作用。

(1)增稠作用。提高食品的黏稠度,使原料更易从容器中挤出,或更好地粘着在食品中,还可使食品有柔滑的口感。

(2)胶凝作用。果冻、奶冻、果酱、软糖及人造营养食品等的赋形剂。

(3)稳定作用。加入增稠剂使食品组织趋于稳定、不易变动、不易改变品质,添加到淀粉食品中防止食品老化。如在冰淇淋中有抑制冰晶生长作用;糖果中有防止糖结晶作用;饮料、调味品中有乳化稳定作用;在啤酒中有泡沫稳定作用。

(4)保水作用。由于强烈的水化作用,因此存在于食品中时可使水分不易挥发,这样既提高了产品产量,又增强了食品的口感(可成膜)。

(5)其他作用。果汁澄清(通过明胶絮凝作用);多糖类可以起膳食纤维的作用;与一些重金属离子生成沉淀,排除可解毒;保鲜剂、保香剂。

(二)常用的增稠剂

1. 明 胶

明胶为动物的皮、骨、软骨、韧带、肌膜等含有胶原蛋白的部分,经水解后得到的高分子多肽的高聚物。使用猪皮熬制的皮冻和驴皮熬制的阿胶都属于明胶。相对分子质量1万~7万,有碱法和酶法两种制法。明胶为白色或淡黄色、半透明、微带光泽的薄片或粉粒,有特殊的臭味,潮湿后易为细菌分解。明胶不溶于冷水,但加水后则缓慢地吸水膨胀软化,可吸收5~10倍重量的水。在热水中溶解,溶液冷却后即凝结成胶块。不溶于乙醇、乙醚、氯仿等有机溶剂,但溶于醋酸、甘油。具有强的起泡性,但稳定性很差。平均分子量大于1.5×10^4时具有胶凝能力。明胶在冰淇淋混合原料中的用量一般约在0.5%,如用量过多可使冻结搅打时间延长。如果从27℃~38℃不加搅拌的缓慢地冷却至4℃进行老化,能使原料具有最大的黏度。在软糖生产中,一般用量为1.5%~3.5%,个别的可高达12%。某些罐头中用明胶作为粘着剂,用量为1.7%。火腿罐头中加入明胶可形成透明度良好的光滑表面,454g罐头添加明胶8g~10g。

2. 琼 脂

琼脂为条状物或粉末,呈白色或淡黄色;冷水中不溶但可吸收20倍以上的水,加热即为凝胶。不被人体吸收,不被衍生物作用。所形成的凝胶是胶类中强度最高的,可以制作许多坚韧而富有弹性的果冻食品。

3. 海藻酸盐

海藻酸盐为白色或淡黄色粉末,不溶于有机溶剂,本身不能成胶,但可与Mg^{2+}和

Hg^{2+}以外的二价离子形成凝胶，并为热不可逆凝胶。可以用于保水，保鲜，降低血糖、促进胆固醇排泄，不被人体吸收、不影响人体 Ca/P 平衡，它是保健食品的理想材料。海藻酸盐能形成纤维状的薄膜，这种膜对油腻物质、脂肪及许多有机溶剂具有不渗透性，但能使水气透过，是一种潜在的食品包装材料。

4.羧甲基纤维素钠

羧甲基纤维素钠，简称 CMC，是由纤维素经碱化后，通过醚化接上羧甲基而制成的改性纤维素，取代度一般为 0.6～0.8。为白色或微黄色粉末，易分散于水中，有吸湿性，其吸湿性和溶解性随取代度的增加而增大。干 CMC 稳定，溶液状态可被微生物分解。它具有良好的成膜性，对油脂具有良好的乳化稳定作用；加热温度不宜超过 80℃，超过此温度长时间加热粘度下降，并生成不溶物。CMC 属酸性多糖，一般在 pH 为 5～10 范围内的食品中应用。面条、速食米粉中为 0.1％～0.2％、冰淇淋中为 0.1％～0.5％，还可在果奶等蛋白饮料、粉状食品、酱、面包、肉制品等中应用，且价格比较便宜。

5.卡拉胶

卡拉胶为白色或淡黄色片状或粉末，可溶于热水，并形成高粘度的溶液。具有稳定酪朊胶束的能力，主要应用于奶类和肉类产品中。卡拉胶形成的凝胶能在口中溶化，且具有口感好、外观好、光泽发亮的特点。

6.黄原胶

黄原胶为乳白色或淡黄色粉末，常温下溶于水，低浓度下也具有很高的粘度，增稠性也好；由于分子结构中具有侧链并紧紧缠绕主链，所以可保护主链不受酸、碱、微生物的作用，并不受 pH、离子强度的影响，但可被强氧化剂降解；黄原胶的溶液经冷冻-熔化循环其粘度不变，也可与多价金属离子作用形成凝胶；它同其他的由半乳糖、甘露糖组成的增稠剂共用时有协同作用，可使黏度大大提高。

7.果 胶

果胶为白色或黄色粉末，具有特有的香味，溶于水；按酯化程度可分为高甲氧基果胶(HM 果胶、酯化度为 50％～100％)和低甲氧基果胶(LM 果胶、酯化度低于 50％)。它们两者性质有所不同，HM 果胶有一种非常好的香味，在含糖量达 55％以上，pH 为 2.6～3.4 时才能形成热不可逆凝胶，其硬度随果胶量、糖、酸量的增加及酯化度的降低而增加，胶凝速度随果胶量、糖、酸及酯化度的增加而加快；而 LM 果胶只要有 Ca^{2+}、Mg^{2+}等多价离子存在，即使糖量降低至 1％，pH 为 2.5～6.5 之间时也可发生胶凝，不受糖、酸量的影响，并对热、搅拌引起的变化是可逆的。以柑橘、柚子、山楂等水果的果皮、皮籽等加工废弃物为原料来制备果胶，既避免了资源浪费，有可以制得天然增稠剂，一举两得，特别适用于果味食品之中。

五、漂白剂

(一)概 述

能破坏或抑制食品中的发色因素，使色素褪色或使食品免于褐变的食品添加剂称为漂白剂。漂白剂可分为还原型漂白剂及氧化型漂白剂。还原型漂白剂的作用是使食品中的有色物质还原呈现白色或无色,它们可以防止食品在空气中因氧化而产生颜色,尤其是褐变的颜色。但由于属于还原性漂白,故此时间长又会因氧化而呈色,如亚硫酸盐类和二氧化硫等。氧化型漂白剂则使食品中的有色物质氧化分解后使之褪色,并且不受空气中的 O_2 作用而再呈色;但它们的作用有局限性,有些色素不被氧化,而且易残留于食品中,它们对微生物有显著的抑制作用,如次氯酸钠或过氧化氢。目前以还原型漂白剂的应用较为广泛,这是我国主要应用的品种,主要是亚硫酸及其盐类。

(二)亚硫酸盐在食品中的作用

(1)漂白作用。亚硫酸盐能产生还原性的亚硫酸,亚硫酸在被氧化时将着色物质还原,具有强烈的漂白作用。

(2)杀菌、防腐作用。亚硫酸和微生物中的醛基发生加成反应,生产磺酸类物质,使微生物的细胞液呈现酸性,造成微生物蛋白质变性,使微生物生命活动受到抑制甚至死亡。亚硫酸盐还是强还原剂,能消耗组织中的氧,抑制好气性微生物的活动。

(3)抗氧化作用。亚硫酸盐具有显著的抗氧化作用,由于亚硫酸是强还原剂,它能消耗果蔬组织中的氧气,抑制氧化酶的活性,所以对防止果蔬中维生素 C 的氧化破坏有一定作用。

(4)护色作用。亚硫酸盐能抑制某些微生物生命活动所需氧酶和氧化酶的活性,所以亚硫酸盐可防止酶促褐变;另外,亚硫酸盐与葡萄糖发生加成反应,从而抑制非酶褐变。

(三)使用注意事项

按食品添加剂标准使用二氧化硫及各种亚硫酸制剂是安全的。但“吊白块”处理食品是非法的,因为吊白块不是食品添加剂,是一种工业用拔染剂,其主要毒性成分是甲醛。

亚硫酸盐类溶液很不稳定,易于挥发、分解而失效,所以要现用现配,不可久贮。金属离子能促进亚硫酸的氧化,而使色素氧化变色。亚硫酸类制剂只适合植物性食品,不允许用于鱼肉等动物食品,因亚硫酸能掩盖其腐败迹象。亚硫酸类制剂需过量使用,一定的残留可抑制变色和防腐作用,但不能在食品中残留过多,故必需按规定使用。含二氧化硫量高的食品会对铁罐腐蚀,并产生硫化氢,影响产品质量。

二氧化硫和亚硫酸盐经代谢成硫酸盐后,从尿液排出体外,并无任何明显的病理后果。但由于有人报告某些哮喘病人对亚硫酸或亚硫酸盐有反应,以及二氧化硫及其衍生物潜在的诱变性,人们正在对它们进行再检查。SO_2 具有明显的刺激性气味,经亚硫酸盐或 SO_2 处理的食品,如果残留量过高就可产生可觉察的异味。

【归纳与总结】

随着食品工业的发展,食品添加剂已成为加工食品不可缺少的基料,现在已经

第十章　食品添加剂

发展成单独的一门学科。食品加工中使用食品添加剂可以改善食品品质,包括色、香、味、形和组织结构等方面,还能延长食品保存期,便于食品加工、改进生产工艺和提高生产效率等。本章重点讲授了在食品中应用范围较广的几种重要食品添加剂包括防腐剂、抗氧化剂、乳化剂、增稠剂、漂白剂,从概念、分类、代表性物质及其应用特点等方面进行了重点介绍。

【相关知识阅读】

食品添加剂新品种申报与受理规定

卫监督发〔2010〕49号

第一条 为规范食品添加剂新品种申报与受理工作,根据《食品添加剂新品种管理办法》制定本规定。

第二条 申请食品添加剂新品种的单位或者个人(以下简称申请人)应当向卫生部卫生监督中心提交申报资料原件1份,复印件4份,申报资料电子文件光盘1份以及样品1份。

第三条 食品添加剂新品种申报资料应当按照下列顺序排列,逐页标明页码,使用明显的标志区分,并装订成册:

(一)申请表;

(二)通用名称、功能分类,用量和使用范围;

(三)证明技术上确有必要和使用效果的资料或者文件;

(四)质量规格要求、生产使用工艺和检验方法,食品中该添加剂的检验方法或者相关情况说明;

(五)安全性评估资料,包括生产原料或者来源、化学结构和物理特性、生产工艺、毒理学安全性评价资料或者检验报告、质量规格检验报告;

(六)标签或说明书样稿;

(七)其他国家(地区)、国际组织允许生产和使用等有助于安全性评估的资料。

第四条 申请食品添加剂扩大用量、使用范围的,可以免于提交本规定第三条的第五项资料。

第五条 申请首次进口食品添加剂新品种的,除提交第三条规定的资料外,还应当提交以下资料:

(一)出口国(地区)相关部门或者机构出具的允许该添加剂在本国(地区)生产或者销售的证明文件;

(二)生产企业所在国(地区)有关机构或者组织出具的对生产企业审查或者认证的证明文件;

(三)受委托申请人应提交委托申报的委托书;

（四）中文译文应有中国公证机关的公证。

第六条　申请人应当提交本规定第三条第（二）、（三）、（四）项不涉及商业秘密，可以向社会公开的内容。

第七条　申请人提交申报资料时，应当提交申请人的工商登记证明复印件1份。如属于个人申报，应当提交申办人身份证明文件的复印件1份。

第八条　同一申请人同时申请多个食品添加剂新品种的，应按照不同品种分别申报。

第九条　申报资料中除申请表、检验报告以及本规定第五条要求的资料外，所有资料应逐页加盖申请人印章（可以是骑缝章）。申报资料电子文件光盘的封面应当加盖申请人印章。

第十条　食品添加剂新品种的通用名称应当为规范的中文名称或简称以及英文名称。功能分类应当为现行食品添加剂国家标准规定的类别。用量应以 g/kg（g/L）为单位，使用范围可以参考现行食品添加剂国家标准中的食品范围。

第十一条　申请人可以将科研文献、研究报告、第三方提供的证明文件、试验性使用效果的研究报告等资料作为证明技术上确有必要和使用效果的资料或者文件。

第十二条　安全性评估资料中的质量规格检验报告应当按照申报资料的质量规格要求和检验方法，对3个批次食品添加剂进行检验的检验结果报告。

第十三条　进口食品添加剂在生产国（地区）允许生产销售的证明文件应当符合下列要求：

（一）每个产品应当提供1份证明文件原件，无法提供证明文件原件的，须由文件出具单位确认，或由我国驻产品生产国使（领）馆确认。一份证明文件载明多个食品添加剂新品种的，在首个新品种申报时已提供证明文件原件后，该证明文件中其他新品种申报可提供复印件，并提交书面说明，指明证明文件原件所在的申报产品；

（二）应载明文件出具单位名称、生产企业名称、产品名称和出具文件的日期；

（三）应由产品生产国政府主管部门或行业协会出具；

（四）应有出具单位印章或法定代表人（或其授权人）签名；

（五）所载明的生产企业名称和产品名称（或商品名称），应与所申报的内容完全一致；

（六）凡载明有效期的，申请人应在证明文件的有效期内提出申请；

（七）中文译文应有中国公证机关的公证。

第十四条　委托申报食品添加剂新品种的，应当提供申请人的委托书，委托书应当符合下列要求：

（一）每个产品一份委托书原件；

（二）应载明出具单位名称、受委托单位名称、委托申报产品名称、委托事项和委托书出具日期；

食品化学(第二版)

(三)应有出具单位印章或法定代表人(或其授权人)签名。

第十五条 对申报材料符合要求的食品添加剂新品种申请,应当自接收申请材料之日起5个工作日内予以受理;申请材料不齐全或者不符合法定形式的,应当当场或者在5日内一次书面告知申请人需要补正的全部资料;依法不需要取得行政许可的,不予受理并说明理由。

第十六条 食品添加剂新品种申请受理后,除技术评审中要求补充有关资料外,不再接受申请人提交的其他补充资料。

第十七条 根据专家评审意见,如需补充资料,申请人应当在1年内提交卫生部卫生监督中心。逾期不提交资料的,视为终止申报。

第十八条 未获批准或者终止申报的,申请人可以申请退回已提交的本规定第五条第(二)项、第(三)项规定的文件。其他申报资料一律不退申请人,由审评机构存档备查。

第十九条 本规定自发布之日起施行,卫生部2002年7月3日发布的《卫生部食品添加剂申报与受理规定》同时废止。

【课后强化练习题】

一、选择题

1. 食品添加剂的作用包括(   )。
   A. 提高食品的保藏性、防止腐败变质
   B. 改善食品的感观性状
   C. 保持或提高食品的营养价值
   D. 便于食品加工

2. 对食品添加剂的要求包括(   )。
   A. 不应对人体产生任何健康危害
   B. 不应掩盖食品腐败变质
   C. 不应掩盖食品的质量缺陷或以掺杂、掺假、伪造为目的而使用食品添加剂
   D. 食品工业用加工助剂一般应在制成最后成品之前除去,有规定食品中残留量的除外

3. 食品添加剂使用卫生标准规定了食品添加剂的(   )。
   A. 食品添加剂的品种   B. 食品添加剂的使用范围
   C. 食品添加剂的最大使用量   D. 食品添加剂的制造方法

4. 不法分子在食品中非法使用添加剂的行为不包括(   )。
   A. 使用非法添加物   B. 超范围超量使用食品添加剂
   C. 使用药食两用物质   D. 使用工业级添加剂

5. 影响防腐剂防腐效果的因素有(　　)。

A. 食品体系的 pH

B. 食品的染菌情况

C. 防腐剂的溶解与分散情况

D. 防腐剂的熔点

6. 下列防腐剂中不属于酸性防腐剂的是(　　)。

A. 苯甲酸钠

B. 山梨酸钾

C. 对羟基苯甲酸乙酯

D. 丙酸钙

7. 苯甲酸钠是常用的防腐剂之一,在其适用条件下对多种微生物具有抑制作用,但其对(　　)作用较弱。

A. 霉菌　　　　B. 酵母菌　　　　C. 芽孢菌　　　　D. 产酸菌

8. 有些食品如果不加防腐剂,放置久了就会变酸。这主要是由于(　　)。

A. 微生物分解碳水化合物造成的

B. 微生物分解蛋白质造成的

C. 微生物分解矿物质造成的

D. 微生物分解维生素造成的

9. 无机防腐剂包括(　　)。

A. 亚硫酸及其盐类

B. 二氧化碳

C. 硝酸盐及亚硝酸盐

D. 游离氯及次氯酸盐

10. 以下物质,哪些是食品防腐剂(　　)。

A. 对羟基苯甲酸酯

B. 山梨酸

C. 碳酸氢钠

D. 酒石酸

11. BHT 是(　　)的缩写。

A. 丁基羟基茴香醚

B. 生育酚

C. 二丁基羟基甲苯

D. 没食子酸丙酯

12. 下面不属于油溶性抗氧化剂的是(　　)。

A. 没食子酸丙酯

B. 丁基羟基茴香醚

C. 二丁基羟基甲苯

D. L-抗坏血酸

13. 抗氧化剂的增效剂包括(　　)。

A. 柠檬酸　　　B. 磷酸　　　　C. 碳酸　　　　D. 抗坏血酸

14. 一般规定亲油性强的油酸的 HLB 值为(　　)。

A. 1　　　　　B. 18　　　　　C. 40　　　　　D. 3

15. 食品加工中常用的乳化剂有(　　)。

A. 单硬脂酸甘油酯

B. 大豆磷脂

C. 失水山梨醇脂肪酸酯

D. 聚氧乙烯失水山梨醇脂肪酸酯

16. 对酸、碱、盐耐受性最好的增稠剂是(　　)。

A. 海藻酸钠　　B. 卡拉胶　　　C. 黄原胶　　　　D. 羧甲基纤维素钠

17.用化学方法合成的增稠剂是（　　）。

    A.果胶　　　　B.黄原胶　　　　　C.琼脂　　　　　D.羧甲基纤维素钠

18.食品中常用的漂白剂包括（　　）。

    A.二氧化硫　　B.无水亚硫酸钠　C.稀盐酸　　　　D.过氧化氢

二、简答叙述

1.解释下列名词：

①食品添加剂　②防腐剂　③乳状液　④增稠剂

2.我国食品添加剂是如何分类的？

3.食品添加剂的使用目的是什么？

4.如何正确使用食品添加剂？

5.主要防腐剂有哪些？有何特点？

6.主要抗氧化剂有哪些？有何特点？

7.使用抗氧化剂应注意哪些基本问题？

8.乳化剂有哪些作用？

9.什么是HLB值？有何意义？

10.食品增稠剂的作用是什么？常用品种有哪些？举3例。

11.还原性漂白剂有哪些作用？

12.试比较几种化学防腐剂的共同点和不同点。

13.举例阐述一类天然防腐剂的性质特点和应用。

三、综合分析

    绿茶粉是一种超微粉状的绿茶,颜色翠绿,细腻,营养、健康、天然的绿茶。采用超微粉研磨设备,瞬间恒定低温加工的绿茶粉,最大限度地保持绿茶原有的天然绿色以及营养、药理成分,除供直接饮用外,可广泛应用于绿茶蛋糕、绿茶面包、绿茶挂面、绿茶饼干、绿茶豆腐;绿茶奶冻、绿茶冰淇淋、速冻绿茶汤圆、绿茶雪糕、绿茶酸奶;绿茶糖果、绿茶巧克力、绿茶瓜子、绿茶月饼馅料等食品之中,以强化其营养保健功效,满足公众对天然营养健康的诉求。

    请用本章所学知识解释下列问题：

    1.为什么加入绿茶粉食品的保鲜期比未加者时间长？

    2.绿茶粉中茶多酚及与其他抗氧化剂之间存在协同作用,请举例说明协同作用的机理。

第十一章 食品化学实验

【学习目的与要求】

通过本章的学习与操作，了解食品化学实验基础知识如学生实验守则、试剂使用规则、实验室安全规则、实验意外事故的急救处理。掌握食品化学各实验项目的实验原理，并能熟练操作、实验结果准确。了解化验室常用玻璃仪器的洗涤和干燥、常用试剂的配制、常用标准滴定溶液的配制和标定、常用洗涤液的配制与使用方法、常用指示剂的配制方法、化学试剂纯度分类。

第一节 食品化学实验须知

一、学生实验守则

1. 实验前应认真预习实验内容，明确实验目的和要求，并写好实验预习报告。

2. 进入实验室应保持安静，不得大声喧哗。

3. 学生在教师的指导下，根据实验内容和仪器操作规程做实验。

4. 实验时应独立思考，独立操作，如实记录各种实验现象和数据。

5. 实验中注意安全，不得擅自开启电源。如发生问题应立即向指导老师如实报告。

6. 爱护仪器设备，如有人为损坏仪器设备，照章赔偿。

7. 实验应在规定的时间内完成。实验结束后学生应自觉整理实验设备，填写仪器使用登记卡，清理桌面并将椅子放回原处。

8. 实验课不得迟到、早退和无故缺席。

二、试剂使用规则

1. 不准直接用手取试剂；不要用口尝药剂和其他物质的味道。

2. 取用固体试剂，要用洁净的药匙（或镊子）。液体试剂要从试剂瓶中慢慢倾倒，取试剂后要立即塞好瓶塞，切忌搞错瓶塞。

3. 必须按实验规定用量取用试剂，不得随意增减。

4. 取用的试剂未用完时，不得退回原试剂瓶，应倾倒在教师指定的容器中。

5. 用滴管或移液管取用试剂时，不能用未经洗净的同一滴管或移液管取用其他试剂。

6.不允许将试管中的试剂任意混合,以免发生危险。

7.使用危险品时,要严格遵守操作规程,服从教师指导。

三、实验操作基本要求

实验中所用的玻璃量器、玻璃器皿须经彻底洗净后才可使用。实验中所用的滴定管、移液管、容量瓶、刻度吸管、比色管等玻璃量器均应按国家有关规定及规程进行检定校正后使用,所量取体积的准确度应符合国家标准对该体积玻璃量器的准确度要求。

实验中所用的天平、酸度计、分光光度计、色谱仪等均应按国家有关规定及规程进行测试和校正。

称取:系指用天平进行的称量操作,其精度要求用数值的有效位数表示,如称取"20.0g……"系指称量准确至±0.1g;称取"20.00g……"系指称量准确至±0.01g。

准确称取:系指用精密天平进行的称量操作,准确度为 0.001g

恒重:系指在规定的条件下,连续两次干燥或灼烧后称量的质量,其差异不超过规定的范围。

量取:系指用量筒或量杯取液体物质的操作。

吸取:系指用移液管、刻度吸管量取液体物质的操作。

定容:指将溶解后的试剂或溶液,定量地移入指定容量的容量瓶内,并稀释至刻度。

空白试验:不加试样外,与样品进行平行操作,用于扣除试剂本底。

四、溶液浓度的基本表示方法

容量百分比浓度(%,体积分数):100mL 溶液中含液体溶质的毫升数。

质量浓度(m/V):100mL 溶液中含溶质的克数。

质量百分比浓度(%,质量分数):100g 溶液中含溶质的克数。

物质的量的浓度(mol/L):1L 溶液中溶质的摩尔数。

按比例配制:数字代表各组分体积,无水乙醇-氨水-水(7∶2∶1)。

试剂(__+__):前为试剂的体积(重量),后为水的体积(重量)。

如果溶液由另一种特定溶液稀释配制,应按下列惯例表示:

"稀释 $V_1 \rightarrow V_2$"表示,将体积为 V_1 的特定溶液以某种方式稀释,最终混合物的总体积为 V_2。

"稀释 $V_1 + V_2$"表示,将体积为 V_1 的特定溶液加到体积为 V_2 的溶液中(1+1)、(1+2)等。

五、实验室安全规则

1.防止中毒与污染

(1)对剧毒试剂(如氰化钾、砒霜等)及有毒菌种或毒株必须制订保管、使用登记制度,并由专人、专柜保管。

(2)有腐蚀、刺激及有毒气体的试剂或实验,必须在通风柜内进行操作,并有防护措施(如戴橡皮手套、口罩等)。

(3)一切盛装药品的试剂瓶,要有完整的标签。

(4)严禁用嘴吸吸管取试剂,或用手代替药匙取试剂。

(5)严禁在实验室内喝水、用餐及吸烟等。

(6)实验完毕要用肥皂洗手,微生物检验结束后还应用消毒液浸泡,再用水冲洗,并脱下工作服。

2.防止燃烧或爆炸

(1)妥善保存易燃、易爆、自燃、强氧化剂等试剂,使用时必须严格遵守操作规程。

①对易燃气体(如甲烷、氢气等)钢瓶应放在安全无人进出的地方,绝不允许直接放于工作室内使用,最好有单独贮藏室。

②严禁氧化剂与可燃物质一起研磨。爆炸性药品,如苦味酸、高氯酸和高氯酸盐、过氧化氢以及高压气体等应放在低温处保管,不得与其他易燃物放在一起,移动时不得剧烈振动。

(2)实验过程中,如需加热蒸除易挥发和易燃的有机溶剂,应在水浴锅或密封式电热板上缓慢进行,严禁用火焰或电炉等明火直接加热,应在通风橱中进行。

(3)开启易挥发的试剂瓶时,不可使瓶口对着自己或他人的脸部,以免引起伤害事故。当室温较高时,打开密封的、盛装易挥发试剂瓶塞前,应先把试剂瓶放在冷水中冷却后再开。

(4)严格遵守安全用电规则,定期检验电器设备、电源线路,防止因电火花、短路、超负荷引起线路起火。

(5)室内必须配置灭火器材,并要定期检查其性能。实验室用水灭火应十分慎重,因有的有机溶剂比水轻,浮于水面,反而扩大火势;有的试剂与水反应,引起燃烧,甚至爆炸。

(6)要健全岗位责任制,离开实验室或下班前必须认真检查电源、煤气、水源等,以确保安全。

3."三废"处理与回收

食品检验过程中产生的废气(如 SO_2)、废液(如 KCN 溶液)、废渣(如 AFT、细菌及病毒残渣)都是有毒有害的,其中有些是剧毒物质和致癌物质及致病菌,如直接排放会污染环境,损害人体健康与传染疾病。因此,对实验室产生的"三废"仍应认真处理后才能排放。对一些试剂(如有机溶剂、$AgNO_3$ 等)还可以进行回收,或再利用等。

有毒气体量少时可通过排风设备排出室外。毒气量大时须经吸收液吸收处理。如 SO_2、NO 等酸性气体可由碱溶液吸收,对废液按不同化学性质给予处理,如 KCN 废液集中后,先加强碱(NaOH 溶液)调 pH 为 10 以上,再加入 $KMnO_4$(以 3% 计算加入量)使 CN^- 氧化分解。又如,受 AFT 污染的器皿、台面等,须经 5% $NaClO_4$ 溶液浸染或擦抹干净。

六、实验意外事故的急救处理

（一）割伤和烫伤、化学灼烧处理

1. 割伤。先用药棉揩净伤口，伤口内若有玻璃碎片或污物，应先取出异物，用蒸馏水洗净伤口，然后涂红药水，并用消毒纱布包扎，或贴创可贴。如果伤口较大，应立即到校卫生院处理。

2. 烫伤。可用高锰酸钾或苦味酸溶液揩洗，再搽上凡士林或烫伤膏。切勿用水冲洗，更不能把烫起的水泡戳破。

3. 酸、碱灼伤皮肤。立即用大量水冲洗，酸灼伤用碳酸氢钠饱和溶液冲洗，再用水冲洗，然后涂敷氧化锌软膏；碱灼伤用 1％～2％乙酸溶液或硼酸饱和溶液冲洗，再用水冲洗，然后涂敷硼酸软膏。

4. 酸、碱灼伤眼睛。不要揉搓眼睛，立即用大量水冲洗，酸灼伤用 3％的硫酸氢钠溶液（碱灼伤用 3％的硼酸溶液）淋洗，然后用蒸馏水冲洗。

5. 碱金属氰化物、氢氰酸灼伤皮肤。用高锰酸钾溶液冲洗，再用硫化铵溶液漂洗，然后用水冲洗。

6. 溴灼伤皮肤。立即用乙醇洗涤，然后用水冲洗，再搽上甘油或烫伤膏。

7. 苯酚灼伤皮肤。先用大量水冲洗，然后用 4∶1 的乙醇（70％）–氯化铁（1mol/L）的混合溶液洗涤。

（二）毒物与毒气误入口、鼻内感到不舒服时的处理

1. 毒物误入口。立即内服 5mL～10mL 稀 $CuSO_4$ 温水溶液，再用手指伸入喉咙促使呕吐毒物。

2. 刺激性、有毒气体吸入。误吸入有毒气体（如煤气，硫化氢等）而感到不舒服时，应及时到窗口或室外呼吸新鲜空气；误吸入溴蒸气、氯气等有毒气体时，立即吸入少量酒精和乙醚的混合蒸气，以便解毒。

（三）起火处理

小火用湿布、石棉布或砂子覆盖燃物；大火应使用灭火器，而且需根据不同的着火情况选用不同的灭火器，必要时应报火警（119）。

1. 油类、有机溶剂（如酒精、苯或醚等）着火。应立即用湿布、石棉或沙子覆盖燃物；如火势较大，可使用 CO_2 泡沫灭火器或干粉灭火器、1211 灭火器灭火，但不可用水扑救。活泼金属着火，可用干燥的细砂覆盖灭火。

2. 精密仪器、电气设备着火。切断电源，小火可用石棉布或湿布覆盖灭火，大火用四氯化碳灭火器灭火，亦可用干粉灭火器或 1211 灭火器灭火。绝对不可用水或 CO_2 泡

沫灭火机。

3.衣服着火。应迅速脱下衣服,或用石棉布覆盖着火处,或卧地打滚。

第二节　食品化学实验项目

实验一　水分含量的测定

一、实验目的

通过实验学习食品中水分测定的原理及测定方法。

二、实验原理

将称重后的食品试样,经磨碎、混匀后,置于常压 100℃～105℃的恒温干燥箱内加热使水分蒸发,烘至恒重,加热前后的质量差即为水分含量。此法适用于新鲜果蔬、谷物及其制品、淀粉及其制品、调味品、水产品、豆制品、发酵制品和酱腌菜等食品中水分含量的测定。为防止食品中某些成分在 100℃以上加热发生分解、氧化等产生误差,一般先在 60℃～70℃烘至近干程度,再升温至 100℃～105℃烘至恒重。

三、材料、试剂与仪器设备

1.材　料

苹果、黄瓜、马铃薯等。

2.试　剂

氯化钙、变色硅胶。

3.仪器设备

分析天平、不锈钢刀、组织捣碎机或研钵、玻璃称量瓶或有盖铝皿、烘箱、干燥器等。

四、操作步骤

1.取称量瓶,放入 100℃～105℃烘箱中烘至恒重,置于干燥器中冷却,然后精确称重(精确至 0.001g)。

2.准确称取 5g～10g 切碎、混匀的样品(新鲜果蔬先除去非食用部分)于称量瓶中,连同瓶盖放入烘箱中,先在 60℃～70℃下烘 2h～3h 至样品变脆,再以 100℃～105℃烘 2h。

3.取出称量瓶,置于有吸湿剂和变色硅胶的干燥器中冷却,称重;再继续烘 0.5h～1h 后,冷却、称重,直至连续两次重量差不超过 3mg 为恒重。

食
品
化
学
（
第
二
版
）

五、计　算

$$水分（\%）=\frac{m_1-m_2}{m}\times100 \qquad\qquad (11-1)$$

式中，m_1——干燥前试样与称量瓶的重量，g；

　　　m_2——干燥后试样与称量瓶的重量，g；

　　　m——试样重量，g。

六、注意事项

1. 水果、蔬菜样品，应先洗去泥沙后，再用蒸馏水冲洗一次，然后用洁净纱布吸干表面的水分。

2. 在测定过程中，称量皿从烘箱中取出后，应迅速放入干燥器中进行冷却；否则，不易达到恒重。干燥器内一般用硅胶作干燥剂，硅胶吸湿后效能会减低，故当硅胶蓝色减褪或变红时，需及时换出，至135℃左右烘2h～3h使其再生后再用。

3. 加热至100℃易发生成分变化、引起误差的样品，如含果糖高的蜂蜜，宜采用减压干燥法测定水分含量。

4. 对于黏稠度大、水分多而不易干燥的样品，如乳制品、肉类制品、高糖的糕点等，可先在样品中掺入一定量的海砂用蒸发皿于砂浴上干燥到近干时，再转入100℃～105℃烘箱中烘至恒重。

5. 对于含挥发性组分较多的样品，如香料油、低醇饮料等，宜采用蒸馏法测定水分含量。

6. 测定食品水分含量的其他方法：减压干燥法、蒸馏法等可参考相关文献。

实验二　食品水分活度的测定

一、实验目的

学习食品中水分活度测定的原理，以及使用 A_w 测定仪测定水分活度的方法。

二、实验原理

食品中的水分以自由水、结合水等不同状态存在。不同状态的水可分为两类：由氢键结合力联系着的水分称为结合水；以毛细管力联系着的水称为自由水。其中，自由水是易被微生物所利用的水分，关系到食品的保藏性能。食品水分含量的高低不能直接反映出能被微生物利用的水分的多少，而水分活度（A_w）的大小则可体现食品非水组分与食品中水分的亲和能力大小，表示食品所含水分在食品中生物化学反应、微生物生长中的可利用程度。

水分活度近似的表示为在某一温度下溶液中水蒸汽分压与纯水蒸汽压之比。拉乌尔定律指出，当溶质溶于水，水分子与溶质分子变成定向关系从而减少水分子从液相进入气相的逸度，使溶液的蒸汽压降低，稀溶液蒸汽压降低率与溶质的摩尔分数成正比。水分活度也可用平衡时大气的相对湿度（ERH）来计算。故水分活度（A_w）可用式（11-2）表示

$$A_w = p/p_0 = n_0/(n_1 + n_0) = ERH/100 \qquad (11-2)$$

式中：p——样品中水的分压；

p_0——相同温度下纯水的蒸汽压；

n_0——水的摩尔数；

n_1——溶质的摩尔数；

ERH——样品周围大气的平衡相对湿度（％）。

水分活度测定仪的测定原理：主要利用仪器中的传感器装置湿敏元件，在一定温度下根据食品中水的蒸汽压力的变化，从仪器的表头上可读出指针所示的水分活度值。

三、材料、试剂与仪器

1. 试　剂

氯化钡、氯化钾、硝酸钠、溴化钾、氯化钠等，均为 AR 级。

2. 样　品

果蔬块、面包、饼干、肉、鱼等。

3. 仪器、设备

水分活度测定仪、研钵等。

四、实验步骤

下面以 SJN 5021 型水分活度测定仪（无锡江宁机械厂）为例，介绍水分活度仪法测定食品水分活度的步骤。实际测定中，要结合所用型号的水分活度仪说明书进行操作。

1. 将等量的纯水及捣碎的样品（约 2g）迅速放入测试盒，拧紧盖子密封，并通过转接电缆插入"纯水"及"样品"插孔。固体样品应碾碎成米粒大小，并摊平在盒底。

2. 把稳压电源输出插头插入"外接电源"插孔（如果不外接电源，则可使用直流电），打开电源开关，预热 15min，如果显示屏上出现"E"，表示溢出，按"清零"按钮。

3. 调节"校正Ⅱ"电位器，使显示为 100.00±0.05。

4. 按下"活度"开关，调节"校正Ⅱ"电位器，使显示为 1.000±0.001。

5. 等测试盒平衡半小时后（若室温低于 25℃，则需平衡 50min），按下相应的"样品测定"开关，即可读出样品的水分活度 A_w 的值（读数时，取小数点后面的 3 位数）。

6. 测量相对湿度时，将"活度"开关复位，然后按相应的"样品测定"开关，现实的数值即为所测空间的相对湿度。

7. 关机，清洗并吹干测试盒，放入干燥剂，盖上盖子，拧紧密封。

第十一章　食品化学实验

食品化学（第二版）

五、注意事项

1. 在测试前，仪器一般用标准溶液进行校正。下面是几种常用盐饱和溶液在 25℃时的水分活度的理论值（如果不符，要更换湿敏元件）。

氯化钡（$BaCl_2 \cdot 2H_2O$）0.901　　　　　溴化钾（KBr）0.842

氯化钾（KCl）　　0.807　　　　　氯化钠（NaCl）0.752

硝酸钠（$NaNO_3$）　0.737

2. 环境不同，应对标准值进行修正（见表 11-1）。

表 11-1　不同温度下水分活度标准值的校正数

温度/℃	校 正 数	温度/℃	校 正 数
15	−0.010	21	+0.002
16	−0.008	22	+0.004
17	−0.006	23	+0.006
18	−0.004	24	+0.008
19	−0.002	25	+0.010

3. 测定时切勿使湿敏元件沾上样品盒内样品。

4. 本仪器应避免测量含二氧化硫、氨气、酸和碱等腐蚀性样品。

5. 每次测量时间不应超过 1h。

实验三　美拉德反应初始阶段的测定

一、实验目的

通过实验了解美拉德反应的一般机理、发生条件；并掌握测定 HMF 的方法。

二、实验原理

美拉德反应即蛋白质、氨基酸或胺与碳水化合物之间的相互作用。美拉德反应开始，以无紫外吸收的无色溶液为特征。随着反应不断进行，还原力逐渐增强，溶液变成黄色，在近紫外区吸收增大，同时还有少量糖脱水变成 5-羟甲基糖醛（HMF），以及发生健断裂形成二羰基化合物和色素的初产物，最后生成类黑精色素。

本实验利用模拟实验：即葡萄糖与甘氨酸在一定 pH 缓冲液中加热反应，一定时间后测定 HMF 的含量和在波长为 285nm 处的紫外消光值。HMF 的测定方法是根据 HMF 与对-氨基甲苯和巴比妥酸在酸性条件下的呈色反应。此反应常温下生成最大吸收波长的 550nm 的紫红色。因不受糖的影响，所以可直接测定。这种呈色物对光、氧气不稳定，操作时要注意。

三、仪器与试剂

1. 仪 器

分光光度计、水浴锅、试管等。

2. 试 剂

(1)巴比妥酸溶液。称取巴比妥酸 500mg,加约 70mL 水,在水浴加热使其溶解,冷却后转移入 100mL 容量瓶中,定容。

(2)对-氨基甲苯溶液。称取对-氨基甲苯 10.0g,加 50mL 异丙醇在水浴上慢慢加热使之溶解,冷却后移入 100mL 容量瓶中,加冰醋酸 10mL,然后用异丙醇定容。溶液置于暗处保存 24h 后使用。保存 4～5 天后,如呈色度增加,应重新配制。

(3)1mol/L 葡萄糖溶液。

(4)0.1mol/L 甘氨酸溶液。

四、操作步骤

1. 取 5 支试管,分别加入 5mL 1.0mol/L 葡萄糖溶液和 0.1mol/L 赖氨酸溶液,编号为 A_1,A_2,A_3,A_4,A_5。A_2 与 A_4 调 pH 到 9.0,A_5 加亚硫酸钠溶液。5 支试管置于 90℃水浴锅内并记时,反应 1h,取 A_1,A_2,A_5 管,冷却后测定它们的 258nm 紫外吸收和 HMF 值。

2. HMF 的测定。A_1,A_2,A_5 各取 2.0mL 于 3 支试管中,加对-氨基甲苯溶液 5mL。然后分别加入巴比妥酸溶液 1mL,另取一支试管加 A_1 液 2mL 和 5mL 对-氨基甲苯溶液,但不加巴比妥酸液而加 1mL 水,将试管充分振动。试剂的添加要连续进行,在 1min～2min 内加完,以加水的试管作参比,测定在 550nm 处吸光度,通过吸光度比较 A_1,A_2,A_5 中 HMF 的含量可看出美拉德反应与哪些因素有关。

3. A_3,A_4 两试管继续加热反应,直到看出有深颜色为止,记录出现颜色的时间。

五、注意事项

HMF 显色后会很快褪色,呈色物对光、氧气不稳定,所以比色时一定要快,否则影响结果的准确性。

实验四 果胶的提取和果酱的制备

一、实验目的

通过实验学习果蔬中果胶提取的方法及果胶在果酱制作中的应用。

二、实验原理

果胶广泛存在于水果和蔬菜中,如苹果中含量为 0.7%～1.5%(以湿品计),在蔬菜

第十一章　食品化学实验

中以南瓜含量最多,为7％～17％。果胶的基本结构是以α-1,4糖苷键连接的聚半乳糖醛酸,其中部分羧基被甲酯化,其余的羧基与钾、钠、铵离子结合成盐。

在果蔬中,尤其是未成熟的水果和皮中,果胶多数以原果胶存在,原果胶以金属离子桥与多聚半乳糖醛酸中的游离羧基相结合。原果胶不溶于水,故用酸水解生成可溶性的果胶,再进行脱色、沉淀、干燥即为商品果胶。从柑橘皮中提取的果胶是高酯化度的果胶。酯化度在70％以上。在食品工业中常利用来制作果酱、果冻和糖果,在汁液类食品中作增稠剂、乳化剂。

三、实验材料和试剂

0.25％ HCl,95％乙醇、蔗糖、柠檬酸、果皮等。

四、实验步骤

1. 果胶的提取

(1)原料预处理。称取新鲜柑橘皮20g用清水洗净后,放入250mL烧杯中,加水120mL,加热至90℃保持5min～10min,使酶失去活力。用水冲洗后切成3mm～5mm的颗粒,用50℃左右的热水漂洗,直至水为无色、果皮无异味为止。每次漂洗必须把果皮用尼龙布挤干,再进行下一次的漂洗。

(2)酸水解萃取。将预处理过的果皮粒放入烧杯中,加约为0.25％的盐酸溶液60mL,以浸没果皮为宜,pH调节至2.0～2.5,加热至90℃煮45min趁热用尼龙布或四层纱布过滤。

(3)脱色。在滤液中加入0.5％～1％的活性炭于80℃加热20min进行脱色和除异味,趁热抽滤,如抽滤困难可加入2g～4.5g硅藻土作为助滤剂。如果柑橘皮漂洗干净萃取液为清澈透明则不用脱色。

(4)沉淀。待萃取液冷却后用稀氨水调节pH为3～4,在不断搅拌下加入95％乙醇溶液,加入乙醇的量约为原体积的1.3倍,使酒精浓度达到50％～65％。

(5)过滤、洗涤、烘干。用尼龙布过滤、包装即为产品,滤液可用蒸馏法收回。

2. 柠檬酸果酱的制备

(1)将果胶0.2g浸泡于20mL水中,软化后在搅拌下慢慢加热至果胶全部溶解。

(2)加入柠檬酸0.1g、柠檬酸钠0.1g和20g蔗糖,在搅拌下加热至沸腾,继续熬煮5min,冷却后即成果酱。

实验五　油脂氧化酸败的定性检验与过氧化值、酸值测定

一、实验目的

通过实验进一步掌握油脂氧化酸败的机理;学会油脂氧化酸败定性检验方法、过氧

化值及酸值测定的操作。并通过实验培养自己对所学知识的理解能力和分析解决问题的能力。

二、实验内容

(一)油脂氧化酸败的定性检验

1. 实验原理

油脂氧化酸败是个极复杂的化学变化过程,对食品质量影响很大,酸败的油脂分解产生对人体有害的产物,如环氧丙醛。过氧化物是油脂自动氧化的主要初级产物,它可进一步分解生成低级的醛、酮和羧酸。通过油脂中醛和羧酸的检出,可定性判断油脂是否已发生氧化。

(1)过氧化物和饱和碘化钾溶液反应,析出的碘再用淀粉溶液来检验。

(2)环氧丙醛在酸败的油脂中不呈游离状态,成为缩醛。在盐酸作用下,它逐渐释出,释出的游离环氧丙醛与间苯三酚发生缩合反应,生成红色的凝聚物,由此可判断油脂是否已氧化酸败。

2. 实验仪器与材料

恒温水浴、锥形瓶、试管及架、量筒、电子天平、胶塞、玻璃管、花生油、猪脂肪。

3. 实验试剂

(1)氯仿-冰乙酸混合溶液。氯仿 40mL,冰乙酸 60mL,混匀。

(2)饱和碘化钾溶液。碘化钾 10g,加水 5mL,贮于棕色锥形瓶中。

(3)0.5%淀粉溶液。淀粉指示液 取可溶性淀粉 0.5g,加水 5mL 搅匀后,缓缓倾入 100mL 沸水中,随加随搅拌,继续煮沸 2min,放冷,倾取上层清液,即得。

(4)0.1%间苯三酚乙醚溶液(乙醚为溶剂)。

4. 实验步骤

(1)过氧化物的检出:称取油脂 2g～3g,溶于 30mL 氯仿－冰乙酸混合溶液中,摇匀使其溶解,加饱和碘化钾溶液 1mL,3min～5min 后,加 3mL 0.5%淀粉溶液,观察溶液的颜色。结果表示:溶液有蓝色生成,说明油脂已开始酸败,无蓝色生成,未酸败。

(2)间苯三酚乙醚溶液法(克莱斯氏环氧丙醛反应)

取试样 5mL 于试管中,加入浓盐酸 5mL,用橡皮塞塞好管口,剧烈振荡约 10s,再加 0.1%间苯三酚乙醚溶液 5mL,加塞剧烈振荡 10s 左右,使酸层分离。观察下层溶液颜色。结果表示:下层呈桃红色或红色表示油脂已酸败,下层呈浅粉红色或黄色表示未酸败。

(二)过氧化值的测定

1. 实验原理

脂肪氧化的初级产物是氢过氧化物 ROOH,因此通过测定脂肪中氢过氧化物的量,

食品化学（第二版）

可以评价脂肪的氧化程度。本实验中过氧化值的测定采用碘量法，即在酸性条件下，脂肪中的过氧化值与过量的 KI 反应生成 I_2，用 $Na_2S_2O_3$ 滴定生成的 I_2，根据硫代硫酸的用量来计算油脂的过氧化值（POV）。

2. 实验材料

（1）材　料

新鲜色拉油、各种产生过氧化物和酸价的油，如煎炸油、经光照的油、久存的植物油、未加抗氧化剂的油等。

（2）试　剂

①三氯甲烷、冰乙酸、乙醚、乙醇。

②KI 饱和溶液。称取碘化钾 10g，加水 5mL，贮存于棕色瓶中，如发现溶液变黄，应重新配置。

③0.002mol/L 硫代硫酸钠标准溶液。用 0.1mol/L 的硫代硫酸钠标准溶液加水稀释。

④0.5%淀粉指示剂。500mg 淀粉加少量冷水调匀，再加沸水至 100mL。

（3）仪　器

25mL 滴定管、50mL 量筒、移液管、100mL、1000mL 容量瓶。

3. 操作步骤

称取新鲜色拉油 2g，加工油 0.2g～2g，或其他严重变质油 0.5g，分别置于干燥的 250mL 三角瓶中，加入已事先混合好的三氯甲烷-冰乙酸混合液（4:6）30mL，轻轻摇动使油脂溶解，加入 1.0mL 饱和 KI 溶液，迅速盖塞轻摇 30s，置暗处放 3min。加水 100mL，充分摇匀后立即用 0.01mol/L 硫代硫酸钠标准溶液滴定至浅黄色时，加淀粉指示剂 1.0mL，继续滴定至蓝色消失为止，记下体积 V。取相同量三氯甲烷-冰乙酸、饱和 KI 溶液、水，按同一方法做空白实验。

4. 计　算

$$过氧化值（POV）（\%）=(V_1-V_2)\times c\times 0.1269 / M\times 100$$

式中：V_1——油样用去的硫代硫酸钠溶液体积，mL；

V_2——空白试验用去的硫代硫酸钠溶液体积，mL；

c——硫代硫酸钠标准溶液的浓度，mol/L；

M——油样质量，g；

0.1269——1mL 硫代硫酸钠标准溶液相当于碘的克数，g。

（三）油脂酸值的测定

1. 实验原理

酸值是评定油脂酸败程度的指标之一，酸值的测定是利用酸碱中和反应，测出脂肪中游离酸的含量。油脂的酸价以中和 1g 脂肪中游离脂肪酸所需消耗的氢氧化钾的毫克数来表示。国家标准规定新鲜的油脂酸值不得大于 5。

2. 实验仪器与材料

分析天平、滴定管、容量瓶、锥形瓶、量筒、食用油脂等。

3. 实验试剂

(1)中性乙醚-乙醇混合液(体积比2∶1),临用前用0.1mol/L的NaOH溶液中和至酚酞指示剂呈中性。

(2)酚酞指示剂(1%乙醇溶液)。

(3)0.1000mol/L氢氧化钾标准溶液。

4. 实验步骤

精密称取3g～5g试样置于锥形瓶中,加入50mL中性乙醚-乙醇溶液,摇匀使油脂溶解,必要时可放热水中,温热使之溶解。冷至室温,加入酚酞指示剂2～3滴,用0.100 mol/L的氢氧化钾标准溶液滴定至初见微红,0.5min不褪即为终点。

5. 计算

$$酸值(AV) = (cV \times 56.1)/m$$

式中:c——氢氧化钾标准溶液的浓度,mol/L;

V——滴定消耗氢氧化钾标准溶液的体积,mL;

56.1——氢氧化钾的摩尔质量,g/mol;

m——试样质量,g。

三、注意事项

1. 过氧化物检验中,颜色变化有蓝色时,油脂开始酸败,反之未酸败。

2. 间苯三酚乙醚法中,下层溶液颜色呈桃红色或红色为已酸败,呈浅粉红或黄色为未酸败。

3. 酸值测定时,油样颜色深可减少试样用量或适当增加混合指示剂的用量;如果深色难以判断终点,可改用指示剂。

4. 实验中切忌明火。

5. 测定蓖麻油酸度时,只用中性乙醇而不用混合溶剂。

6. 加入碘化钾后,静置时间长短以及加水量多少,对测定结果均有影响。

实验六　氨基酸的纸色谱

一、实验目的

了解纸色谱的基本原理;掌握氨基酸纸色谱的操作方法。

二、实验原理

色谱又可称层析,是一种分离混合物的物理方法。其分离原理是混合物中各组分

在两相之间溶解能力、吸附能力或其他亲和作用的差别,使其在两相中分配系数不同,当两相做相对运动时,组分在两相间进行连续多次分配,使各组分达到彼此分离。其中一相是不动的称为固定相,另一相是携带混合物流过此固定相的流体称为流动相。

当流动相所含混合物经过固定相时,由于各组分在性质和结构上有差异,与固定相发生作用的大小、强弱也有差异。换言之,在相同流动相下,不同组分在固定相中的滞留时间有长有短,从而按先后不同的次序从固定相中流出。这种借助在两相间分配差异而使混合物中各组分分离的技术方法,称为色谱法。

纸色谱是以滤纸为载体,固定相是滤纸纤维上吸附的水分;流动相（通常称为展开剂）一般是指与水相混溶的有机溶剂,样品在固定相水与流动相展开剂之间连续抽提,依靠溶质在两相间的分配系数不同而达到分离的目的。氨基酸是无色的化合物,可与茚三酮反应产生颜色,因此,溶剂自滤纸挥发后,喷上茚三酮溶液后加热,可形成色斑而确定其位置。

三、实验步骤

1. 点 样

取 16cm×6cm 的中速色谱滤纸在距离底边 2cm 处用铅笔划起始线,在起点线上分别点上标准品及混合样品溶液,样点间距 1cm,点样直径控制在 2mm～4mm,然后将其晾干或在红外灯下烘干。

2. 展 开

向色谱缸中加 25mL 展开剂,盖上盖子约 5min 使缸内展开剂蒸气饱和,将点样后的滤纸悬挂在缸内,使纸底边浸入展开剂约 0.3cm～0.5cm,待溶剂前沿展开到合适部位约 8cm～10cm,取出,划出前沿线。

3. 显 色

将展开完毕的滤纸,用电吹风吹干,使展开剂挥发。然后,喷上 0.5% 的茚三酮溶液,再用电吹风热风吹干,即出现氨基酸的色斑。

4. 计算 R_f 值

分别计算丙氨酸、亮氨酸及未知溶液中各成分的 R_f 值。通常用相对比移值 R_f 表示物质相对距离。R_f 值的大小与物质结构、展开剂系统、滤纸种类、温度、pH、时间等因素有关。在同样条件下,R_f 值只与各物质的分配系数有关。因此,用 R_f 值来进行比较,就可以初步鉴定出混合样品中的不同物质。

四、注意事项

1. 点样点面积不能过大。
2. 展开剂液面不能高于起始线。

实验七　蛋白质的等电点测定

一、实验目的

了解蛋白质的两性解离性质；学习测定蛋白质等电点的一种方法。

二、实验原理

蛋白质是两性电解质，在蛋白质溶液中存在着下列平衡

$$P\begin{array}{c}COOH\\\\NH_3^+\end{array} \underset{H^+}{\overset{OH^-}{\rightleftharpoons}} P\begin{array}{c}COO^-\\\\NH_3^+\end{array} \underset{H^+}{\overset{OH^-}{\rightleftharpoons}} P\begin{array}{c}COO^-\\\\NH_2\end{array}$$

蛋白质分子的解离状态和解离程度受溶液的酸碱度影响。当溶液的 pH 达到一定数值时，蛋白质颗粒上正负电荷的数目相等，在电场中，蛋白质既不向阴极移动，也不向阳极移动，此时溶液的 pH 称为此种蛋白质的等电点。不同蛋白质各有其特异的等电点。在等电点时，蛋白质的理化性质都有变化，可利用此种性质的变化测定各种蛋白质的等电点。最常用的方法是测其溶解度最低时的溶液 pH。

本实验借观察在不同 pH 溶液中的溶解度以测定酪蛋白的等电点。用醋酸与醋酸钠(醋酸钠混合在酪蛋白溶液中)配制成各种不同 pH 的缓冲液。向诸缓冲溶液中加入酪蛋白后，沉淀出现最多的缓冲液的 pH 即为酪蛋白的等电点。

三、实验器材及试剂

1.器　材

水浴锅、温度计、200mL 锥形瓶、100mL 容量瓶、吸管、试管、试管架、乳钵等。

2.试　剂

(1)0.5％酪蛋白醋酸钠溶液

称取 2.5g 酪蛋白，放入烧杯中，加入 40℃ 的蒸馏水，再加入 50mL 1mol/L NaOH 溶液，微热搅拌直到蛋白质完全溶解为止。将溶解好的酪蛋白溶液转到 500mL 容量瓶中，并用少量蒸馏水洗净烧杯，一并倒入容量瓶。在容量瓶中再加入 1mol/L NaAc 溶液($NaAc \cdot 3H_2O$ 分子量＝136.09；1mol/L NaAc 溶液为 136.09g $NaAc \cdot 3H_2O/L$) 50mL，摇匀，再加蒸馏水定容至 500mL，得到略显混浊的、在 0.1mol/L NaAc 溶液中的酪蛋白溶液。

(2)1.0mol/L 醋酸溶液

1mol/L 冰乙酸 59mL 稀释至 1L(需标定)。

(3)0.1mol/L 醋酸溶液

(4)0.01mol/L 醋酸溶液

第十一章　食品化学实验

食品化学（第二版）

四、实验步骤

1.取同样规格的试管 4 支,按表 11-2 顺序分别精确地加入各试剂,然后混匀。

2.向以上试管中各加酪蛋白的醋酸钠溶液 1mL,加一管,摇匀一管。此时 1,2,3,4 管的 pH 依次为 5.9,5.3,4.7,3.5,观察其混浊度。静置 10min 后,再观察其混浊度,其中最混浊的一管的 pH 即为酪蛋白的等电点。

表 11-2　试剂及用量表

试 管 号	蒸馏水	0.01mol/L 醋酸	0.1mol/L 醋酸	1mol/L 醋酸
1	8.4	0.6	—	—
2	8.7	—	0.3	—
3	8.0	—	1.0	—
4	7.4	—	—	1.6

五、注意事项

1.试剂配制一定要准确。

2.试剂溶液加入要选择合适规格吸管、量筒量取操作。

3.0.5％酪蛋白醋酸钠溶液应提前配制。

实验八　蛋白质的功能性质实验

一、实验目的

通过一些实验了解蛋白质的主要功能性质与蛋白质在食品体系中的用途,为开发和有效利用含蛋白质食品资源提供重要的依据。

二、实验原理

蛋白质的功能性质一般是指能使蛋白质成为人们所需要的食品特征而具有的物理化学性质,即对食品的加工、贮藏、销售过程中发生作用的那些性质,这些性质对食品的质量及风味起着重要的作用。蛋白质的功能性质可分为水化性质,表面性质、蛋白质-蛋白质相互作用的有关性质 3 个主要类型,主要包括有吸水性、溶解性、保水性、分散性、黏度和黏着性、乳化性、起泡性、凝胶作用等。

各种蛋白质具有不同的功能性质,如牛奶中的酪蛋白具有凝乳性,在酸、热、酶(凝乳酶)的作用下会沉淀,用来制造奶酪。酪蛋白还能加强冷冻食品的稳定性,使冷冻食品在低温下不会变得酥脆。面粉中的谷蛋白(面筋)具有粘弹性,在面包、蛋糕加工过程中,蛋白质形成立体的网状结构,能保住气体,使体积膨胀,在烘烤过程中蛋白质凝固是面包成型的因素之一。肌肉蛋白的持水性与味道、嫩度及颜色有密切的关系。鲜肉糜的重要功能特性是保水性,脂肪粘合性和乳化性。在食品的配制中,选择哪一种蛋白质,原则上是根据它们在相关食品加工中能体现的功能性质。

三、实验材料和试剂

1. 实验材料

面粉、牛奶、瘦肉;蛋清蛋白;2%蛋清蛋白溶液(取 2g 蛋清加 98g 蒸馏水稀释,过滤取清液);卵黄蛋白(鸡蛋除蛋清后剩下的蛋黄捣碎);分离大豆蛋白粉。

2. 试 剂

1mol/L 盐酸;1mol/L 氢氧化钠;饱和氯化钠溶液;饱和硫酸铵溶液;酒石酸;硫酸铵;氯化钠;δ—葡萄糖酸内酯;氯化钙饱和溶液;水溶性红色素;明胶;乳酸溶液,焦磷酸钠等。

四、实验步骤

(一)蛋白质的水溶性

1. 在 50mL 的小烧杯中加入 0.5mL 蛋清蛋白,加入 5mL 水,摇匀,观察其水溶性,有无沉淀产生。在溶液中逐滴加入饱和氯化钠溶液,摇匀,得到澄清的蛋白质的氯化钠溶液。

取上述蛋白质的氯化钠溶液 3mL,加入 3mL 饱和的硫酸铵溶液,观察球蛋白的沉淀析出,再加入粉末硫酸铵至饱和,摇匀,观察清蛋白从溶液中析出,解释蛋清蛋白质在水中及氯化钠溶液中的溶解度以及蛋白质沉淀的原因。

2. 在 4 个试管中各加入 0.1g～0.2g 大豆分离蛋白粉,分别加入 5mL 水,5mL 饱和食盐水,5mL 1mol/L 的氢氧化钠溶液,5mL 1mol/L 的盐酸溶液,摇匀,在温水浴中温热片刻,观察大豆蛋白在不同溶液中的溶解度。在第一、第二支试管中加入饱和硫酸铵溶液 3mL,析出大豆球蛋白沉淀。第三、四支试管中分别用 1mol/L 盐酸及 1mol/L 氢氧化钠中和至 pH 为 4～4.5,观察沉淀的生成,解释大豆蛋白的溶解性以及 pH 对大豆蛋白溶解性的影响。

(二)蛋白质的乳化性

1. 取 5g 卵黄蛋白加入 250mL 的烧杯中,加入 95mL 水,0.5g 氯化钠,用电动搅拌器搅匀后,在不断搅拌下滴加植物油 10mL,滴加完后,强烈搅拌 5min 使其分散成均匀的乳状液,静置 10min,待泡沫大部分消除后,取出 10mL,加入少量水溶性红色素染色,不断搅拌直至染色均匀,取一滴乳状液在显微镜下仔细观察,被染色部分为水相,未被染色部分为油相,根据显微镜下观察所得到的染料分布,确定该乳状液是属于水包油型还是油包水型。

2. 配制 5％的大豆分离蛋白溶液 100mL，加 0.5g 氯化钠，在水浴上温热搅拌均匀，同上法加 10mL 植物油进行乳化。静止 10min 后，观察其乳状液的稳定性，同样在显微镜下观察乳状液的类型。

（三）蛋白质的起泡性

1. 在 3 个 250mL 的烧杯中各加入 2％的蛋清蛋白溶液 50mL，一份用电动搅拌器连续搅拌 1min～2min；一份用玻璃棒不断搅打 1min～2min；另一份用玻璃管不断鼓入空气泡 1min～2min，观察泡沫的生成，估计泡沫的多少及泡沫稳定时间的长短。评价不同的搅打方式对蛋白质起泡性的影响。

2. 取 2 个 250mL 的烧杯各加入 2％的蛋清蛋白溶液 50mL，一份放入冷水或冰箱中冷至 10℃，一份保持常温（30℃～35℃），同时以相同的方式搅打 1min～2min，观察泡沫产生的数量及泡沫稳定性有何不同。

3. 取 3 个 250mL 烧杯各加入 2％蛋清蛋白溶液 50mL，其中一份加入酒石酸 0.5g，一份加入氯化钠 0.1g，以相同的方式搅拌 1min～2min，观察泡沫产生的多少及泡沫稳定性有何不同。

用 2％的大豆蛋白溶液进行以上的同样实验，比较蛋清蛋白与大豆蛋白的起泡性。

（四）蛋白质的凝胶作用

1. 在试管中取 1mL 蛋清蛋白，加 1mL 水和几滴饱和食盐水至溶解澄清，放入沸水浴中，加热片刻观察凝胶的形成。

2. 在 100mL 烧杯中加入 2g 大豆分离蛋白粉，40mL 水，在沸水浴中加热不断搅拌均匀，稍冷，将其分成两份，一份加入 5 滴饱和氯化钙，另一份加入 0.1g～0.2g δ-葡萄糖酸内酯，放置温水浴中数分钟，观察凝胶的生成。

3. 在试管中加入 0.5g 明胶，5mL 水，水浴中温热溶解形成粘稠溶液，冷后，观察凝胶的生成。解释在不同情况下凝胶形成的原因。

（五）酪蛋白的凝乳性

在小烧杯中加入 15mL 牛奶，遂滴滴加 50％的乳酸溶液，观察酪蛋白沉淀的形成，当牛奶溶液达到 pH＝4.6 时（酪蛋白的等电点），观察酪蛋白沉淀的量是否增多。

（六）面粉中谷蛋白的黏弹性

分别将 20g 高筋面粉和低筋面粉加 9mL 水揉成面团，将面团不断在水中洗揉，直至没有淀粉洗出为止，观察面筋的黏弹性，并分别称重，比较高筋粉和低筋粉中湿面筋的含量。

（七）肌肉蛋白质的持水性

将新鲜瘦猪肉在搅肉机中搅成肉糜，取 10g 肉糜 3 份，分别加入 2mL 水、4mL 水以及 4mL 含有 20mg 焦磷酸钠(或三聚磷酸钠)的水溶液,顺一个方向搅拌 2min,放置 0.5h以上,观察 3 份肉糜的持水性、粘着性。蒸熟后再观察其胶凝性。

实验九 不同食品加工处理对维生素 C 保存率的影响

一、实验目的

了解维生素 C 的化学稳定性及其影响因素,从而理解不同的食品加工工艺条件下如何能够提高果蔬食品中维生素 C 的保存率,为合理的食品加工处理工艺提供理论依据。

二、实验原理

维生素 C 的稳定性受到环境条件的影响,低 pH 或存在有机酸类、还原性强的环境、低温等条件都有利于维生素 C 的保存;而氧化剂、中性或碱性条件会加速维生素 C 的损失,维生素 C 具有良好的水溶性,因此会发生溶水流失。

2,6-二氯酚靛酚是一种具有弱氧化性的染料,它在碱性条件下呈蓝色,酸性条件下呈红色,因此,当用 2,6-二氯酚靛酚滴定含有抗坏血酸的酸性溶液时,在抗坏血酸尚未全部被氧化时,滴下的 2,6-二氯酚靛酚立即被还原为无色,抗坏血酸全部被氧化时,则滴下的 2,6-二氯酚靛酚溶液呈红色。因此,在滴定过程中当溶液从无色转变成微红色时,表示抗坏血酸全部被氧化,此时即为滴定终点。根据滴定消耗染料标准溶液的体积,可以计算出被测定样品中抗坏血酸的含量。生物样品中还存在其他还原物质,但使 2,6-二氯酚靛酚变色的速度远远低于维生素 C。

三、实验材料与试剂

1.材 料

菜花、圆白菜等。

2.仪 器

三角瓶(50mL)、研钵、移液管(10mL)、漏斗、滤纸、容量瓶(100mL)、滴定管、分析天平等。

3.试 剂

(1)标准抗坏血酸溶液

精确称取抗坏血酸 100mg,用适量 2%草酸溶液溶解后移入 500mL 容量瓶中,并以 2%草酸溶液定容,振摇混匀,1mL 含 0.2mg 抗坏血酸。

(2)0.02% 2,6-二氯酚靛酚溶液

称取 2,6-二氯酚靛酚钠盐 50mg 溶于 200mL 含 52mg 碳酸氢钠热水中,冷后加水稀释至 250mL,过滤后装入棕色瓶于冰箱中保存,临用前按下法标定:取 5mL 标准抗坏

血酸溶液于三角瓶中,加 5mL 2%草酸溶液,用 2,6-二氯酚靛酚溶液滴定至微红色,15s 不褪色即为终点,并计算出每 1mL 染料溶液相当的抗坏血酸毫克数。

(3)2%草酸:称取 2g 草酸溶于 100mL 蒸馏水中。

四、实验步骤

样品提取液的制备和模拟食品加工的不同工艺处理。

处理一:取已混合均匀的 5g 样品,加少量草酸研磨,转移至 50mL 烧杯中,草酸稀释并定容,混匀,迅速用脱脂棉或纱布过滤,取 5.0mL 滤液于锥形瓶中,加入 5.0mL 草酸溶液,用已标定的 2,6-二氯靛酚滴定溶液呈粉红色 15s 不褪,记录体积。

处理二:取已混合均匀的样品 5g,加少量水用研钵研磨成浆状,转移至 50mL 容量瓶中,用水稀释并定容,混匀,脱脂棉或纱布过滤,取滤液 5.0mL 移至锥形瓶中,加 5.0mL 2%草酸溶液,用 2,6-二氯靛酚染料滴定呈粉红色 15s 不褪,记录体积。

处理三:另取处理一样品滤液 5.0mL,加若干滴 3mol/L NaOH 至溶液 pH>10,摇匀,10min 后再加入 2%草酸 5.0mL,用 pH 试纸检验溶液呈酸性,用 2,6-二氯靛酚滴定溶液呈粉红色 15s 不褪,记录体积。

处理四:取已混合均匀的样品捣碎,称取 5g,于小烧杯中在空气中放置 1h~2h,然后按处理一进行。

处理五:取切成薄片或小碎块的样品 5g 于烧杯中,加 40mL 水,在电炉上加热煮沸 2min,用纱布挤去汁液,菜渣取出后按处理一进行。

处理六:取 5g 切成薄片或小碎块的样品,加 40mL 水,搅拌,浸泡约 15min,过滤,残渣按处理一进行。

若 0.02%的 2,6-二氯靛酚溶液滴定体积小于 5mL,可将溶液稀释 10 倍后进行。

对照实验:实验用 2%草酸做空白对照。

五、结果计算

$$W=[(V-V_1)\times A/B\times(b/m)]\times100$$

式中:W——100g 样品中含有的抗坏血酸毫克数,mg/100g;

V_1——空白滴定消耗的染料体积,mL;

V——样品滴定消耗的染料体积,mL;

A——1mL 染料溶液相当于抗坏血酸的毫克数,mg;

B——滴定时吸取的样品溶液体积,mL;

b——样品定容体积,mL;

m——样品的质量,g。

六、不同食品工艺处理结果对比

各处理的测定结果填入表 11-3 中,计算并比较各处理的维生素 C 含量(保存率),

以处理一的保存率为100%,得出其不同条件对维生素 C 化学稳定性的影响。

表 11 - 3   各处理维生素 C 的保存率

处　理	起始刻度/mL	终止刻度/mL	滴定液用量/mL	维生素 C 含量/(mg/100g)	维生素 C 保存率/%
处理一					100
处理二					
处理三					
处理四					
处理五					
处理六					

七、注意事项

1.标准抗坏血酸溶液需临时配制,且所有试剂的配制最好都用蒸馏水。

2. 2,6 -二氯酚靛酚染料不稳定,每周重新配制,临用前标定。

3.抗坏血酸很不稳定,易氧化,故操作过程要迅速,夏季应置于冰浴中研磨。

4.注意取样的均匀性。

5.滴定时,可同时吸两个样品,一个滴定,另一个作为观察颜色变化的参考。

实验十　绿色果蔬叶绿素的分离及其含量测定

一、实验目的

学会提取和分离叶绿体中色素的方法;掌握叶绿素的物理和化学性质;学会叶绿素的测定方法。

二、实验原理

叶绿素存在于果蔬、竹叶等绿色植物中。叶绿素在植物细胞中与蛋白质结合成叶绿体,当细胞死亡后,叶绿素即游离出来,游离叶绿素很不稳定,对光或热较为敏感;在酸性条件下生成绿褐色脱镁叶绿素,加热可使反应加速;再稀碱性条件下可水解为叶绿酸盐(鲜绿色)、叶绿醇和甲醇。高等植物中叶绿素有 a,b 两种,两者都易溶于乙醇、乙醚、丙酮和氯仿中。

叶绿素的含量测定方法多种,其中有:

（1）原子吸收光谱法是通过测定镁含量可以间接算出叶绿素的含量。

（2）分光光度法是测定叶绿素提取液的最大吸收波长的光密度,然后通过公式计算获得叶绿素含量数据。此法快速简洁,其原理如下：

叶绿素 a 与叶绿素 b 分别对 645nm 和 663nm 波长的光有吸收峰,且两吸收曲线相交于 652nm 处。因此,测定提取液在 645nm,663nm,652nm 波长下的光密度,并根据经验公式计算,可分别得到叶绿素含量数据,见式(11-5)~式(11-7)。

$$OD_{663} = 82.04C_a + 9.27C_b \tag{11-3}$$

$$OD_{645} = 16.75C_a + 45.6C_b \tag{11-4}$$

式(11-3)和式(11-4)中 C_a,C_b 分别为叶绿素 a,b 的浓度,单位为 mg/L。

$$\text{叶绿素 a 含量}(mg/g 鲜重) = (12.7OD_{663} - 2.69OD_{645}) \times \frac{V}{1000 \times W} \tag{11-5}$$

$$\text{叶绿素 b 含量}(mg/g 鲜重) = (22.9OD_{645} - 4.68OD_{663}) \times \frac{V}{1000 \times W} \tag{11-6}$$

$$\text{总叶绿素含量}(mg/g 鲜重) = (20.0OD_{645} + 8.02OD_{663}) \times \frac{V}{1000 \times W} \tag{11-7}$$

如果只要求测定总叶绿素含量,则只需测定一定浓度提取液在 652nm 波长的光密度。其总叶绿素含量按式(11-8)计算

$$\text{总叶绿素}(mg/g 鲜重) = \frac{OD_{652}}{34.5} \times \frac{V}{1000 \times W} \tag{11-8}$$

式中:OD——表示在所指定的波长下叶绿素提取液的光密度读数,mg/L;

V——为叶绿素丙酮提取液的最终体积,L;

W——为所用果蔬组织鲜重,g。

三、实验材料、试剂与仪器

绿叶青菜、黄瓜、玻璃砂、丙酮、氢氧化钠、721 型分光光度计等。

四、实验步骤

1. 叶绿素提取及含量测定

准确称取青菜样品 5g,加入少许玻璃砂约 0.5g~1g。充分研磨后倒入 100mL 容量瓶中,然后用丙酮分几次洗涤研钵,并倒入容量瓶中,用丙酮定容至 100mL。充分振荡后,用滤纸过滤。取滤液用分光光度计分别于 645nm,663nm,652nm 波长下测定其光密度。以 95% 丙酮做空白对照实验。将测定记录数据列表,按照公式分别计算青菜组织中叶绿素 a,b 和总叶绿素含量。

2. 叶绿素在酸碱介质中稳定性试验

分别取 10mL 叶绿素提取液,滴加 0.1M NaOH 溶液,观察提取液的颜色变化情况并记录下颜色变化时的 pH。

五、注意事项

1. 所计算出的叶绿素含量单位为 mg/g 鲜重。若数值太小,使用不方便,可乘以

1000，变为 $\mu g/g$ 鲜重为单位。

2. 在提取叶绿素中，最终的丙酮液浓度为 95％，因所用材料为菠菜等青菜，含水量高。5g 样品可视作 5g 水，故研磨后定容至 100mL，丙酮浓度为 95％。

3. 若以黄瓜为材料，因叶绿素只存在于黄瓜皮中，取样时使用锋利剖刀在黄瓜平整部分，轻轻地将绿色表皮削下，然后称取研磨加水 5mL，充分研磨后，用丙酮洗涤定容至 100mL，为 95％丙酮提取液。

4. 使用分光光度计调零时，必须用 95％丙酮。

第十一章 食品化学实验

附　录

附录一　化验室常用玻璃仪器的洗涤和干燥

在食品化学及食品分析工作中,洗涤玻璃仪器不仅是一项必须做的实验前的准备工作,也是一项技术性的工作。仪器洗涤是否符合要求,对检验结果的准确度和精密度均有影响。不同的分析工作有不同的仪器洗净要求,我们以一般定量化学分析为主介绍仪器的洗涤方法。

一、洁净剂及使用范围

最常用的洁净剂是肥皂、肥皂液(特制商品)、洗衣粉、去污粉、洗液、有机溶剂等。肥皂、肥皂液、洗衣粉、去污粉,用于可以用刷子直接刷洗的仪器,如烧杯、三角瓶、试剂瓶等;洗液多用于不便用于刷子洗刷的仪器,如滴定管、移液管、容量瓶、蒸馏器等特殊形状的仪器,也用于洗涤长久不用的杯皿器具和刷子刷不下的结垢。用洗液洗涤仪器,是利用洗液本身与污物起化学反应的作用,将污物去除。因此需要浸泡一定的时间充分作用;有机溶剂是针对污物属于某种类型的油腻性,而借助有机溶剂能溶解油脂的作用洗除之,或借助某些有机溶剂能与水混合而又挥发快的特殊性,冲洗一下带水的仪器。如甲苯、二甲苯、汽油等可以洗油垢,酒精、乙醚、丙酮可以冲洗刚洗净而带水的仪器。

二、洗涤液的制备及使用注意事项

洗涤液简称洗液,根据不同的要求有各种不同的洗液。将较常用的几种洗液介绍如下。

1. 强酸氧化剂洗液

强酸氧化剂洗液是用重铬酸甲($K_2Cr_2O_7$)和浓硫酸(H_2SO_4)配成。$K_2Cr_2O_7$ 在酸性溶液中,有很强的氧化能力,对玻璃仪器又极少有侵蚀作用。所以这种洗液在实验室内使用最广泛。配制浓度各有不同,从 5%~12% 的各种浓度都有。配制方法大致相同,取一定量的 $K_2Cr_2O_7$(工业品即可),先用约 1~2 倍的水加热溶解,稍冷后,将工业品浓 H_2SO_4 所需体积数徐徐加入 $K_2Cr_2O_7$ 溶液中(注意:千万不能将水或溶液加入浓 H_2SO_4 中),边倒边用玻璃棒搅拌,并注意不要溅出,混合均匀,待冷却后,装入洗液瓶中备用。新配制的洗液为红褐色,氧化能力很强。当洗液用久后变为黑绿色,即说明洗液无氧化洗涤力了。

例如,配制 12％的洗液 500mL。取 60g 工业品 $K_2Cr_2O_7$ 置于 100mL 水中(加水量不是固定不变的,以能溶解为度),加热溶解,冷却,徐徐加入浓 H_2SO_4 340mL,边加边搅拌,冷后装瓶备用。

这种洗液在使用时要切实注意不能溅到身上,以防"烧"破衣服和损伤皮肤。洗液倒入要洗的仪器中,应使仪器周壁全浸洗后稍停一会再倒回洗液瓶。第一次用少量水冲洗刚浸洗过的仪器后,废水不要倒在水池里和下水道里,长久会腐蚀水池和下水道,应倒在废液收集缸中;如果无废液缸,倒入水池时,要边倒边用大量的水冲洗。

2. 碱性洗液

碱性洗液用于洗涤有油污物的仪器,用此洗液是采用长时间(24h 以上)浸泡法,或者浸煮法。从碱洗液中捞取仪器时,要戴乳胶手套,以免烧伤皮肤。

常用的碱洗液有:碳酸钠液(Na_2CO_3,即纯碱),碳酸氢钠(Na_2HCO_3,小苏打),磷酸钠(Na_3PO_4,磷酸三钠)液,磷酸氢二钠(Na_2HPO_4)液等。

3. 碱性高锰酸钾洗液

用碱性高锰酸钾作洗液,作用缓慢,适合用于洗涤有油污的器皿。配法:取高锰酸钾($KMnO_4$)4g 加少量水溶解后,再加入 10％氢氧化钠(NaOH)100mL。

4. 纯酸纯碱洗液

根据器皿污垢的性质,直接用浓盐酸(HCL)或浓硫酸(H_2SO_4)、浓硝酸(HNO_3)浸泡或浸煮器皿(温度不宜太高,否则浓酸挥发刺激人)。纯碱洗液多采用 10％以上的浓烧碱(NaOH)、氢氧化钾(KOH)或碳酸钠(Na_2CO_3)液浸泡或浸煮器皿(可以煮沸)。

5. 有机溶剂

带有脂肪性污物的器皿,可以用汽油、甲苯、二甲苯、丙酮、酒精、三氯甲烷、乙醚等有机溶剂擦洗或浸泡。但用有机溶剂作为洗液浪费较大,能用刷子洗刷的大件仪器尽量采用碱性洗液。只有无法使用刷子的小件或特殊形状的仪器才使用有机溶剂洗涤,如活塞内孔、移液管尖头、滴定管尖头、滴定管活塞孔、滴管、小瓶等。

6. 洗消液

检验致癌性化学物质的器皿,为了防止对人体的侵害,在洗刷之前应使用对这些致癌性物质有破坏分解作用的洗消液进行浸泡,然后再进行洗涤。

在食品化学检验中经常使用的洗消液有:1％或 5％次氯酸钠(NaOCl)溶液、20％ HNO_3 和 2％$KMnO_4$ 溶液。

1％或 5％NaOCl 溶液对黄曲霉素在破坏作用。用 1％NaOCl 溶液对污染的玻璃仪器浸泡半天或用 5％NaOCl 溶液浸泡片刻后,即可达到破坏黄曲霉毒素的作用。配法:取漂白粉 100g,加水 500mL,搅拌均匀,另将工业用 Na_2CO_3 80g 溶于温水 500mL 中,再将两液混合,搅拌,澄清后过滤,此滤液含 NaOCl 为 2.5％;若用漂粉精配制,则 $NaCO_3$ 的重量应加倍,所得溶液浓度约为 5％。如需要 1％NaOCl 溶液,可将上述溶液按比例进行稀释。

20％HNO_3 溶液和 2％ $KMnO_4$ 溶液对苯并(a)芘有破坏作用,被苯并(a)芘污染的玻璃仪器可用 20％HNO_3 浸泡 24h,取出后用自来水冲去残存酸液,再进行洗涤。被苯

269

并(a)芘污染的乳胶手套及微量注射器等可用 2‰KMnO₄ 溶液浸泡 2h 后,再进行洗涤。

三、洗涤玻璃仪器的步骤与要求

1.常法洗涤仪器

洗刷仪器时,应首先将手用肥皂洗净,免得手上的油污附在仪器上,增加洗刷的困难。如仪器长久存放附有尘灰,先用清水冲去,再按要求选用洁净剂洗刷或洗涤。如用去污粉,将刷子蘸上少量去污粉,将仪器内外全刷一遍,再边用水冲边刷洗至肉眼看不见有去污粉时,用自来水洗 3～6 次,再用蒸馏水冲 3 次以上。一个洗干净的玻璃仪器,应该以挂不住水珠为度。如仍能挂住水珠,仍然需要重新洗涤。用蒸馏水冲洗时,要用顺壁冲洗方法并充分震荡,经蒸馏水冲洗后的仪器,用指示剂检查应为中性。

2.作痕量金属分析的玻璃仪器,使用 1:1～1:9 HNO₃ 溶液浸泡,然后进行常法洗涤。

3.进行荧光分析时,玻璃仪器应避免使用洗衣粉洗涤,因洗衣粉中含有荧光增白剂,会给分析结果带来误差。

4.分析致癌物质时,应选用适当洗消夜浸泡,然后再按常法洗涤。

四、玻璃仪器的干燥

做实验经常用到的仪器,应在每次实验完毕后洗净干燥备用。由于不同实验对干燥有不同的要求,一般定量分析用的烧杯、锥形瓶等仪器洗净即可使用,而用于食品分析的仪器很多要求是干燥的,有的要求无水痕,有的要求无水。所以应根据不同要求进行干燥仪器。

1.晾 干

不急等用的仪器,可在蒸馏水冲洗后在无尘处倒置处控去水分,然后自然干燥。可用安有木钉的架子或带有透气孔的玻璃柜放置仪器。

2.烘 干

洗净的仪器控去水分,放在烘箱内烘干,烘箱温度为 105℃～110℃烘约 1h。也可放在红外线干燥箱中烘干。此法适用于一般仪器。称量瓶等在烘干后要放在干燥器中冷却和保存。带实心玻璃塞的及厚壁仪器烘干时要注意慢慢升温并且温度不可过高,以免破裂。量器不可放于烘箱中烘。

硬质试管可用酒精灯加热烘干,要从底部烤起,把管口向下,以免水珠倒流把试管炸裂,烘到无水珠后把试管口向上赶净水气。

3.热(冷)风吹干

对于急于干燥的仪器或不适于放入烘箱的较大的仪器可用吹干的办法。通常用少量乙醇、丙酮(或最后再用乙醚)倒入已控去水分的仪器中摇洗,然后用电吹风机吹,开始用冷风吹 1min～2min,当大部分溶剂挥发后吹入热风至完全干燥,再用冷风吹去残余蒸汽,不使其又冷凝在容器内。

附录二 常用试剂的配制

一、常用标准滴定溶液的配制和标定

（一）盐酸标准滴定溶液[$c(\mathrm{HCl})=1\mathrm{mol/L}$]

1. 配制。量取 90mL 盐酸，加适量水并稀释至 1000mL。

2. 标定。准确称取约 1.5g 在 270℃～300℃ 干燥至恒量的基准无水碳酸钠，加 50mL 水使之溶解，加 10 滴溴甲酚绿-甲基红混合指示液，用本溶液滴定至溶液由绿色转变为紫红色，煮沸 2min，冷却至室温，继续滴定至溶液由绿色变为暗紫色，同时做试剂空白试验。

3. 计算

$$c(\mathrm{HCl})=\dfrac{m}{(V_1-V_2)\times 0.0530}$$

式中：$c(\mathrm{HCl})$——盐酸标准滴定溶液的实际浓度，mol/L；

      m——基准无水碳酸钠的质量，g；

      V_1——盐酸标准滴定溶液用量，mL；

      V_2——试剂空白试验中盐酸标准滴定溶液用量，mL；

  0.0530——与 1.00mL 盐酸标准滴定溶液[$c(\mathrm{HCl})=1\mathrm{mol/L}$]相当的基准无水碳酸钠的质量，g。

$c(\mathrm{HCl})=0.5\mathrm{mol/L}$ 和 $c(\mathrm{HCl})=0.1\mathrm{mol/L}$ 标准溶液的配制和标定可以按上述方法进行，改变参数见下表。

需配制标准溶液的浓度/(mol/L)	配制时取盐酸的体积/mL	标定时称取基准物质的质量/g	溶解基准物质的水量/mL
$c(\mathrm{HCl})=0.5$	45	0.8	50
$c(\mathrm{HCl})=0.1$	9	0.15	50

（二）硫酸标准滴定溶液[$c(1/2\mathrm{H_2SO_4})=1\mathrm{mol/L}$]

1. 配制。量取 30mL 硫酸，缓缓注入适量水中，冷却至室温后用水稀释至 1000mL，混匀。

2. 标定。按盐酸标准滴定溶液[$c(\mathrm{HCl})=1\mathrm{mol/L}$]标定方法操作。

3. 计算

$$c(\mathrm{H_2SO_4})=\dfrac{m}{(V_1-V_2)\times 0.0530}$$

式中：$c(H_2SO_4)$——硫酸标准滴定溶液的实际浓度，mol/L；

　　　m——基准无水碳酸钠的质量，g；

　　　V_1——硫酸标准滴定溶液用量，mL；

　　　V_2——试剂空白试验中硫酸标准滴定溶液用量，mL；

　0.0530——与 1.00 mL 硫酸标准滴定溶液[$c(1/2H_2SO_4)=1$ mol/L]相当的基准无水碳酸钠的质量，g。

$c(1/2\ H_2SO_4)=0.5$mol/L 和 $c(1/2\ H_2SO_4)=0.1$mol/L 标准溶液的配制和标定可以按上述方法进行，改变参数见下表。

需配制标准溶液的 浓度/(mol/)L	配制时取硫酸的 体积/mL	标定时称取基准物质的 质量/g	溶解基准物质的 水量/mL
$c(1/2\ H_2SO_4)=0.5$	15	4.8	50
$c(1/2\ H_2SO_4)=0.1$	3	0.15	50

（三）氢氧化钠标准滴定溶液[$c(NaOH)=1$mol/L]

1.配制。称取 120g 氢氧化钠，加 100mL 水，振摇使之溶解成饱和溶液，冷却后置于聚乙烯塑料瓶中，密塞，放置数日，澄清后备用。吸取 56mL 澄清的氢氧化钠饱和溶液，加适量新煮沸过的冷水至 1000mL，摇匀。

2.标定。准确称取约 6g 在 105℃～110℃ 干燥至恒量的基准邻苯二甲酸氢钾，加 80mL 新煮沸过的冷水，使之尽量溶解，加 2 滴酚酞指示液，用本溶液滴定至溶液呈粉红色，30s 不褪色，同时做空白试验。

3.计算

$$c(NaOH)=\frac{m}{(V_1-V_2)\times 0.2042}$$

式中：$c(NaOH)$——氢氧化钠标准滴定溶液的实际浓度，mol/L；

　　　m——基准邻苯二甲酸氢钾的质量，g；

　　　V_1——氢氧化钠标准滴定溶液用量，mL；

　　　V_2——空白试验中氢氧化钠标准滴定溶液用量，mL；

　0.2042——与 1.00mL 氢氧化钠标准滴定溶液[$c(NaOH)=1$mol/L]相当的基准邻苯二甲酸氢钾的质量，g。

$c(NaOH)=0.5$ mol/L 和 $c(NaOH)=0.1$mol/L 标准溶液的配制和标定可以按上述方法进行，改变参数见下表。

需配制标准溶液的 浓度/(mol/L)	配制时取氢氧化钠饱和 溶液的体积/mL	标定时称取基准物质的 质量/g	溶解基准物质的 水量/mL
$c(NaOH)=0.5$	28	3	80
$c(NaOH)=0.1$	5.6	0.6	50

（四）高锰酸钾标准滴定溶液[$c(1/5KMnO_4)=0.1mol/L$]

1. 配制。称取约 3.3g 高锰酸钾，加 1000mL 水。煮沸 15min。加塞静置 2d 以上，用垂融漏斗过滤，置于具玻璃塞的棕色瓶中密塞保存。

2. 标定。准确称取约 0.2g 在 110℃ 干燥至恒量的基准草酸钠。加入 250mL 新煮沸过的冷水、10mL 硫酸，搅拌使之溶解。迅速加入约 25mL 高锰酸钾溶液，待褪色后，加热至 65℃，继续用高锰酸钾溶液滴定至溶液呈微红色，保持 30s 不褪色。在滴定终了时，溶液温度应不低于 55℃，同时做空白试验。

3. 计算

$$c(KMnO_4)=\frac{m}{(V_1-V_2)\times0.0670}$$

式中：$c(KMnO_4)$——高锰酸钾标准滴定溶液的实际浓度，mol/L；

$\qquad m$——基准草酸钠的质量，g；

$\qquad V_1$——高锰酸钾标准滴定溶液用量，mL；

$\qquad V_2$——试剂空白试验中高锰酸钾标准滴定溶液用量，mL；

$\qquad$0.0670——与 1.00mL 高锰酸钾标准滴定溶液[$c(1/5\ KMnO_4)=1mol/L$]相当的基准草酸钠的质量，g。

（五）硝酸银标准滴定溶液[$c(AgNO_3)=0.1mol/L$]

1. 配制。称取 17.5g 硝酸银，加入适量水使之溶解，并稀释至 1000mL，混匀，避光保存。

2. 标定。准确称取约 0.2g 在 270℃ 干燥至恒量的基准氯化钠，加入 50mL 水使之溶解。加入 5mL 淀粉指示液，边摇动边用硝酸银标准滴定溶液，避光滴定，近终点时，加入 3 滴荧光黄指示液，继续滴定混浊液由黄色变为粉红色。

3. 计算

$$c(AgNO_3)=\frac{m}{V\times0.05844}$$

式中：$c(AgNO_3)$——酸银标准滴定溶液的实际浓度，mol/L；

$\qquad m$——准氯化钠的质量，g；

$\qquad V$——硝酸银标准滴定溶液用量，mL；

$\qquad$0.05844——与 1.00mL 硝酸银标准滴定溶液[$c(AgNO_3)=1mol/L$]相当的基准氯化钠的质量，g。

（六）碘标准滴定溶液[$c(1/2\ I_2)=0.1mol/L$]

1. 配制。称取 13.5g 碘，加 36g 碘化钾、50mL 水，溶解后加入 3 滴盐酸及适量水稀释至 1000mL。用垂融漏斗过滤，置于阴凉处，密闭，避光保存。

2. 标定。准确称取约 0.15g 在 105℃ 干燥 1h 的基准三氧化二砷，加入 10mL 氢氧化钠溶液（40g/L），微热使之溶解。加入 20mL 水及 2 滴酚酞指示液，加入适量硫酸（1＋35）至红色消失，再加 2g 碳酸氢钠、50mL 水及 2mL 淀粉指示液。用碘标准溶液滴定至溶液显浅蓝色。

3.计算

$$c(I_2)=\frac{m}{V\times 0.04946}$$

式中：$c(I_2)$——碘标准滴定溶液的实际浓度，mol/L；

    m——基准三氧化二砷的质量，g；

    V——碘标准溶液用量，mL；

  0.04946——与 0.100mL 碘标准滴定溶液[$c(1/2\ I_2)=1.000mol/L$]相当的三氧化砷的质量，g。

（七）硫代硫酸钠标准滴定溶液[$c(Na_2S_2O_3\cdot 5H_2O)=0.1mol/L$]

1.配制。称取 26g 硫代硫酸钠及 0.2g 碳酸钠，加入适量新煮沸过的冷水使之溶解，并稀释至 1000mL，混匀，放置一个月后过滤备用。

2.标定。准确称取约 0.15g 在 120℃干燥至恒量的基准重铬酸钾，置于 500mL 碘量瓶中，加入 50mL 水使之溶解。加入 2g 碘化钾，轻轻振摇使之溶解。再加入 20mL 硫酸（1＋8），密塞，摇匀，放置暗处 10min 后用 250mL 水稀释。用硫代硫酸钠标准溶液滴定至溶液呈浅黄绿色，再加入 3mL 淀粉指示液，继续滴定至蓝色消失而显亮绿色。反应液及稀释用水的温度不应高于 20℃，同时做试剂空白试验。

3.计算

$$c(Na_2S_2O_3)=\frac{m}{(V_1-V_2)\times 0.04903}$$

式中：$c(Na_2S_2O_3)$——硫代硫酸钠标准滴定溶液的实际浓度，mol/L；

    m——基准重铬酸钾的质量，g；

    V_1——硫代硫酸钠标准滴定溶液用量，mL；

    V_2——试剂空白试验中硫代硫酸钠标准滴定溶液用量，mL；

  0.04903——与 1.00mL 硫代硫酸钠标准滴定溶液[$c(Na_2S_2O_3\cdot 5H_2O)=1.000mol/L$]相当的重铬酸钾的质量，g。

（八）乙二胺四乙酸二钠（Na_2—EDTA）标准滴定溶液[$c(C_{10}H_{14}N_2O_8Na_2\cdot 2H_2O)=0.05mol/L$]

1.配制。称取 20g 乙二胺四乙酸二钠（$C_{10}H_{14}N_2O_8Na_2\cdot 2H_2O$），加入 1000mL 水，加热使之溶解，冷却后摇匀。置于玻璃瓶中，避免与橡皮塞、橡皮管接触。

2.标定。准确称取约 0.4g 在 800℃灼烧至恒量的基准氧化锌，置于小烧杯中，加入 1mL 盐酸，溶解后移入 100mL 容量瓶，加水稀释至刻度，混匀。吸取 30.00mL～35.00mL 此溶液，加入 70mL 水，用氨水（4＋10）中和至 pH 为 7～8，再加 10mL 氨水-

氯化铵缓冲液(pH 为 10),用乙二胺四乙酸二钠标准溶液滴定,接近终点时加入少许铬黑 T 指示剂,继续滴定至溶液自紫色转变为纯蓝色,同时做试剂空白试验。

3. 计算

$$c(\text{Na}_2-\text{EDTA})=\frac{m}{(V_1-V_2)\times 0.08138}$$

式中:$c(\text{Na}_2-\text{EDTA})$——乙二胺四乙酸二钠标准滴定溶液的实际浓度,mol/L;

    m——用于滴定的基准氧化锌的质量,mg;

    V_1——乙二胺四乙酸二钠标准滴定溶液用量,mL;

    V_2——试剂空白试验中乙二胺四乙酸二钠标准滴定溶液用量,mL;

   0.08138——1.00mL 乙二胺四乙酸二钠标准滴定溶液[$c(\text{C}_{10}\text{H}_{14}\text{N}_2\text{O}_8\text{Na}_2\cdot 2\text{H}_2\text{O})=1.000\text{mol/L}$]相当的基准氧化锌的质量,g。

二、常用洗涤液的配制与使用方法

1. 重铬酸钾-浓硫酸溶液(100g/L)(洗液)。称取化学纯重铬酸钾 100g 于烧杯中,加入 100mL 水,微加热,使其溶解。把烧杯放于水盆中冷却后,慢慢加入化学纯硫酸,边加边用玻璃棒搅动,防止硫酸溅出,开始有沉淀析出,硫酸加到一定量沉淀可溶解,加硫酸至溶液总体积为 1000mL。

该洗液是强氧化剂,但氧化作用比较慢,直接接触器皿数分钟至数小时才有作用,取出后要用自来水充分冲洗 7～10 次,最后用纯水淋洗 3 次。

2. 肥皂洗涤液、碱洗涤液、合成洗涤剂洗涤液。配制一定浓度,主要用于油脂和有机物的洗涤。

3. 氢氧化钾-乙醇洗涤液(100g/L)。取 100g 氢氧化钾,用 50mL 水溶解后,加工业乙醇至 1L,它适用洗涤油垢、树脂等。

4. 酸性草酸或酸性羟胺洗涤液。称取 10g 草酸或 1g 盐酸羟胺,溶于 10mL 盐酸(1+4)中;该洗液洗涤氧化性物质。对沾污在器皿上的氧化剂,酸性草酸作用较慢,羟胺作用快且易洗净。

5. 硝酸洗涤液。常用浓度(1+9)或(1+4),主要用于浸泡清洗测定金属离子的器皿。一般浸泡过夜,取出用自来水冲洗,再用去离子水或亚沸水冲洗。

三、常用指示剂的配制方法

1. 酚酞指示剂(10g/L)。溶解 1g 酚酞于 90mL 乙醇与 10mL 水中。

2. 淀粉指示剂(5g/L)。称取 0.5g 可溶性淀粉,加入约 5mL 水,搅匀后缓缓倒入 100mL 沸水中,边加边搅拌,煮沸至完全透明。最好现用现配。

3. 荧光指示剂。称取 0.5g 荧光黄,用乙醇溶解并稀释至 100mL。

4. 酚红指示剂(1g/L)。称取 0.1g 酚红溶解于 60mL 乙醇中,加水稀释至 100mL。

5. 甲基红指示剂(1g/L)。称取 0.1g 甲基红溶解于 60mL 乙醇中,加水稀释至 100mL。

附录

6.甲基橙指示剂(0.5g/L)。称取 0.05g 加水溶解并稀释至 100mL。

7.溴甲酚绿指示剂(1g/L)。称取 0.1g 溴甲酚绿溶解于 60mL 乙醇中，并以乙醇定溶至 100mL。

8.溴甲酚绿－甲基红指示剂。量取 30mL 溴甲酚绿乙醇溶液(2g/L)，加入 20mL 甲基红乙醇溶液中(1g/L)，混匀。

附录三　化学试剂纯度分类

目前,我国的试剂类规格基本上按纯度(杂质含量的多少)划分,共有高纯、光谱纯、基准、分光纯、优级纯、分析和化学纯 7 种。国家和主管部门颁布质量指标的主要有优级纯、分级纯和化学纯 3 种。

1.优级纯(GR)。又称一级品或保证试剂,纯度为 99.8%,这种试剂纯度最高,杂质含量最低,适合于重要精密的分析工作和科学研究工作,使用绿色瓶签。

2.分析纯(AR)。又称二级试剂,纯度为 99.7%,纯度很高,略次于优级纯,适合于重要分析及一般研究工作,使用红色瓶签。

3.化学纯(CP)。又称三级试剂,纯度≥99.5%,纯度与分析纯相差较大,适用于工矿、学校一般分析工作,使用蓝色(深蓝色)标签。

另外,实验试剂(LR)又可称为四级试剂。

纯度远高于优级纯的试剂叫做高纯试剂(≥99.99%)。高纯试剂是在通用试剂基础上发展起来的,它是为了专门的使用目的而用特殊方法生产的纯度最高的试剂。它的杂质含量要比优级试剂低 2 个、3 个、4 个或更多个数量级。因此,高纯试剂特别适用于一些痕量分析,而通常的优级纯试剂就达不到这种精密分析的要求。目前,除对少数产品制定国家标准外(如高纯硼酸、高纯的冰乙酸、高纯氢氟酸等),大部分高纯试剂的质量标准还很不统一,在名称上有高纯、特纯(Extra Pure)、超纯、光谱纯等不同叫法。

配制溶液时所使用的试剂和溶剂的纯度应符合分析项目的要求。应根据分析任务、分析方法、对分析结果准确度的要求等选用不同等级的化学试剂。一般试剂和提取用溶剂,可用化学纯(CP);配制微量物质的标准溶液时,试剂纯度应在分析纯(AR)以上;标定标准溶液所用的基准物质,应选用优级纯(GR);若试剂空白值较高或对测定发生干扰时,则需用纯度级别更高的试剂,或将试剂纯化处理后再用。

主 要 参 考 文 献

[1] 陈福玉. 烹饪化学[M]. 长春：东北师范大学出版社，2015.

[2] 陈福玉，叶永铭，庞彩霞. 食品化学[M]. 北京：中国质检出版社，2012.

[3] 陈福玉，叶永铭，郝志阔. 烹饪营养与卫生[M]. 北京：中国质检出版社，2012.

[4] 郝志阔，刘鑫峰，陈福玉. 烹饪原料[M]. 北京：中国质检出版社，2012.

[5] 曾洁，陈福玉，李光磊. 烹饪化学[M]. 北京：化学工业出版社，2013.

[6] 冯涛，田怀香，陈福玉. 食品风味化学[M]. 北京：化学工业出版社，2013.

[7] 阚建全. 食品化学（第 2 版）[M]. 北京：中国农业大学出版社，2008.

[8] 汪东风. 食品化学（第 2 版）[M]. 北京：化学工业出版社，2014.

[9] 冯凤琴，叶立扬. 食品化学[M]. 北京：化学工业出版社，2005.

[10] 王璋，许时婴，汤坚. 食品化学[M]. 北京：中国轻工业出版社，2007.

[11] 赵新淮. 食品化学[M]. 北京：化学工业出版社，2006.

[12] 赵俊芳. 食品化学[M]. 北京：中国科学技术出版社，2012.

[13] 夏延斌，王燕. 食品化学（第 2 版）[M]. 北京：中国农业出版社，2015.

[14] 谢笔钧. 食品化学（第 3 版）[M]. 北京：科学出版社，2011.

[15] 吴俊明. 食品化学[M]. 北京：科学出版社，2007.

[16] 程云燕. 食品化学[M]. 北京：化学工业出版社，2008.

[17] 谢明勇. 食品化学[M]. 北京：化学工业出版社，2011.

[18] 刘红英，高瑞昌，戚向阳. 食品化学[M]. 北京：中国质检出版社，2013.

[19] 赵谋明. 食品化学[M]. 北京：中国农业出版社，2012.

[20] 刘树兴，吴少雄. 食品化学[M]. 北京：中国计量出版社，2008.

[21] 吴俊明. 食品化学[M]. 北京：科学出版社，2004.

[22] 陈洪渊. 食品化学[M]. 北京：化学工业出版社，2005.

[23] 李秋菊. 食品化学简明教程及实验指导[M]. 北京：中国农业出版社，2005.

[24] 刘邻渭. 食品化学[M]. 郑州：郑州大学出版社，2011.

[25] 迟玉杰. 食品化学[M]. 北京：化学工业出版社，2012.

[26] 赵国华. 食品化学[M]. 北京：科学出版社，2014.

[27] 李红. 食品化学[M]. 北京：中国纺织出版社，2015.

[28] 夏红. 食品化学（第 2 版）[M]. 北京：中国农业出版社，2008.

[29] 阚建全，段玉峰，姜发堂. 食品化学[M]. 北京：中国计量出版社，2010.

[30] 王喜萍. 食品分析[M]. 北京：中国农业出版社，2006.